Hochschultext

Kristian Kroschel

Datenübertragung

Eine Einführung

Mit 155 Abbildungen

Springer-Verlag Berlin Heidelberg GmbH

Dr.-Ing. Kristian Kroschel
Professor, Institut für Nachrichtensysteme/
Institut für Automation und Robotik
Universität Karlsruhe
Abteilungsleiter, Institut für
Informations- und Datenverarbeitung (IITB) Karlsruhe

CIP-Titelaufnahme der Deutschen Bibliothek
Kroschel, Kristian:
Datenübertragung : eine Einführung / Kristian Kroschel. –
Berlin ; Heidelberg ; New York ; London ; Paris ; Tokyo ;
Hong Kong ; Barcelona : Springer, 1991
ISBN 978-3-540-53746-5 ISBN 978-3-642-86097-3 (eBook)
DOI 10.1007/978-3-642-86097-3

60/3020-543210 – Gedruckt auf säurefreiem Papier

Vorwort

Das Thema Datenübertragung interessierte zur Zeit der Massenkommunikation mit analoger Technik für Telefon, Rundfunk und Fernsehen hauptsächlich nur die Experten, die sich mit der Kopplung von Rechnern befassten [Byl 76], [Cla 78], [Fra 74], [Gur 69], [Hof 73], [Kad 68], [Kra 78], [Kra 74], [Oet 74]. Durch Einführung des ISDN, des *integrated services digital network*, wird die klassische Nachrichtenübertragung bei den genannten Massenmedien wegen der dabei erforderlichen Digitalisierung der ursprünglich analogen Signale zu einem Thema der Datenübertragung. Dies gilt nicht nur für drahtgebundene Kommunikationsdienste, sondern auch für neue Dienste wie den Mobilfunk im D–Netz, der Funkübertragungswege benutzt. Fortschritte bei der Entwicklung von Bausteinen zur digitalen Signalverarbeitung waren und sind dabei die Voraussetzung für einen ökonomischen Erfolg der Übertragung analoger Information in Form von digitalisierten Daten.

Nicht nur aus diesem Grunde ist die Datenübertragung ein fester Bestandteil im Studium der Informationstechnik geworden. Der Reiz dieses Gebiets liegt darin, daß hier ein weites Spektrum von Fragen angesprochen wird, u.a. physikalische Probleme, die durch die Übertragungswege bedingt sind, Aufgaben der Systemtheorie und statistischen Nachrichtentheorie beim Entwurf geeigneter Signalformen und Modulationsverfahren oder Fragen der Regelungstechnik bei der Synchronisation von Datenströmen, ganz zu schweigen von Aspekten der Quellen– und Kanalcodierung oder des Entwurfs von Hard– und Software.

Selbstverständlich will und kann dieses in die Datenübertragung einführende Buch nicht alle der genannten Fragen vollständig abklären. Geht man vom OSI–Referenzmodell der Datenkommunikation aus, so soll im wesentlichen die physikalische Schicht behandelt werden; weitergehende Fragen von Datennetzen stehen hier deshalb nicht zur Diskussion. Der Leser soll das Wie und Warum der Datenkommunikation verstehen, d.h. er soll in die Lage versetzt werden, die Begriffe zu verstehen, die bei der Realisierung von Systemen zur Datenübertragung, z.B. bei Modems, gebräuchlich sind, und er soll auch begreifen, warum man z.B. bestimmte Modulationsverfahren verwendet oder wo die Grenzen der Datenübertragung bei vorgegebenen Parametern, z.B. beim Signal–zu–Rauschverhältnis oder der Bandbreite des Übertragungskanals, liegen.

Das Material zu diesem Buch wurde für Vorlesungen an der Universität und für Kurse in der Industrie zusammengetragen. Es wendet sich deshalb in erster Linie an Studenten der Fachrichtungen Elektrotechnik und Informatik sowie Ingenieure dieser Richtungen, die einen Überblick gewinnen wollen. Auch Wirtschaftsingenieure, die mit Fragen der Datenkommunikation befaßt sind, werden das Buch mit Gewinn lesen. Vorausgesetzt werden elementare Kenntnisse der linearen Systemtheorie, insbesondere auch der Fourier–Transformation, und der Statistik.

Das Buch ist in neun Kapitel gegliedert und behandelt nach einer Einführung die verschiedenen Datenübertragungswege von der Zweidrahtleitung über die Koaxtube bis zum Lichtwellenleiter und dem Funkkanal. Es folgen die Grundprinzipien der Datenübertragung, d.h. der Einfluß von Bandbegrenzung und Störungen des Übertragungskanals auf die übertragenen Daten wird näher untersucht, und Konzepte zur Überwindung dieser störenden Einflüsse werden aufgezeigt. Im 4. Kapitel werden die Signalformung im Basisband vorgestellt, die Vor– und Nachteile der einzelnen Verfahren diskutiert und Hinweise auf ihren praktischen Einsatz gegeben. Digitale Modulationsverfahren, ihre Festlegung nach den Standards des *CCITT*, dem Comité Consultatif International Télégraphique et Téléfonique, und ihre Störanfälligkeit stehen im Mittelpunkt des 5. Kapitels. Die linearen Verzerrungen von Übertragungskanälen erfordern deren Entzerrung, ein Thema, das im 6. Kapitel behandelt wird. Schließlich werden Methoden der Takt– und Trägerregelung im 7. Kapitel vorgestellt, wobei auch hier wieder nur grundlegende Betrachtungen vorgestellt werden können. In den beiden abschließenden Kapiteln werden Themen behandelt, die nicht mehr zur physikalischen Schicht des OSI–Referenzmodells und damit zu Fragen des Entwurfs von Modems zählen. Im 8. Kapitel wird das weite Gebiet der Codierung tangiert und werden Fragen der Restfehlerwahrscheinlichkeit aufgegriffen. Nur kurz angesprochen wird z.B. die Quellencodierung, obwohl sie bei der Sprachübertragung im Mobilfunk mit Hilfe digitaler Methoden zunehmend eine wichtigere Rolle spielt. Im 9. Kapitel findet man einige Grundkonzepte für Kommunikationsnetze, ihre Struktur, Vermittlungsprinzipen und Protokolle. Das letzte Kapitel stellt eine sehr knappe Übersicht über das angeschnittene Thema dar und soll lediglich in dessen Begriffswelt einführen; zum tieferen Verständnis ist hier ein Studium der in diesem Kapitel angegebenen Literatur erforderlich.

Manchem Leser mag die Nomenklatur für Zufallsvariable und –prozesse ungewohnt sein; Ziel war es dabei, zwischen den mit kursiven Buchstaben bezeichneten Zufallsvariablen und –prozessen und ihren in normaler Schrift dargestellten Realisierungen zu unterscheiden. Leider hilft die Empfehlung nach DIN 13 303 bei der Suche nach einer geeigneten Bezeichnungsweise nicht viel weiter, da sie zum einen nur Zufallsvariable behandelt und zum anderen diese mit großen Buchstaben bezeichnet. Für die Literatur im Ingenieurbereich ist diese Wahl nicht sehr glücklich, da man in ihr in der Regel Spektren mit großen Buchstaben charakterisiert. Deshalb stellt die hier getroffene Entscheidung einen Kompromiß zwischen dem bisherigen Gebrauch großer Buchstaben und der in der DIN–Empfehlung vorgesehenen unterschiedlichen Bezeichnung von Zufallsvariablen und ihrer Realisierung dar.

Ohne die Mithilfe von Fachkollegen, Studenten und Mitarbeitern wäre dies Buch nicht entstanden. Ihnen soll an dieser Stelle gedankt werden. Besonders erwähnt seien Frau S. Schmidt, die die Zeichnungen erstellte, Frau E.–M. Schubart und Herr G. Triantafyllou, die den Text in ein Textverarbeitungssystem eingaben, die Studenten, die bei Vorlesungen durch ihre Fragen eine Überarbeitung des Manuskripts anregten und auf Fehler hinwiesen. Schließlich haben die Herren Dipl.–Ing. G. Hellstern, Dipl.–Ing. J. Krause und Dr.–Ing. W. Stehle durch Korrekturlesen und konstruktive Kritik einen wichtigen Beitrag zu diesem Buch geleistet.

Sicher ist der vorliegende Text nicht perfekt oder fehlerfrei, weshalb Anregungen und Verbesserungsvorschläge nicht nur von professionellen Begutachtern, sondern auch von den Lesern willkommen sind, die das Buch für Ausbildungszwecke oder für ihre berufliche Arbeit benutzen.

Karlsruhe, im Dezember 1990 Kristian Kroschel

Inhaltsverzeichnis

1 Einleitung

Bei der Datenkommunikation hat sich in den letzten Jahren ein Umbruch vollzogen, dessen Auswirkungen in technischer und sozialer Hinsicht heute noch nicht abgeschätzt werden können. Während früher die Datenübertragung nur spezielle Anwendungsfälle betraf, z.B. das Fernschreiben oder die Kopplung von Rechnern, und auf speziellen Netzen wie dem Telex–Netz und dem Datex–Netz [Kra 86] erfolgte, wird sie gegenwärtig zu dem dominierenden Übertragungsverfahren. Dabei ist eine bedeutende Steigerung der Datenübertragungsgeschwindigkeit zu verzeichnen; während sie bisher im Bereich von 100 b/s bis 10 kb/s lag, sind heute Raten bis zu einigen Gb/s möglich. Die in b/s gemessene Datenrate gibt die pro Sekunde übertragenen Binärzeichen in bit an. Es gibt zwei Gründe für die wachsende Bedeutung der Datenübertragung:

- *die Digitalisierung und Verarbeitung auch analoger Information wie Sprache und Bilder mit Hilfe der Techniken der digitalen Signalverarbeitung,*
- *die Verfügbarkeit preisgünstiger Übertragungswege hoher Kapazität in Form der Lichtwellenleiter.*

Um den Fortschritt bei der Entwicklung der Datenübertragung sichtbar zu machen, soll kurz auf ihre Geschichte eingegangen werden.

1.1 Historische Entwicklung der Datenübertragung

Die früheste Beschreibung eines Datenübertragungsverfahrens stammt von Polybios aus dem Jahr 300 v. Chr. [Ben 65]: Zur Übertragung von Nachrichten über größere Entfernungen verwendete man in Griechenland Relaisstationen, in denen in zwei Gruppen bis zu je fünf Fackeln entzündet werden konnten. Insgesamt ließen sich damit 25 Zeichen darstellen, also auch das griechische Alphabet mit 24 Zeichen und ein Sonderzeichen. Für α brannten in beiden Gruppen je eine Fackel, für β in der einen Gruppe eine, in der anderen zwei Fackeln usw. Nimmt man an, daß für das Ablesen des gesendeten Zeichens von der vorausgehenden Relaisstation, das Entzünden der entsprechenden Fackeln für das weiter zu übertragende Zeichen und das anschließende Löschen nach einer angemessenen Brenndauer 90 Sekunden benötigt wurden, errechnet man eine Datenrate von

$$\frac{\mathrm{ld}(25)}{90}\frac{\mathrm{b}}{\mathrm{s}} = 0{,}0512\ \mathrm{b/s} \quad . \tag{1.1.1}$$

Fortgeschrittener waren die in Westeuropa am Ende des 18. Jahrhunderts installierten Semaphor–Telegrafen nach C. Chappe [Ben 65]. Mit ihnen konnten 196 Zeichen dargestellt werden, wobei etwa ein Zeichen pro Minute übertragen werden konnte, was einer Rate von

$$\frac{\mathrm{ld}(196)}{60}\frac{\mathrm{b}}{\mathrm{s}} = 0{,}127\ \mathrm{b/s} \tag{1.1.2}$$

entspricht. Der "Zwischenregeneratoren"–Abstand, der Abstand von zwei Telegrafentürmen, betrug auf der Strecke von Paris nach Toulon etwa 6,3 km; dies entspricht 120 Stationen auf 760 km. Interessanterweise stellen die beiden Beispiele Formen der optischen Datenübertragung dar, ein Verfahren, das in modernerem Gewand heute höchst aktuell ist.

Mitte des vergangenen Jahrhunderts erfolgte der Durchbruch der elektrischen Datenübertragung, vor allem in Form des elektrischen Telegrafen nach C.F. Gauss und W.E. Weber aus dem Jahre 1833 und von S.F.B. Morse aus dem Jahre 1837 [Bro 77]. Das Morsealphabet umfaßt 51 Zeichen, die durch kurze und lange Stromschritte, also durch Binärzeichen codiert werden. Bei hinreichender Übung kann man in der Minute 100 Zeichen übertragen, was auf eine typische Datenrate von etwa

$$\mathrm{ld}(51)\cdot\frac{100}{60}\frac{\mathrm{b}}{\mathrm{s}} = 9{,}45\ \mathrm{b/s} \tag{1.1.3}$$

führt. Interessant ist, daß die einzelnen Zeichen des Morsealphabets nicht durch die gleiche Anzahl von Binärzeichen codiert werden. Vielmehr wird das am häufigsten auftretende Zeichen mit wenigen, das am seltensten auftretende Zeichen mit vielen Binärzeichen codiert. Es handelt sich dabei um eine redundanzreduzierende Quellencodierung, die eine Minimierung der zu übertragenden Binärzeichen bei vorgegebener Informationsmenge führt.

Der Schritt von der manuell betriebenen Datenübertragung zu deren automatischer

Ausführung erfolgte mit der Einführung des Fernschreibens oder Telex–Dienstes im Jahre 1933 in Deutschland. Man kann dies als den Beginn der modernen Datenübertragung überhaupt bezeichnen, die sich allerdings analoger Technik bediente. Die Schrittgeschwindigkeit, d.h. die Geschwindigkeit, mit der Fernschreibzeichen übertragen werden, beträgt 50 Baud, was mit Bd abgekürzt wird und besagt, daß 50 Zeichen in der Sekunde übertragen werden. Die übertragenen Zeichen haben damit einen zeitlichen Abstand von 20 ms. Das Alphabet umfaßt 32 Zeichen, so daß jedes Zeichen mit 5 bit codiert wird. Damit errechnet sich die Datenrate beim Fernschreiben zu

$$50 \cdot 5 \text{ b/s} = 250 \text{ b/s} \quad . \tag{1.1.4}$$

Bezeichnet man mit c die in Bd gemessene Schrittgeschwindigkeit und mit r die in b/s gemessene Datenrate, so ergibt sich bei einem N Zeichen umfassenden Alphabet der Zusammenhang

$$r = \text{ld}(N) \cdot c \quad . \tag{1.1.5}$$

Bei den bisher beschriebenen Datenübertragungsverfahren wurden die Daten von digitalen Quellen, die über einen bestimmten Zeichenvorrat verfügen, geliefert. Ende der Dreißiger Jahre wurde von Reeves [Lee 88] das Verfahren der *Pulscodemodulation*, kurz PCM, zum Patent angemeldet. Es erlaubt, Signale von analogen Quellen, wie z.B. Sprache, Musik, Bilder, in digitale Daten umzuwandeln. Dazu müssen die Quellensignale bandbegrenzt sein oder durch sogenannte Anti–Aliasing–Filter [Kam 89] in der Bandbreite begrenzt werden. Anschließend wird das so bandbegrenzte Signal abgetastet, wobei die Abtastfrequenz nach dem *Abtasttheorem* [Sha 49] mehr alss das Doppelte der maximalen im zu digitalisierenden Signal enthaltenen Frequenzkomponente betragen muß. Anschließend erfolgt die Umsetzung der Abtastwerte in einem Analog–Digital–Wandler in digitale Daten. Die im Fernsprechkanal zu übertragende Sprache läßt sich ohne wesentliche Einbuße der Verständlichkeit auf eine Bandbreite von 4 kHz beschränken, so daß die Abtastfrequenz 8 kHz beträgt. Jeder Abtastwert wird in 256 Stufen quantisiert, so daß sich eine Datenrate von

$$\text{ld}(256) \text{ b} \cdot 8 \text{ kHz} = 64 \text{ kb/s} \tag{1.1.6}$$

ergibt. Ein PCM–System mit 24 derartigen Kanälen, das auf eine Gesamtdatenrate von 1536 kb/s führt und als Übertragungsmedium die beim Fernsprechen verwendeten verdrillten Adernpaare verwendete, wurde im Jahre 1962 von den Bell–Laboratorien vorgestellt. In den Siebziger Jahren wurden schließlich Lichtwellenleiter, auch Glasfasern genannt, als Übertragungsmedium einsatzfähig. Durch Fortentwicklung des technischen

Herstellungsprozesses erreichte man Dämpfungswerte, die konkurrenzfähig mit denen anderer Medien, insbesondere der Kupferkabel, wurden. Um diese Zeit standen auch optische Sender und Empfänger in Form von lichtemittierenden Dioden, kurz LEDs, und von Halbleiter–Lasern sowie von PIN– und Avalanche Photodioden zur Verfügung. Je nach Typ des Lichtwellenleiters sind hier Datenraten im Bereich einiger Gb/s möglich.

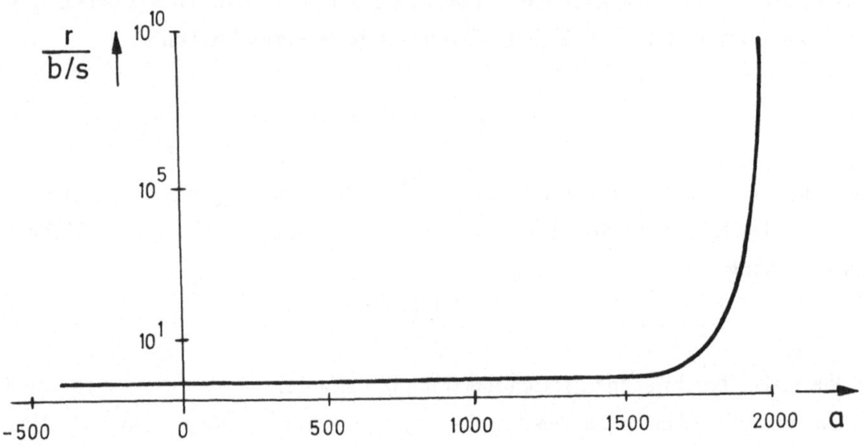

Bild 1.1 Historische Entwicklung der erreichbaren Datenübertragungsraten

Einen zusammenfassenden Überblick über die Entwicklung der Datenübertragungsraten gibt Bild 1.1, aus dem man die insbesondere in den letzten Jahren erreichte enorme Steigerung dieser Raten ablesen kann.

1.2 Digitale und analoge Übertragung

Digitale Übertragungsverfahren sind immer dann erforderlich, wenn die Quelle diskret ist; Beispiele dafür sind Datenfiles und Texte. Sofern der verfügbare Übertragungskanal analog ist, wie z.B. beim Fernsprech– oder Funkkanal, muß eine Anpassung der diskreten Quelle an den analogen Kanal erfolgen. Dazu verwendet man *Modems*, eine Kombination aus Modulator und Demodulator, mit denen digitale Modulationsverfahren auf der Basis von Signalprozessoren oder daraus abgeleiteten Bausteinen realisiert werden. Man bezeichnet die Kombination aus dem Modem am Eingang des analogen Kanals, dem analogen Kanal selbst und dem Modem am Ausgang des Kanals als *digitalen Kanal*, da an seinem Ein– und Ausgang digitale Daten anliegen.

Heute werden zunehmend Signalprozesse, die von analogen Quellen stammen, z.B.

Sprache, Musik oder Bilder, über digitale Kanäle übertragen. Es wurde gezeigt, daß für ein PCM–codiertes Sprachsignal in Fernsprechqualität ein digitaler Kanal mit einer Kapazität von 64 kb/s erforderlich ist. Beachtet man, daß ein analoger Fernsprechkanal, der mit Hilfe von Modems als digitaler Kanal betrieben wird, unter günstigsten Annahmen, z.B. einem Störabstand von 50 dB, eine Kanalkapazität von maximal 50 kb/s [Ste 67] besitzt, so scheint der Nachteil der digitalen Übertragung analoger Quellensignale deutlich zu werden. Dies wird noch dadurch unterstrichen, daß der Aufwand an Signalverarbeitung – Abtastung, Quantisierung, Rekonstruktion – bei der digitalen Übertragung erheblich höher als bei der analogen ist. Trotz dieser Einwände hat die digitale Übertragung gegenüber der analogen eindeutige Vorteile, die nicht nur in den immer leistungsfähiger, kleiner und preisgünstiger werdenden digitalen Bausteinen begründet sind. Während die analoge Übertragung durch eine Vielzahl von Qualitätsmerkmalen charakterisiert wird – Amplituden– und Phasenverzerrung, Signal–zu–Rauschverhältnis, Intermodulation usw. – und aufwendiger Techniken bedarf, um die dadurch verschlechterte Übertragungsgüte zu verbessern, genügen zur Beschreibung des digitalen Übertragungskanals, unabhängig von seiner physikalischen Realisierung, wenige Parameter. Dies sind

- ◇ *die Bitfehlerwahrscheinlichkeit, die u.a. vom Signal–zu–Rauschverhältnis, den Kanalverzerrungen und dem Abtastfehler abhängt,*
- ◇ *die Übertragungsrate, die im wesentlichen vom Modulationsverfahren und der Kanalbandbreite bestimmt wird.*

Daneben spielt auch die *Laufzeit* des digitalen Übertragungssystems eine Rolle, insbesondere, wenn der Kanal für Realzeitanwendungen wie Sprachübertragung im Dialogbetrieb oder *fehlererkennende Codierung* benutzt wird. In beiden Fällen wird der Kanal bidirektional betrieben, so daß große Laufzeiten die Sprachkommunikation erschweren und hohe Speicherkapazitäten bei der fehlererkennenden Codierung erfordern. Die Laufzeiten werden zum einen vom Kanal – z.B. bei Satellitenübertragung –, zum anderen durch die Signalverarbeitungskomponenten verursacht. Ein Vorteil dieser Beschreibungsmerkmale ist, daß sie unabhängig vom Übertragungsmedium – metallische Leiter, Lichtwellenleiter, Funkkanäle – als Gütemaße verwendet werden können. Dies ist besonders dann von Vorteil, wenn sich die Übertragungsstrecke aus verschiedenen dieser Medien zusammensetzt.

Digitale Übertragung weist gegenüber analoger zwei wesentliche Vorteile auf, die Möglichkeit,

- ◇ *mit Hilfe der Codierung durch entsprechend erhöhten Aufwand und reduzierter Nettodatenrate eine Bitfehlerwahrscheinlichkeit zu erzielen, die für den jeweiligen Anwendungsfall erforderlich ist,*

- *die Übertragungsstrecke durch Einfügen von Zwischenregeneratoren beliebig lang zu machen, ohne die Bitfehlerwahrscheinlichkeit zu erhöhen.*

Codierung ist dabei sowohl als *Quellencodierung* zur Redundanzreduktion wie auch zur *Kanalcodierung* zur Kompensation der Störungen möglich. Während man bei der Verstärkung analoger Signale sowohl den Nutzanteil wie die Störungen und durch das Eigenrauschen der Verstärker dieses zusätzlich erhöht, so daß sich in den Zwischenverstärkern analoger Übertragungsstrecken das Rauschen akkumuliert, wird in einem Zwischenregenerator digitaler Übertragungsstrecken das ursprüngliche Quellensignal unverfälscht zurückgewonnen. Das gilt natürlich nur mit der Einschränkung, daß die Störungen im Abschnitt zwischen zwei Regeneratoren den Signalpegel nicht so stark verändern, daß diesem Signalpegel im Zwischenregenerator ein anderer als der ursprüngliche Binärwert zugeordnet wird. Deswegen darf man den Abstand der Regeneratoren nur so groß wählen, daß dieses Ereignis eine vorgegebene Wahrscheinlichkeit nicht überschreitet. Im Gegensatz zur analogen Übertragung akkumuliert sich hier der Störeinfluß jedoch nicht, vielmehr addieren sich nur die Bitfehlerwahrscheinlichkeiten. Durch Vorgabe der Gesamtbitfehlerwahrscheinlichkeit läßt sich so der Abstand der Regeneratoren festlegen.

Ein weiterer Vorteil digitaler Übertragung besteht darin, daß die Mehrfachausnutzung von Übertragungswegen durch Zeitmultiplex möglich ist. Bei analoger Übertragung besteht diese Möglichkeit aus praktischen Gründen nicht, statt dessen verwendet man hier das technisch aufwendigere Frequenzmultiplex, sofern die erforderliche Bandbreite zur Verfügung steht. In diesem Punkt ist wieder ein Vorteil der analogen Übertragung zu sehen, da sie in der Regel mit weniger Bandbreite als die digitale auskommt.

1.3 Komponenten des Datenübertragungssystems

Ein Datenübertragungssystem hat den in Bild 1.2 gezeigten Aufbau. Die Signale der analogen Quelle werden durch einen Wandler in elektrische Signale umgesetzt und digitalisiert. Ein Beispiel für das analoge Quellensignal ist Sprache, die durch ein Mikrophon als Wandler in das elektrische Signal umgesetzt wird. Bei einer digitalen Quelle, z.B. einer optischen Platte, werden die Daten ebenfalls in einem Wandler in elektrische Form umgewandelt; die Digitalisierungsstufe entfällt hier. Anschließend werden die Daten über einen digitalen Kanal übertragen, gegebenenfalls erfolgt eine Digital–Analog–Umsetzung. Schließlich wird das Signal in einem Wandler umgesetzt und der Senke zugeführt.

Wenn das physikalische Übertragungsmedium analog ist, z.B. der Fernsprech– oder der Funkkanal, muß dieser durch geeignete Sender und Empfänger zum digitalen Kanal ergänzt werden, was in Bild 1.3 gezeigt wird.

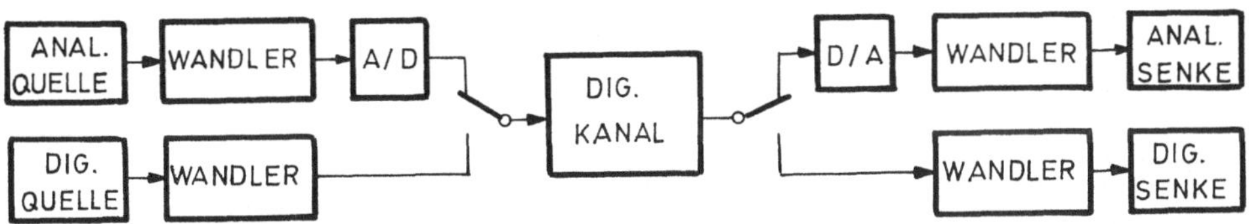

Bild 1.2 Grundprinzip der Datenübertragung für analoge und digitale Quellen

Im Fernsprechkanal sind Sender und Empfänger Modems; bei Funkkanälen ist eine zusätzliche Hochfrequenzmodulations– und –demodulationsstufe erforderlich. Im Falle von Lichtwellenleitern benötigt man einen optischen Sender, z.B. einen Halbleiter–Laser, und einen optischen Empfänger, z.B. eine Avalanche–Photodiode.

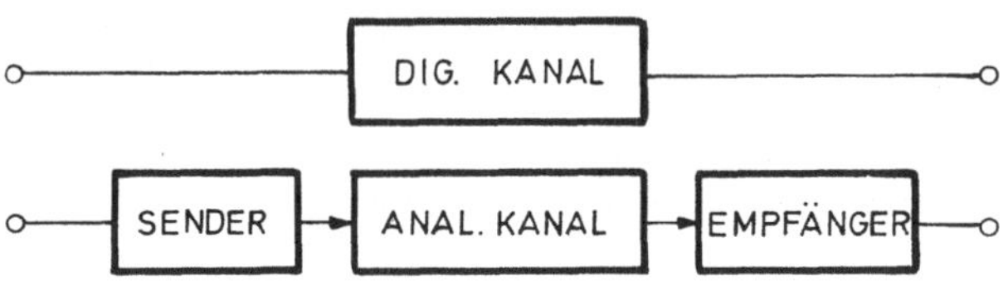

Bild 1.3 Vergleich von digitalem und analogem Übertragungskanal

Ein Modem hat auf der Sendeseite den in Bild 1.4 gezeigten grundsätzlichen Aufbau. Der Datenstrom wird, falls die Quelle lange Folgen von binären Nullen oder Einsen liefert, die zu Problemen bei der *Taktsynchronisation* führen, einem *Verwürfler* zugeführt. Im nachfolgenden Basisbandcodierer werden den Binärzeichen Impulspaare zugeordnet, die Impulsformer erregen, um eine zur Übertragung geeignete Impulsform zu erzeugen. Es folgt ein Modulator und gegebenenfalls ein Filter zur Anpassung an den Kanal.

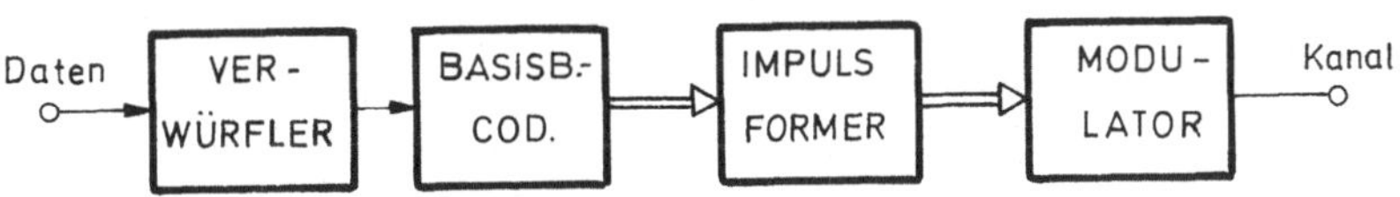

Bild 1.4 Sendeseite eines Modems

Den Aufbau des Modems auf der Empfangsseite zeigt Bild 1.5, wobei beide Teile, der auf der Sende– und der auf der Empfangsseite, wegen des in der Regel bidirektionalen oder *Duplexbetriebs* in einer Einheit, eben dem Modem, zusammengefaßt werden.

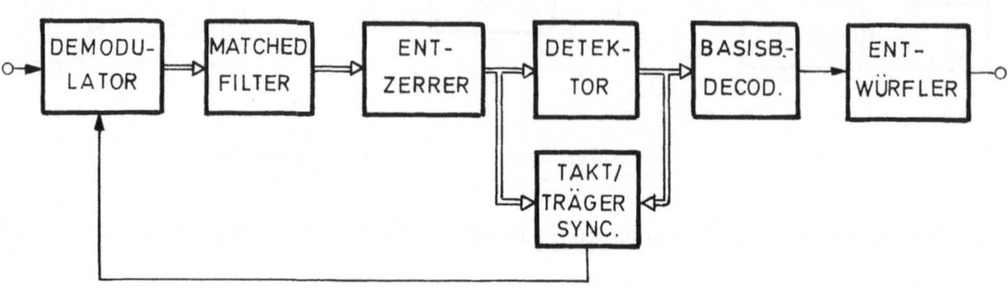

Bild 1.5 Empfangsseite des Modems

Gegebenenfalls nach einer Filterung zur Bandbegrenzung des breitbandigen Rauschens erfolgt die Umsetzung in das Basisband mit Hilfe eines Demodulators. Das *Matched Filter* ist an die Signalform des Basisbandimpulses angepaßt und entspricht dem Impulsformer im Sendeteil. Der *Entzerrer* hat die Aufgabe, die nichtidealen linearen Übertragungseigenschaften des Kanals zu kompensieren. Im *Detektor* wird dem Eingangsvektor ein Signalwert zugeordnet, den der Basisbanddecodierer in eine Binärfolge umsetzt. Schließlich wird die Binärfolge noch entwürfelt, so daß sie in ursprünglicher Form der Senke zur Verfügung steht.

Neben den hier genannten Komponenten besitzt ein Sender und Empfänger zur Datenübertragung weitere Komponenten, z.B. *Echokompensatoren*, die im Sender oder Empfänger reflektierte Anteile des Datenstroms, die zu *Nah–* bzw. *Fernnebensprechen* führen, zu reduzieren. Ferner kann man Komponenten zur Quellen– und Kanalcodierung auf der Sendeseite und zur Decodierung auf der Empfangsseite hinzufügen. Insbesondere bei Funkkanälen, die eine geringe Bandbreite und große Störungen besitzen, sind diese Codierer erforderlich. Dabei gibt es eine Vielzahl von Quellencodierungsverfahren, wie z.B. *Transformationscodierung*, *Differenz–Pulscodemodulation* [Kro 86], die erfolgreich bei Sprachübertragung [Kro 82] eingesetzt werden, hier aber nicht weiter betrachtet werden sollen, während später auf die Kanalcodierung eingegangen werden soll. Bei fehlererkennender Codierung benötigt man als zusätzliche Einrichtung einen *Rückkanal* für das Quittungssymbol. Vom Datenübertragungskanal fordert man dabei *Codetransparenz*, d.h. jeder Code wird gleich gut übertragen. Ferner werden bei Mehrfachausnutzung des Übertragungskanals Multiplexer benötigt und bei Funkkanälen oft Komponenten für die Mehrfachübertragung.

2 Übertragungswege

Die bei der Datenübertragung benutzten Übertragungswege [Fis 71] lassen sich zum einen nach dem verwendeten physikalischen Medium und zum anderen nach ihrer technischen Ausführung unterscheiden. Zu den physikalischen Medien zählen metallische Leiter, Glasfasern und der freie Raum. Bei den metallischen Leitern verwendet man zur Datenübertragung vornehmlich Zweidrahtleitungen und Koaxialkabel, in Sonderfällen auch Hohlleiter. In Zukunft werden die Lichtwellenleiter die größte Bedeutung bei der Datenübertragung spielen. Hier unterscheidet man Monomode– und Multimode–Fasern, mit denen verschieden hohe Übertragungsraten realisierbar sind. An Materialien werden Quarz und Kunststoffe verwendet, bei der Datenübertragung jedoch in erster Linie Quarzgläser. Zum dritten physikalischen Medium, dem freien Raum, gehören Richtfunkstrecken, Mobilfunkkanäle und Satellitenstrecken.

Neben diesen Standardübertragungswegen gibt es Sonderformen wie Freileitungen, Übertragungskanäle über Hochspannungsleitungen und Infrarotverbindungen, die bei der Datenübertragung aber nur in Sonderfällen eine Rolle spielen und deshalb hier nicht weiter betrachtet werden sollen.

Aus der Aufzählung der vielen Arten von Datenübertragungskanälen wird deutlich, wie unterschiedlich diese sein können, was die verwendeten Materialien angeht. Ein anderes Unterscheidungsmerkmal ist die Länge der Übertragungsstrecke. Bei der Datenübertragung zwischen einem Rechner und einem Drucker beträgt sie einige Meter, bei der Datenübertragung in einem öffentlichen terrestrischen Netz einige Kilometer und bei der Datenkommunikation mit einem Raumfahrzeug von der Erde aus einige Tausend Kilometer.

Man kennt analoge und digitale Übertragungskanäle. Bei der Kommunikation von

Sprache im Telefonnetz oder von Bildern über Rundfunkstationen werden heute noch vorwiegend analoge Kanäle verwendet. Wie bereits erwähnt wurde, werden auch diese analogen Nachrichten zunehmend in digitaler Form codiert und dann übertragen. Hierzu benötigt man digitale Übertragungskanäle, die allerdings die prinzipiell analogen physikalischen Übertragungswege verwenden. Hier wird stets davon ausgegangen, daß der verfügbare Übertragungsweg als digitaler Kanal, d.h. zur Übertragung digitaler Daten, verwendet werden soll. Falls der Kanal als analoger Kanal ausgelegt wurde, z.B. als analoger Sprachkanal im heutigen Telefonnetz, sind Modems zur Anpassung an diesen analogen Kanal erforderlich.

Geordnet nach den physikalischen Medien sollen nun die einzelnen Übertragungswege im Detail vorgestellt werden.

2.1 Metallische Leiter

Zur Gruppe der metallischen Leiter zählen Freileitungen, Adernpaare, Koaxialkabel und Hohlleiter. Für die Datenübertragung spielen davon nur die Adernpaare und Koaxialkabel eine Rolle. Sie zählen zu den homogonen Leitungen, da ihre Eigenschaften – Querschnitt, Leitermaterial, Isolation – längenunabhängig sind. Bei der Beurteilung ihrer Eignung für die Datenübertragung benötigt man Angaben über ihre Bandbreite, Dämpfung und Phase, die durch ein frequenzabhängiges Übertragungsmaß beschrieben werden.

2.1.1 Übertragungseigenschaften der homogenen Leitung

Ein aus einer homogenen Leitung herausgeschnittenes Stück läßt sich als Vierpol beschreiben. Stellt man sich vor, daß dieses Stück eine differentiell kurze Ausdehnung besitzt, kommt man zu dem in Bild 2.1 gezeigten Ersatzschaltbild.

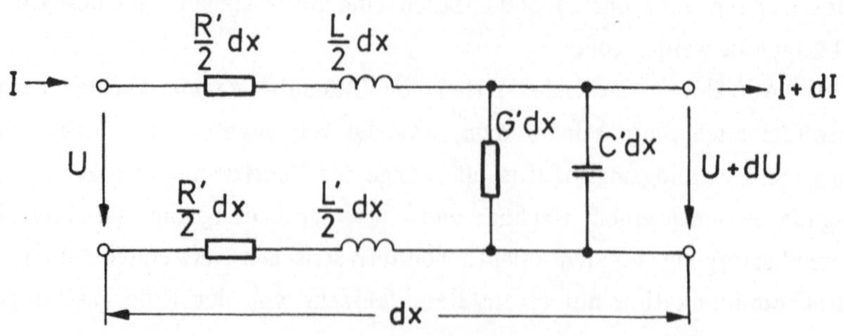

Bild 2.1 Ersatzschaltbild eines differentiellen Leitungsstücks

Parameter der homogenen Leitung sind die auf 1 km bezogenen Leitungsbeläge R' für den ohmschen Widerstand, L' für die Induktivität, C' für die Kapazität und G' für den Leitwert zwischen den beiden Leitern. Transformiert man die zeit– und ortsabhängigen Ströme i(t,x) und Spannungen u(t,x) der Leitung mit der Länge ℓ in den Frequenzbereich, so erhält man die frequenz– und ortsabhängigen Größen I(ω,x) und U(ω,x), die hier zur Abkürzung mit I(x) und U(x) bezeichnet werden sollen. Durch Knoten– und Maschenanalyse erhält man mit Hilfe des Ersatzschaltbildes:

$$I(x) = (G'+j\omega C')\,(U(x)+dU(x))\,dx + I(x)+dI(x) \qquad (2.1.1a)$$

$$U(x) = (R'+j\omega L')\,(I(x)+dI(x))\,dx + U(x)+dU(x) \quad . \qquad (2.1.1b)$$

Setzt man wegen der Kürze des Leitungsstücks $dI \cdot dx = 0$ und $dU \cdot dx = 0$, so erhält man die *Leitungsgleichungen*:

$$-\frac{dI(x)}{dx} = (G'+j\omega C')\,U(x) \qquad (2.1.2a)$$

$$-\frac{dU(x)}{dx} = (R'+j\omega L')\,I(x) \quad . \qquad (2.1.2b)$$

Differenziert man (2.1.2b) nach x und verwendet (2.1.2a), so folgt:

$$\frac{d^2U(x)}{dx^2} = (R'+j\omega L')\,(-\frac{dI(x)}{dx}) = (R'+j\omega L')\,(G'+j\omega C')\,U(x) \quad . \qquad (2.1.3)$$

Zur Lösung dieser Differentialgleichung verwendet man den Ansatz

$$U(x) = A \cdot e^{-\gamma x} + B \cdot e^{\gamma x} \quad , \qquad (2.1.4)$$

der auf

$$\frac{d^2U(x)}{dx^2} = \gamma^2\,A \cdot e^{-\gamma x} + \gamma^2\,B \cdot e^{\gamma x} = \gamma^2\,U(x) \qquad (2.1.5)$$

bzw. nach Vergleich mit (2.1.3) auf das komplexe *Fortpflanzungsmaß* γ

$$\gamma^2 = (\alpha + j\beta)^2 = (R' + j\omega L')\,(G' + j\omega C')$$

$$= \alpha^2 - \beta^2 + j \cdot 2\alpha\beta = R'G' - \omega^2 L'C' + j\omega(L'C'+R'C') \qquad (2.1.6)$$

mit dem *Wellendämpfungsbelag* α und dem *Wellenphasenbelag* β

$$\alpha^2 = \frac{1}{2}(R'G' - \omega^2 L'C') + \frac{1}{2}\sqrt{(R'^2+\omega^2 L'^2)\ (G'^2+\omega^2 C'^2)}$$

$$\beta^2 = -\frac{1}{2}(R'G' - \omega^2 L'C') + \frac{1}{2}\sqrt{(R'^2+\omega^2 L'^2)\ (G'^2+\omega^2 C'^2)} \tag{2.1.7}$$

führt. Mit dem Ansatz (2.1.4) erhält man für (2.1.2b)

$$(R'+j\omega L')\ I(x) = -\frac{dU(x)}{dx} = \gamma\cdot(A\ e^{-\gamma x} - B\ e^{\gamma x}) \tag{2.1.8}$$

und mit γ nach (2.1.6)

$$\sqrt{\frac{R'+j\omega L'}{G'+j\omega C'}}\ I(x) = Z_W\ I(x) = A\ e^{-\gamma x} - B\ e^{\gamma x}\ . \tag{2.1.9}$$

Mit Z_W bezeichnet man den *Wellenwiderstand* der Leitung. Ist der Leitungsabschluß bei $x = \ell$ durch $U(\ell) = U_2$ und $I(\ell) = I_2$ definiert, so folgt mit (2.1.4) und (2.1.9) schließlich

$$U_2 = A\ e^{-\gamma\ell} + B\ e^{\gamma\ell} \tag{2.1.10a}$$

$$Z_W\ I_2 = A\ e^{-\gamma x} - B\ e^{\gamma x}\ , \tag{2.1.10b}$$

woraus man die Konstanten A und B berechnen kann. Setzt man diese in (2.1.4) und (2.1.9) ein, erhält man schließlich

$$U(x) = \frac{1}{2}(U_2+Z_W\ I_2)\ e^{\gamma(\ell-x)} + (U_2-Z_W I_2)\ e^{-\gamma(\ell-x)} \tag{2.1.11a}$$

$$I(x) = \frac{1}{2}(I_2+U_2/Z_W)\ e^{\gamma(\ell-x)} + (I_2-U_2/Z_W)\ e^{-\gamma(\ell-x)}\ . \tag{2.1.11b}$$

Die ortsabhängigen Größen Spannung U(x) und Strom I(x) setzen sich aus zwei Anteilen zusammen, einer einfallenden und einer reflektierten Welle. Wenn am Leitungsende $x = \ell$ *Anpassung* mit

$$U_2 = I_2 \cdot Z_W \tag{2.1.12}$$

herrscht, verschwindet die reflektierte Welle. Für die ortsabhängige Spannung und entsprechend auch für den ortsabhängigen Strom gilt dann:

$$\frac{\underline{U}(x)}{\underline{U}_2} = e^{\gamma(\ell-x)} = e^{(\alpha+j\beta)\cdot(\ell-x)} = \left|\frac{\underline{U}(x)}{\underline{U}_2}\right| e^{j\beta(\ell-x)} \quad . \tag{2.1.13}$$

Das Spannungsverhältnis der Leitung der Länge ℓ erhält man für $x = 0$, wobei man $a = \alpha\cdot\ell$ als Dämpfung und $b = \beta\cdot\ell$ als Phase der Leitung bezeichnet. Aus (2.1.13) folgt, daß die Dämpfung a und damit auch der Wellendämpfungsbelag α der natürliche Logarithmus des Betrags vom Quotienten zweier Spannungen oder Ströme ist, weshalb man a bzw. α früher in Neper (Np) angab:

$$a_{Np} = \ln\left|\frac{\underline{U}(x)}{\underline{U}_2}\right| \tag{2.1.14}$$

Heute ist die Angabe in Dezibel (dB) unter Verwendung des dekadischen Logarithmus üblich

$$a_{dB} = 20\log\left|\frac{\underline{U}(x)}{\underline{U}_2}\right| \quad , \tag{2.1.15}$$

wobei die Umrechnung beider Maße über den Modul [Bro 62] erfolgt:

$$a_{dB} = 20\,\frac{1}{\ln(10)}\,a_{Np} = 8{,}686\;a_{Np} \tag{2.1.16a}$$

$$a_{Np} = \frac{1}{20}\,\frac{1}{\log(e)}\,a_{dB} = 0{,}115\;a_{dB} \quad . \tag{2.1.16b}$$

Aus dem Wellenphasenbelag β leitet man die *spezifische Gruppenlaufzeit*

$$\tau'_g = \frac{d\beta}{d\omega} \quad , \tag{2.1.17}$$

ab, die wie α und β eine längenbezogene Größe ist und meist für die Länge $\ell = 1$ km angegeben wird.

Es sollen nun die technischen Eigenschaften von zwei Leitertypen, den Adernpaaren und der Koaxialkabel, näher beschrieben werden.

2.1.2 Adernpaare

Adernpaare werden in Form von verdrillten Leitungen als Teilnehmeranschlußleitungen und zwischen Ortsvermittlungstellen im Fernsprechnetz und als einfache Bussysteme für kurze Entfernungen verwendet. Sie stellen in Bezug auf das Erdpotential symmetrische Leitungen dar und werden im Fernsprechnetz mit 20 bis 2000 Paaren zu Kabeln zu–

sammengefaßt. Die paarige Anordnung erklärt sich daraus, daß hiermit die Übertragung in beiden Richtungen im sogenannten *Duplexbetrieb* über größere Entfernungen, d.h. unter Verwendung von Verstärkern, möglich ist. Man bezeichnet sie auch als Kupferdoppelader oder im Englischen als *twisted pair.* Zwei Adernpaare stellen jeweils eine Einheit dar, wobei die vier Einzeladern entweder untereinander als *Sternvierer* oder die beiden Paare als *Dieselhorst–Martin* Vierer verdrillt [Ste 67] sind, um die Kopplung der Paare untereinander und damit das Nebensprechen zu reduzieren. Als Isolation zwischen den verdrillten Kupferleitern, die einen Durchmesser von 0,4 mm bis 1,2 mm [Boc 86] besitzen, wurde früher Papier, heute wird Polyäthylen verwendet. Aus Kostengründen werden sie auch im künftigen ISDN bei der Datenübertragung zum Teilnehmer eine wichtige Rolle spielen und bei niedrigen Datenraten und geringer Ausdehnung für lokale Netze, sogenannte *local area networks* oder LANs, eingesetzt.

Wie im vorigen Abschnitt gezeigt wurde, hängen die Übertragungseigenschaften der Adernpaare von den Leitungsbelägen R', L', G' und C' ab. Dazu zeigt Tabelle 2.1 einige Werte [Ste 67], [Boc 76]. Dabei ist C' von der Frequenz unabhängig, G' ist zu vernachlässigen, L' nimmt mit der Frequenz etwas ab und R' steigt bei hohen Frequenzen wegen des *Skineffekts.*

Tabelle 2.1 Leitungsbeläge von kupfernen Adernpaaren mit Durchmessern von 0,4 mm bis 1,2 mm

$\frac{\phi}{\text{mm}}$	$\frac{R'}{\Omega/\text{km}}$	$\frac{L'}{\text{mH/km}}$	$\frac{G'}{\mu\text{S/km}}$	$\frac{C'}{\mu\text{F/km}}$
0,4	300	0,7	1	36
0,6	130	0,7	1	42
0,8	73,2	0,7	1	42
1,2	32,8	0,7	1	42

Mit (2.1.7) lassen sich damit der Wellendämpfungs– und Wellenphasenbelag bzw. mit (2.1.17) die spezifische Gruppenlaufzeit berechnen. Die frequenzabhängigen Werte zeigt Bild 2.2. Der Wellendämpfungsbelag α wächst für sehr niedrige und sehr hohe Frequenzen etwa proportional mit der Quadratwurzel aus der Frequenz. Die in Tab. 2.1 genannten Werte gelten, wie bereits gesagt, nur bis etwa 20 kHz, da darüber die Widerstands– und Induktivitätsbeläge wegen des dann auftretenden Skineffekts und der Wirbelstromverluste frequenzabhängig [Ste 67] werden. Man erkennt an Bild 2.2 die hohe Frequenzabhängigkeit der Dämpfung. Man hat deshalb versucht, diese zu reduzieren. Bei einem früher für die Sprachübertragung verwendeten Verfahren wurden sogenannte *Pupin–Spulen* mit einer Induktivität von $L_p = 80$ mH im Abstand von $\ell_p = 1{,}7$ km in das Adern–

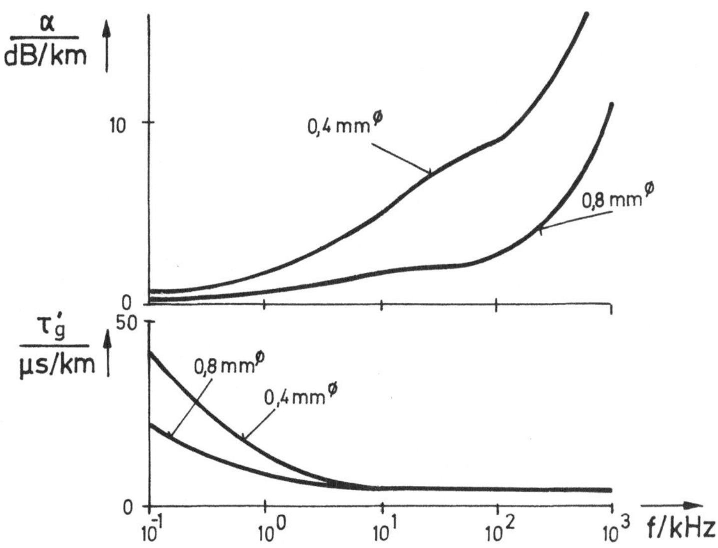

Bild 2.2 Wellendämpfungsbelag und spezifische Gruppenlaufzeit als Funktion der Frequenz $f = \omega/2\pi$ für verschiedene Aderndurchmesser

paar eingefügt. Nimmt man an, daß es sich bei dem Adernpaar um eine verlustarme Leitung mit

$$R' \ll \omega L' \text{ und } G' \ll \omega C' \text{ bzw. } R' G' \ll \omega^2 L' C' \tag{2.1.18}$$

handelt, so daß man den entsprechenden Ausdruck bei der Berechnung des Wellendämpfungsbelags nach (2.1.6)

$$\gamma = \alpha + j\beta = j\omega \sqrt{L'C'} \sqrt{1 + \frac{R'}{j\omega L'} + \frac{G'}{j\omega C'} - \frac{R'G'}{\omega^2 L' C'}} \tag{2.1.19}$$

vernachlässigen kann, entwickelt die Wurzel in eine Reihe [Bro 62] und bricht nach dem linearen Glied ab, so erhält man die Näherung

$$\gamma \simeq j\omega \sqrt{L'C'} \left[1 + \frac{1}{2} \frac{R'}{j\omega L'} + \frac{1}{2} \frac{G'}{j\omega C'} \right]$$

$$= \frac{1}{2} R' \sqrt{\frac{C'}{L'}} + \frac{1}{2} G' \sqrt{\frac{L'}{C'}} + j\omega \sqrt{L'C'} \simeq \alpha + j\beta \quad . \tag{2.1.20}$$

Der Dämpfungsbelag α setzt sich hier aus zwei Anteilen zusammen, die in gegenläufiger Weise vom Induktivitätsbelag L' abhängen. Da α im wesentlichen durch R' bestimmt wird, führt eine Erhöhung von L' insgesamt zu einer Verringerung von α, was durch Einfügen der Pupin–Spulen erreicht wird. Derartige Leitungen werden als bespult bezeichnet, dem im Englischen der Ausdruck *loaded* entspricht. Bild 2.3 zeigt die Wirkung der Bespulung [Bar 85]: Im Bereich eines Fernsprechkanals von 300 Hz bis ca. 3,4 kHz wird die Dämpfung kleiner und frequenzunabhängiger, wogegen die spezifische Gruppenlaufzeit erhöht und frequenzabhängiger wird.

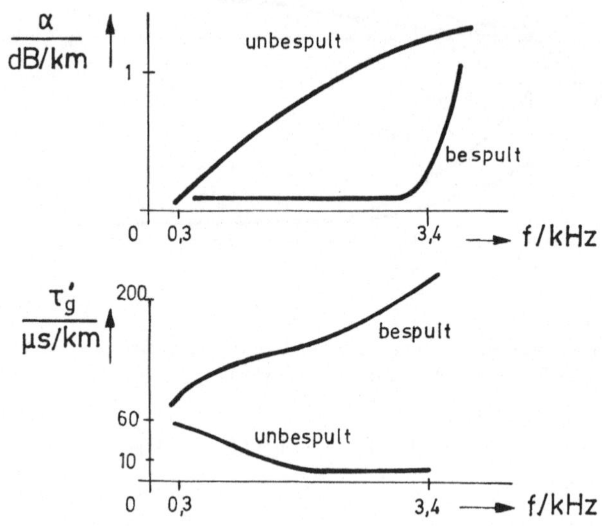

Bild 2.3 Wirkung der Bespulung auf Dämpfungsbelag und spezifische Gruppenlaufzeit eines Adernpaars

Die Pupinisierung erlaubt wegen der verringerten Dämpfung bei der Übertragung von Sprache eine Verlängerung der Übertragungsstrecke, wobei die stärkere Frequenzabhängigkeit der Gruppenlaufzeit keinen negativen Einfluß auf die Sprachverständlichkeit hat. Dagegen führt die frequenzabhängigere Gruppenlaufzeit bei der Datenübertragung zu nicht akzeptablen Verzerrungen.

Bei den Übertragungseigenschaften von Adernpaaren interessiert letztlich die Dämpfung bzw. Gruppenlaufzeit der beschalteten Leitung. Üblicherweise wird beim Fernsprechkanal die Leitung an beiden Enden mit 600 Ω abgeschlossen, was dem Wellenwiderstand sehr nahe kommt, dessen Betrag bei einer Frequenz von f = 800 Hz und einem Durchmesser des Adernpaars von 8 mm z.B. Z_W = 588 Ω beträgt. Sinn dieser Beschaltung ist, daß keine reflektierte Welle auftritt und am Abschlußwiderstand die maximal mögliche Leistung zur Verfügung steht. Bei der Datenübertragung kommt es aber wesentlich darauf an, daß die Übertragung *verzerrungsfrei* ist, was eine konstante

Dämpfung und Gruppenlaufzeit voraussetzt. Die Pupinisierung erlaubt lediglich, die Dämpfung im gewünschten Sinne zu verändern, d.h. frequenzunabhängiger zu machen. Deshalb liegt es nahe, eine andere Möglichkeit, nämlich die der Fehlanpassung, zu prüfen. Für den nahezu angepaßten Fall mit einem Senderinnen- und Empfängereingangswiderstand von $R_S = R_E = 600\ \Omega$ und für den fehlangepaßten Fall mit $R_S = 25\ \Omega$ und $R_E = 200\ \Omega$ zeigt Bild 2.6 die Dämpfung $a = \alpha \cdot \ell$ und die Gruppenlaufzeit $\tau_g = \tau'_g \cdot \ell$, wobei ℓ wieder die Leitungslänge bezeichnet. Diese Wahl von R_S und R_E entspricht den Werten, wie man sie bei Modems findet [Boc 76].

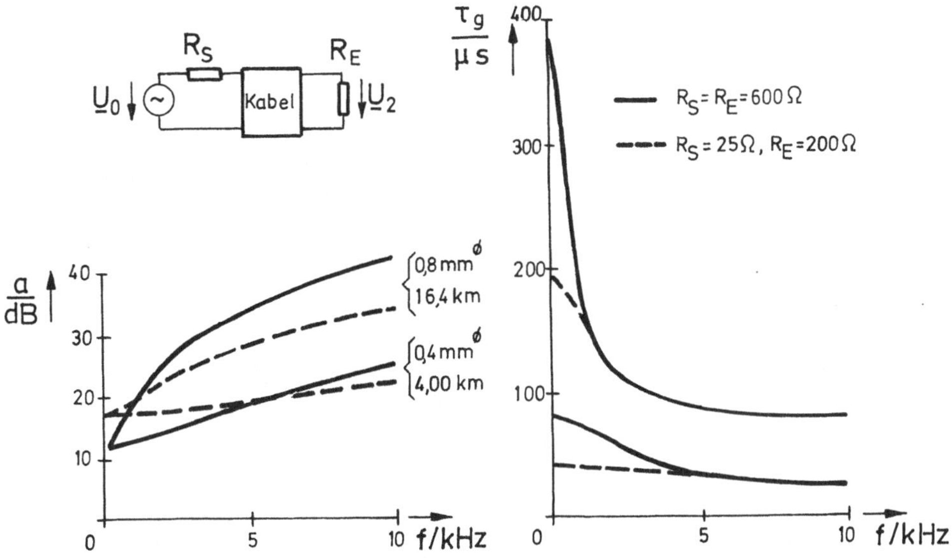

Bild 2.4 Dämpfung a und Gruppenlaufzeit τ_g für verschiedene Leiterdurchmesser bei einem Gleichstromschleifenwiderstand von 1,2 kΩ und verschiedenen Leitungsabschlüssen

Man erkennt, daß der Dämpfungs- und Gruppenlaufzeitverlauf im Fehlanpassungsfall mit $R_S = 25\ \Omega$, $R_E = 200\ \Omega$ konstanter wird als für $R_S = R_E = 600\ \Omega$, was zu einer Verringerung der Verzerrungen und damit bei Datenübertragung zu einer Verringerung der Fehlerwahrscheinlichkeit führt. Für Frequenzen oberhalb von 10 kHz setzt sich die Tendenz fort, d.h. die Dämpfung steigt weiter an und die Gruppenlaufzeit bleibt konstant.

Wegen der nichtidealen Übertragungseigenschaften von Adernpaaren, der Frequenzabhängigkeit von Dämpfungsbelag und spezifischer Gruppenlaufzeit, kann man ohne Zwischenregeneratoren nur eine beschränkte Reichweite erzielen, die von der in kb/s gemessenen Übertragungsrate abhängt. Bild 2.5 zeigt dazu einige Zahlenwerte [Bar 85].

Beim ISDN–Basisanschluß mit einer Datenrate von 144 kb/s liest man aus Bild 2.5 eine maximale Reichweite von etwa 5 km ab; durch die im 6. Kapitel näher beschriebene Echokompensation läßt sich diese auf 8 km [Boc 86] erhöhen, so daß man hier in dicht besiedelten Gebieten mit entsprechend vielen Ämtern ohne Zwischenregeneratoren auskommt.

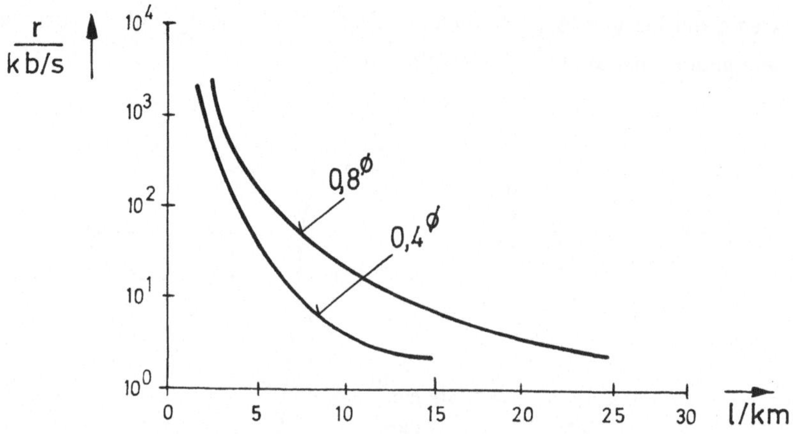

Bild 2.5 Abhängigkeit der Übertragungsreichweite von der Datenrate bei Adernpaaren

Der bei Adernpaaren ausgenutzte Frequenzbereich reicht bis etwa 2 MHz, so daß Datenübertragungsraten bis 2 Mb/s möglich sind, wobei allerdings im Abstand von etwa 1,7 bis 3,5 km Zwischenregeneratoren benötigt werden. Bei einer Frequenz von 1 kHz und einem Aderndurchmesser von 0,8 mm beträgt die Dämpfung dabei 1,8 dB/km.

Freileitungen zählen auch zu den homogenen Leitungen, spielen bei der Datenübertragung aber keine wesentliche Rolle. Freileitungen haben einen Durchmesser von 2 bis 5 mm, ihre Dämpfung liegt im Sprachfrequenzband bis 4 kHz im Bereich von einigen Zehntel dB/km, man erreicht mit ihnen Bandbreiten bis oberhalb 100 kHz und damit Datenraten im Bereich von 100 kb/s bei entsprechend höherer Dämpfung.

2.1.3 Koaxialkabel

Koaxialkabel bestehen nach Bild 2.6 aus einem meist kupfernen Innenleiter, einem dazu konzentrischen Außenleiter, der aus Kupfer oder Aluminium besteht, einem dazwischen befindlichen Isolator aus Kunststoffen oder Gasen, wozu Polyurethan und Luft zählen, sowie einem schützenden Kabelmantel. Mehrere dieser Koaxtuben können zu einem größeren Kabel zusammengefaßt werden, das wieder ummantelt ist.

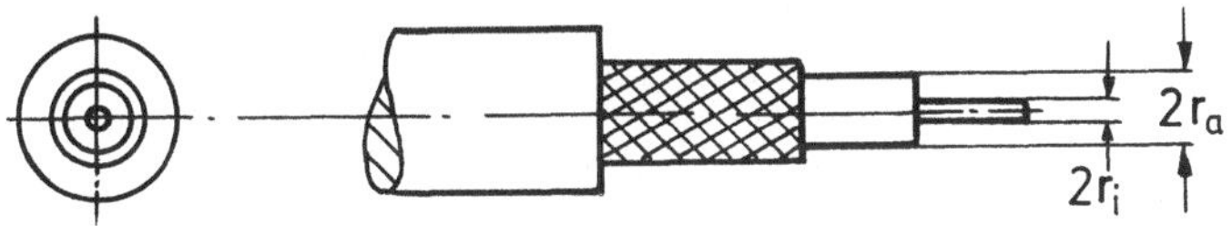

Bild 2.6 Aufbau eines Koaxialkabels

Der Außenleiter ist meist geerdet, d.h. das Kabel wird unsymmetrisch betrieben und besteht bei gewünschter höherer Flexibilität des Kabels aus einem Geflecht; bei der Forderung nach besserer Abschirmung ist er massiv.

Wie aus Bild 2.6 hervorgeht, sind die charakteristischen geometrischen Parameter der Außendurchmesser $2r_i$ des Innenleiters und der Innendurchmesser $2r_a$ des Außenleiters. Bei der Mini–Koaxialtube ist r_a = 2,9 mm, r_i = 0,7 mm, bei der kleinen Koaxialtube r_a = 4,4 mm, r_i = 1,2 mm und bei der großen Koaxialtube r_a = 9,5 mm, r_i = 2,6 mm [Boc 86]. Einsatz finden diese Koaxialkabel wie die Adernpaare bei der Trägerfrequenztechnik für Fernsprechkanäle, bei der Verteiltechnik von Fernsehkanälen und bei der Datenübertragung im Fernbereich und bei lokalen Netzen, z.B. dem *Ethernet* [Con 89].

Wie die Adernpaare sind Koaxialkabel homogene Leitungen, die in ihren Übertragungseigenschaften durch längenbezogene Größen, die Beläge, beschrieben werden. Bezeichnet man mit μ die Permeabilitätskonstanten und mit κ den spezifischen Leitwert des Leitermaterials, so erhält man [Ste 67] bei höheren Frequenzen den Widerstandsbelag

$$R' = \frac{1}{2\pi}\sqrt{\frac{\mu_o \mu_r}{2 \cdot \kappa_a \kappa_i}}\,\frac{r_i\sqrt{\kappa_i} + r_a\sqrt{\kappa_a}}{r_i \cdot r_a}\sqrt{\omega} \tag{2.1.21}$$

und für den Induktivitätsbelag

$$L' = \frac{\mu_o \mu_r}{2\pi}\ln(r_a/r_i) \quad . \tag{2.1.22}$$

Bezeichnet man mit ε die Dielektrizitätskonstante und mit δ den Verlustfaktor des Isolationsmaterials, so gilt für den Kapazitätsbelag

$$C' = \frac{2\pi\, \varepsilon_o \varepsilon_r}{\ln(r_a/r_i)} \tag{2.1.23}$$

und den Querleitwertsbelag

$$G' = C' \tan(\delta)\cdot\omega = \frac{2\pi\, \varepsilon_o \varepsilon_r}{\ln(r_a/r_i)}\tan(\delta)\cdot\omega \quad . \tag{2.1.24}$$

Setzt man wie bei (2.1.18) Verlustarmut voraus, so gilt für den Wellendämpfungsbelag

$$\alpha \simeq \frac{1}{2} R' \sqrt{\frac{C'}{L'}} + \frac{1}{2} G' \sqrt{\frac{L'}{C'}} \tag{2.1.25}$$

$$= \frac{1}{2} \sqrt{\frac{\varepsilon_o \varepsilon_r}{2 \cdot \kappa_a \kappa_i}} \, \frac{r_i \sqrt{\kappa_i} + r_a \sqrt{\kappa_a}}{r_i r_a \cdot \ln(r_a/r_i)} \sqrt{\omega} + \frac{1}{2} \sqrt{\varepsilon_o \varepsilon_r \mu_o \mu_r} \, \tan(\delta) \, \omega \quad ,$$

wobei wie beim Adernpaar der erste zur Wurzel aus der Frequenz proportionale Term den zweiten, linear von der Frequenz abhängigen Term überwiegt. Für den Wellenphasenbelag gilt unter denselben Annahmen:

$$\beta \simeq \sqrt{L'C'} \, \omega = \sqrt{\varepsilon_o \varepsilon_r \mu_o \mu_r} \, \omega \quad . \tag{2.1.26}$$

Da dieser Ausdruck relativ klein ist, besitzt das Koaxialkabel eine geringe Frequenzabhängigkeit der Phase, so daß das Übertragungsverhalten im wesentlichen durch den Dämpfungsbelag α bestimmt wird. Dazu zeigt Bild 2.7 ein Beispiel für die Koaxialtube, das deutlich die Abhängigkeit von der Quadratwurzel der Frequenz zeigt.

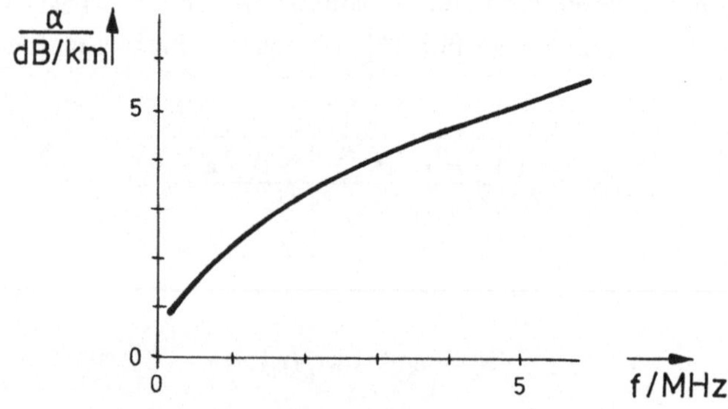

Bild 2.7 Wellendämpfungsbelag der großen Koaxialtube mit r_i = 2,6 mm, r_a = 9,5 mm

Bei verlustarmer Leitung nach (2.1.18) erhält man für den in (2.1.9) definierten Wellenwiderstand bei Verwendung des Induktivitätsbelags nach (2.1.22) und des Kapazitätsbelags nach (2.1.23)

$$Z_W \simeq \sqrt{\frac{L'}{C'}} = \frac{1}{2\pi} \sqrt{\frac{\mu_o \mu_r}{\varepsilon_o \varepsilon_r}} \, \ln(r_a/r_i) \simeq 60 \sqrt{\frac{\mu_r}{\varepsilon_r}} \, \ln(r_a/r_i) \tag{2.1.27}$$

führt, wobei $\mu_o = 4\pi \, 10^{-9}$ Vs/Acm und $\varepsilon_o = 0{,}8855 \, 10^{-13}$ F/cm gilt. Durch Wahl der relativen Permeabilität μ_r und relativen Dielektrizitätskonstanten ε_r kann man den Wellenwiderstand beeinflussen. Bei der großen Koaxialtube mit den Werten $\mu_r \simeq 1$ sowie $\varepsilon_r \simeq 1{,}07$ bei Kunststoffisolation erhält man einen Wellenwiderstand von $Z_W = 75\ \Omega$, ein Wert, der typisch für Breitbandnetze wie den Token Bus oder Breitband–CSMA/CD ist [Con 89]; dabei steht CSMA/CD für *carrier sense multiple access/collision detection.* Ein anderer typischer Wert für den Wellenwiderstand ist $Z_W = 50\ \Omega$, der z.B. für das ebenfalls mit CSMA/CD betriebene Ethernet gilt.

Der Frequenzbereich liegt bei der Mini–Koaxialtube bei 0,2 MHz bis 20 MHz, bei der Kleintube bei 0,06 MHz bis 70 MHz und bei der Großtube bei 0,06 MHz bis 300 MHz. Die Dämpfung liegt im Bereich von 5 dB/km, der Verstärkerabstand beträgt wie bei den Adernpaaren 1,5 km und die Übertragungsraten beginnen bei etwa 10 Mb/s für Ethernet im Basisbandbetrieb und reichen bis über 300 Mb/s für Breitbandkabel mit 75 Ω Wellenwiderstand. Zu bemerken ist noch, daß sich Koaxialkabel einfach verlegen lassen; bei einem Außenleiter aus Kupfergeflecht läßt sich bei Einzeltuben ein Biegeradius in der Größe von 50 mm erreichen. Anschlüsse an Koaxialkabel kann man dadurch realisieren, daß man den Mantel entfernt und eine Kralle durch Außenleiter und Isolation zum Innnenleiter treibt.

Hohl– oder *Wellenleiter* sind wie die Koaxialkabel homogene Leitungen, die im Frequenzbereich oberhalb der Koaxialkabel angesiedelt sind, sie spielen aber bei der Datenübertragung keine wesentliche Rolle. Sie werden lediglich als Übergang von anderen Übertragungsmedien zur Antenne einer Richtfunkstrecke verwendet, haben damit nur Längen im Meterbereich und spielen bei großen Entfernungen keine Rolle. Typische Werte der Dämpfung liegen im L–Band von 1,12 GHz bis 1,7 GHz bei 5,8 dB/km bis 8,8 dB/km, wobei die Innenabmessungen des aus Aluminium bestehenden Hohlleiters 165 mm mal 82,5 mm bei einer Wandstärke von 2 mm betragen; bei Bronze liegen die Dämpfungen noch höher. Im X–Band von 8,2 GHz bis 12,4 GHz reicht die frequenzabhängige Dämpfung von 124 dB/km bis 179 dB/km, die Innenabmessungen betragen hier 2,3 mm mal 1,01 mm und die Wandstärke 1,3 mm. Allein diese Zahlen zeigen bereits, daß Hohleiter keine Konkurrenz für *Lichtwellenleiter* sind, einem Übertragungsmedium, das ähnliche Bandbreiten bei erheblich geringeren Kosten und einem Bruchteil der Dämpfung liefert.

2.2 Lichtwellenleiter

Lichtwellenleiter oder Glasfasern stellen die Übertragungswege der Zukunft dar, weil sie entscheidende technische und ökonomische Vorteile gegenüber den konventionellen

Übertragungswegen besitzen. So ersetzen bei optimaler Nutzung 1 g Glas etwa 10 kg Kupfer. Bei einem Verstärkerabstand von mehr als 25 km sind Datenraten von über 1 Gb/s möglich, wobei diese Verstärker wegen der verwendeten Pulsmodulation im Basisband einfache Wiederholverstärker sind. Durch Verbesserung des Fertigungsprozesses und durch Einsatz neuer Materialien – z.B. Fluor zur Dotierung – werden die kilometrischen Dämpfungen, die heute bei 0,2 dB/km liegen, weiter abnehmen und damit die Verstärkerabstände weiter wachsen. Ferner gibt es bei Lichtwellenleitern keine Störprobleme durch elektrische und magnetische Felder, also auch kein Nebensprechen.

Die Schwierigkeiten, die bei Einführung der neuen Technik z.B. beim Einkoppeln und Auskoppeln des Lichts sowie beim Spleißen bestanden, sind überwunden, so daß heute im Fernbereich statt der früher üblichen Koaxialkabel Lichtwellenleiter verwendet werden. Auch im Teilnehmerbereich ist der Einsatz von Lichtwellenleitern in Zukunft zu erwarten.

Den grundsätzlichen Aufbau eines Datenübertragungssystems auf der Basis von Lichtwellenleitern zeigte bereits Bild 1.3. Als Sender dient eine lichtemittierende Diode oder ein Halbleiter–Laser, deren Ausgangssignal in einen Lichwellenleiter eingekoppelt wird, der als *Gradientenindex–* oder *Monomode–Faser* ausgebildet ist. Als Empfänger dient eine Halbleiter–Photodiode in Form einer PIN– oder Avalanche–Diode. Die drei Komponenten, Lichtwellenleiter, Sender und Empfänger sollen nun im Detail betrachtet werden.

2.2.1 Übertragungseigenschaften von Lichtwellenleitern

Lichtwellenleiter bestehen aus einem Kern, in dem das Licht geführt wird, und einem Mantel sowie einer geeigneten schützenden Hülle. Kern und Mantel, im Englischen *core* und *cladding* genannt, bestehen in der Regel aus Quarzglas, wobei eine Dotierung mit z.B. GeO_2 [Gec 86] eine Brechzahl n_1 des Kerns liefert, die größer als die Brechzahl n_2 des Mantels ist. Die Brechzahl, auch als Brechungsindex bekannt, ist der Quotient aus der Ausbreitungsgeschwindigkeit des Lichts in Luft und der in dem entsprechenden Medium, so daß er immer größer eins ist. Fällt ein Lichtstrahl mit dem Einfallwinkel φ_1 von einem Medium mit der Brechzahl n_1 auf der Grenzfläche eines Mediums mit der Brechzahl $n_2 < n_1$, so wird das Licht gebrochen und breitet sich gemäß dem Snelliusschen Brechungsgesetz [Ger 60] unter dem Winkel φ_2

$$\sin \varphi_2 = \frac{n_1}{n_2} \sin \varphi_1 \tag{2.2.1}$$

aus, d.h. der Ausfallswinkel ist stets größer als der Einfallswinkel. Der Grenzfall ist durch $\varphi_2 = \pi/2$ gegeben, der für den Einfallswinkel

$$\varphi_{1g} = \arcsin(n_2/n_1) \tag{2.2.2}$$

eintritt. Für Winkel $\varphi_1 > \varphi_{1g}$ tritt Totalreflexion ein, d.h. der Einfallswinkel ist gleich dem Ausfallswinkel und das Licht verläßt das Medium mit der Brechzahl n_1 nicht mehr. Auf diesem Phänomen beruht die Möglichkeit, Licht in einem Lichtwellenleiter zu leiten.

Man unterscheidet in Abhängigkeit von der Geometrie der Fasern zwei Typen, die Multimode– und die Monomode–Fasern. Wie der Name sagt, bilden sich auf Grund des weiteren Kerns der Multimode–Faser hier mehrere Moden aus, während sich in der Monomode–Faser nur ein Mode ausbreitet. Bei den Multimode–Fasern ist heute die Variante der Gradientenindex–Faser üblich, bei der durch entsprechende Dotierung die Brechzahl von der Mitte nach außen abnimmt. Dies hat den Sinn, die sogenannte *Modendispersion* zu reduzieren. Bei den Multimode–Fasern benötigen die an der Grenzfläche reflektierten Moden verschiedene Zeiten, um durch den Lichtwellenleiter zu laufen: die mit einem größeren Einfallswinkel legen bei gleicher Ausbreitungsgeschwindigkeit wegen der geringeren Anzahl an Reflexionen einen kürzeren Weg zurück als die mit einem kleineren Einfallswinkel, wie Bild 2.8 zeigt.

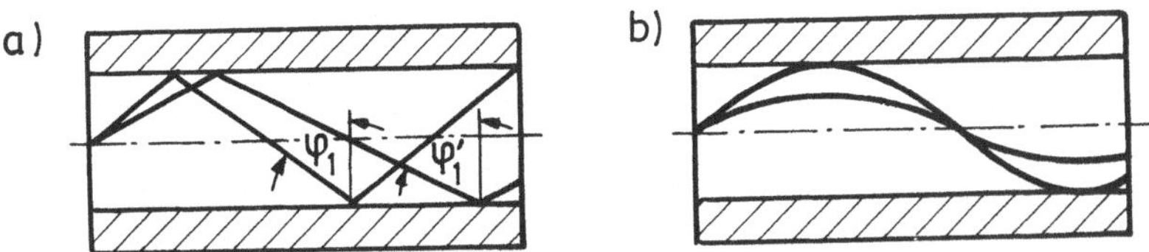

Bild 2.8 Ausbreitungsformen des Lichts in einer Multimode–Faser mit a) Stufenindex und b) Gradientenindex

Die Folge ist, daß das am Eingang des Leiters unter verschiedenen Winkeln eingespeiste Licht am Ausgang zu verschiedenen Zeiten eintrifft, wobei Laufzeiten von 50 ns/km auftreten können. Die Modendispersion hat damit zur Folge, daß sich ein Lichtimpuls verbreitert, wodurch sich die Datenrate verringert. Wird die Brechzahl vom Zentrum des Kerns ausgehend zu seinem Rand hin kleiner, so steigt die Ausbreitungsgeschwindigkeit des Lichts nach außen hin an. Damit durchlaufen die weiter außen reflektierten Anteile, die nach Bild 2.8 einen längeren Weg zurücklegen, diesen mit höherer Geschwindigkeit, so daß im günstigsten Falle alle etwa zur gleichen Zeit am Ausgang des Lichtwellenleiters eintreffen und so die Modendispersion im günstigsten Fall auf 0,5 bis 1 ns/km reduzieren. Eine Erhöhung der Datenrate ist die Folge. Bild 2.9 zeigt den geometrischen

Aufbau der Gradientenindex– und der Monomode–Faser.

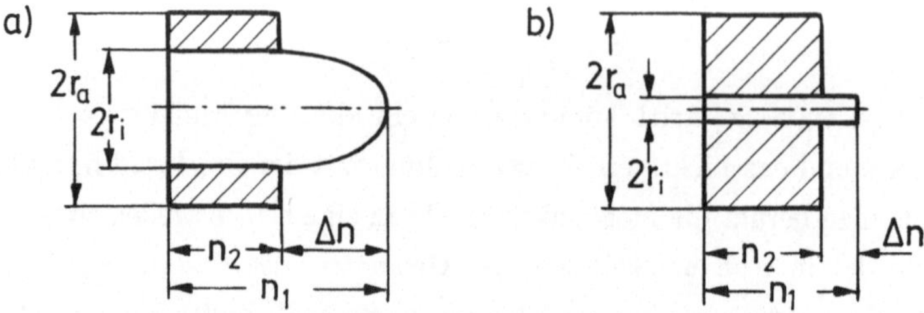

Bild 2.9 Aufbau von a) Gradientenindex– und b) Monomode–Faser

Typische Werte für den Durchmesser des Mantels beider Fasern sind $2r_a = 125\ \mu m$, für den Kerndurchmesser bei Gradientenindex–Fasern $2r_i = 50\ \mu m$, bei Monomode–Fasern $2r_i = 10\ \mu m$. Die maximale Differenz der Brechzahlen beträgt bei Gradientenindex–Fasern etwa $\Delta n = 0{,}018$, bei Monomode–Fasern $\Delta n = 0{,}003$, liegt also im Prozentbereich. Die Änderung der Brechzahl als Funktion des Radius r folgt bei Gradientenfasern z.B. dem Gesetz

$$n(r) = n_1 \sqrt{1 - 2\Delta(r/r_i)^g}\ , \quad |r| < r_i\ , \tag{2.2.3}$$

wobei

$$\Delta = \frac{n_1^2 - n_2^2}{2n_1^2} \simeq \frac{n_1 - n_2}{n_1} \tag{2.2.4}$$

gilt und die Modendispersion für g = 2 minimal wird [Con 89].

Gradientenindex–Fasern haben gegenüber Monomode–Fasern den Vorteil, daß die Einkopplung von Licht wegen ihres größeren Kerndurchmessers einfacher ist, so daß sich LEDs als Quelle verwenden lassen, während bei Monomode–Fasern Laser–Dioden erforderlich sind. Ferner ist die Kopplung bei Gradientenindex–Fasern leichter, heute erreicht man jedoch bei beiden Fasertypen Kopplungsverluste von 0,1 bis 0,2 dB. Bei Gradientenindex–Fasern liegen die Datenraten bei 150 Mb/s; man setzt sie vor allem bei lokalen Netzen ein, während Monomode–Fasern mit Datenraten oberhalb von 1 Gb/s für Weitverkehrsnetze eingesetzt werden, die man auch als GANs oder *global area networks* bezeichnet.

Die Dämpfung von Lichtwellenleitern hat neben den erwähnten Problemen bei der Koppelung drei weitere Ursachen,

- *die Streuung infolge von Materialinhomogenitäten,*
- *die Absorption durch Materialverunreinigungen und*
- *die Strahlungsverluste durch geometrische Einflüsse.*

Die *Rayleigh–Streuung*, die mit der vierten Potenz der Wellenlänge abnimmt, und die *Infrarot–Absorption* [Li 80] sind unvermeidliche Ursachen, während die vornehmlich von Hydroxyl– oder OH–Radikale verursachten Absorptionen durch den Fertigungsprozeß bedingt sind. Damit erhält man ein Fenster, innerhalb dessen optische Übertragung möglich ist, im Bereich einer Wellenlänge von 0,7 bis 1,8 μm, wie Bild 2.10 zeigt.

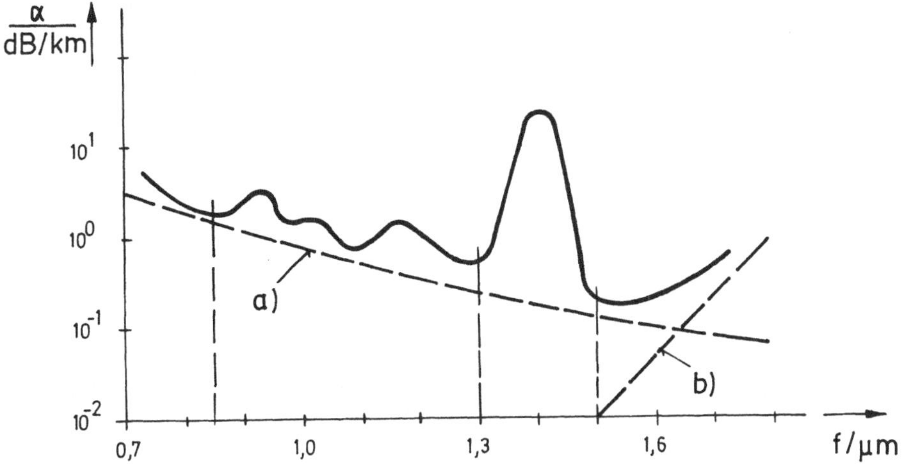

Bild 2.10 Dämpfungsbelag von Monomode–Fasern aus GeO_2 dotiertem Silikatglas als Funktion der Wellenlänge. a) Rayleigh–Streuung, b) Infrarot–Absorption

Drei Dämpfungsminima bei 0,85 μm mit etwa 2,5 dB/km, 1,3 μm mit etwa 0,5 dB/km und 1,5 μm mit 0,2 dB/km bestimmen die in der Praxis verwendeten Wellenlängen, wobei sich im Laufe der technischen Entwicklung der Einsatzbereich zu den größeren Wellenlängen mit den niedrigeren Dämpfungen verschoben hat.

Die dritte der genannten Ursachen für die Dämpfung ist auf Biegungen des Leiters und Veränderungen seines Querschnitts zurückzuführen und läßt sich durch Fertigung und Verlegetechnik abmildern. Sofern der Querschnitt sich längs des Leiters nicht ändert und der Leiter selbst keine Krümmungen im Bereich unter 1 mm aufweist, sind diese Verluste vernachlässigbar.

Zwei Ursachen bestimmen die möglichen Datenraten und Verstärkerabstände: Dispersion und Dämpfung. Für Monomode–Fasern wird die maximale Datenrate durch die Dispersion bestimmt und liegt bei 2 Gb/s, wozu Verstärkerabstände von 40 km erforderlich sind; die maximalen Verstärkerabstände liegen bei 100 km und erlauben wegen der dann dominierenden Dämpfung Datenraten von 300 Mb/s.

2.2.2 Optische Sender

Von einem guten optischen Sender wird gefordert, daß seine Lichtaustrittsfläche an den Kerndurchmesser angepaßt ist, was sich gegebenenfalls durch Linsen erreichen läßt, und daß der Abstrahlungswinkel zur Totalreflexion im Lichtwellenleiter führt. Geht man davon aus, daß zwischen Sender und Lichtwellenleiter ein Luftspalt mit der Brechzahl $n_o = 1$ liegt, so gilt für diesen Winkel φ_o nach dem Snelliusschen Brechungsgesetz (2.2.2) und Bild 2.11:

$$\sin\varphi_o \leq n_1 \cdot \sin(\pi/2 - \varphi_1) = n_1 \cdot \cos\varphi_1$$

$$= n_1 \cdot \sqrt{1 - \sin^2\varphi_1} = \sqrt{1 - (n_2/n_1)^2} \tag{2.2.5}$$

bzw.

$$\varphi_o \leq \arcsin\left[\sqrt{1 - (n_2/n_1)^2}\right] \quad . \tag{2.2.6}$$

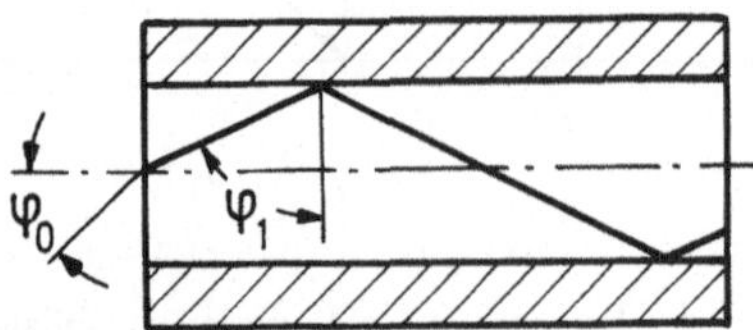

Bild 2.11 Einkopplung von Licht in einen Lichtwellenleiter

Für die Werte $n_1 = 1{,}5$ und $n_2 = 1{,}482$ erhält man damit den Grenz– oder Akzeptanzwinkel

$$\varphi_{og} \leq \arcsin(0{,}232) = 13{,}4^\circ \quad , \tag{2.2.7}$$

einen relativ kleinen Wert also.

Zwei Typen von optischen Sendern stehen zur Verfügung,

- *die lichtemittierende Diode, oder LED vom Englischen light emitting diode, und*
- *die Halbleiter Injektions–Laser Diode, oder LD vom Englischen laser diode.*

Das von den LEDs erzeugte Licht ist nicht kohärent, sondern erstreckt sich über einen Bereich der Wellenlänge von $\Delta\lambda = 40$ nm, was über die Beziehung

$$f = \frac{c}{\lambda} \tag{2.2.8}$$

mit der Lichtgeschwindigkeit $c = 3 \cdot 10^{10}$ cm/s und einer Wellenlänge von $\lambda = 850$ nm bzw. einer Frequenz von $f = 3{,}53 \cdot 10^5$ GHz einer relativen Bandbreite von $\Delta f/f = 4{,}7 \cdot 10^{-2}$ entspricht. Dies ist erheblich größer als die spektrale Breite der praktisch monochomatisches Licht aussendenden LDs mit $\Delta\lambda = 3$ nm bzw. einer relativen Bandbreite von $\Delta f/f = 2{,}3 \cdot 10^{-3}$ bei $\lambda = 1300$ nm bzw. $f = 2{,}31 \cdot 10^5$ GHz. Dies führt bei der Übertragung über Lichtwellenleiter zur *Materialdispersion*, die auf die Abhängigkeit der Brechzahl von der Wellenlänge zurückzuführen ist. Während bei Gradientenindex–Fasern Moden– und Materialdispersion eine Rolle spielen, ist bei Monomode–Fasern nur die Materialdispersion von Bedeutung. Die Bandbreite des Sendesignals spielt dabei keine Rolle, da sie bei einer Datenrate von 2 Gb/s und einer Wellenlänge von $\lambda = 1300$ nm auf eine relative Bandbreite von $\Delta f/f = 1{,}73 \cdot 10^{-5}$ führt.

Beide Sendertypen werden mit Intensitätsmodulation betrieben, obwohl LDs auch zur synchronen Modulation geeignet sind. Die Leistung von LEDs liegt bei 5 mW und wird unter einem relativ großen Winkel abgestrahlt, so daß sie sich als Sender für Gradientenindex–Fasern eignen, während LDs Leistungen um 15 mW unter kleineren, für Monomode–Fasern geeigneten Abstrahlwinkeln liefern.

2.2.3 Optische Empfänger

Man verwendet zwei Typen von optischen Empfängern oder Wandlern, die PIN–Dioden für Datenraten um 100 Mb/s und Avalanche–Photodioden oder APDs für Datenraten im Bereich von 1 Gb/s. Bei den PIN–Dioden sind die P– und N–dotierten Siliziumschichten durch eine Intrinsikschicht, d.h. eine Schicht ohne Dotierung, getrennt. Dies hat den Sinn, daß die Sperrschicht der Diode vergrößert wird und so die durch die eintreffenden Photonen erzeugten Elektronen und Löcher nicht sofort rekombinieren, sondern durch das von außen angelegte Feld einen außen meßbaren Strom erzeugen. Man erreicht, daß pro Photon bis zu einem Elektron erzeugt wird, so daß nur sehr geringe Ströme entstehen, die zur weiteren Verwendung verstärkt werden müssen, wodurch dem Nutzsignal Rauschen überlagert wird.

Bei den APDs wird pro Photon mehr als ein Elektron erzeugt, da die primär erzeugten Elektronen so schnell sind, daß sie durch Stoßionisation weitere Elektronen in einem Lawineneffekt erzeugen. Dadurch wird der außen meßbare Strom größer, das im Verstärker erzeugte Rauschen bei gleicher Ausgangsleistung kleiner. Im Gegensatz zur PIN–Diode ist der Strom bei APD wegen des nicht deterministischen Lawineneffekts jedoch stochastisch schwankend.

Je größer die Zahl der pro Photon erzeugten Elektronen ist, desto geringer wird die Bandbreite, d.h. die realisierbare Datenrate sinkt. Wünscht man eine größere Bandbrei–

te, so wird bei PIN–Dioden weniger als ein Elektron pro Photon erzeugt, was man durch eine höhere, allerdings auch das Rauschen vergrößernde Verstärkung des außen meßbaren Stroms ausgleichen kann.

Wenn kein Licht an den optischen Detektor gelangt, entsteht dennoch ein außen meßbarer Strom, den man als Dunkelstrom bezeichnet. Er stellt das Grundrauschen des optischen Wandlers dar. Demgegenüber spielt thermisches Rauschen auf der optischen Seite des Übertragungssystems keine Rolle, da seine Leistung im optischen Bereich extrem gering ist. Viel größer, und damit bestimmend, ist das Rauschen des nachfolgenden elektrischen Verstärkers.

2.3 Übertragung im freien Raum

Neben den bisher beschriebenen leitungsgeführten Übertragungswegen über Kabel gibt es die nicht leitungsgeführten Übertragungswege im freien Raum. Anwendungsbeispiele dafür sind *Richtfunk–* und *Satellitenstrecken* sowie *Mobilfunk* und die *Datenkommunikation mit Raumfahrzeugen*. Während bei den ersten beiden Fällen Sender und Empfänger fest sind, bewegen sich bei den anderen Beispielen Sender bzw. Empfänger oder auch beide. Da der freie Raum allen Teilnehmern zugänglich ist, müssen Daten verschlüsselt übertragen werden, sofern sie an einzelne Teilnehmer und nicht an alle gesendet werden sollen. Ferner liefert der freie Raum im Prinzip Übertragungswege ohne Bandbegrenzung. Um ihn aber mehreren Teilnehmern zugänglich zu machen, müssen wie beim Fernsprechkanal Bandbegrenzungen durch nationale oder internationale Gremien festgelegt werden. Diese Beschränkung der Bandbreite hat zur Folge, daß man Quellencodierung zur Redundanzreduktion und aufwendige Modulationsverfahren z.B. in Form der im 5. Kapitel beschriebenen Quadraturamplitudenmodulation einsetzen muß.

Der Frequenzbereich liegt bei bestehenden Mobilfunkdiensten im Bereich von 150 und 450 MHz, beim voll digitalen Mobilfunk bei 900 MHz. Richtfunk nutzt den Bereich von 2 bis 30 GHz, Satellitenstrecken liegen vornehmlich im Bereich von 1 bis 10 GHz, reichen aber bis über 100 GHz; im Bereich von 20 bis 60 GHz sind künftige Kommunikationsdienste im Nahbereich z.B. zwischen Fahrzeugen geplant.

Verwendet wird der freie Raum als Übertragungsmedium immer dann, wenn eine kabelgebundene Übertragung, wie beim Mobilfunk, nicht möglich ist oder die Entfernungen, wie bei Satellitenkommunikation, sehr groß sind und flexibel eingerichtet werden müssen.

Für Richtfunkstrecken, die Daten über große Entfernungen zu übertragen vermögen, stellen Lichtwellenleiter wegen der bei diesem Medium zunehmend kleiner werdenden Dämpfung und der damit zunehmenden Übertragungsweite eine immer wichtiger werdende Konkurrenz dar.

Die Dämpfung hat im freien Raum mehrere Ursachen. Zum einen läßt sich die über Antennen abgestrahlte Leistung nicht beliebig scharf bündeln, zum anderen spielen Absorption in der Atmosphäre und die Streuung an Partikeln, insbesondere an Regentropfen und Eiskristallen, oberhalb 10 GHz eine Rolle.

Wenn der Sender eine Leistung P_S liefert, so beträgt die empfangene Leistung

$$P_E = P_S \frac{A_E}{4\pi \cdot \ell^2} G_S \eta_E \quad , \tag{2.3.1}$$

sofern die Länge der Übertragungsstrecke ℓ, der Antennengewinn des Senders G_S, die Antennenfläche des Empfängers A_E und sein Wirkungsgrad η_E ist. Nach (2.3.1) wird die Sendeleistung auf eine Kugeloberfläche mit dem Radius ℓ verteilt. Für den Gewinn gilt:

$$G_S = \frac{4\pi \cdot A_S}{\lambda^2} \eta_S . \tag{2.3.2}$$

Daraus folgt, daß der Gewinn proportional zum Quotienten aus Antennenfläche A_S und dem Quadrat der Wellenlänge λ ist, d.h., je höher die Sendefrequenz ist, desto kleiner kann die Antennenabmessung ausfallen. Der Wirkungsgrad η von Antennen bewegt sich bei Parabolantennen im Bereich von 0,5 bis 0,75, bei Hornstrahlern bei 0,9 [Lee 88].

Setzt man (2.3.2) in (2.3.1) ein und errechnet die Dämpfung nach (2.1.15), so erhält man

$$a = 10 \cdot \log\left[\frac{P_S}{P_E}\right] = 10 \cdot \log\left[\frac{\lambda^2 \ell^2}{A_S A_E \eta_S \eta_E}\right]$$

$$= 20 \cdot \log \lambda - 20 \cdot \log \ell - 10 \cdot \log (A_S A_E \eta_S \eta_E) \quad , \tag{2.3.3}$$

d.h. die Dämpfung hängt logarithmisch von der Wellenlänge λ bzw. Frequenz und der Entfernung ℓ ab. Dies steht im Gegensatz zu Kabeln, bei denen die Dämpfung linear von der Entfernung abhängt, so daß bei der Übertragung im freien Raum größere Entfernungen überbrückt werden können. Ferner ist die Frequenzabhängigkeit der Dämpfung geringer als bei Kabeln. Bei (2.3.3) ist jedoch zu beachten, daß andere dämpfende Effekte wie Regen, Fehlausrichtung von Sende– und Empfangsantenne usw. nicht berücksichtigt sind. Ebenso ist die *Mehrwegeausbreitung* nicht berücksichtigt, die bei terrestrischen Strecken auf Reflexionen an Gebäuden, dem Boden, Wasserflächen und Luftschichten zurückzuführen ist und einen Schwund des Signalpegels am Empfängereingang bewirkt. All diese nicht berücksichtigten Einflüsse sind zudem mehr oder weniger stark zeitabhängig, da sich die atmosphärischen Eigenschaften sowohl lokal wie auch zeitlich ändern können.

Es sollen nun als Beispiel für Punkt–zu–Punkt Verbindungen Satellitenstrecken und für bewegte Empfänger Mobilfunkstrecken näher beschrieben werden.

2.3.1 Satellitenstrecken

Für die Datenkommunikation werden vornehmlich geostationäre Satelliten verwendet, die in einer Höhe von etwa ℓ = 36.000 km über dem Äquator positioniert sind. Die Entfernung zwischen sendender Bodenstation, Satellit und empfangender Bodenstation führt zu einer Laufzeit von

$$\tau = 2 \cdot \frac{\ell}{c} = 2 \cdot \frac{36 \cdot 10^3}{3 \cdot 10^5} \mathrm{s} = 0{,}24 \mathrm{~s} \quad . \tag{2.3.4}$$

Falls man wegen der Störungen *fehlererkennende Codierung* verwendet, benötigt das Quittungssymbol für die korrekt empfangenen Daten dieselbe Zeit, d.h. insgesamt etwa 0,5 s. Antwortzeiten dieser Länge rufen bei Sprachkomunikation den Eindruck der Unnatürlichkeit hervor, bei großen Datenströmen führen diese Zeiten zu hohem Speicherbedarf, da das Sendesignal bis zum Eintreffen des Quittungssignals gespeichert werden muß.

Die Wahl der Sendefrequenz wird bei Satellitenstrecken durch die Dämpfung und die Störungen durch Rauschen bestimmt. Es wurde bereits erwähnt, daß ab 10 GHz der Dämpfungseinfluß von Regen bedeutend wird, das atmosphärische Rauschen steigt in diesem Bereich ebenfalls an. Bei tieferen Frequenzen, unterhalb 1 GHz, überwiegt das kosmische Rauschen [Her 79], so daß der Bereich von 1 bis 10 GHz bevorzugt verwendet wird. Wegen des Wunsches nach weiteren Kanälen wurden jedoch internationale Vereinbarungen für Frequenzen bis 275 GHz getroffen. Da die Dämpfung für niedrige Frequenzen insgesamt niedriger als bei höheren ist, wird für die durch beschränkte Sendeleistung kritischere Strecke Satellit–Bodenstation der tiefere Frequenzbereich, für die Strecke Bodenstation–Satellit der höhere Frequenzbereich gewählt. Die Dämpfung wird dabei durch Absorption und Streuung hervorgerufen, zusätzlich wird das empfangene Signal durch Depolarisation geschwächt, so daß die Entkopplung durch Orthogonalisierung von anderen Sendern abnimmt. Dies ist u.a. der Grund dafür, daß die Sendeleistung durch internationale Vereinbarung begrenzt ist. Schließlich führt die Inhomogenität der Strecke bei Luftfeuchtigkeit, Dichte, Temperatur, Turbulenzen usw. zu einer Änderung der Brechzahl des Mediums, was sich in einer Reduzierung des Antennengewinns niederschlägt. Eine Abhilfe dagegen stellt das *Raumdiversity* dar, bei dem mehrere, räumlich getrennte Bodenstationen für die Übertragung zu einem Satelliten verwendet werden.

Bei Richtfunkstrecken sind die durch Inhomogenitäten hervorgerufenen Störungen größer, da hier längere Wege mit diesen Störungen durchlaufenen werden. Ferner treten Mehrwegeausbreitungen auf, die insbesondere bei Mobilfunkstrecken ein Problem darstellen.

2.3.2 Mobilfunkstrecken

Mobilfunkstrecken zur Datenkommunikation werden in Zukunft an Bedeutung zunehmen, da hier kein alternativer Übertragungsweg zur Verfügung steht. Ein Beispiel ist das D–Netz, ein volldigitales Netz, das für die Strecke von der mobilen zur festen Station das Frequenzband 890 bis 915 MHz und von der festen zur mobilen Station das Band 935 bis 960 MHz verwendet. Weil sich die Übertragungsstrecke durch die mobile Station laufend ändert, wird im Gegensatz zu Satelliten– oder Richtfunkstrecken eine Antenne mit Kugelcharakteristik verwendet.

Das Übertragungsverhalten bei Mobilfunk wird wesentlich durch die Entfernung zwischen Mobil– und Festation, Abschattungen und Beugung durch großflächige Objekte wie z.B. Gebäude, Mehrwegeausbreitung und Streuung sowie Störungen in Form von additivem Rauschen der Verstärker und von Impulsstörungen, die z.B. von der Zündung von Fahrzeugen ausgehen, bestimmt. Unter *Mehrwegeausbreitung* versteht man, daß das Sendesignal auf mehreren Wegen zum Empfänger gelangt, ein Vorgang, der mit der Modendispersion bei Lichtwellenleitern vergleichbar ist. Gelangt das Sendesignal auf n Pfaden zum Empfänger, wird dabei um den Faktor a_i gedämpft, in der Phase um α_i gedreht und um die Zeit τ_i verzögert, so läßt sich die Übertragungsstrecke als komplexwertiges transversales Filter [Kam 89] beschreiben und es gilt für dessen Frequenzgang

$$H(j\omega) = \sum_{i=1}^{n} a_i \cdot e^{j\alpha_i} e^{-j\omega\tau_i} \quad , \tag{2.3.5}$$

wobei ein typischer Wert n = 5 ist. Nimmt man an, daß das Sendesignal auf zwei Wegen zum Empfänger gelangt und mit $\alpha_1 = \alpha_2 = 0$ keine Phasendrehung erfolgt, so gilt für den Betrag der Übertragungsfunktion:

$$|H(j\omega)| = |a_1 e^{-j\omega\tau_1} + a_2 e^{-j\omega\tau_2}| = |a_1 + a_2 e^{-j\omega(\tau_1-\tau_2)}|$$

$$= |a_1 + a_2 e^{-j\omega\Delta\tau}| = \sqrt{a_1^2 + a_2^2 + 2\cdot a_1 a_2 \cos(\omega\Delta\tau)} \quad . \tag{2.3.6}$$

Für $\omega\Delta\tau = 0$ nimmt der Betrag den maximalen Wert $|a_1+a_2|$, für $\omega\Delta\tau = \pi$ nimmt er den minimalen Wert $|a_1 - a_2|$ an, d.h. hier tritt die maximale Dämpfung auf, die man auch als *Schwund* oder im Englischen als *fading* bezeichnet. Für eine Sendefrequenz von f = 900 MHz, also im Bereich des D–Netzes, gilt dies bei einem Laufzeitunterschied von $\Delta\tau = 0{,}56$ ns. Bei Erhöhung der Frequenz liegt der maximale Schwund schon bei kürzeren Laufzeitunterschieden. Bild 2.12 zeigt die aus (2.3.6) und der Definition von (2.1.15) folgende Dämpfung

$$a(\omega) = -20 \log|H(j\omega)| = -10 \log|a_1^2 + a_2^2 + 2 \cdot a_1 a_2 \cos(\omega\Delta\tau)| \qquad (2.3.7)$$

für $a_1 = a_2 = 1$ im Frequenzbereich des D–Netzes bei einer Laufzeitdifferenz von $\Delta\tau = 0{,}6$ ns.

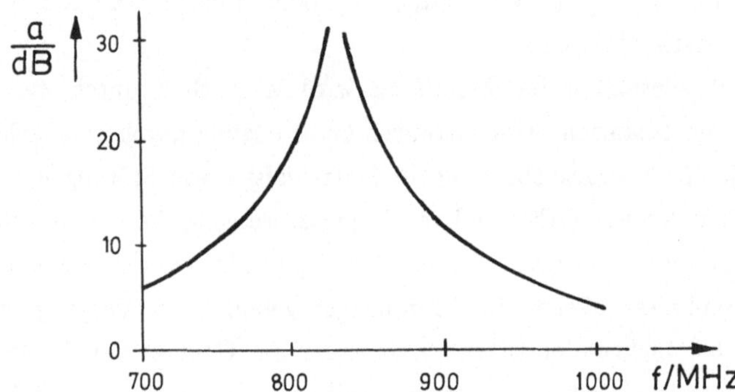

Bild 2.12 Dämpfungsverlauf infolge von Mehrwegeausbreitung

Charakteristisch für den durch Mehrwegeausbreitung hervorgerufenen Schwund sind seine Intensität und seine zeitliche Dauer. In der Regel treten höhere Intensitäten seltener und kürzer auf, sind jedoch bei längeren Übertragungsstrecken häufiger als bei kurzen. Pegeleinbrüche von 20 dB sind für die Praxis typisch. Um die dadurch bedingte Erhöhung der Fehlerwahrscheinlichkeit zu kompensieren, muß man Codierungsmaßnahmen ergreifen, da eine Erhöhung der Sendeleistung keine Lösung darstellt.

Neben der Instationarität des Kanals spielt auch die *Dopplerfrequenzverschiebung* eine Rolle, die durch die Bewegung der Mobilstation auf die Feststation zu oder von dieser Weg entsteht. Die Dopplerfrequenzverschiebung ist durch [Ger 60]

$$f_{di} = \pm \frac{v}{\lambda} \cos(\psi_i) \qquad (2.3.8)$$

gegeben, wobei v die Geschwindigkeit der Mobilstation, ψ_i der Winkel zwischen der Bewegungsrichtung der Mobilstation und der Richtung des Signalweges und λ die Wellenlänge ist. Nimmt man an, daß ein Fahrzeug mit 100 km/h in Richtung des Signalweges fährt und die Sendefrequenz f = 900 MHz beträgt, so beträgt die Dopplerfrequenzverschiebung mit $\psi_i = 0$ nach (2.3.8):

$$f_d = \pm \frac{v}{\lambda} = \pm \frac{v}{c} \cdot f$$

$$= \pm \frac{100 \cdot 10^5 \ \mathrm{cm \cdot s}}{3600 \ \mathrm{s} \cdot 3 \cdot 10^{10} \mathrm{cm}} \, 900 \cdot 10^6 \ \mathrm{Hz} = \pm 83{,}4 \ \mathrm{Hz} \quad . \tag{2.3.9}$$

Die Bandbreite für die Trägerfrequenz des empfangenen Signals beträgt damit etwa 167 Hz, da die Dopplerfrequenzverschiebung je nach Bewegungsrichtung der Mobilstation positiv oder negativ sein kann.

Um die Wirkung der Dopplerfrequenzverschiebung auf das Empfangssignal zu untersuchen, sei angenommen, daß ein Basisbandsignal s(t) mit der Trägerfrequenz ω_c moduliert wird, was auf das Sendesignal

$$s_S(t) = \mathrm{Re}\left\{ s(t) \cdot e^{j\omega_c t} \right\} \tag{2.3.10}$$

führt. Mit der sich aus (2.3.5) ergebenden Impulsantwort des Kanals

$$h_K(t) = \sum_{i=1}^{n} a_i \cdot e^{j\alpha_i} \, \delta_0(t-\tau_i) \quad , \tag{2.3.11}$$

wobei $\delta_0(t)$ einen Dirac–Stoß bezeichnet, erhält man durch Faltung mit dem Sendesignal das Ausgangssignal des Kanals zu

$$s_K(t) = s_S(t) * h_K(t)$$

$$= \mathrm{Re}\left\{ \sum_{i=1}^{n} a_i \cdot e^{j\alpha_i} \, s(t-\tau_i) \cdot e^{j\omega_c (t-\tau_i)} \right\} \quad . \tag{2.3.12}$$

Berücksichtigt man nun, daß die Dopplerfrequenzverschiebung einer Modulation mit

$$h_{di}(t) = e^{j\omega_{di} t} \tag{2.3.13}$$

entspricht, so erhält man schließlich für das Ausgangssignal des Kanals nach der Dopplerfrequenzverschiebung:

$$
\begin{aligned}
s_{Kd}(t) &= s_K(t) \cdot h_d(t) \\
&= \mathrm{Re}\left\{ \sum_{i=1}^{n} a_i \cdot e^{j\alpha_i} s(t-\tau_i) \cdot e^{j\omega_c(t-\tau_i)} \cdot e^{j\omega_{di}t} \right\} \\
&= \mathrm{Re}\left\{ \left[\sum_{i=1}^{n} a_i \cdot e^{j\alpha_i} s(t-\tau_i) \cdot e^{j(\omega_{di}t-\omega_c\tau_i)} \right] \cdot e^{j\omega_c t} \right\} .
\end{aligned} \tag{2.3.14}
$$

Bezeichnet man den Realteil des Ausdrucks in der runden Klammer mit i(t) und den Imaginärteil mit q(t), so gilt:

$$
\begin{aligned}
s_{Kd}(t) &= \mathrm{Re}\left\{ \left[i(t) + j\, q(t) \right] \cdot e^{j\omega_c t} \right\} \\
&= i(t) \cdot \cos(\omega_c t) - q(t) \cdot \sin(\omega_c t)
\end{aligned} \tag{2.3.15}
$$

mit

$$
i(t) = \sum_{i=1}^{n} a_i \cdot e^{j\alpha_i} s(t-\tau_i) \cdot \cos(\omega_{di} t - \omega_c \tau_i) \tag{2.3.15a}
$$

$$
q(t) = \sum_{i=1}^{n} a_i \cdot e^{j\alpha_i} s(t-\tau_i) \cdot \sin(\omega_{di} t - \omega_c \tau_i) \quad . \tag{2.3.15b}
$$

Die Phasen α_i sind im Intervall $0 \leq \alpha_i \leq 2\pi$ gleichverteilte Zufallsvariable, ebenso sind die a_i, die ω_{di} und die τ_i Realisierungen von Zufallsvariablen, die alle unabhängig voneinander sind, so daß nach dem zentralen Grenzwertsatz [Pap 65] die Kophasalkomponente i(t) und die Quadraturkomponente q(t) unabhängig von der Verteilung dieser Zufallsvariablen bei hinreichend großem Wert von n Gaußsche Zufallsvariable werden. Die Einhüllende von $s_{Kd}(t)$ ist aber mit

$$
s_{Kd}^{e}(t) = \sqrt{i^2(t) + q^2(t)} \tag{2.3.16}
$$

eine Musterfunktion mit Rayleigh–Dichte [Woz 68]. Man bezeichnet deshalb das Verhalten der Einhüllenden $s_{Kd}^{e}(t)$ des Signals am Kanalausgang als *Rayleigh–Fading*.

Bei der Beschreibung der Übertragungsmechanismen im Mobilfunk werden einige Modellansätze, z.B. für den Übertragungskanal nach (2.3.5), verwendet. Bei den bisherigen Überlegungen spielten Störungen durch Rauschen keine Rolle, obwohl sie einen großen Einfluß auf die Fehlerrate bei der Datenübertragung haben. Im Abschnitt 2.5 soll ein einfaches Modell für einen Übertragungskanal angegeben werden, das sowohl die dämpfende und verzerrende Eigenschaft des Kanals wie auch dessen Störungen durch Rauschen beschreibt. Zuvor soll aber der Fernsprechkanal als oft verwendeter Datenübertragungsweg beschrieben werden.

2.4 Fernsprechkanäle

Fernsprechkanäle verwenden als Übertragungsmedien alle bisher genannten. Sie sind, wie der Name besagt, Übertragungswege für Sprache und wurden nicht für die Bedürfnisse der Datenübertragung entworfen, worauf bereits in Abschnitt 2.1.2 hingewiesen wurde. Fernsprechkanäle wurden deshalb so ausgelegt, daß bei minimalem Bandbreitebedarf eine möglichst große Verständlichkeit der übertragenen Sprache erreicht wird. Phasenverzerrungen spielen dabei z.B. keine wesentliche Rolle, was für die Datenkommunikation nicht zutrifft. Da die Zahl der Fernsprechteilnehmer weltweit die Milliarde überschritten hat, ist das Fernsprechnetz auch für die Datenübertragung interessant. Durch Einfügen von Modems auf der Sende– und Empfangsseite wird, wie im 1. Kapitel gezeigt wurde, aus dem Fernsprechkanal ein Datenübertragungskanal.

2.4.1 Eigenschaften von Fernsprechkanälen

Tests haben gezeigt, daß man bei einer Beschränkung des Sprachfrequenzbandes auf 300 Hz bis 3,4 kHz eine akzeptable Verständlichkeit erreicht [Ste 67]. Um die Übertragungswege mehrfach ausnützen zu können, teilt man sie deshalb mit Hilfe von Filtern in Kanäle im Abstand von 4 kHz ein, die über ein Frequenzmultiplex in Form der Trägerfrequenztechnik zugänglich sind. Um die Verzerrung der übertragenen Sprache zu beschränken, hat man die linearen Übertragungseigenschaften der Kanäle bezüglich Dämpfung und Gruppenlaufzeit im Bereich von 300 Hz bis 3,4 kHz durch Toleranzschemata festgelegt. Ein Beispiel für einen Fensprechkanal mit besonders hochwertiger Übertragungsqualität zeigt Bild 2.13.

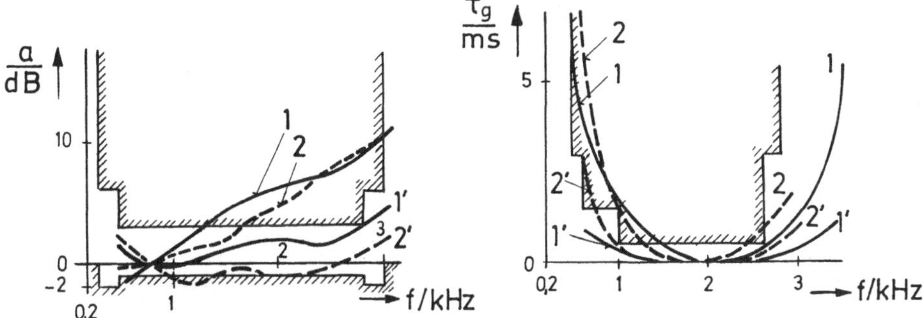

Bild 2.13 Toleranzschemata für Dämpfung a und Gruppenlaufzeit τ_g eines Fernsprechkanals und Werte für zwei Verbindungen mit ihren gemessenen Maximal– und Minimalwerten

Vergleicht man die Messungen mit den Toleranzwerten, so erkennt man, daß diese nur mehr oder weniger gut eingehalten werden. Die Abweichungen erklären sich zum einen durch die verschiedenen Übertragungswege, zum anderen durch den Einfluß der die Verbindung aufbauenden Einrichtungen in den Vermittlungsstellen. Deshalb sind in der Regel festgeschaltete Verbindungen besser als Wählverbindungen.

Die Bandbegrenzung und die nicht konstante Dämpfung und Gruppenlaufzeit innerhalb des Bandes führen zu linearen Verzerrungen. Insbesondere fällt dabei der starke Anstieg der Gruppenlaufzeit an den Bandgrenzen auf, der durch den Dämpfungssprung hervorgerufen wird. Um ihren Einfluß zu reduzieren, müssen bei intensiver Ausnutzung des Bandes durch hohe Datenübertragungsraten *Entzerrer* eingesetzt werden. Wegen der Abweichungen gibt es offensichtlich *den* Fernsprechkanal nicht, vielmehr benötigt man statistische Verfahren zu seiner Beschreibung. Deswegen verwendet man bei mittleren Datenraten einen *Kompromiß–Entzerrer*, der den "mittleren" Fernsprechkanal entzerrt, und bei sehr hohen Datenraten adaptive Entzerrer, die sich dem individuellen Fernsprechkanal anpassen. Um höhere Datenraten zu erzielen, hat man auch mehrere Kanäle mit Sprachbandbreite zu sogenannten *Primärgruppen* zusammengeschaltet. Hierbei werden 12 Sprachkanäle im Bereich von 60 bis 108 kHz zu einem Kanal mit 48 kHz Bandbreite zusammengefaßt.

Neben den linearen Verzerrungen durch frequenzabhängige Dämpfung und Gruppenlaufzeit spielen auch nichtlineare Verzerrungen, Frequenzversatz, Phasenjitter und –sprünge, Laufzeit, Echos und nicht zuletzt Störungen durch thermisches Rauschen, Netzbrumm und Impulse eine Rolle.

Die *nichtlinearen* Verzerrungen werden durch nicht kompensierte Nichtlinearitäten in A/D– und D/A–Wandlern sowie in Verstärkern hervorgerufen. Durch entsprechenden Entwurf der Wandler und Aussteuerungsbegrenzung der Verstärker lassen sich diese Einflüsse weitgehend reduzieren.

Der *Frequenzversatz* entsteht durch Abweichungen der Modulatoren und Demodulatoren und liegt im Bereich bis $f_f = \pm 6$ Hz, typische Werte liegen bei $f_f = \pm 2$ Hz. Die Trägerfrequenz ω_c des Sendesignals $s_S(t)$ nach (2.3.10) und damit auch des Signals am Ausgang des Kanals wird um diesen Frequenzversatz $\omega_f = 2\pi f_f$ verschoben, so daß für das Sendesignal

$$s_S(t) = \mathrm{Re}\left\{ s(t) \cdot e^{j(\omega_c \pm \omega_f)t} \right\} \tag{2.4.1}$$

gilt. Durch Kompensation des Frequenzversatzes bei der Demodulation mit Hilfe von Regelschaltungen läßt sich auch diese Störursache abmildern.

Phasenjitter hat seine Ursache hauptsächlich in Spannungsversorgungsschwankungen und Phasenungenauigkeiten der Modulationsstufen. Er läßt sich durch das einfache Modell

$$\varphi_j(t) = \varphi_j \cdot \sin(2\pi f_j t) \tag{2.4.2}$$

beschreiben, wobei φ_j den Jitterhub und $f_j = 50$ Hz die mit der Netzfrequenz übereinstimmende Jitterfrequenz bezeichnet. Erweiterte Modelle erfassen z.B. auch Harmonische der Netzfrequenz. Für das Sendesignal $s_S(t)$ nach (2.3.10) gilt dann:

$$s_S(t) = \text{Re}\left\{ s(t) \cdot e^{j(\omega_c t + \varphi_j(t))} \right\} . \tag{2.4.3}$$

Durch eine geeignete Phasenregelung bei der Trägersynchronisation läßt sich der durch $\varphi_j(t)$ verursachte Phasenfehler korrigieren. Problematischer sind *Phasensprünge*, die plötzlich auftreten und deshalb schwer zu korrigieren sind.

In Fernsprechkanälen können *Laufzeiten* bis zu 50 ms auftreten, deren Einfluß auf die Datenübertragung bereits im Zusammenhang mit Satellitenübertragungsstrecken diskutiert wurde. Im terrestrischen Fernsprechnetz sind sie allerdings etwa um den Faktor 10 kleiner und deshalb z.B. bei fehlererkennender Codierung nicht von gleicher Problematik.

Echos treten durch Reflexion an den Übergangsstellen zwischen Zwei– und Vierdrahtabschnitten auf. Während bei kurzen Entfernungen der Übertragungsstrecke, die ohne Verstärker betrieben werden können, auf der Zweidrahtleitung Signale in beiden Richtungen übertragen werden können, erfordert eine größere zu überbrückende Entfernung die Auftrennung der beiden Übertragungsrichtungen, da Verstärker nur in einer Richtung betrieben werden können. Als Übergang zwischen Zwei– und Vierdrahtleitungen dient die Gabelschaltung [Ste 67], die eine Leitungsnachbildung enthält. Auf Grund der wechselnden Länge der Leitungsstücke ist diese Nachbildung nicht exakt, so daß wegen der fehlenden Anpassung Reflexionen auftreten. Diese können zum einen am nahen Ende der Leitung, d.h. beim sendenden Teilnehmer, wie auch beim fernen Ende, d.h. beim empfangenden Teilnehmer, auftreten, so daß sich unterschiedliche Echolaufzeiten ergeben. Bei Sprachübertragung hat man Echosperren eingebaut, die an Hand einer Pegelüberwachung nur jeweils die aktive Übertragungsrichtung durchschalten. Bei Duplex–Datenübertragung ist dies keine Lösung, hier werden adaptive Leitungsnachbildungen, die sogenannten *Echokompensatoren* [Kro 88] verwendet.

2.4.2 Fernsprechkanäle zur Datenübertragung

Ursprünglich wurden Daten auf Netzen übertragen, die vom Fernsprechnetz unabhängig sind. Dazu zählen das Fernschreib– oder Telex–Netz sowie die Netze Datex–L als leitungsvermitteltes und Datex–P als paketvermitteltes Netz [Kra 86]. Das Telex–Netz wird als öffentliches Wählnetz betrieben, die Übertragungsgeschwindigkeit ist 50 b/s und die Fehlerwahrscheinlichkeit liegt bei $P(F) = 10^{-6}$ bis $P(F) = 10^{-5}$; sowohl Simplex– wie Halbduplex–Betrieb sind möglich. Simplex–Betrieb bedeutet, daß Daten nur in einer Richtung übertragen, Halbduplex–Betrieb, daß Daten alternierend in beiden Richtungen des Kanals übertragen und Duplex–Betrieb, daß gleichzeitig in beiden Übertragungsrichtungen Daten übertragen werden können. Bei der Bitfehlerwahrscheinlichkeit handelt es sich um Werte, die ohne Kanalcodierung erreicht werden. Auch das Datex–Netz ist ein öffentliches Wählnetz, das die Datenraten 200 b/s, 300 b/s, 2,4 kb/s, 4,8 kb/s und 9,6 kb/s bei einer Fehlerwahrscheinlichkeit von etwa $P(F) = 2 \cdot 10^{-6}$ zuläßt. Je nach Datenrate sind Simplex–, Halbduplex– und Duplex–Betrieb möglich. Wegen seiner weiten Verbreitung ist aber, wie bereits erwähnt, auch das Fernsprechnetz für die Datenübertragung attraktiv. In Zukunft werden alle Dienste, die auf Datenübertragung und der Übertragung analoger Information basieren, in einem einzigen Netz, dem *ISDN* oder *Integrated Services Digital Network*, zusammengefaßt.

Für den Fernsprechkanal gibt es eine Reihe von Normen des internationalen Gremiums Comité Consultatif International Télégraphique et Téléphonique, kurz *CCITT*. Ein Beispiel ist die Norm M.1020 des CCITT für einen hochwertigen Fernsprechkanal, wie er besonders für die Datenübertragung in Betracht kommt und in Bild 2.13 gezeigt wurde. Eine Übersicht über Datenübertragungssysteme im Fernsprechnetz liefert Tabelle 2.2.

Tabelle 2.2 Vom CCITT genormte Datenübertragungssysteme für Fernsprechkanäle

Bitrate kb/s	Zeichenrate Bd	CCITT Norm	Betriebs–art	Modulations–art
0,2	0,2	V.21	dx/FDM	2–FSK
1,2	1,2	V.23	hx	2–FSK
1,2	0,6	V.22	dx/FDM	4–DPSK
2,4	1,2	V.26	hx	4–DPSK
2,4/1,2	1,2	V.26bis	hx	4–/2–PSK
2,4	1,2	V.26ter	dx/EC	4–DPSK
2,4	0,6	V.22bis	dx/FDM	16–QAM
4,8	1,6	V.27	hx	8–DPSK
4,8/2,4	1,6/1,2	V 27bis	hx	8–/4–DPSK
9,6/7,2/4,8	2,4	V.29	hx	16–/8–/4–ASK/PSK
9,6	2,4	V.32	dx	32–QAM/TC
14,4	2,4	V.33	hx	128–QAM/TC

Die Datenraten reichen von 200 b/s bis 14,4 kb/s, die Zeichenrate oder Taktgeschwindigkeit von 200 Bd bis 2,4 kBd, wobei die Abkürzung Bd für *Baud* steht. Dadurch, daß man zwei oder mehr Binärzeichen zu einem neuen Zeichen zusammenfaßt, ist eine Reduktion der Taktgeschwindigkeit und damit des Bandbreitebedarfs möglich. Faßt man b Binärzeichen zusammen, so kann man damit $n = 2^b$ Zeichen darstellen, gegenüber der Bitrate reduziert sich die Zeichenrate oder Schrittgeschwindigkeit um den Faktor b:

$$r_{Bd} = r_{bit}/b \quad . \tag{2.4.4}$$

Die Empfehlungen des CCITT für die Daten–Modems befinden sich in der V–Reihe. Bei den niedrigen Zeichenraten läßt sich Duplex–Betrieb, mit dx abgekürzt, bei höheren nur Halbduplex–Betrieb, mit hx abgekürzt, realisieren. Bei Duplex–Betrieb wird meist Frequenzgetrenntlage, mit FDM für *Frequency Division Multiplex* abgekürzt, verwendet. Bisweilen ist Echokompensation, mit EC abgekürzt, erforderlich. Bis zu einer Datenrate von 2,4 kb/s genügt ein Kompromiß–Entzerrer, ab 4,8 kb/s verwendet man adaptive Entzerrer. Bis zu Datenraten von 4,8 kb/s hat, sofern kein Duplex–Betrieb verwendet wird, ein Rückkanal für maximal 75 b/s im Fernsprechkanal Platz. Er ist erforderlich, um bei fehlererkennender Kanalcodierung das Quittungssymbol zu übertragen.

Bei niedrigen Datenraten verwendet man digitale Frequenzmodulation oder *Frequency Shift Keying* bzw. FSK als Modulationsart. Dabei bedeutet 2–FSK, daß der Zeichenvorrat 2 Zeichen, die Binärzeichen also, umfaßt. Bildschirmtext oder BTX verwendet eine Datenrate mit 1,2 kb/s und 2–FSK, um die Modems einfach und damit billig realisieren zu können. Bei der Modulationsart 4–DPSK werden 2 Binärzeichen zusammengefaßt, so daß insgesamt 4 Zeichen darstellbar sind, die Abkürzung DPSK steht für *Difference Phase Shift Keying*, d.h. digitale Phasenmodulation. Bei manchen Modems, z.B. nach der Norm V.26bis, kann man die Übertragungsgeschwindigkeit reduzieren, wenn die Bitfehlerwahrscheinlichkeit zu groß wird. Davon macht man z.B. beim Fernkopieren Gebrauch. Mit QAM wird *Quadratur–Amplituden–Modulation* und mit PSK/ASK die Kombination von digitaler Phasen– und Amplitudenmodulation bezeichnet. Der Zusatz TC bezieht sich darauf, daß *Trellis–Codierung* als Kanalcodierung verwendet wird.

Man unterscheidet auch, ob der Fernsprechkanal eine festgeschaltete oder eine leitungsvermittelte Verbindung darstellt. Bei Festleitungen ist wegen geringerer Störungen durch Wählimpulse, gleichmäßigerer Dämpfung, fehlender Echos usw. die Fehlerwahrscheinlichkeit niedriger. Sie liegt im Bereich von $P(F) = 10^{-4}$ bis $P(F) = 10^{-6}$ und hängt neben der Art der Verbindung auch von der Übertragungsgeschwindigkeit ab.

Interessant ist die Frage, wo bei Fehlerfreiheit die theoretische Grenze für die Daten–

rate auf einem Fernsprechkanal liegt. Diese wird durch die Kanalkapazität nach Shannon bestimmt und liegt bei [Ste 67]

$$C = B \cdot \mathrm{ld}\left[\frac{P_S}{P_N} + 1\right] \quad , \tag{2.4.5}$$

wobei B die Bandbreite des Kanals und P_S/P_N das Verhältnis der Signal– zur Störleistung ist. Mit der Bandbreite des Fernsprechkanals von B = 3,1 kHz und dem für Fernsprechkanäle typischen Signal–zu–Rauschverhältnis P_S/P_N von 20 dB [Pro 89] folgt

$$C = 3{,}1 \cdot \mathrm{ld}(\, 1 + 10^2\,)\ \mathrm{kb/s} = 20{,}64\ \mathrm{kb/s} \quad ; \tag{2.4.6}$$

mit den, wenn auch recht aufwendigen Modulations– und Codierungsverfahren gemäß der CCITT–Norm V.33 kommt man demnach bei geringer Fehlerwahrscheinlichkeit relativ nahe an die theoretische Grenze heran.

2.5 Beschreibung von Kanälen durch Modelle

Modelle haben den Sinn, wesentliche Eigenschaften von physikalischen Systemen aufzuzeigen, diese zu simulieren sowie Voraussagen über ihr Verhalten zu machen.

In den vorausgehenden Abschnitten wurden zwei Eigenschaften von Übertragungskanälen besonders betont: die Eigenschaft des Kanals, eine bestimmte Dämpfung und Gruppenlaufzeit zu besitzen, die gegebenenfalls zu linearen Verzerrungen des übertragenen Signals führen, und die Störeigenschaft des Kanals in Form von Rauschen, sinus– und impulsförmigen Störungen. Daneben gibt es noch andere Eigenschaften wie Nichtlinearitäten, Frequenzverwerfungen usw., die in der Regel jedoch von geringerem Einfluß auf die Qualität, d.h. die Fehlerfreiheit der Datenübertragung sind, als die beiden zunächst genannten Eigenschaften, die deshalb in dem Kanalmodell nach Bild 2.14 näher beschrieben werden sollen.

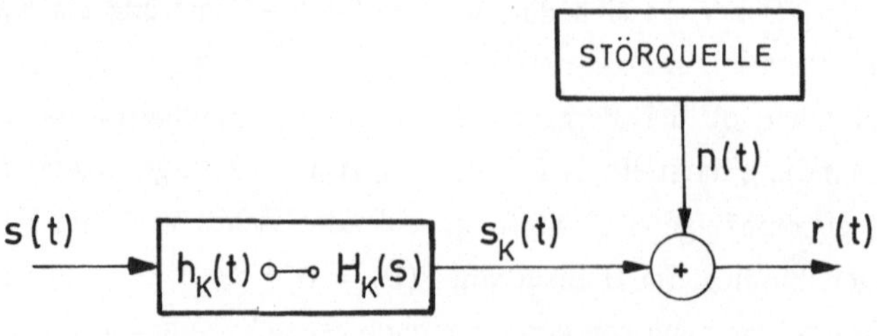

Bild 2.14 Lineares Modell des Übertragungskanals mit Störungen

Darin werden die linearen Eigenschaften durch das Filter mit der Impulsantwort h(t), die Störungen durch das Störquellenmodell beschrieben. Die Störungen n(t) überlagern sich additiv dem Nutzsignal.

2.5.1 Lineare Kanaleigenschaften

Bei den Adernpaaren, den Koaxialkabeln, den Mobilfunk– und Fernsprechkanälen wurden Berechnungen vorgenommen, die von der Annahme eines linearen Kanals ausgingen. Das Ersatzschaltbild des differentiellen Leitungsstücks nach Bild 2.1, der Frequenzgang des Mobilfunkkanals nach (2.3.5) oder das Toleranzschema für das Kanalfilter nach Bild 2.13 entsprechen linearen Modellen. Das Übertragungsverhalten dieser linearen Modelle wird durch den Frequenzgang beschrieben. Kennt man Dämpfung $a(\omega)$ und Gruppenlaufzeit bzw. Phase $b(\omega)$ des Kanals, kann man daraus den Frequenzgang

$$H_K(j\omega) = e^{-(a(\omega) + jb(\omega))} \tag{2.5.1}$$

gewinnen. Durch inverse Fourier–Transformation erhält man daraus die Impulsantwort

$$h_K(t) = \frac{1}{2\pi} \int_{-\infty}^{\infty} H_K(j\omega)\, e^{j\omega t}\, d\omega \quad , \tag{2.5.2}$$

deren Laplace–Transformierte wiederum die in Bild 2.14 angegebene Systemfunktion $H_K(s)$ liefert

$$h_K(t) \;\circ\!\!-\!\!\circ\; H_K(s) = \int_{0}^{\infty} h_K(t)\, e^{-st}\, dt \quad , \tag{2.5.3}$$

wobei das Symbol $\circ\!\!-\!\!\circ$ für die Laplace–Transformation steht. Da es jedoch *den* Übertragungskanal nicht gibt, sind im Einzelfall die linearen Eigenschaften des Kanals auszumessen und durch eine Systemfunktion $H_K(s)$ zu approximieren. Die Kenntnis dieser Kanaleigenschaften z.B. in Form der Impulsantwort ist dann erforderlich, wenn man den Kanal entzerren will. Ferner muß man die Kanaleigenschaften insbesondere bei bandbegrenzten Kanälen kennen, wenn man ein geeignetes Modulationsverfahren sucht, das auf ein Sendesignal mit möglichst guter Ausnutzung der vorhandenen Bandbreite führt.

2.5.2 Störeigenschaften von Kanälen

Als Störursachen wurden Rauschen, Impulse und periodische Signale genannt. Von allen Störungen auf dem Kanal sind die sinusförmigen am einfachsten durch ein sehr schmalbandiges Filter zu beseitigen und sollen deshalb nicht weiter betrachtet werden. Es bleiben dann noch die Störungen durch Rauschen, die z.B. durch thermische Effekte in Verstärkern oder durch atmosphärische Einflüsse auf Übertragungsstrecken im freien Raum hervorgerufen werden, und die impulsförmigen Störungen, die man auch als Bündelstörungen oder *bursts* bezeichnet und z.B. in Zündfunken bei Mobilfunkkanälen oder in Schaltvorgängen in Fernsprechkanälen ihre Ursache haben.

Das Rauschen kann man durch einen *weißen Prozeß* mit Gaußscher Wahrscheinlichkeitsdichtefunktion beschreiben. Dieser führt bei der Datenübertragung zu statistisch unabhängigen Einzelfehlern. Wegen der statistischen Unabhängigkeit der Fehler spricht man deswegen auch von einem "Kanal ohne Gedächtnis".

Im Gegensatz dazu führen die *impulsartigen Störungen* zu Bündeln von Fehlern, die nur zeitweilig auftreten. Ein derartiger Kanal wird deshalb auch als "Kanal mit Gedächtnis" bezeichnet.

Während man die Einzelfehler durch geeignete Modulation und Filterung oder durch Codierung reduzieren kann, lassen sich Fehlerbündel nur durch fehlererkennende oder auch fehlerkorrigierende Codierung vermindern.

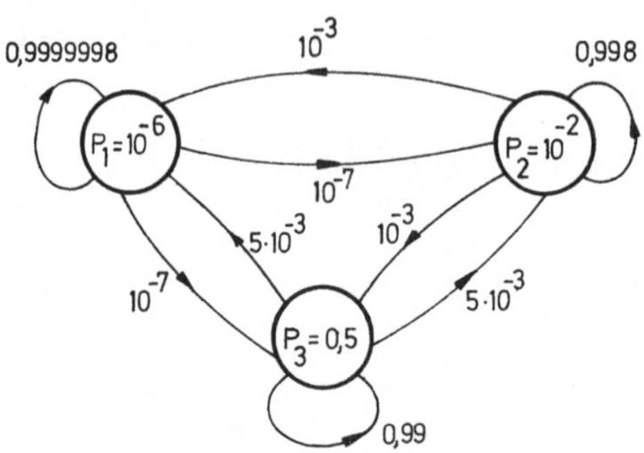

Bild 2.15 Markoff–Modell mit drei Zuständen zur Beschreibung eines Kanals mit Fehlerbündeln

Für die Beschreibung des "Kanals mit Gedächtnis" gibt es mehrere Modelle. Das älteste stammt von Gilbert [Gil 60], ein weiter entwickeltes von Berger und Mandelbrot [Ber 63]. Hier soll eine andere Erweiterung [Swo 69b] des Gilbert–Modells näher betrachtet werden. Es handelt sich dabei um das in Bild 2.15 gezeigte *Markoff–Modell.* Man unterscheidet dabei z.B. drei Zustände, in denen sich der Kanal befinden kann und in denen Fehler mit unterschiedlicher Wahrscheinlichkeit P_i auftreten. Ferner sind die Übergangswahrscheinlichkeiten zwischen den einzelnen Zuständen angegeben. Der Zustand, in dem die Fehlerbündel auftreten, ist durch die größte Wahrscheinlichkeit P_i, in Bild 2.15 durch $P_3 = 0{,}5$ charakterisiert.

Messungen [Swo 69a] in den Fernsprechkanälen der Post haben gezeigt, daß man diese gut durch das in Bild 2.15 gezeigte Modell beschreiben kann, da hier typischerweise Fehlerbündel auftreten. Würden nur statistisch unabhängige Einzelfehler mit der Wahrscheinlichkeit P auftreten, so ist der Anteil F(n) von n oder weniger fehlerfrei aufeinanderfolgenden Symbolen bezogen auf die Gesamtzahl der fehlerfreien Symbolketten durch

$$F(n) = \frac{\sum_{i=1}^{n} (1-P)^i}{\sum_{i=1}^{\infty} (1-P)^i} = \frac{P}{1-P} \sum_{i=1}^{n} (1-P)^i = 1 - (1-P)^n \qquad (2.5.2)$$

gegeben, wobei die Summen mit Hilfe der Formel für geometrische Reihen [Bro 62] berechnet wurden.

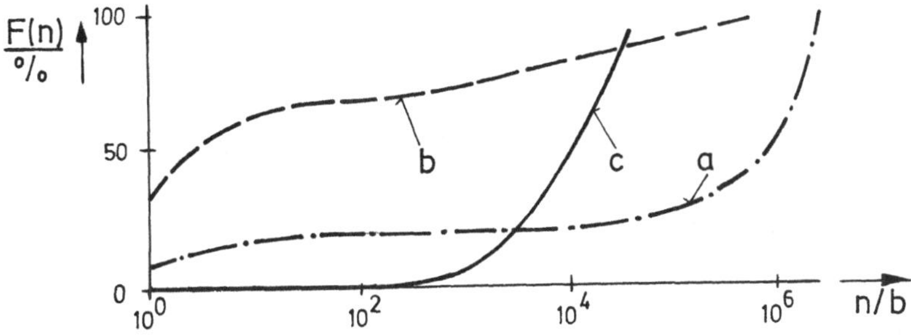

Bild 2.16 Anteil der Fehlerabstände F(n) für n oder weniger fehlerfrei aufeinanderfolgende Symbole. a) für 1,2 kb/s nach [Bal 71], b) für 1,2 kb/s nach [Ale 60] im Fernsprechkanal gemessen, c) bei Annahme statistisch unabhängiger Einzelfehler mit $P = 5 \cdot 10^{-5}$ berechnet

Bild 2.16 zeigt neben dieser Anzahl für $P = 5 \cdot 10^{-5}$ die Messungen bei realen Fernsprechkanälen. Da die Anzahl F(n) für kleine Abstände n bei den gemessenen Kurven viel größer, bei großen Abständen n aber kleiner als die relative Anzahl F(n) nach (2.5.2) ist, muß die Annahme statistischer Einzelfehler verworfen werden. Ferner erkennt man, daß die Meßergebnisse bei den einzelnen Kanälen sehr streuen, so daß allgemein gültige Annahmen nicht zulässig sind.

3 Übertragung über bandbegrenzte und gestörte Kanäle

Im vorausgehenden Kapitel wurde ein einfaches Kanalmodell vorgestellt, das bezüglich seiner linearen Übertragungseigenschaften durch das lineare Filter mit dem Frequenzgang $H_K(j\omega)$ und bezüglich seiner Störungen durch den additiven Störprozeß $n(t)$ beschrieben wurde.

Zunächst soll der Einfluß der *linearen* Übertragungseigenschaften auf das Sendesignal s(t) im Basisband diskutiert werden, d.h. die Modulation mit einem Träger nach (2.3.10) spielt bei dieser Betrachtung keine Rolle, so daß $s_S(t) = s(t)$ gilt. In diesem Fall läßt sich das Datenübertragungssystem durch das in Bild 3.1 gezeigte, aus Bild 1.3 folgende Blockschaltbild beschreiben.

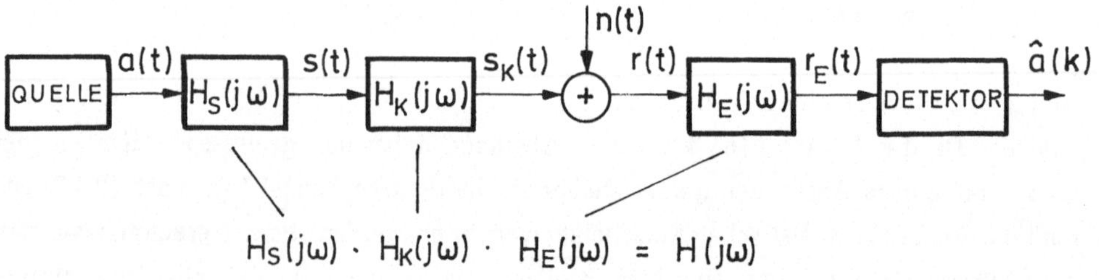

Bild 3.1 Blockschaltbild eines Datenübertragungssystems im Basisband

Die im 1. Kapitel genannten zusätzlichen Komponenten auf der Sende– und Empfangsseite spielen bei der Betrachtung der linearen Übertragungseigenschaften keine wesentliche Rolle, so daß sie weggelassen werden. Bestimmend dafür sind nur der Impulsformer, auch Sendefilter genannt, mit dem Frequenzgang $H_S(j\omega)$, das lineare Kanalmodell mit dem durch $H_K(j\omega)$ bezeichneten Frequenzgang und das Empfangsfilter, das sich nach Bild 1.5 aus dem Matched Filter und dem Entzerrer zusammensetzt und den Frequenzgang $H_E(j\omega)$ besitzt. Das Sendesignal s(t) entsteht durch Filterung des Quellensignals a(t), das als pulsamplitudenmoduliertes Signal oder PAM–Signal

$$a(t) = \sum_{n=-\infty}^{\infty} a(n)\, \delta_0(t-iT) \quad ; \quad a(n) \in \{a_1,..., a_N\} \tag{3.1}$$

beschrieben werden kann, wobei die a(n) Amplituden mit den Werten a_i und $\delta_0(t-nT)$ die um ganzzahlig Vielfache des Sendetaktes T verschobene Dirac–Impulse sind. Die Amplituden a(n) sind Realisationen einer Zufallsvariablen, die in der Regel gleichverteilt ist. Trifft das nicht zu, so führt der Einsatz eines Verwürflers, der hier nicht weiter betrachtet wird, dazu, daß annähernd eine gleichverteilte Zufallsvariable entsteht. Weil die a(n) Realisationen einer Zufallsvariablen sind, ist a(t) die Musterfunktion eines Zufallsprozesses.

Der Detektor am Ende der Übertragungsstrecke wurde bereits in Bild 1.5 eingeführt und liefert an Hand der Abtastwerte des gefilterten gestörten Empfangssignals $r_E(t)$ nach Schwellendiskrimination Schätzwerte für die Amplituden a(n) des Quellensignals nach (3.1).

Weil zunächst nur der Einfluß der linearen Eigenschaften des Übertragungssystems auf das Quellensignal diskutiert werden soll, wird der Kanal mit n(t) = 0 als störungsfrei vorausgesetzt. Wenn der Übertragungskanal zusätzlich einen Frequenzgang besäße, der frequenzunabhängig und nicht bandbegrenzt wäre, so würde das Sendesignal ohne jede Änderung übertragen. Diese Annahme ist aber unrealistisch und wird z.B. beim Fernsprechkanal oder Mobilfunkkanal allein aus ökonomischen Gründen nicht erreicht: durch Frequenzmultiplex will man mit dem Übertragungsmedium mehr als einen Kanal realisieren, so daß die verfügbare Bandbreite auf Einzelkanäle aufgeteilt wird. Folglich

- *besitzen reale Kanäle eine obere Bandgrenze ω_1 und*
- *ist ihr Frequenzgang frequenzabhängig.*

Die Bandbegrenzung hat zur Folge, daß die Dauer eines Impulses am Ausgang des Kanals größer als am Eingang ist, die Frequenzabhängigkeit führt auf eine Verzerrung des übertragenen Impulses. Bild 3.2 zeigt die Verformung der mit der Rate r = 1/T übertragenen Impulsfolge s(t) durch einen RC–Tiefpaß, dessen Frequenzgang

$$\begin{aligned} H_K(j\omega) &= \frac{1}{1 + j\omega\tau} = e^{-(a(\omega)+jb(\omega))} = |H_K(j\omega)|\, e^{-jb(\omega)} \\ &= \frac{1}{\sqrt{1+\omega^2\tau^2}} \cdot e^{-j\arctan(\omega\tau)} \end{aligned} \tag{3.2}$$

mit der Zeitkonstanten τ parametriert ist und der wegen der Frequenzabhängigkeit von Betrag bzw. Dämpfung $a(\omega)$ und Phase $b(\omega)$ nach (2.5.1) Verzerrungen aufweist.

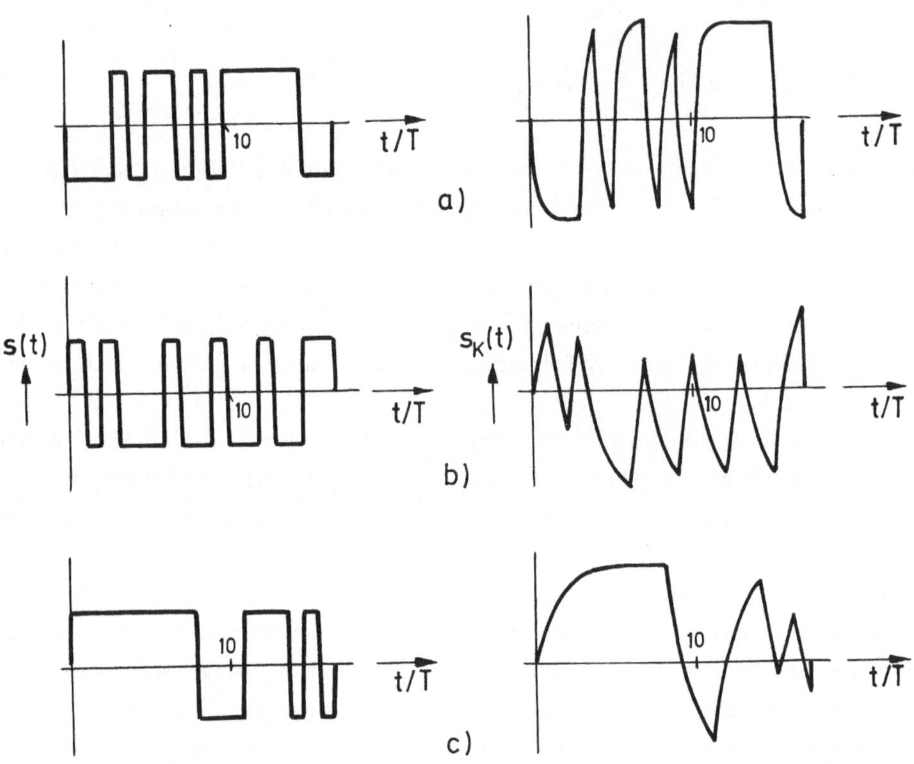

Bild 3.2 Transformation von Impulsfolgen s(t) mit der Rate $r = 1/T$ durch einen RC–Tiefpaß mit den Parametern a) $\tau = T/3$, b) $\tau = T$ und c) $\tau = 4T/3$

Für $\tau < T$ sind Signalverzerrungen sichtbar, aber die benachbarten Impulse von s(t) beeinflussen sich nur wenig, während bei $\tau \geq T$ nur bei längeren Abschnitten ohne Polaritätswechsel die maximale Signalamplitude erreicht wird und die benachbarten Impulse sich stark beeinflussen. Diese Beeinflussung von benachbarten Impulsen bezeichnet man als *Impulsnebensprechen* bzw. im Englischen als *intersymbol interference*.

An der Formung der Signals $s_E(t)$ am Eingang des Detektors sind nach Bild 3.1 das Sendefilter, das Kanalmodellfilter und das Empfangsfilter beteiligt. Im folgenden Abschnitt soll deshalb untersucht werden, wie die Kettenschaltung dieser drei Filter ausgelegt werden muß, damit trotz der Bandbegrenzung dieses Übertragungssystems die Amplitude a(k) bei fehlenden Störungen n(t) im Detektor aus dem Signal $s_E(t)$ fehlerfrei wiedergewonnen werden kann. Später wird dann der Einfluß der Störungen auf den Entwurf von Sende– und Empfangsfilter diskutiert.

3.1. Impulsnebensprechen bei bandbegrenzten Kanälen

Das Signal $r_E(t)$ am Eingang des Detektors setzt sich aus dem vom Basisbandsignal s(t) und dem von den Kanalstörungen n(t) stammenden Anteil zusammen

$$r_E(t) = s_E(t) + n_E(t) \quad . \tag{3.1.1}$$

Die Musterfunktion $n_E(t)$ des Störprozesses entsteht durch Faltung von n(t) mit der Impulsantwort $h_E(t)$ des Empfangsfilters

$$n_E(t) = n(t) * h_E(t) = \int_{-\infty}^{\infty} n(\tau)\, h_E(t-\tau)\, d\tau \tag{3.1.2}$$

und soll zunächst nicht weiter betrachtet werden. Die Kettenschaltung von Sendefilter, Kanalmodellfilter und Empfangsfilter mit dem Frequenzgang

$$H(j\omega) = H_S(j\omega) \cdot H_K(j\omega) \cdot H_E(j\omega) \tag{3.1.3}$$

bestimmt die Form des Nutzsignalanteils $s_E(t)$ am Eingang des Detektors, da $s_E(t)$ durch Faltung des Quellensignals a(t) mit der Impulsantwort h(t) dieser Kettenschaltung entsteht:

$$s_E(t) = a(t) * h(t) = \int_{-\infty}^{\infty} a(\tau)\, h(t-\tau)\, d\tau \quad . \tag{3.1.4}$$

Die Impulsantwort h(t) ist ihrerseits das Faltungsprodukt der Impulsantworten $h_S(t)$, $h_K(t)$ und $h_E(t)$:

$$\begin{aligned} h(t) &= h_S(t) * h_K(t) * h_E(t) \\ &= \int_{-\infty}^{\infty} h_S(\alpha) \int_{-\infty}^{\infty} h_K(\beta)\, h_E(t-\alpha-\beta)\, d\beta\, d\alpha \quad . \end{aligned} \tag{3.1.5}$$

Setzt man in (3.1.4) das Quellensignal a(t) nach (3.1) ein, so folgt

$$s_E(t) = \sum_{n=-\infty}^{\infty} a(n) \int_{-\infty}^{\infty} \delta_0(t-nT) \cdot h(t-\tau)\, d\tau$$

$$= \sum_{n=-\infty}^{\infty} a(n)\, h(t-nT) \quad . \tag{3.1.6}$$

Die Amplitude von $s_E(t)$ zum Abtastzeitpunkt $t = kT$

$$s_E(kT) = \sum_{n=-\infty}^{\infty} a(n)\, h((k-n)T) \tag{3.1.7}$$

$$= a(k)\, h(0) + \sum_{n=-\infty}^{-1} a(n)\, h((k-n)T) + \sum_{n=1}^{\infty} a(n)\, h((k-n)T$$

hängt nicht allein von der Impulsamplitude h(0) und der von der Quelle gesendeten Amplitude a(k), sondern auch von den benachbarten Werten h((k–n)T) und a(n) ab. Damit kann man nicht mehr aus $s_E(kT)$ allein auf die von der Quelle gesendete Amplitude a(0) zurückschließen, sofern der Impuls h(t) eine Dauer hat, die größer als der Takt T ist. Dies ist gleichbedeutend damit, daß Impulsnebensprechen auftritt.

Damit kein Impulsnebensprechen auftritt, müssen die Summen im zweiten und dritten Term von (3.1.7) verschwinden. Das ist immer dann der Fall, wenn h(t) für alle Zeiten $t = kT$, $k \neq 0$ Nullstellen besitzt und nur h(0) von null verschieden ist. Man bezeichnet h(t) in diesem Fall als *ideales Impulssystem*. Für die Abtastwerte des Impulses h(t) gilt dann

$$h(t)\Big|_{t=kT} = h(kT) = \delta_0(k) = \begin{cases} 1 & k = 0 \\ 0 & k \neq 0 \end{cases} , \tag{3.1.8}$$

wobei $\delta_0(k)$ die zeitdiskrete Impulsfolge [Kam 89] bezeichnet und $h(0) = 1$ gesetzt wurde. Überträgt man die Eigenschaft der Abtastwerte von h(t) nach (3.1.8) auf den Impuls h(t) selbst, so kann man

$$h(t) \sum_{n=-\infty}^{\infty} \delta_0(t-kT) = \delta_0(t) \tag{3.1.9}$$

schreiben, was mit Hilfe der Fourier–Transformation im Spektralbereich [Lük 75] auf

$$H(j\omega) * \frac{2\pi}{T} \sum_{n=-\infty}^{\infty} \delta_0(\omega - n\cdot\frac{2\pi}{T}) = \frac{2\pi}{T} \sum_{n=-\infty}^{\infty} H(j(\omega - n\cdot\frac{2\pi}{T})) = 1 \tag{3.1.10}$$

führt. Daraus folgt, daß die Summe der um $n\cdot 2\pi/T$ verschobenen Frequenzgänge des idealen Impulssystems sich zu eins ergänzen muß. Am einfachsten läßt sich diese Bedingung dadurch erfüllen, daß man für $H(j\omega)$ einen idealen Tiefpaß mit dem Frequenzgang

$$H(j\omega) = \begin{cases} 1 & |\omega| \leq \omega_1 \\ 0 & |\omega| > \omega_1 \end{cases} \tag{3.1.11}$$

und der Grenzfrequenz $\omega_1 = \pi/T$ wählt. Die zugehörige Impulsform h(t) erhält man durch inverse Fourier–Transformation [Pap 62]

$$h(t) = \frac{\omega_1}{\pi} \frac{\sin(\omega_1 t)}{\omega_1 t} \quad , \tag{3.1.12}$$

die zu den Taktzeiten t = kT mit Ausnahme von t = 0 Nullstellen aufweist. Überträgt man das Datensignal a(t) nach (3.1) mit einem derartigen System, so erhält man das in Bild 3.3 gezeigte Beispiel für ein binäres Datensignal.

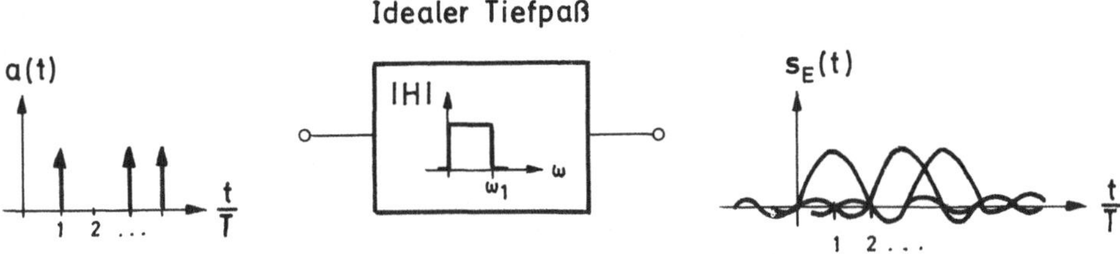

Bild 3.3 Impulsnebensprechen bei binärer Datenübertragung über einen idealen Tiefpaß

In diesem Fall lassen sich die Daten a(k) trotz des Impulsnebensprechens bei fehlendem Rauschen n(t) fehlerfrei aus den Abtastwerten $s_E(kT)$ wiedergewinnen, weil zwischen Bandbreite ω_1 und Zeitabstand T die Beziehung

$$T = \frac{\pi}{\omega_1} = \frac{1}{2f_1} \tag{3.1.13}$$

gilt. An dieser Beziehung wird der Zusammenhang mit dem *Abtasttheorem* [Sha 49] deutlich: Entnimmt man einem auf die Bandbreite f_1 begrenzten Signal Abtastwerte im Abstand von T nach (3.1.13), so läßt sich das Signal durch Interpolation mit Impulsen der Form nach (3.1.12) fehlerfrei rekonstruieren. Man bezeichnet die in (3.1.13) definierte Zeit T als *Nyquistintervall* und ω_1 als *Nyquistfrequenz.*

Weil der ideale Tiefpaß nicht realisierbar ist, stellt er keine in die Praxis einsetzbare Lösung für die fehlerfreie Datenübertragung über bandbegrenzte Kanäle dar. Dazu dienen andere, in den folgenden beiden Abschnitten beschriebene Impulsklassen.

3.1.1 Nyquist–Impulse

Die Bedingung (3.1.10), die das Impulsnebensprechen zum Verschwinden bringt und auch *erste Nyquistbedingung* und im Englischen *zero forcing condition* genannt wird, läßt sich nicht nur durch den Frequenzgang des idealen Tiefpasses einhalten. Alternativen zeigt Bild 3.4, die dadurch gekennzeichnet sind, daß sie Symmetrieeigenschaften zur Bandgrenze ω_1 besitzen.

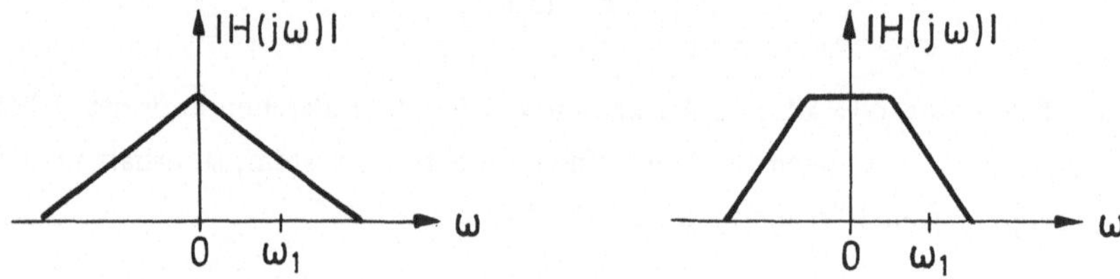

Bild 3.4 Beträge von Frequenzgängen idealer Impulssysteme

Allgemein gilt für diese Frequenzgänge

$$H(j\omega) = \begin{cases} 1 - H_1(j\omega) & |\omega| < \omega_1 \\ H_1(j\omega) & \omega_1 < |\omega| < 2\omega_1 \\ 0 & 2\omega_1 < |\omega| \end{cases} , \tag{3.1.14}$$

wobei die Symmetriebedingung

$$H_1(\omega_1 - \omega) = -H_1(\omega_1 + \omega) \quad , \tag{3.1.15}$$

einzuhalten ist. Mit $H_1(j\omega) = 0$ beschreibt (3.1.14) z.B. den Frequenzgang des idealen Tiefpasses, der das ideale Impulssystem mit minimaler Bandbreite darstellt. Innerhalb der Bandbreite $\omega_1 = 2\pi f_1$ werden binäre Daten mit der Rate $r = 1/T$ bei fehlenden Störungen fehlerfrei übertragen, wobei T das Nyquistintervall nach (3.1.13) bezeichnet, so daß man eine Bandbreitenausnutzung von

$$\frac{1/T}{f_1} = \frac{2f_1}{f_1} = 2\,\frac{b/s}{Hz} \tag{3.1.16}$$

erzielt. Dieser Wert stellt das Maximum der erreichbaren Bandbreitenausnutzung bei Übertragung von Binärzeichen dar; bei Übertragung von $N = 2^b$ Zeichen, die sich durch b Binärzeichen darstellen lassen, beträgt diese Grenze

$$\frac{b \cdot 1/T}{f_1} = 2 \cdot b \, \frac{b/s}{Hz} \quad . \tag{3.1.17}$$

Wegen der unendlichen Flankensteilheit des Frequenzganges läßt sich der ideale Tiefpaß nicht mit endlichem Aufwand realisieren. Deshalb approximiert man bei der Datenübertragung ein Filter, das mit

$$H_1(j\omega) = \begin{cases} -\frac{1}{2}\left[1+\sin(\frac{\pi}{2\rho}(\frac{\omega}{\omega_1}-1))\right] & \omega_1(1-\rho) \le |\omega| < \omega_1 \\ \frac{1}{2}\left[1-\sin(\frac{\pi}{2\rho}(\frac{\omega}{\omega_1}-1))\right] & \omega_1 \le |\omega| < \omega_1(1+\rho) \\ 0 & \text{sonst} \end{cases} \tag{3.1.18}$$

auf den Frequenzgang

$$H(j\omega) = \begin{cases} 1 & |\omega| < \omega_1(1-\rho) \\ \frac{1}{2}\left[1-\sin(\frac{\pi}{2\rho}(\frac{\omega}{\omega_1}-1))\right] & \omega_1(1-\rho) \le |\omega| < \omega_1(1+\rho) \\ 0 & \omega_1(1+\rho) \le |\omega| \end{cases} \tag{3.1.19}$$

führt. Der Parameter ρ, der sogenannte *Roll–off–Faktor* bestimmt die Bandbreite des Systems und die Form des cosinusförmigen Übergangs zwischen Durchlaß– und Sperrbereich nach Bild 3.5. Dieses Übergangsverhalten findet in der englischen Bezeichnung *raised cosine spectrum* seinen Niederschlag.

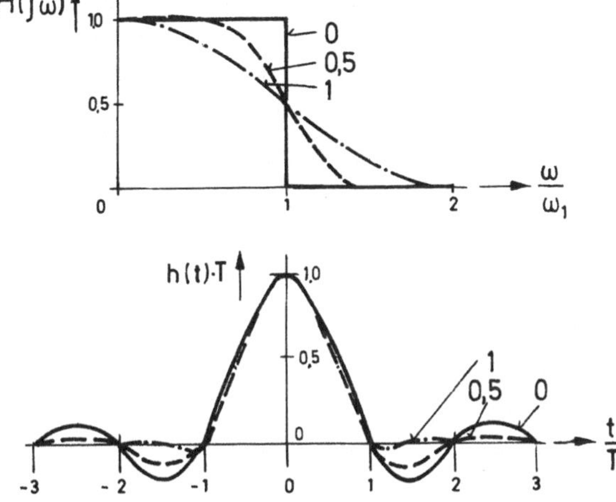

Bild 3.5 Frequenzgänge mit cosinusförmigem Übergang zwischen Durchlaß– und Sperrbereich und zugehörige Zeitfunktionen. Parameter: Roll–off–Faktor ρ

Die zugehörige, ebenfalls in Bild 3.5 dargestellte Impulsform

$$h(t) = \frac{1}{T} \frac{\sin(\omega_1 t)}{\omega_1 t} \frac{\cos(\rho\omega_1 t)}{1 - (2\rho\omega_1 t/\pi)^2} , \tag{3.1.20}$$

geht für $\rho = 0$ in (3.1.12) über. Den Sonderfall mit maximalem Bandbreitebedarf erhält man für $\rho = 1$, wobei hier zusätzliche Nullstellen des Impulses bei $t = \pm(k+1/2)T$, $k > 0$ entstehen. Man bezeichnet dies als *zweite Nyquistbedingung* [Boc 86]; diese zusätzlichen Nullstellen bieten Vorteile bei der Taktrückgewinnung. Da der Impuls h(t) hier besonders rasch abklingt – bei $\rho = 0$ mit $1/t$, bei $\rho \neq 0$ mit $1/(\rho^2 t^3)$ – läßt er sich durch ein digitales Filter endlicher Impulsantwort, ein sogenanntes FIR–Filter [Kam 89], einfach realisieren. In der Praxis übliche Werte [Bet 81], [Sch 81] liegen bei $\rho = 0.5$.

Der Preis für die einfache Realisierbarkeit ist ein erhöhter Bandbreitebedarf und eine geringere Bandbreitenausnutzung. Statt (3.1.16) gilt für die Bandbreitenausnutzung bei binärer Zeichenübertragung:

$$\frac{1/T}{(1+\rho)\cdot f_1} = \frac{2}{1+\rho} \frac{b/s}{Hz} . \tag{3.1.21}$$

Für $\rho = 1$ steigt die Bandbreite gegenüber dem idealen Tiefpaß auf das Doppelte und die Bandbreitenausnutzung beträgt mit 1 (b/s)/Hz nur noch die Hälfte.

Um beurteilen zu können, wie gut man aus dem Empfangssignal $s_E(t)$ die übertragenen Daten zurückgewinnen kann, verwendet man das *Augendiagramm*. Man gewinnt es durch taktsynchrone Überlagerung des um Vielfache von T verschobenen Signals $s_E(t)$. Bild 3.6 zeigt Beispiele für Augendiagramme mit Roll–off–Impulsen für $\rho = 0{,}25$ und $\rho = 0{,}95$ bei einem bipolaren Sendesignal, dessen Amplitudenwerte mit gleicher Wahrscheinlichkeit auftreten.

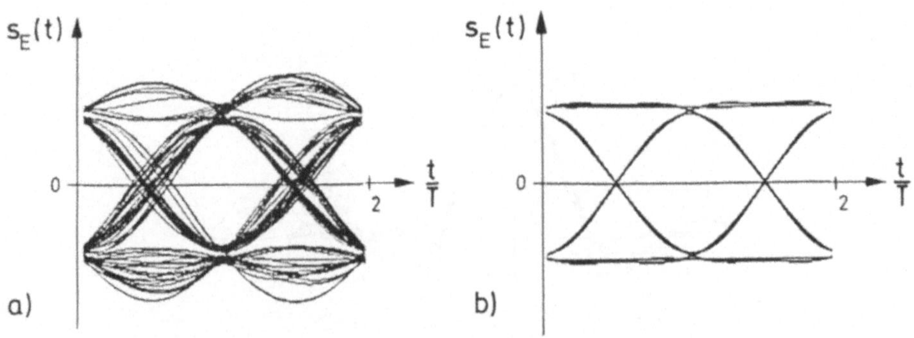

Bild 3.6 Augendiagramme von Roll–off–Impulsen für a) $\rho = 0{,}25$ und b) $\rho = 0{,}95$

Gewünscht wird ein in vertikaler und horizontaler Richtung möglichst weit geöffnetes Auge [Mäu 88]. Die vertikale Öffnung wird durch die Amplituden der Impulse h(t) in der Umgebung der Abtastzeiten t = kT, die horizontale durch die Nebenmaxima der Impulse bestimmt. Aus dem Augendiagramm kann man ganz allgemein die in Bild 3.7 angegebenen Einflüsse [Luc 68] auf die Entstehung von Übertragungsfehlern bei der Datenübertragung ablesen. Dazu zählen in Abszissenrichtung die Empfindlichkeit bezüglich des Abtastzeitfehlers, da man den Takt T nie exakt im Empfänger regenerieren kann, aber auch der Bereich, in dem die vom Kanal verursachten Störungen zugelassen sind, ohne daß Übertragungsfehler entstehen. Neben diesen bisher nicht betrachteten Einflüssen wirken sich die bereits erwähnten Verzerrungen durch die Übertragungsstrecke im Bereich der Abtastzeit und die Verzerrungen, die im Bereich der Nulldurchgänge entstehen, zusätzlich aus. Dabei wird unter Übertragungsstrecke die Kettenschaltung von Sendefilter, Kanalmodellfilter und Empfangsfilter verstanden.

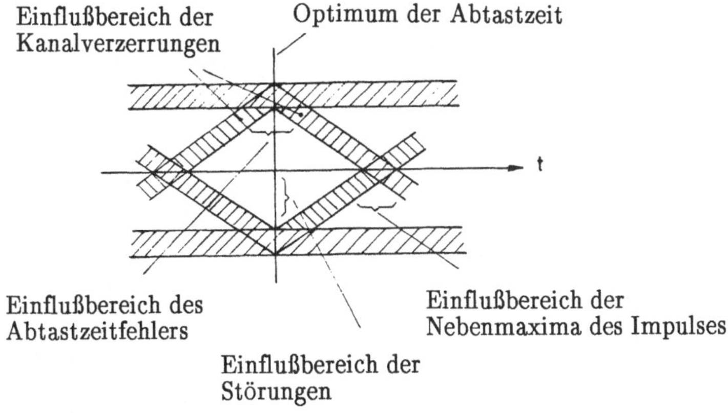

Bild 3.7 Einflüsse von Eigenschaften der Übertragungsstrecke auf das Augendiagramm

Bezüglich des Augendiagramms haben Roll–off–Impulse mit großem Wert von ρ Vorteile gegenüber kleineren Werten von ρ. Dieser Vorteil wird jedoch durch den um den Faktor $1+\rho$ gegenüber dem Minimum erhöhten Bandbreitebedarf und einem wegen der größeren Bandbreite verstärkten Störeinfluß erkauft. Deswegen muß ein Kompromiß zwischen dem Wunsch nach erhöhter Bandbreite zur Reduktion der Verzerrungen bzw. des Impulsnebensprechens und der Forderung nach einer möglichst geringen Bandbreite zur Reduktion der Störungen gefunden werden. Auf die Frage dieses Kompromisses wird später eingegangen, wenn der Einfluß der Störungen auf die Datenübertragung näher beschrieben wird.

3.1.2 Partial–Response–Impulse

Im vorausgehenden Abschnitt wurde festgestellt, daß der minimale Bandbreitebedarf nur mit einem idealen Tiefpaß als idealem Impulssystem bei Übertragung mit der Nyquistrate 1/T erreichbar ist. Der Verwendung von idealen Tiefpässen stehen aber Realisierungsgründe und der Nachteil entgegen, daß z.B. Abtastzeitfehler zu hohen Übertragungsfehlern führen, wie aus dem gegenüber dem idealen Tiefpaß viel günstigeren Fall für $\rho = 0{,}25$ in Bild 3.6 folgt.

Deshalb hat man nach Verfahren gesucht, die zum einen nur die der Nyquistrate 1/T entsprechende minimale Bandbreite $\omega_1 = \pi/T$ benötigen und zum anderen einfacher zu realisierende Impulse liefern. Die Methode des Teileinschwingens, das *Partial–Response–Verfahren*, bei dem das Impulsnebensprechen bewußt ausgenutzt wird, besitzt diese Vorteile. Damit man auf die Bandbreite ω_1 begrenzte Impulsformen erhält, baut man sie aus gewichteten, zeitverschobenen Impulsen des idealen Tiefpasses nach (3.1.12) auf und erhält

$$h(t) = \sum_{i=0}^{K} h_i \, \frac{\omega_1}{\pi} \frac{\sin(\omega_1(t-iT))}{\omega_1(t-iT)} , \qquad (3.1.22)$$

wobei die Gewichte h_i nur ganzzahlige Werte annehmen. Den Frequenzgang gewinnt man durch Fourier–Transformation:

$$H(j\omega) = \begin{cases} \sum_{i=0}^{K} h_i \, e^{-j\omega iT} & |\omega| \leq \omega_1 \\ 0 & |\omega| > \omega_1 \end{cases} . \qquad (3.1.23)$$

Durch Wahl der Parameter h_i kann man verschiedene Spektren, die alle auf ω_1 begrenzt sind, erzeugen. Für die Abtastwerte $s_E(kT)$ des empfangenen Signals $s_E(t)$ gilt mit (3.1.7), (3.1.22) und $T = \pi/\omega_1$

$$s_E(kT) = \sum_{n=-\infty}^{+\infty} a(n)\, h((k-n)T) = \sum_{n=-\infty}^{+\infty} a(n) \sum_{i=0}^{K} h_i \frac{1}{T} \delta_0\,((k-n-i)T)$$

$$= \sum_{i=0}^{K} \frac{1}{T} h_i \, a(k-i) \ . \qquad (3.1.24)$$

Je nach Anzahl K und Größe der Gewichte h_i nimmt $s_E(kT)$ nicht nur zwei Amplitudenstufen wie bei der binären Übertragung, sondern mehrere an.

Tabelle 3.1 zeigt die Gewichte, Impulsformen und Beträge der Spektren einiger Partial–Response–Codes [Kre 66], [Boc 76]. Wegen ihrer spektralen Eigenschaften und der auf drei beschränkten Anzahl von Amplitudenstufen von $s_E(kT)$ sind der zur Klasse 1 zählende *Duobinär–Code* und der zur Klasse 4 gehörende *modifizierte Duobinär–Code* von besonderer praktischer Bedeutung. Sie sollen deshalb näher betrachtet werden.

Tabelle 3.1 Beispiele zum Partial–Response–Verfahren

Klasse	Koeffizienten h_i, i=0,...,K	Impulsform	Spektrum
1	1 1		
2	1 2 1		
3	2 1 –1		
4	1 0 –1		
5	–1 0 2 0 –1		
6	1 0 0 0 –1		
		-1 0 1 2 $\frac{t}{T}$	0 1 $\frac{\omega}{\omega_1}=\frac{\omega T}{\pi}$

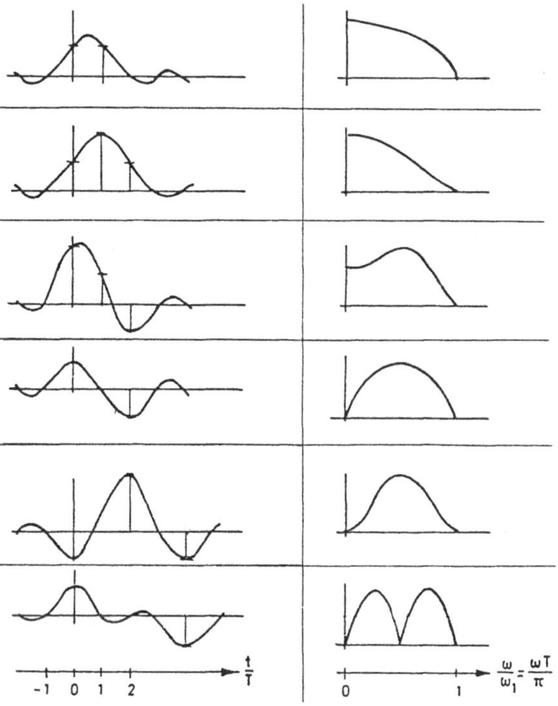

Für den Impuls des Duobinär–Codes gilt mit $h_0 = h_1 = 1$ nach (3.1.22)

$$h(t) = \frac{\omega_1}{\pi}\left[\frac{\sin(\omega_1 t)}{\omega_1 t} + \frac{\sin(\omega_1(t-T))}{\omega_1(t-T)}\right] = \frac{\sin(\omega_1 t)}{(T-t)\omega_1 t} \tag{3.1.25}$$

und mit (3.1.23) für den im Intervall $|\omega| \leq \omega_1 = \pi/T$ nicht verschwindenden Frequenzgang

$$H(j\omega) = 1 + \cos(\omega T) - j\sin(\omega T) \tag{3.1.26}$$

und dessen Betrag

$$|H(j\omega)| = \sqrt{2\cdot(1 + \cos(\omega T))} = 2\cdot\cos(\omega T/2) \quad . \tag{3.1.27}$$

Eine graphische Darstellung von h(t) und $|H(j\omega)|$ zeigt Bild 3.8. Man erkennt zum einen die Bandbegrenzung auf $|\omega| \leq \omega_1 = \pi/T$ und zum anderen den glatten Verlauf innerhalb dieses Bandes, so daß sich der Frequenzgang mit einem digitalen FIR–Filter approximieren läßt. Da h(t) nicht zeitbegrenzt ist, aber mit $1/t^2$ abklingt, läßt sich der Approximationsfehler bei endlicher Ordnung dieses Filters begrenzen. Der Impuls h(t) liefert zu den Abtastzeiten t = 0 und t = T zwei von null verschiedene Werte gleicher Amplitude, worin das "kontrollierte" Nebensprechen deutlich wird: jeder Wert a(k) der Quelle wird in genau zwei Abtastwerten von $s_E(t)$ abgebildet, so daß man sie bei fehlerfreier Übertragung exakt rekonstruieren kann.

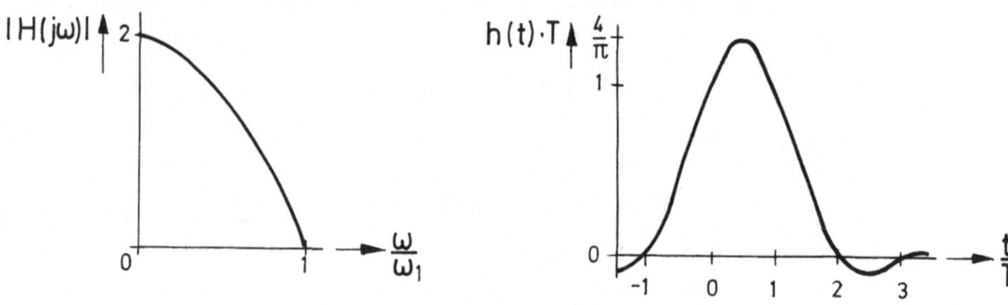

Bild 3.8 Betrag des Frequenzgangs und Impuls des Duobinär–Codes

Für den Impuls des modifizierten Duobinär–Codes der Klasse 4 erhält man mit $h_0 = 1$, $h_1 = 0$ und $h_2 = -1$ nach (3.1.22)

$$h(t) = \frac{\omega_1}{\pi}\left[\frac{\sin(\omega_1 t)}{\omega_1 t} - \frac{\sin(\omega_1(t-2T))}{\omega_1(t-2T)}\right] = \frac{2\cdot\sin(\omega_1 t)}{(2T-t)\cdot\omega_1 t} \tag{3.1.28}$$

und für den Frequenzgang nach (3.1.23) für $|\omega| \leq \omega_1 = \pi/T$

$$H(j\omega) = 1 - \cos(2\omega T) + j\cdot\sin(2\omega T) \tag{3.1.29}$$

bzw. dessen Betrag

$$|H(j\omega)| = \sqrt{2\cdot(1 - \cos(2\omega T))} = 2\cdot\sin(\omega T) \quad . \tag{3.1.30}$$

Der Vorteil dieses Spektrums ist, daß er für $\omega = 0$ zu null wird, so daß z.B. gleichstromfreie Übertragung oder Einseitenbandmodulation möglich sind.

Man gewinnt die Daten a(k) aus $s_E(kT)$, indem man (3.1.24) nach a(k) auflöst. Für den Duobinär–Code nimmt (3.1.24) die Form

$$s_E(kT) = a(k)\, h(0) + a(k-1)\, h(1) = \frac{1}{T}\,(a(k) + a(k-1)) \tag{3.1.31}$$

an, so daß a(k) aus $s_E(kT)$ und a(k–1) berechnet werden kann:

$$a(k) = T \cdot s_E\,(hT) - a(k-1) \quad . \tag{3.1.32}$$

Solange kein Fehler auftritt, ist diese Rekonstruktion von a(k) unproblematisch. Ein auftretender Fehler setzt sich jedoch solange fort, bis er durch den nächsten korrigiert wird. Dieser Nachteil läßt sich durch *Vorcodierung* aufheben. Dazu wird die Datenfolge a(k) der Quelle in eine neue Datenfolge c(k) umcodiert. Die allgemeine Vorschrift für die hier betrachteten Partial–Response–Codes [Kre 66] lautet

$$c(k) = \left\{a(k) + \sum_{i=1}^{K} h_i\, c(k-i)\right\} \bmod 2 \quad , \tag{3.1.33}$$

wobei die Addition modulo–2 erfolgt, was künftig mit dem Symbol ⊕ bezeichnet werden soll. Für den Duobinär–Code führt das auf die Vorschrift

$$c(k) = a(k) \oplus c(k-1) \quad . \tag{3.1.34}$$

Die so vorcodierten Daten c(k) werden nach dem Schema des Duobinär–Codes codiert und liefern die Daten

$$b(k) = c(k) + c(k-1) \tag{3.1.35}$$

mit $b(k) \in \{0, 1, 2\}$, die zusammen mit a(k) und c(k) bzw. c(k–1) in Tabelle 3.2 angegeben sind.

Um ein zu null symmetrisches Empfangssignal zu erhalten, wird der Mittelwert kompensiert, was für die Abtastwerte $s_E(kT)$ auf die Vorschrift

$$s_E(kT) = \frac{1}{T}\,(b(k) - 1) = \frac{1}{T}\,(c(k) + c(k-1) - 1) \tag{3.1.36}$$

führt. Ein Vergleich von a(k) mit $s_E(kT)$ zeigt, daß $s_E(kT) = \pm 1/T$ dem Wert a(k) = 0 und s(kT) = 0 dem Wert a(k) = 1 korrekt zugeordnet werden kann, ohne daß man die Werte a(k–1) benötigt.

Tabelle 3.2 Vorcodierung der Daten bei Duobinär–Code

c(k–1)	a(k)	c(k)	b(k)	$s_E(kT)\cdot T$
0	0	0	0	–1
0	1	1	1	0
1	0	1	2	1
1	1	0	1	0

Entsprechendes gilt für den modifizierten Duobinär–Code. Die Vorschrift für die Vorcodierung lautet gemäß (3.1.33)

$$c(k) = a(k) \oplus c(k-2) \quad . \tag{3.1.37}$$

Der modifizierte Duobinär–Code liefert dafür die Daten

$$b(k) = c(k) - c(k-2) \quad , \tag{3.1.38}$$

die die Werte +1, 0 und –1 annehmen, wie Tabelle 3.3 zeigt, so daß im Gegensatz zum Duobinär–Code eine Symmetrie zu null gegeben ist. Für die Abtastwerte $s_E(kT)$ gilt deshalb

$$s_E(kT) = \frac{1}{T}\, b(k) = \frac{1}{T}\,(c(k) - c(k-2)) \quad . \tag{3.1.39}$$

Tabelle 3.3 Vorcodierung der Daten beim modifizierten Duobinär–Code

c(k–2)	a(k)	c(k)	b(k)	$s_E(kT)\cdot T$
0	0	0	0	0
0	1	1	+1	+1
1	0	1	0	0
1	1	0	–1	–1

Aus $s_E(kT)$ erhält man die Daten a(k), indem man $s_E(kT) = \pm 1/T$ den Wert a(k) = 1 und $s_E(kT) = 0$ den Wert a(k) = 0 zuweist.

Aus (3.1.22) und (3.1.24) läßt sich ein Modell für die Erzeugung eines Impulses mit Partial–Response–Codierung ableiten: Die Daten a(k) der Quelle werden mit den Gewichten h_i nach (3.1.24) gewichtet und aufsummiert sowie nach (3.1.22) mit der Impulsform des idealen Tiefpasses bewertet. Das Blockschaltbild zu diesem Modell zeigt Bild 3.9, in dem neben dem Partial–Response–Codierer und dem idealen Tiefpaß zusätzlich der Vorcodierer und der Summierer zur Symmetrierung des Signals eingezeichnet wurden. Ferner zeigt das Bild die Umsetzung des Blockschaltbildes für den Duobinär–Code und den modifizierten Duobinär–Code. Dabei lassen sich das Schieberegister des Vorcodierers und des Duobinär–Codierers sowie der Summierer von Duobinär–Codierer und Symmetrierkomponente gemeinsam nutzen.

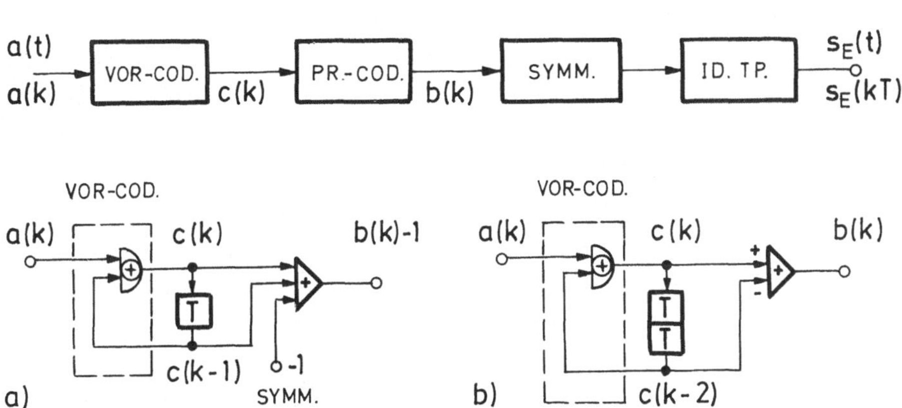

Bild 3.9 Modell zur Signalerzeugung mit Partial–Response–Codierung. a) Duobinär–Code, b) modifizierter Duobinär–Code

Bisher wurde die Partial–Response–Codierung nur auf binäre Quellensignale angewendet, sie läßt sich aber auch auf mehrstufige Signale anwenden [Pro 89]. Am Eingang dieses Abschnitts wurde darauf hingewiesen, daß der vom idealen Tiefpaß erzeugte Impuls h(t) im Gegensatz zu den Roll–off–Impulsen sehr empfindlich bezüglich der horizontalen Augenöffnung ist. Diese Empfindlichkeit besitzen die Partial–Response–Impulse trotz gleicher Bandbreite wie der ideale Tiefpaß nicht. Der Impuls des Duobinär–Code besitzt z.B. eine Augenöffnung, die 43% [Ben 65] des Taktes T ausmacht.

Ferner wurde der Einfluß der Kanalstörungen nicht betrachtet, weil dieses Thema in Abschnitt 3.2 generell behandelt werden soll. Soviel sei hier aber vorweggenommen: Bei den Roll–off–Impulsen wurde gesagt, daß die Vergrößerung der Bandbreite gegenüber dem Impuls des idealen Tiefpasses zu verstärktem Störeinfluß führt. Bei den Partial–Response–Impulsen wird die Bandbreite zwar gegenüber dem idealen Tiefpaß nicht vergrößert, jedoch erhöht sich die Anzahl der Amplitudenstufen gegenüber dem binären Fall. Bei beschränkter Spitzenleistung hat dies zur Folge, daß sich das Signal–zu–Rauschverhältnis verringert und damit die Fehlerwahrscheinlichkeit steigt.

3.2 Einfluß der Kanalstörungen

In den vorigen Abschnitten wurde der Einfluß des Impulsnebensprechens auf die Detektion des von der Quelle stammenden Datensignals untersucht, nun sollen zusätzlich die sich dem Nutzsignal im Kanal additiv überlagernden Störungen berücksichtigt werden.

Damit das Impulsnebensprechen möglichst keinen Einfluß auf die Rekonstruktion des Datensignals hat, muß die Kettenschaltung aus Sendefilter, Kanalmodellfilter und Empfangsfilter die Eigenschaften eines idealen Impulssystems besitzen, d.h. alle bandbegrenzenden linearen Systeme zwischen Quelle und Senke des Datenübertragungssystems müssen zusammen einen Frequenzgang $H(j\omega)$ realisieren, der Roll–off–Impulse oder auch Partial–Response–Impulse liefert.

Wenn diese Forderung erfüllt wird und damit die Daten bei fehlenden Störungen fehlerfrei am Detektor zurückgewonnen werden, so können die Störungen auf dem Kanal zu Fehlern führen. Deshalb ist es das Ziel beim Entwurf von Sende– und Empfangsfilter, die Fehlerwahrscheinlichkeit bei der Detektion zu minimieren. Welche Forderungen sich daraus für die Frequenzgänge $H_S(j\omega)$ und $H_E(j\omega)$ ergeben, soll für zwei Fälle gesondert betrachtet werden: Zunächst wird angenommen, daß sich im Kanal nur additive Störungen überlagern, der Kanal im übrigen aber keinerlei Verzerrungen aufweist. Anschließend soll diese idealisierende Annahme fallen gelassen werden.

3.2.1 Kanal ohne lineare Verzerrungen

Nimmt man zunächst einen idealen Übertragungskanal mit $H_K(j\omega) = 1$ an, so muß mit (3.1.3) die Kettenschaltung von Sende– und Empfangsfilter

$$H(j\omega) = H_S(j\omega) \cdot H_E(j\omega) \tag{3.2.1}$$

ein ideales Impulssystem sein. Es soll nun der Frage nachgegangen werden, wie die Frequenzgänge $H_S(j\omega)$ und $H_E(j\omega)$ zu wählen sind, wenn sich auf dem Kanal dem Nutzsignal additive Störungen $n(t)$ überlagern, die Musterfunktionen eines mittelwertfreien stationären weißen Gaußschen Zufallsprozesses der Leitungsdichte N_W sind und die Fehlerwahrscheinlichkeit bei der Detektion der gesendeten Daten zum Minimum gemacht werden soll.

Für die Entscheidung des Detektors zur Rekonstruktion des Datensignals a(t) bzw. der Daten $a(k) \in \{a_1,..., a_N\}$ nach (3.1) steht das gestörte Empfangssignal $r_E(t)$ nach (3.1.1) bzw. die daraus zu den Zeiten t = kT gewonnenen Abtastwerte

$$r_E(kT) = s_E(kT) + n_E(kT) \tag{3.2.2}$$

zur Verfügung. Der Nutzanteil $s_E(kT)$ von $r_E(kT)$ ist nach (3.1.7) bei Verwendung eines idealen Impulssystems nur von dem Wert a(k) des Datensignals abhängig, so daß damit $s_E(kT) \in \{s_1,..., s_N\}$ gilt, wobei die Werte a_i und s_i sich entsprechen und bei fehlerfreier Entscheidung des Detektors sinngemäß zugeordnet werden. Der Störanteil $n_E(kT)$ ist eine durch (3.1.2) definierte Gaußsche Zufallsvariable, die mittelwertfrei ist und die Varianz [Kro 86]

$$\sigma^2 = N_W \int_{-\infty}^{\infty} h_E^2(t)\, dt \tag{3.2.3}$$

besitzt, wobei $h_E(t)$ die Impulsantwort des Empfangsfilters ist. Die statistischen Eigenschaften von $r_E(kT)$ lassen sich damit durch die in Bild 3.10 gezeigte Wahrscheinlichkeitsdichtefunktion $f_{rE}(r_E)$ beschreiben, sofern man binäre Daten mit $a(k) \in \{a_1, a_2\}$ und gleiche Auftrittswahrscheinlichkeit von a_1 und a_2 voraussetzt. Die Dichte $f_{rE}(r_E)$ setzt sich in diesem Fall aus zwei gleichartigen bedingten Gaußschen Dichten $f_{rE|a_1}(r_E|a_1)$ und $f_{rE|a_2}(r_E|a_2)$ mit den Mittelwerten s_1 und s_2 zusammen:

$$f_{rE|a_i}(r_E|a_i) = \frac{1}{\sqrt{2\pi}\,\sigma} \exp\left[-\frac{(r_E-s_i)^2}{2\cdot\sigma^2}\right] . \tag{3.2.4}$$

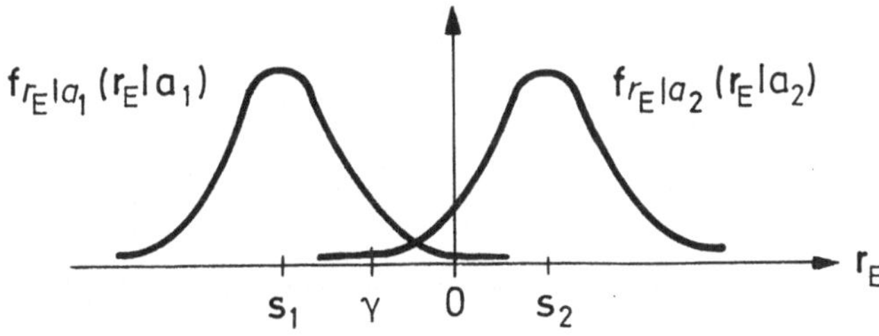

Bild 3.10 Dichtefunktion $f_{rE}(r_E)$ des Abtastwerts am Ausgang des Empfangsfilters

Der Detektor liefert bei Kenntnis von $r_E(kT)$ einen Schätzwert $\hat{a}(k)$, der die Werte a_1

und a_2 annehmen kann. Dabei ergeben sich nach Bild 3.11 zwei fehlerhafte Entscheidungsfälle:

- *der Detektor liefert den Schätzwert $\hat{a}(k) = a_1$, obwohl $a(k) = a_2$ gesendet wurde*
- *der Detektor liefert den Schätzwert $\hat{a}(k) = a_2$, obwohl $a(k) = a_1$ gesendet wurde.*

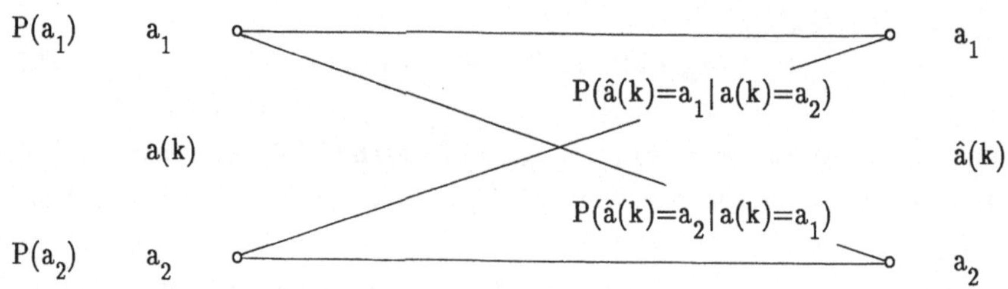

Bild 3.11 Zuordnung von Sendedaten und Entscheidungen bei der binären Detektion

Für die Wahrscheinlichkeit einer Fehlentscheidung, bei binärer Übertragung ist das die Bitfehlerwahrscheinlichkeit, gilt

$$P(F) = \sum_{i=1}^{N} \sum_{\substack{j=1 \\ j \neq i}}^{N} P(\hat{a}(k)=a_i \,|\, a(k)=a_j) \cdot P(a_j) \tag{3.2.5}$$

$$= P(\hat{a}(k)=a_1 \,|\, a(k)=a_2) \cdot P(a_2) + P(\hat{a}(k)=a_2 \,|\, a(k)=a_1) \cdot P(a_1) \quad ,$$

wobei $P(a_j)$ die A–priori–Wahrscheinlichkeit für das Auftreten des Datums $a(k) = a_j$ bezeichnet. Die Entscheidung des Detektors erfolgt durch den Vergleich des Abtastwertes $r_E(kT)$ mit der in Bild 3.10 eingezeichneten Schwelle γ. Wird die Schwelle überschritten, fällt die Entscheidung für $a(k) = a_2$, sonst für $a(k) = a_1$. Die Schwelle ist deshalb so zu wählen, daß die Fehlerwahrscheinlichkeit P(F) nach (3.2.5) zum Minimum wird. Nimmt man gleiche A–priori–Wahrscheinlichkeiten $P(a_1) = P(a_2) = 1/2$ an, so folgt aus (3.2.5)

$$P(F) = \frac{1}{2} \left[\int_{\gamma}^{\infty} f_{rE|a_1}(r_E|a_1) \, dr_E + \int_{-\infty}^{\gamma} f_{rE|a_2}(r_E|a_2) \, dr_E \right] \overset{!}{=} \text{Min} \quad . \tag{3.2.6}$$

Die Schwelle γ_0, die die Fehlerwahrscheinlichkeit P(F) zum Minimum macht, erhält man durch Ableitung von (3.2.6) nach γ [Bro 62]:

$$\frac{1}{2} \left(- f_{rE|a_1}(\gamma|a_1) + f_{rE|a_2}(\gamma|a_2) \right) \Big|_{\gamma=\gamma_0} = 0 \quad . \tag{3.2.7}$$

Da es sich um Gaußdichten nach (3.2.4) handelt, die bezüglich des Mittelwertes s_i symmetrisch sind, fällt die optimale Schwelle γ_0 mit dem Schnittpunkt der beiden Dichten in Bild 3.10 überein, so daß man

$$\gamma_0 = \frac{s_1+s_2}{2} \tag{3.2.8}$$

erhält. Beachtet man, daß wegen der Symmetrie der Gaußdichte

$$\int_{\gamma_0}^{\infty} f_{rE|a_1}(r_E|a_1)\, dr_E = \int_{-\infty}^{\gamma_0} f_{rE|a_2}(r_E|a_2)\, dr_E \tag{3.2.9}$$

gilt, so folgt für P(F) nach (3.2.6) mit (3.2.4)

$$P(F) = \int_{\gamma_0}^{\infty} f_{rE|a_1}(r_E|a_1)\, dr_E = \int_{\gamma_0}^{\infty} \frac{1}{\sqrt{2\pi}\,\sigma} \exp\left[-\frac{(r_E-s_1)^2}{2\cdot\sigma^2}\right] dr_E$$

$$= \int_{(\gamma_0-s_1)/\sigma}^{\infty} \frac{1}{\sqrt{2\pi}\,\sigma} \exp\left[-\frac{x^2}{2}\right] dx = Q\left[\frac{\gamma_0-s_1}{\sigma}\right] , \tag{3.2.10}$$

wobei $Q(\cdot)$ die durch [Woz 68]

$$Q(x) = \int_{x}^{\infty} \frac{1}{\sqrt{2\pi}\,\sigma} \exp\left[-\frac{\alpha^2}{2}\right] d\alpha \tag{3.2.11}$$

definierte und in [Abr 65] tabellliert Funktion bezeichnet. Mit der optimalen Schwelle γ_0 nach (3.2.8) erhält man schließlich:

$$P(F) = Q\left[\frac{s_2-s_1}{2\sigma}\right] . \tag{3.2.12}$$

Die Fehlerwahrscheinlichkeit P(F) in (3.2.12) wird umso kleiner, je größer das Argument der Q–Funktion wird, d.h. die Differenz der Signalamplituden s_2-s_1 soll möglichst groß, die Standardabweichung σ möglichst klein werden. Bei beschränkter Signalleistung s_i^2 wird P(F) minimal, wenn $s_1 = -s_2 = s$ gilt [Gag 78]. Dann wird das Argument der Q–Funktion zu s/σ, was der Wurzel aus dem Signal–zu–Rauschverhältnis entspricht. Beim Entwurf des Sende– und Empfangsfilters mit den Frequenzgängen $H_S(j\omega)$ und $H_E(j\omega)$ kommt es offensichtlich darauf an, im Abtastzeitpunkt $t = kT$ das Signal–zu–Rauschverhältnis P_E/P_N am Ausgang des Empfangsfilters zu maximieren, das nach (3.2.2) durch

$$\frac{P_E}{P_N} = \frac{s_E^2(kT)}{E\{n_E^2(kT)\}} = \frac{s_E^2(kT)}{\sigma^2} \tag{3.2.13}$$

gegeben ist, wobei $E\{\cdot\}$ den Erwartungswert [Kro 86] bezeichnet, der mit der in (3.2.3) angegebenen Varianz übereinstimmt, da $n_E(kT)$ mittelwertfrei ist. Für den Abtastwert $s_E(kT)$ folgt aus Bild 3.1

$$s_E(kT) = s_E(t)\big|_{t=kT} = s_K(t) * h_E(t)\big|_{t=kT}$$
$$= \int_{-\infty}^{\infty} s_K(\tau)\, h_E(kT-\tau)\, d\tau \tag{3.2.14}$$

und für das Nutzsignal $s(t) = s_K(t)$ am Eingang des Empfangsfilters gilt mit (3.1)

$$s_K(t) = a(t) * h_S(t) = \int_{-\infty}^{\infty} \sum_{n=-\infty}^{\infty} a(n)\, \delta_0(\tau-nT)\, h_S(t-\tau)\, d\tau$$
$$= \sum_{n=-\infty}^{\infty} a(n)\, h_S(t-nT) \quad . \tag{3.2.15}$$

Dies in (3.2.14) eingesetzt führt auf

$$s_E(kT) = \sum_{n=-\infty}^{\infty} a(n) \int_{-\infty}^{\infty} h_S(\tau-nT)\, h_E(kT-\tau)\, d\tau \quad . \tag{3.2.16}$$

Das Integral in (3.2.16) beschreibt die Faltung von $h_S(t)$ und $h_E(t)$, die nach (3.2.1) ein System ohne Impulsnebensprechen mit der Impulsantwort $h(t)$ beschreibt:

$$h_S(t-nT)\, h_E(t)\big|_{t=kT} = h(t-nT)\big|_{t=kT} = h((k-n)T) \quad . \tag{3.2.17}$$

Aus (3.1.7) folgt damit, daß bei der Summe in (3.2.16) nur der Term für $n = k$ zu berücksichtigen ist:

$$s_E(kT) = a(k) \int_{-\infty}^{\infty} h_S(\tau-kT)\, h_E(kT-\tau)\, d\tau \quad . \tag{3.2.18}$$

Das Maximum des Signal–zu–Rausch–Verhältnisses nach (3.2.13) wird durch Maximierung des Zählers erreicht, indem man $h_S(t)$ und $h_E(t)$ geeignet wählt. Für das Quadrat des Integrals in (3.2.18) erhält man mit der Schwarz–Bunjakowskischen Ungleichung [Dre 75]

$$\left[\int_{-\infty}^{\infty} h_S(\tau-kT)\, h_E(kT-\tau)\, d\tau\right]^2 \leq \int_{-\infty}^{\infty} h_S^2(\tau-kT)\, d\tau \int_{-\infty}^{\infty} h_E^2(kT-\tau)\, d\tau \tag{3.2.19}$$

eine Abschätzung der Signalleistung nach oben: Das Maximum wird erreicht, wenn die Integranden proportional zueinander sind, was sich mit $t = \tau-kT$ in der Form

$$h_S(t) \overset{!}{=} c \cdot h_E(-t) \tag{3.2.20}$$

angeben läßt. Wegen dieser Anpassung der Impulsformen von Sende– und Empfangsfilter spricht man von angepaßten Filtern, was der englischen Bezeichnung *Matched Filter* entspricht. Zur Realisierung dieser Bedingung durch kausale Systeme ist es erforderlich, daß man eine Zeitverzögerung einführt. Wie bereits an anderer Stelle erwähnt wurde, approximiert man das ideale Impulssystem mit dem Frequenzgang $H(j\omega)$ und damit auch die Impulse $h_S(t)$ und $h_E(t)$ durch digitale FIR–Filter. Diese besitzen eine endlich lange Impulsreaktion, deren Dauer $t_0 = n_0T$ betragen soll. Damit folgt für die Bedingung (3.2.20) des Matched Filters

$$h_S(t) = c \cdot h_E(t_0 - t) = c \cdot h_E(n_0T - t) \tag{3.2.21}$$

Für die Frequenzgänge von Sende– und Empfangsfilter folgt aus (3.2.20)

$$H_S(j\omega) = c \cdot H_E^*(j\omega) \tag{3.2.22}$$

mit * für den konjugiert komplexen Ausdruck, daß deren Beträge zueinander proportional und ihre Phasen zueinander gegenläufig sind, d.h. sich zur Phase null ergänzen.

Die beiden Forderungen, daß

- *die Kettenschaltung aus Sende– und Empfangsfilter mit dem Frequenzgang* $H(j\omega)$ *zur Vermeidung von Impulsnebensprechen ein ideales Impulssystem ist*
- *und daß die Bedingung für das Matched Filter nach (3.2.22) zur optimalen Störunterdrückung eingehalten wird,*

führen zu der Bedingung

$$H_E(j\omega) = c \cdot H_S^*(j\omega) = \sqrt{c \cdot H(j\omega)} \tag{3.2.23}$$

für die Frequenzgänge von Sende– und Empfangsfilter, wobei $H(j\omega)$ als reellwertig vorausgesetzt wird. Sofern dies nicht zutrifft, gilt die Beziehung (3.2.23) für die Beträge, und die Phasen von Sende– und Empfangsfilter addieren sich zur Phase des gewünschten idealen Impulssystems, da die Phasen der Frequenzgänge bei der optimalen Störunterdrückung keine Rolle spielen.

3.2.2 Kanal mit linearen Verzerrungen

Die im vorigen Abschnitt gemachten speziellen Voraussetzungen sollen nun in der Weise verallgemeinert werden, daß

- *das lineare Kanalmodellfilter frequenzabhängig ist*
- *und die Kanalstörungen keinem weißen Prozeß entstammen.*

In diesem Fall muß die Kettenschaltung aus Sende–, Kanalmodell– und Empfangsfilter nach (3.1.3)

$$H(j\omega) = H_S(j\omega) \cdot H_K(j\omega) \cdot H_E(j\omega) \tag{3.2.24}$$

ein ideales Impulssystem sein, um Impulsnebensprechen zu vermeiden. Zusätzlich muß noch eine Bedingung angegeben werden, die zur Minimierung der Fehlerwahrscheinlichkeit führt. Aus dieser Bedingung und (3.2.24) kann dann das optimale Sende– und Empfangsfilter hergeleitet werden.

Es sei angenommen, daß die Quelle durch die spektrale Leistungsdichte

$$S_{aa}(e^{j\omega T}) = \sum_{\kappa=-\infty}^{+\infty} s_{aa}(\kappa)\, e^{-j\omega\kappa T} \tag{3.2.25}$$

beschrieben wird, die sich nach dem *Wiener–Khintschine–Theorem* [Kro 86] als diskrete Fourier–Transformierte [Kam 89] der Autokorrelationsfolge

$$s_{aa}(\kappa) = E\{a(k)\, a(k+\kappa)\} \tag{3.2.26}$$

berechnen läßt, wobei $E\{\cdot\}$ den Erwartungswert und $a(k)$ den Quellenprozeß mit der Musterfunktion

$$a(k) = \sum_{n=-\infty}^{+\infty} a(n)\, \delta_0(k-n) \tag{3.2.27}$$

bezeichnet. Im Gegensatz zu (3.1) wird das Quellensignal hier als diskretes Signal dargestellt. Beide Darstellungen sind dadurch verknüpft, daß sie aus denselben Amplitudenwerten a(n) aufgebaut sind; in (3.1) ist $\delta_0(t)$ jedoch der zeitkontinuierliche Dirac–Impuls, in (3.2.27) ist $\delta_0(k)$ die diskrete Impulsfolge.

Der zeitkontinuierliche Störprozeß $n(t)$ auf dem Kanal soll die Leistungsdichte $S_{nn}(j\omega)$ besitzen, die sich wie im diskreten Fall über die Fourier–Transformation aus der Korrelationsfunktion berechnen läßt:

$$S_{nn}(j\omega) = \int_{-\infty}^{\infty} s_{nn}(\tau)\, e^{-j\omega\tau}\, d\tau \quad . \tag{3.2.28}$$

Die Korrelationsfunktion ist wieder über den Erwartungswert definiert

$$s_{nn}(\tau) = E\{n(t)\, n(t+\tau)\} \quad , \tag{3.2.29}$$

der sich für den hier vorausgesetzten ergodischen Prozeß als Zeitmittel aus der Musterfunktion n(t) berechnen läßt:

$$s_{nn}(\tau) = \lim_{\Delta\to\infty} \frac{1}{2\Delta} \int_{-\Delta}^{\Delta} n(t)\, n(t+\tau)\, dt \quad . \tag{3.2.30}$$

Sende– und Empfangsfilter sind nun so zu dimensionieren, daß das Signal–zu–Rauschverhältnis maximal wird, um die Fehlerwahrscheinlichkeit zu minimieren. Das Maximum des Signal–zu–Rauschverhältnisses erhält man immer durch Erhöhung der Sendesignalleistung. Da dies aber keine praktizierbare Lösung ist, sei weiter vorausgesetzt, daß die Leistung des Sendesignals s(t) am Ausgang des Sendefilters

$$P_S = \frac{1}{2\pi} \int_{-\infty}^{\infty} |H_S(j\omega)|^2\, S_{aa}(e^{j\omega T})\, d\omega \tag{3.2.31}$$

den Wert $P_S = P_{S_0}$ erreichen soll. Um die Fehlerwahrscheinlichkeit zu minimieren, muß bei vorgegebener Sendesignalleistung P_{S_0} die Leistung des mittelwertfreien Gaußschen Störprozesses am Ausgang des Empfangsfilters minimal sein, d.h. man sucht das Minimum von

$$P_N = \frac{1}{2\pi} \int_{-\infty}^{\infty} |H_E(j\omega)|^2\, S_{nn}(j\omega)\, d\omega \quad , \tag{3.2.32}$$

wobei die Nebenbedingungen (3.2.24) und (3.2.31) einzuhalten sind. Die Lösung dieses Optimierungsproblems liefert die Variationsrechnung [Fom 65]. Bezeichnet man mit λ den Lagrange–Faktor, so ist der Ausdruck

$$\begin{aligned} P_N + \lambda\cdot(P_S - P_{S_0}) &= \\ &= \frac{1}{2\pi} \int_{-\infty}^{\infty} |H_E(j\omega)|^2\, S_{nn}(j\omega)\, d\omega + \lambda\cdot\left[\frac{1}{2\pi} \int_{-\infty}^{\infty} |H_S(j\omega)|^2\, S_{aa}(e^{j\omega T})\, d\omega - P_{S_0}\right] \\ &= \frac{1}{2\pi} \int_{-\infty}^{\infty} \left[|H_E(j\omega)|^2\, S_{nn}(j\omega) + \lambda\, |H_S(j\omega)|^2\, S_{aa}(e^{j\omega T})\right] d\omega - \lambda\, P_{S_0} \overset{!}{=} \mathrm{Min} \end{aligned} \tag{3.2.33}$$

zum Minimum zu machen. Ersetzt man $|H_S(j\omega)|$ nach (3.2.24), so folgt mit

$$\frac{1}{2\pi} \int_{-\infty}^{\infty} \left[|H_E(j\omega)|^2\, S_{nn}(j\omega) + \lambda \frac{|H(j\omega)|^2 S_{aa}(e^{j\omega T})}{|H_E(j\omega)|^2 |H_K(j\omega)|^2}\right] d\omega - \lambda\, P_{S_0} \overset{!}{=} \mathrm{Min} \tag{3.2.34}$$

ein Ausdruck, der durch Wahl von $|H_E(j\omega)|$ zum Minimum gemacht werden soll. Für die optimale Lösung $|H_{E_0}(j\omega)|$ wird der Variationsansatz

$$|H_E(j\omega)|^2 = |H_{E_0}(j\omega)|^2 + \epsilon \cdot X(j\omega) \tag{3.2.35}$$

mit der beliebigen Funktion $X(j\omega)$ und dem Faktor $\epsilon > 0$ verwendet. Setzt man diesen in (3.2.34) ein, erhält man eine Funktion, die unabhängig von $X(j\omega)$ bei $\epsilon = 0$ ein Extremum besitzt. Dann gilt aber für die Ableitung des Integranden nach ϵ:

$$\frac{\partial}{\partial\epsilon}\left[\{|H_E(j\omega)|^2 + \epsilon\, X(j\omega)\}\, S_{nn}(j\omega) + \lambda \frac{|H(j\omega)|^2\; S_{aa}(e^{j\omega T})}{\{|H_E(j\omega)|^2 + \epsilon\; X(j\omega)\}\; |H_K(j\omega)|^2}\right]\Bigg|_{\epsilon=0}$$

$$= X(j\omega)\, S_{nn}(j\omega) + \lambda \frac{X(j\omega)|H_K(j\omega)|^2\; |H(j\omega)|^2\; S_{aa}(e^{j\omega T})}{|H_E(j\omega)|^4\; |H_K(j\omega)|^4} = 0\ . \tag{3.2.36}$$

Damit erhält man als Lösung für den Frequenzgang des Empfangsfilters

$$|H_E(j\omega)|^4 = \lambda \frac{|H(j\omega)|^2\; S_{aa}(e^{j\omega T})}{|H_K(j\omega)|^2\; S_{nn}(j\omega)}\ , \tag{3.2.37}$$

für den Frequenzgang des Sendefilters mit (3.2.24)

$$|H_S(j\omega)|^4 = \frac{|H(j\omega)|^4}{|H_K(j\omega)|^2\; |H_E(j\omega)|^4} = \frac{1}{\lambda} \frac{|H(j\omega)|^2\; S_{nn}(j\omega)}{|H_K(j\omega)|^2\; S_{aa}(e^{j\omega T})} \tag{3.2.38}$$

und die Konstante λ aus der Nebenbedingung $P_S = P_{S_0}$ bzw. (3.2.31).

Ähnlich wie beim Kanal mit idealen Übertragungseigenschaften und der Lösung (3.2.23) für Sende– und Empfangsfilter wird nach (3.2.37) und (3.2.38) der Amplitudengang $|H(j\omega)|$ des idealen Impulssystems gleichmäßig auf beide Filter aufgeteilt. Dasselbe gilt für die Kompensation des frequenzabhängigen Kanals: Zur Entzerrung des Amplitudengangs des Kanals ist ein System mit dem Amplitudengang

$$|H_{EZ}(j\omega)| = \frac{1}{|H_K(j\omega)|} \tag{3.2.39}$$

erforderlich. Dieser Entzerreramplitudengang wird nach (3.2.37) und (3.2.38) zu gleichen Teilen vom Sende– und Empfangsfilter realisiert.

Schließlich erkennt man an (3.2.37), daß das Empfangsfilter zur Rauschunterdrückung dient. Denn es läßt die Spektralanteile des Nutzsignals, repräsentiert durch das Spektrum $S_{aa}(\exp(j\omega T))$, gut, die Spektralanteile des Störsignals, durch das Spektrum $S_{nn}(j\omega)$ beschrieben, schlecht durch, weil es proportional zu $S_{aa}(\exp(j\omega T))$ und umgekehrt proportional zu $S_{nn}(j\omega)$ ist.

Das Sendefilter verhält sich genau umgekehrt. Durch inverse Gewichtung mit dem Leistungsdichtespektrum $S_{aa}(\exp(j\omega T))$ wird das Spektrum des Sendesignals in den Spektralbereichen, in denen das Quellensignal schwache Anteile besitzt, verstärkt und umgekehrt. Bezüglich des Quellensignals wirkt das Sendefilter wie ein *Prewhitening Filter*, indem es das Spektrum $S_{aa}(\exp(j\omega T))$ des Quellensignals einebnet. Andererseits verstärkt es diejenigen Spektralanteile des Sendesignals, denen sich auf dem Kanal starke Störanteile überlagern, was sich günstig auf das Signal–zu–Rauschverhältnis auswirkt. Man bezeichnet diese Spektralformung durch Anheben der durch starke Störanteile geschwächten Nutzsignalanteile als *Preemphase*.

In diesem Abschnitt wurden sehr allgemeine Annahmen bezüglich der Spektren des Quellen– und Störsignalprozesses gemacht, und auf die Realisierbarkeit der Vorschriften für Sende– und Empfangsfilter wurde nicht geachtet. Wenn sich die Eigenschaften des Kanals zeitlich ändern, was bei Mobilfunkkanälen der Fall ist, oder wenn eine Anpassung an verschiedene Kanäle erforderlich wird, so daß ein adaptiver Entzerrer eingesetzt werden muß, läßt sich der Entzerrer nicht auf Sende– und Empfangsfilter aufteilen. Auf diese Probleme soll zum Schluß dieses Kapitels eingegangen werden.

3.3 Realisierbare Übertragungssysteme

In der Praxis kann man davon ausgehen, daß sowohl das Quellensignal als auch die Störungen auf dem Kanal weißen Prozessen entstammen, so daß die Abhängigkeit von den entsprechenden Spektren entfallen. Das Leistungsdichtespektrum $S_{aa}(\exp(j\omega T))$ des Quellensignalprozesses ist weiß, weil die Daten durch entsprechende Codierung unkorreliert sind, um sie redundanzfrei zu machen und so eine möglichst hohe Informationsmenge über den Kanal mit beschränkter Kapazität übertragen zu können. Sollten die Daten durch ungeeignete Codierung korreliert sein, so kann man durch einen Verwürfler, der im 4. Kapitel behandelt wird, ebenfalls erreichen, daß der Quellenprozeß in einen annähernd weißen Prozeß transformiert wird. Das Leistungsdichtespektum $S_{nn}(j\omega)$ der Störungen kann man in der Regel als weiß voraussetzen, weil es viel breitbandiger als das Empfangsfilter ist. Damit wird das Empfangsfilter wieder zum Matched Filter für das vom Sendefilter geformte Signal, d.h. eine von den Störungen verursachte Frequenzabhängigkeit besteht nicht.

Die Abhängigkeit beider Filter vom Übertragungskanal bleibt bestehen. Dies ist solange kein Nachteil, wie man ein Übertragungssystem für einen festen Übertragungskanal entwirft. Da es "den Übertragungskanal" bei der Datenübertragung aber nicht gibt, wie im vorausgehenden Kapitel gezeigt wurde, müßte man Sender und Empfänger mit Eigenschaften realisieren, die an den jeweiligen Kanal angepaßt sind. Bei niedrigen Datenraten bis etwa 2,4 kb/s verwendet man einen sogenannten *Kompromißentzerrer* [Boc 76], der den "mittleren" Datenkanal entzerrt.

Statt den Entzerrer auf Sende– und Empfangsfilter aufzuteilen, wird er häufig auch nur im Empfänger realisiert. Bei höheren Datenraten würde der Kompromißentzerrer möglicherweise zu einer zu hohen Fehlerwahrscheinlichkeit führen, so daß man einen adaptiven Entzerrer verwendet, der sich auf den jeweils benutzten Datenkanal einstellt. Die Struktur des Empfängers für diesen Fall zeigt Bild 3.12.

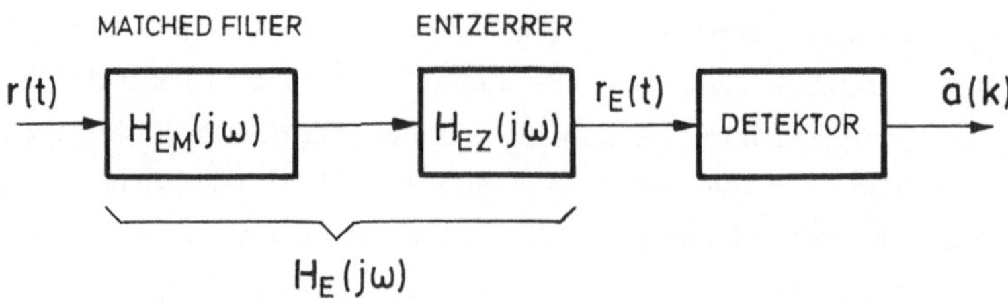

Bild 3.12 Empfängerstruktur mit adaptiver Entzerrung des Übertragungskanals

Das erste Filter $H_{EM}(j\omega)$ hat die Funktion des Matched Filters für das vom Sendefilter geformte Signal, das zweite Filter $H_{EM}(j\omega)$ die Funktion des Entzerrers.

Nimmt man an, daß Quellensignal a(t) und Störungen n(t) Musterfunktionen weißer Prozesse mit den Leistungsdichtespektren

$$S_{aa}(e^{j\omega T}) = A_W \quad ; \quad S_{nn}(j\omega) = N_W \tag{3.3.1}$$

sind, so folgt für die Frequenzgänge von Sende– und Empfangsfilter nach (3.2.37) und (3.2.38)

$$|H_S(j\omega)|^2 = \frac{1}{\lambda}\sqrt{N_W/A_W}\;|H(j\omega)| = c_S \cdot |H(j\omega)| \tag{3.3.2}$$

$$|H_{EM}(j\omega)|^2 = \lambda\sqrt{A_W/N_W}\;|H(j\omega)| = c_E \cdot |H(j\omega)| \tag{3.3.3}$$

$$|H_{EZ}(j\omega)| = \frac{1}{|H_K(j\omega)|} \quad . \tag{3.3.4}$$

Bezüglich der Phase gelten ähnliche Beziehungen: die Phasen von $H_S(j\omega)$ und $H_{EM}(j\omega)$ sowie von $H_{EZ}(j\omega)$ und $H_K(j\omega)$ kompensieren sich gegenseitig zu einer linearen Phase bzw. konstanten Gruppenlaufzeit. Damit gilt schließlich

$$H_S(j\omega) = \sqrt{c_S \cdot H(j\omega)} \tag{3.3.5}$$

$$H_{EM}(j\omega) = \sqrt{c_E \cdot H^*(j\omega)} = \sqrt{c_E \cdot H(j\omega)} \tag{3.3.6}$$

$$H_{EZ}(j\omega) = \frac{1}{|H_K(j\omega)|} \quad , \tag{3.3.7}$$

wobei von $H(j\omega)$ als reellwertiger Funktion ausgegangen wurde. Der Vorteil dieses Übertragungssystems gegenüber dem optimalen nach (3.2.37) bzw. (3.2.38) besteht darin, daß man nur an einer Komponente die Entzerrung des Übertragungskanals vornimmt. Andererseits ist die praktisch verwendete Lösung u.a. deshalb nicht optimal, weil das Matched Filter am Eingang des Empfängers der Bedingung

$$H_{EM}(j\omega) = c \cdot H_S^*(j\omega)\, H_K^*(j\omega) \tag{3.3.8}$$

gehorchen müßte, da das Nutzsignal am Empfängereingang entsprechend (3.2.15) durch

$$\begin{aligned} s_K(t) &= \sum_{n=-\infty}^{+\infty} a(n)\, h_S(t-nT) * h_K(t) \\ &= \sum_{n=-\infty}^{+\infty} a(n)\, \frac{1}{2\pi} \int_{-\infty}^{\infty} H_S(j\omega)\, H_K(j\omega)\, e^{j\omega(t-nT)}\, d\omega \end{aligned} \tag{3.3.9}$$

gegeben ist, d.h. es ist aus Elementarsignalen der Form

$$h_{SK}(t) = \frac{1}{2\pi} \int_{-\infty}^{\infty} H_S(j\omega)\, H_K(j\omega)\, e^{j\omega t}\, d\omega \tag{3.3.10}$$

aufgebaut, an die man das Matched Filter anpassen müßte.

4 Spektralformung im Basisband

Bei der Datenübertragung im Basisband, d.h. ohne Modulation mit einem Träger, ist es oft erforderlich, das Spektrum des Sendesignals s(t) an den Kanal und das Übertragungssystem anzupassen. Wenn die Übertragungsstrecke Übertrager enthält, darf das Sendesignal z.B. keine Gleichspannungskomponente enthalten. Oder die Konzentration des Spektrums ist bei tiefen Frequenzen erwünscht, da hier z.B. die Dämpfung eines Übertragungskabels am kleinsten ist. In diesen Fällen kann man das Spektrum durch Codierung des Basisbandsignals im gewünschten Sinne beeinflussen. Ein Beispiel zur Spektralformung wurde bereits diskutiert: Bei den Partial–Response–Codes konnte man z.B. durch Wahl des modifizierten Duobinär–Codes die Gleichkomponente unterdrücken. Das Hauptanliegen bei den Partial–Response–Codes besteht allerdings nicht in der Spektralformung, sondern in der Beschränkung des Bandbreitebedarfs auf das durch die Nyquistbedingung vorgegebene Minimum.

Durch Modulation mit einem Träger könnte man ebenfalls ein gleichspannungsfreies Bandpaßspektrum generieren, der Aufwand wäre gegenüber der Codierung des Basisbandsignals aber viel höher.

Neben der Anpassung des Sendesignalspektrums an den Übertragungskanal gibt es einen weiteren Grund für die Basisband–Codierung: Wenn über eine längere Zeit eine Gleichkomponente gesendet wird, kann der Empfänger nicht mehr den zur Detektion erforderlichen Sendetakt aus dem Empfangssignal extrahieren. Dieser Fall tritt z.B. dann auf, wenn das Sendesignal von einem Tastenterminal, das momentan nicht bedient wird, ohne Codierung übertragen wird. Hier sorgt ein Verwürfler dafür, daß Polaritätswechsel im Sendesignal auftreten, die eine Taktrückgewinnung im Empfänger ermöglichen.

4.1 Basisband–Codierung

Es gibt sehr viele Basisband–Codes [App 70], [Fra 72], die verschiedene Vor– und Nachteile besitzen und von denen hier nur einige betrachtet werden sollen. Beurteilungskriterien sind dabei

- *das Fehlen der Gleichstromkomponente*
- *der Bandbreitebedarf*
- *die Möglichkeit der Taktrückgewinnung*
- *die Resistenz gegen Störungen und*
- *der Realisierungsaufwand.*

Vorzuziehen sind Codes, die keine Gleichspannungskomponente und keine großen Spektralkomponenten im Bereich sehr tiefer Frequenzen besitzen, weil dann Übertrager zur galvanischen Trennung zugelassen sind, was z.B. eine erdfreie Übertragungsstrecke und die Einkopplung von Teilnehmern in einem lokalen Netzwerk ermöglicht. Ferner liegen bei niedrigen Frequenzen häufig Störkomponenten hoher Leistung.

Der Bandbreitebedarf interessiert bei der Auswahl eines Codierungsverfahrens bei vorgegebenem Übertragungsmedium. Außerdem kann ein erhöhter Bandbreitebedarf zu einer erhöhten Störleistung am Empfängereingang und damit zu einer größeren Fehlerwahrscheinlichkeit führen.

Zur Beurteilung der spektralen Eigenschaften der Codes benötigt man das Leistungsdichtespektrum $S_{\mathit{ss}}(j\omega)$ des Sendesignalprozesses $\mathit{s}(t)$, dessen Musterfunktion s(t) nach Bild 3.1 durch Faltung des Quellensignals a(t) mit der Impulsantwort $h_S(t)$ gebildet wird, so daß man mit (3.1)

$$\begin{aligned} s(t) = a(t) * h_S(t) &= \sum_{n=-\infty}^{+\infty} a(n)\,\delta_0(t-nT) * h_S(t) \\ &= \sum_{n=-\infty}^{+\infty} a(n)\,h_S(t-nT) \end{aligned} \qquad (4.1.1.)$$

schreiben kann. Nach (3.2.28) berechnet man die Leistungsdichte über die Autokorrelationsfunktion, für die mit (3.2.30) und (4.1.1)

$$\begin{aligned} s_{\mathit{ss}}(\tau) &= \lim_{\Delta\to\infty} \frac{1}{2\Delta} \int_{-\Delta}^{\Delta} \Big[\sum_{n=-\infty}^{\infty} a(n)\,h_S(t-nT) \Big] \Big[\sum_{k=-\infty}^{\infty} a(k)\,h_S(t-\tau-kT) \Big]\,dt \\ &= \lim_{\Delta\to\infty} \frac{1}{2\Delta} \int_{-\Delta}^{\Delta} \Big[\sum_{n=-\infty}^{\infty} a(n)\,h_S(t-nT) \Big] \cdot \\ &\qquad \cdot \Big[\sum_{\kappa=-\infty}^{\infty} a(n-\kappa)\,h_S(t-\tau-nT+\kappa T) \Big]\,dt \end{aligned} \qquad (4.1.2)$$

nach Variablentransformation mit k = n–κ gilt. Setzt man Δ = nT und bildet statt des Grenzübergangs $\Delta \to \infty$ den Grenzübergang $n \to \infty$, so folgt

$$s_{ss}(\tau) = \lim_{n\to\infty} \frac{1}{2nT} \int_{-nT}^{nT} \sum_{\kappa=-\infty}^{\infty} \sum_{k=-n}^{n} a(k)\, a(k-\kappa)\, h_S(t-kT)\, h_S(t-\tau-kT+\kappa T)\, dt$$

$$= \frac{1}{T} \sum_{\kappa=-\infty}^{\infty} \left[\lim_{n\to\infty} \frac{1}{2n} \sum_{k=-n}^{n} a(k)\, a(k-\kappa) \right] \cdot$$

$$\cdot \int_{-\infty}^{\infty} h_S(t-kT)\, h_S(t-\tau-kT+\kappa T)\, dt \quad . \tag{4.1.3}$$

Mit (3.2.30) gilt

$$\lim_{n\to\infty} \frac{1}{2n} \sum_{k=-n}^{n} a(k)\, a(k-\kappa) = E\{a(k)\, a(k-\kappa)\} = s_{aa}(\kappa) \quad , \tag{4.1.4}$$

so daß mit (4.1.3) und t := t–kT

$$s_{ss}(\tau) = \frac{1}{T} \sum_{\kappa=-\infty}^{\infty} s_{aa}(\kappa) \int_{-\infty}^{\infty} h_S(t)\, h_S(t-\tau+\kappa T)\, dt \tag{4.1.5}$$

folgt. Das Integral stellt die Faltung von $h_S(\tau)$ mit $h_S(-\tau+\kappa T)$ dar, so daß die Fourier–Transformation das Spektrum

$$S_{ss}(j\omega) = \frac{1}{T} \sum_{\kappa=-\infty}^{\infty} s_{aa}(\kappa)\, e^{-j\omega\kappa T}\, H_S^*(j\omega)\, H_S(j\omega) \tag{4.1.6}$$

liefert, da

$$\int_{-\infty}^{\infty} h_S(-\tau+\kappa T)\, e^{-j\omega\tau}\, d\tau = \int_{-\infty}^{\infty} h_S(t)\, e^{j\omega(t-\kappa T)}\, dt$$

$$= e^{-j\omega\kappa T} \left[\int_{-\infty}^{\infty} h_S(t)\, e^{-j\omega t}\, dt \right]^* = e^{-j\omega\kappa T}\, H_S^*(j\omega) \tag{4.1.7}$$

gilt. Die Summe in (4.1.6) ist nach (3.2.25) die diskrete Fourier–Transformierte der Autokorrelationsfolge des Quellensignalprozesses, so daß man schließlich

$$S_{ss}(j\omega) = \frac{1}{T} S_{aa}(e^{j\omega T})\, H_S^*(j\omega)\, H_S(j\omega) = \frac{1}{T} S_{aa}(e^{j\omega T})\, |H_S(j\omega)|^2 \tag{4.1.8}$$

für das gesuchte Leistungsdichtespektrum des Sendesignalprozesses erhält.

Wie beim Partial–Response–Code wird auch bei der Basisband–Codierung das Quellensignal durch Vorcodierung und Vorfilterung nach Bild 4.1 umgeformt, um spezielle Eigenschaften des Sendesignalspektrums zu erzielen.

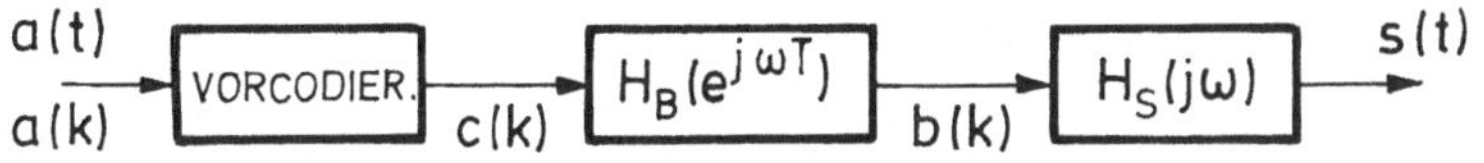

Bild 4.1 Komponenten der Basisband–Codierung

Damit folgt für das Sendesignalspektrum nach (4.1.8)

$$S_{ss}(j\omega) = \frac{1}{T} S_{cc}(e^{j\omega T}) \, |H_B(e^{j\omega T})|^2 \, |H_S(j\omega)|^2$$

$$= \frac{1}{T} S_{bb}(e^{j\omega T}) \, |H_S(j\omega)|^2 \quad , \tag{4.1.9}$$

wobei $H_B(\exp(j\omega T))$ der Frequenzgang des digitalen Vorfilters, $S_{cc}(\exp(j\omega T))$ die Leistungsdichte des vorcodierten Quellensignalprozesses und $S_{bb}(\exp(j\omega T))$ die Leistungsdichte des vorcodierten und vorgefilterten Quellensignalprozesses ist. Man kann (4.1.9) so interpretieren, daß der ursprüngliche Quellensignalprozeß $a(k)$ durch den neuen, aus $a(t)$ durch Vorcodierung und Vorfilterung gewonnenen Prozeß $b(k)$ ersetzt wird.

Die Taktrückgewinnung aus dem empfangenen Signal ist nicht möglich, wenn das Signal über längere Zeitabschnitte keine Nulldurchgänge aufweist. Nulldurchgänge kann man durch Wahl einer geeigneten Impulsform $h_S(t)$ bzw. eines Frequenzgangs $H_S(j\omega)$ nach (4.1.8) – d.h. durch Wahl der deterministischen Komponente des Senders – oder durch Transformation des Quellenprozesses $a(t)$ in den Prozeß $c(k)$ bzw. $b(k)$ nach (4.1.9) erreichen. Der in Abschnitt 4.2 vorgestellte Verwürfler zählt zur zweiten Möglichkeit, wobei die Impulsform $h_S(t)$ beliebig ist.

Durch die Transformation mit dem digitalen Vorfilter entsteht aus dem binären Quellensignal a(t) ein mehrstufiges Signal b(k), das bei unveränderter Sendesignalleistung zu einer erhöhten Fehlerwahrscheinlichkeit führt. Ferner wird der Signalprozeß durch die Vorfilterung redundant, da die beiden Binärzeichen durch mehr als zwei Signalamplituden dargestellt werden. Diese Redundanz läßt sich aber gegebenenfalls für Fehlerprüfzwecke verwenden.

Einige wichtige Codes sollen nun unter den genannten Beurteilungskriterien näher diskutiert werden.

4.1.1 Doppelstromimpuls–Code

Das binäre Datensignal mit den Werten $a(k) \in \{a_1 = 0, a_2 = 1\}$ wird in ein bipolares

Signal mit den Werten $b(k) = \{b_1 = -1, b_2 = +1\}$ umgesetzt, wobei die beiden Polaritäten den beiden zu übertragenden Symbolarten von a(k) entsprechen, wie Bild 4.2 zeigt.

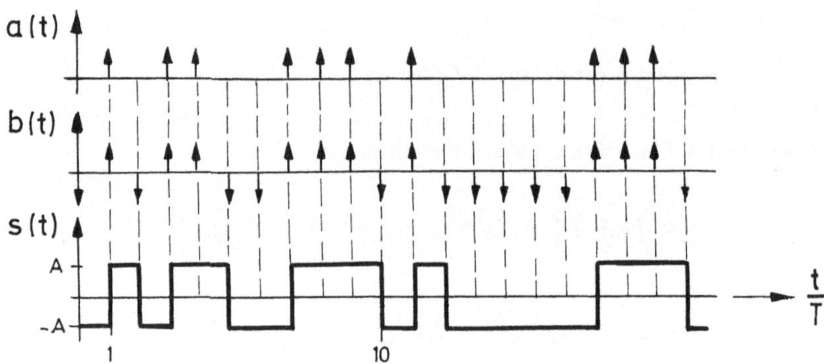

Bild 4.2 Basisbandübertragung durch Doppelstromimpulse

Eine Alternative ist der Einfachstromimpuls–Code, bei dem die Umsetzung von a(k) in b(k) entfällt. Der Nachteil dieses Verfahrens ist aber, daß der Abstand zwischen maximaler zu minimaler Amplitude nur halb so groß wie beim Doppelstromimpuls–Code ist, was zu einer Vergrößerung der Fehlerwahrscheinlichkeit führt. Zum anderen ist die Detektionsschwelle in diesem Fall amplitudenabhängig, was praktische Nachteile hat. Als Impulsform $h_S(t)$ verwendet man beim Doppelstromimpuls–Code entweder den in Bild 4.3 gezeigten *return to zero* oder kurz RZ–Impuls oder den *non return to zero* oder NRZ–Impuls. Der NRZ– Impuls hat den Vorteil, bei gleicher Spitzenamplitude eine höhere Signalenergie zu enthalten, was zu einer geringeren Fehlerwahrscheinlichkeit führt. Deshalb soll hier der NRZ–Doppelstromimpuls–Code weiter betrachtet werden.

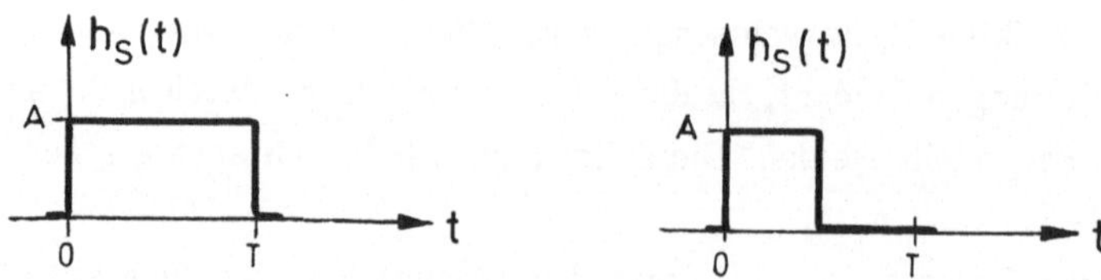

Bild 4.3 Impulsformen für den Doppelstromimpuls–Code. a) NRZ–Impuls, b) RZ–Impuls

Längere Folgen einer Symbolart machen die Taktsynchronisation des Empfängers unmöglich, so daß der in Abschnitt 4.2 behandelte Verwürfler erforderlich wird.

Zur Berechnung des Leistungsdichtespektrums $S_{ss}(j\omega)$ benötigt man nach (4.1.9) die

Leistungsdichte $S_{bb}(\exp(j\omega T))$, die die diskrete Fourier–Transformierte der Korrelationsfolge $s_{bb}(\kappa)$ ist:

$$S_{bb}(e^{j\omega T}) = \frac{1}{T} \sum_{\kappa=-\infty}^{+\infty} s_{bb}(\kappa) \cdot e^{-j\omega\kappa T} \quad . \tag{4.1.10}$$

Geht man davon aus, daß die beiden Amplituden b(k) = +1 und b(k) = –1 mit den Wahrscheinlichkeiten $P\{b(k) = +1\} = p$ bzw. $P\{b(k) = -1\} = 1-p$ auftreten, so gilt mit (4.1.4) für $s_{bb}(\kappa)$:

$$s_{bb}(\kappa))\big|_{\kappa=0} = E\{b(k)\cdot b(k-\kappa)\})\big|_{\kappa=0} = E\{b^2(k)\}$$

$$= (+1)^2\cdot p + (-1)^2\,(1-p) = 1 \tag{4.1.11a}$$

$$s_{bb}(\kappa))\big|_{\kappa\neq 0} = E\{b(k)\} \cdot E\{b(k)\}$$

$$= ((+1)p)^2 + (+1)p\cdot(-1)(1-p) +$$

$$+ (-1)(1-p)\cdot(+1)p + ((-1)(1-p))^2$$

$$= p^2 - 2p(1-p) + (1-p)^2 = (2p-1)^2 \quad . \tag{4.1.11b}$$

Setzt man dies in (4.1.10) ein, so folgt

$$S_{bb}(e^{j\omega T}) = 1 + (2p-1)^2 \sum_{\kappa=-\infty}^{\infty} e^{-j\omega\kappa T} - (2p-1)^2$$

$$= 1 - (2p-1)^2 + 2\cdot(2p-1)^2 \sum_{\kappa=0}^{\infty} \cos(\omega\kappa T)$$

$$= 4p(1-p) + (2p-1)^2\, 2\pi \sum_{\ell=-\infty}^{\infty} \delta_0(\omega T - 2\pi\cdot\ell) \quad , \tag{4.1.12}$$

wobei die Umrechnung der Summe aus [Oeh 67] entnommen wurde. Die Leistungsdichte $S_{bb}(\exp(j\omega T))$ setzt sich aus dem mit 4p(1–p) gewichteten weißen Anteil und dem periodischen Anteil mit dem Gewicht $(2p-1)^2\cdot 2\pi$ zusammen, der den Mittelwert des Prozesses charakterisiert und für p = 0,5 verschwindet, was mit der Anschauung übereinstimmt.

Verwendet man für $h_S(t)$ den NRZ–Impuls nach Bild 4.3

$$h_S(t) = A\cdot[\delta_{-1}(t) - d_{-1}(t-T)] \quad , \tag{4.1.13}$$

so erhält man für das Spektrum $H_S(j\omega)$

$$h_S(t) \circ\!\!-\!\!\circ \; H_S(j\omega) = A \cdot T \, \frac{\sin(\omega T/2)}{\omega T/2} \, e^{-j\omega T/2} \quad , \qquad (4.1.14)$$

was mit (4.1.9) und p = 0,5 auf

$$S_{ss}(j\omega) = \frac{1}{T} \, S_{bb}(e^{j\omega T}) \, |H_S(j\omega)|^2$$

$$= A^2 \cdot T \left[\frac{\sin(\omega T/2)}{\omega T/2} \right]^2 \qquad (4.1.15)$$

führt. Bild 4.4 zeigt eine Übersicht über die auf $A^2 \cdot T$ normierten Leistungsdichtespektren gebräuchlicher Basisband–Codes.

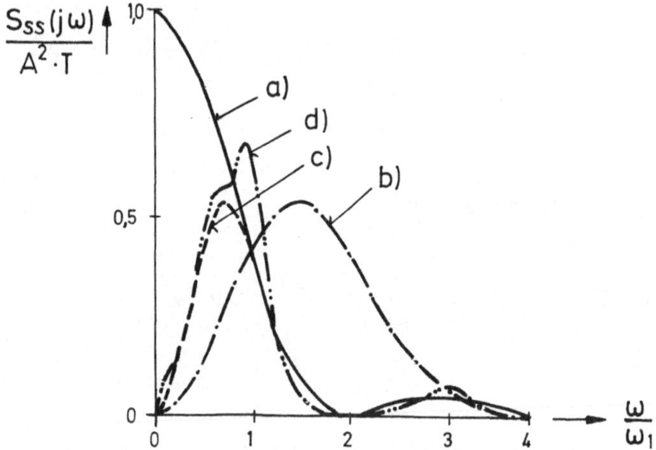

Bild 4.4 Leistungsdichtespektren verschiedener Basisband–Codes. a) Doppelstromimpuls–, b) Manchester–, c) Bipolar–, d) $CHDB_2$–, e) Partial–Response–Klasse–4–Code. Frequenzachse normiert auf die Nyquistfrequenz $\omega_1 = \pi/T$

Bei Verwendung des Doppelstromimpuls–Codes darf die Übertragungsstrecke keine Übertrager enthalten, da das Leistungsdichtespektrum $S_{ss}(j\omega)$ einen Gleichanteil enthält.

Bei Übertragungsgeschwindigkeiten bis 10 kb/s und einigen Kilometern Länge der metallischen Leitung sind wegen des geringen Impulsnebensprechens, das durch die Approximation der rechteckförmigen Impulsform hervorgerufen wird, Entzerrungsmaßnahmen nicht erforderlich [Boc 76].

Der Einfluß der Störungen auf dem Übertragungskanal macht sich bei der Bitfehlerwahrscheinlichkeit P(F), im Englischen als *bit error rate* oder BER bezeichnet, bemerkbar. Wie in Abschnitt 3.2.1 soll angenommen werden, daß der Kanal keine Verzerrungen besitzt, so daß sich wie in Bild 4.5 nur die Störungen n(t) dem Sendesignal s(t) mit der Impulsform $h_S(t)$ additiv überlagern.

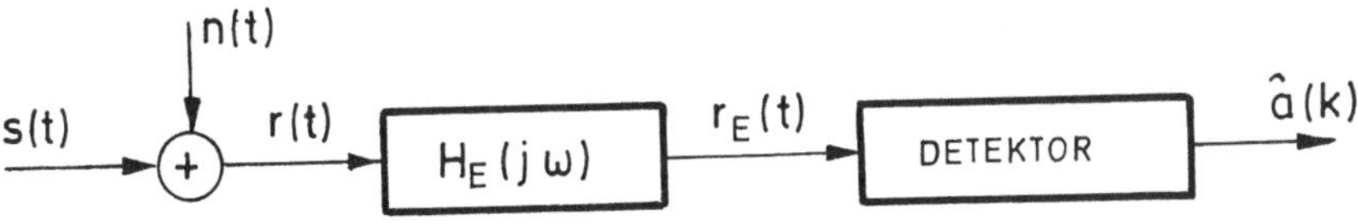

Bild 4.5 Übertragung über einen Kanal ohne Verzerrungen

Nach (3.2.2) gilt dann für das gestörte Signal $r_E(t)$ am Ausgang des Empfängers im optimalen Abtastzeitpunkt t = kT

$$r_E(t)\big|_{t=kT} = s_E(kT) + n_E(kT) \quad . \tag{4.1.16}$$

Nach (3.2.21) ist das Empfangsfilter das an das Sendefilter angepaßte Filter oder Matched Filter, so daß seine Impulsantwort $h_E(t)$ proportional zu $h_S(n_0T-t)$ ist. Mit (4.1.13) und den beliebig wählbaren Konstanten $c = 1/(A \cdot T)$ und $n_0 = 1$ gilt:

$$h_E(t) = \frac{1}{T}\,[\delta_{-1}(t) - \delta_{-1}(t-T)] \quad . \tag{4.1.17}$$

Nach Bild 4.5 ist das ungestörte Empfangssignal $s_E(t)$ durch die Faltung von s(t) mit $h_E(t)$ gegeben. Zur Detektion wird der Abtastwert $r_E(kT)$ zum Zeitpunkt t = kT verwendet, der nach (4.1.16) den Nutzanteil

$$s_E(t)\big|_{t=kT} = h_E(t) * s(t)\big|_{t=kT} = \int_0^\infty h_E(\tau)\, s(t-\tau)\, d\tau\big|_{t=kT}$$

$$= \frac{1}{T}\int_0^T s(kT-\tau)\, d\tau \tag{4.1.18}$$

enthält. Wird im Zeitintervall $(k-1)T \le t \le kT$ die Amplitude b(k) = +1 übertragen, so ist s(t) in diesem Intervall ein rechteckförmiges Signal mit der Amplitude +A, für b(k) = –1 erhält man entsprechend die Amplitude –A. Daraus folgt für $s_E(kT)$:

$$s_E(kT) = \frac{1}{T}\int_0^T (\pm A)\, d\tau = \begin{cases} +A & \text{für } b(k) = +1 \\ -A & \text{für } b(k) = -1 \end{cases} . \qquad (4.1.19)$$

Nimmt man an, daß die Störungen im Kanal durch einen weißen Gaußschen Prozeß mit der Leistungsdichte N_W beschrieben werden, gilt für die Varianz des Abtastwertes $n_E(nT)$ im (4.1.16) mit (3.2.3) und (4.1.17):

$$\sigma^2 = N_W \cdot \int_0^\infty h_E^2(t)\, dt = N_W \cdot \frac{1}{T^2} \cdot T = N_W \cdot \frac{1}{T} . \qquad (4.1.20)$$

Damit erhält man die in Bild 4.6 gezeigten Dichten am Ausgang des Empfängers sowie die Schwelle $\gamma_0 = 0$ nach (3.2.8), da mit (4.1.19) $s_1 = -A$ und $s_2 = +A$ gilt. Diese Darstellung entspricht der aus Bild 3.10.

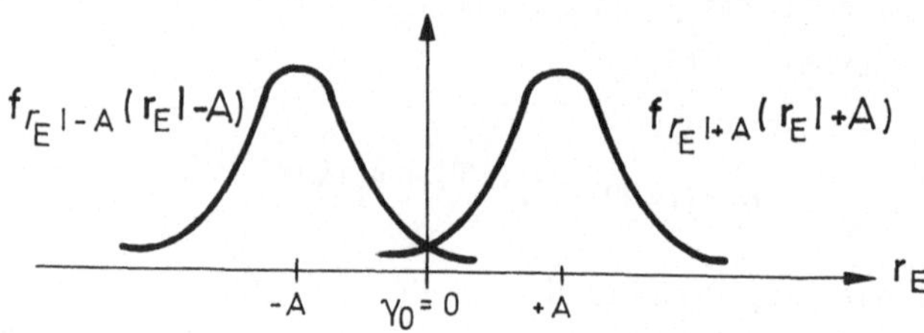

Bild 4.6 Dichten am Ausgang des Empfangsfilters bei Doppelstromimpuls–Codierung

Für die Fehlerwahrscheinlichkeit folgt schließlich mit (3.2.12) und (4.1.20):

$$P(F) = Q(\tfrac{A}{\sigma}) = Q(A\sqrt{T/N_W}) . \qquad (4.1.21)$$

Der Quotient $A^2 \cdot T/N_W$ stellt das durch das Matched Filter maximal erreichbare Signal–zu–Rauschverhältnis dar. Eine Übersicht über die bei gängigen Basisband–Codes erreichbare Fehlerwahrscheinlichkeit zeigt Bild 4.7.

Gemessen an den eingangs genannten Kriterien hat der Doppelstromimpuls–Code die Vorteile, keinen besonders hohen Bandbreitebedarf und eine geringe Fehlerwahrscheinlichkeit bei einfacher Realisierbarkeit zu besitzen. Die Nachteile sind die vorhandene Gleichstromkomponente und die Probleme bei der Taktrückgewinnung. Das Problem bei der Taktrückgewinnung läßt sich allerdings durch zusätzliche Verwendung eines Verwürflers, und damit höheren Aufwand, lösen. Der nachfolgend beschriebene Basisband–Code weist diese Nachteile nicht auf.

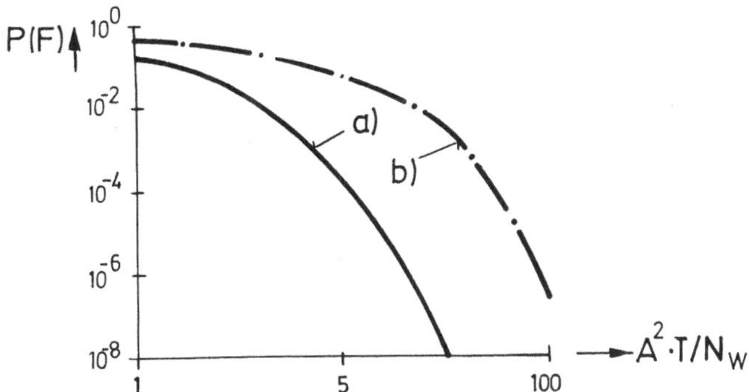

Bild 4.7 Fehlerwahrscheinlichkeit P(F) bei Basisband–Codierung. a) Doppelstromimpuls– ,Manchester–Code, b) Bipolar–, HDB_n–, Partial–Response–Klasse–4–Code

4.1.2 Manchester–Code

Die Probleme des Doppelstromimpuls–Codes bei galvanischer Entkopplung und Taktrückgewinnung lassen sich durch Änderung der Impulsform $h_S(t)$ umgehen. In Bild 4.8 sind die beim *Manchester–Code* verwendeten Impulse der Form

$$h_S(t) = A \cdot [\delta_{-1}(t) - 2\delta_{-1}(t-T/2) + \delta_{-1}(t-T)] \tag{4.1.22}$$

dargestellt, die zur Codierung der Binärzeichen $b(k) = \pm 1$ verwendet werden und sich wie beim Doppelstromimpuls–Code nach der Vorschrift

$$b(k) = 2 \cdot a(k) - 1 \quad , \quad a(k) \in \{0, 1\} \tag{4.1.23}$$

ergeben. Wegen der Phasenverschiebung der beiden Impulse um π spricht man auch von *Biphase–Code*.

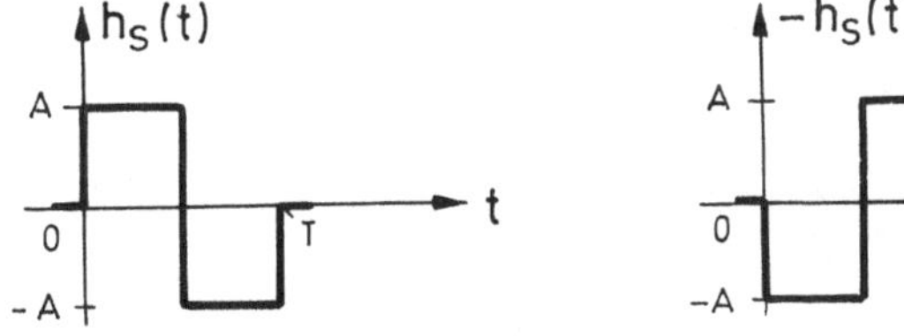

Bild 4.8 Impulsformen beim Manchester–Code

Der Impuls $h_S(t)$ besitzt einen Nulldurchgang bei T/2, so daß das Sendesignal s(t) im Abstand T/2 oder T ebenfalls einen Nulldurchgang besitzt, wie aus Bild 4.9 hervorgeht. Hierbei wurde dasselbe Quellensignal a(t) wie beim Doppelstromimpuls–Code in Bild 4.2 verwendet.

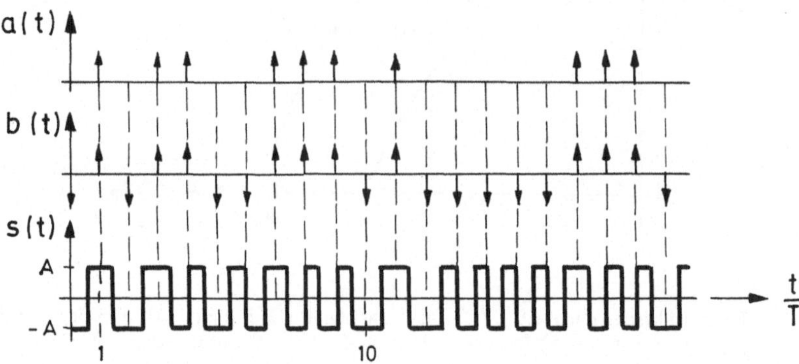

Bild 4.9 Basisbandübertragung mit Manchester–Code

Bei der Berechnung des Leistungsdichtespektrums $S_{ss}(j\omega)$ des Sendesignalprozesses nach (4.1.9) ändert sich gegenüber dem Doppelstromimpuls–Code am Leistungsdichtespektrum $S_{bb}(\exp(j\omega T))$ des binären Datenprozesses nichts. Da sich der Impuls $h_S(t)$ nach (4.1.22) aus zwei rechteckförmigen Impulsen der Dauer T/2 zusammensetzt, gilt für die Fourier–Transformierte von $h_S(t)$:

$$H_S(j\omega) = A \cdot \frac{T}{2} \, \frac{\sin(\omega T/4)}{\omega T/4} \cdot e^{-j\omega T/4} \, (1-e^{-j\omega T/2}) \quad . \tag{4.1.24}$$

Nimmt man wieder an, daß beide Binärzeichen mit gleicher Wahrscheinlichkeit p = 0,5 auftreten, so berechnet sich das Leistungsdichtespektrum des Sendesignalprozesses nach (4.1.9) mit (4.1.12) und (4.1.24) zu

$$\begin{aligned} S_{ss}(j\omega) &= \frac{1}{T} S_{bb}(e^{j\omega T}) \, |H_S(j\omega)|^2 = \frac{A^2 T}{4} \left[\frac{\sin(\omega T/4)}{\omega T/4} \right]^2 \cdot \left| 1-e^{-j\omega T/2} \right|^2 \\ &= \frac{A^2 T}{4} \left[\frac{\sin(\omega T/4)}{\omega T/4} \right]^2 \cdot 2(1-\cos(\omega T/2)) \\ &= A^2 \cdot T \left[\frac{\sin^2(\omega T/4)}{\omega T/4} \right]^2 \quad . \end{aligned} \tag{4.1.25}$$

Das in Bild 4.4 gezeigte Spektrum besitzt erwartungsgemäß keine Spektralkomponente bei der Frequenz $\omega = 0$, da jeder Impuls $h_S(t)$ den Mittelwert null liefert. Man kann es als die modulierte Version oder Bandpaßversion des Spektrums für den Doppelstromimpuls–Code bezeichnen. Dadurch erhöht sich die Bandbreite auf etwa das Doppelte, was der wesentliche Nachteil des Manchester–Codes ist.

Zur Berechnung der Fehlerwahrscheinlichkeit P(F) benötigt man die Signalamplitude $s_E(kT)$ zum Abtastzeitpunkt $t = kT$ und die Varianz σ^2 des Störprozesses am Ausgang des Empfangsfilters. Da es das Matched Filter zum Sendefilter ist, gilt entsprechend (4.1.17) mit (4.1.22) für seine Impulsantwort:

$$h_E(t) = \frac{1}{T}\left[-\delta_{-1}(t) + 2\,\delta_{-1}(t-T/2) - \delta_{-1}(t-T)\right] \quad . \tag{4.1.26}$$

Aus (4.1.18) folgt für den Abtastwert $s_E(kT)$, wenn der Impuls mit der Amplitude $+A$ gesendet wird

$$\begin{aligned} s_E(kT) &= \int_0^\infty h_E(\tau)\, s(kT-\tau)\, d\tau \\ &= \frac{A}{T}\left[\int_0^{T/2} (+1)^2\, d\tau + \int_{T/2}^{T} (-1)^2\, d\tau\right] = +A \quad , \end{aligned} \tag{4.1.27}$$

und im anderen Fall erhält man die Amplitude $-A$. Für die Varianz σ^2 des Abtastwerts $n_E(kT)$ gilt mit (4.1.20)

$$\sigma^2 = N_W \int_0^T h_E^2(t)\, dt = N_W \frac{1}{T^2} \int_0^T dt = N_W \cdot \frac{1}{T} \quad , \tag{4.1.28}$$

so daß die Fehlerwahrscheinlichkeit wie beim Doppelstromimpuls–Code

$$P(F) = Q(A\sqrt{T/N_W}) \tag{4.1.29}$$

beträgt, was im Bild 4.7 dokumentiert ist.

Eine Variante des Manchester–Codes ist der *Differential–Manchester–Code*, bei dem dieselben Impulse $h_S(t)$ nach Bild 4.8 verwendet werden. Der Unterschied liegt in der Codierungsvorschrift: wird eine binäre Null übertragen, erfolgt ein Polaritätswechsel am Schrittanfang, sonst nicht. Um dies zu erreichen, muß das Quellensignal a(k) nach Bild 4.10 so in das Signal b(k) umcodiert werden, daß nach der Vorschrift

$$b(k) = b(k-1) \cdot [1 - 2a(k)] \tag{4.1.30}$$

für $a(k) = 1$ bei b(k) ein Polaritätswechsel erfolgt, bei $a(k) = 0$ aber nicht.

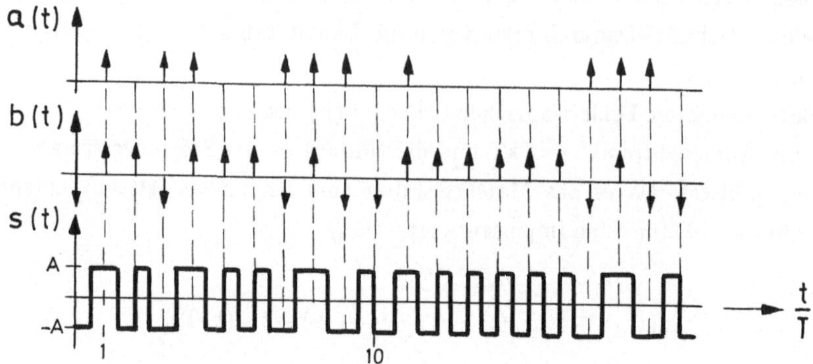

Bild 4.10 Basisbandübertragung mit Differential–Manchester–Code

Dieser Code wird beim *Token–Ring*, einem lokalen Netzwerk, verwendet [Con 89], wobei zur Rahmensynchronisation Codeverletzungen verwendet werden. Bei korrekter Codierung wird nicht der als J–Codeverletzung bezeichnete Fall eintreten, daß weder am Schrittanfang noch in der Schrittmitte ein Nulldurchgang erfolgt, oder der als K–Codeverletzung bezeichnete Fall, daß zwar ein Nulldurchgang am Schrittanfang, nicht aber in der Schrittmitte vorhanden ist.

Das *Coded–Diphase–Verfahren* [Kra 86] ist durch die Vorschrift

$$b(k) = b(k-1) \cdot [2a(k) - 1] \tag{4.1.31}$$

definiert. Hier erfolgt bei $a(k) = 0$ ein Polaritätswechsel im Prozeß $b(t)$, bei $a(k) = 1$ aber nicht. Da die Impulsformen $h_S(t)$ nach Bild 4.8 verwendet werden, handelt es sich um eine Variante des Differential–Manchester–Codes. Das Leistungsdichtespektrum und die Fehlerwahrscheinlichkeit ändern sich hierbei nicht.

Statt der Impulsform nach Bild 4.8 kann man auch die Impulsform des Partial–Response–Codes der Klasse 4 wählen, die allerdings gegenüber der Darstellung in Tab. 3.1 auf der Zeitachse um den Faktor 2 gestaucht ist, so daß die Hauptmaxima bei $t = T/4$ und $t = 3T/4$ auftreten. Der Vorteil dieser Impulsform besteht in der exakten Bandbegrenzung auf das Vierfache der Nyquistfrequenz $\omega_1 = \pi/T$ [Boc 76].

4.1.3 Bipolar– oder AMI–Code

Der Nachteil des Doppelstromimpuls–Codes besteht im Vorhandensein einer Spektralkomponente bei $\omega = 0$ und bei der Taktrückgewinnung, der Nachteil beim Manchester–

Code im hohen Bandbreitebedarf, der der Preis für die Überwindung der Nachteile beim Doppelstromimpuls–Code ist. Statt eine andere Impulsform für $h_S(t)$ zu wählen, kann man auch die Vorcodierung und damit das Spektrum $S_{bb}(\exp(j\omega T))$ in (4.1.9) so ändern, daß die Nachteil des Doppelstromimpuls–Codes vermieden werden. Dies ist beim *Bipolar–* oder *AMI–Code* der Fall, wobei AMI für die Abkürzung von *alternate mark inversion* steht. Hier wird dem binären Wert a(k) = 0 des Datensignals der codierte Wert b(k) = 0, dem binären Wert a(k) = 1 alternierend b(k) = +1 bzw. b(k) = –1 zugeordnet, wie Bild 4.11 zeigt.

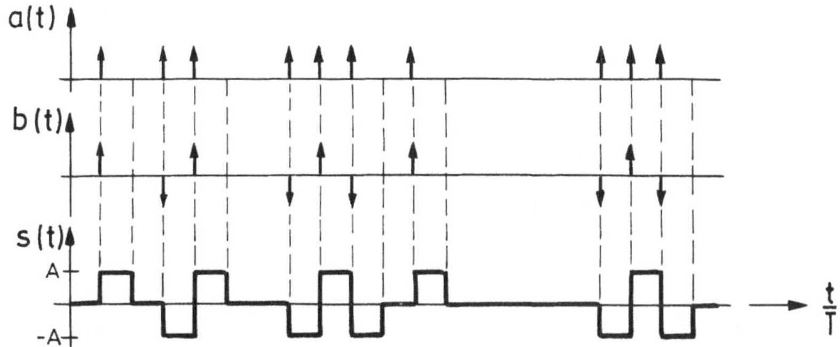

Bild 4.11 Basisbandübertragung mit dem AMI–Code

Diesen Polaritätswechsel erzielt man durch die Codierungsvorschrift

$$b(k) = a(k) - a(k-1) \quad , \tag{4.1.32}$$

so daß aus den binären Daten $a(k) \in \{0, 1\}$ die pseudoternären Daten $b(k) \in \{-1, 0, +1\}$ entstehen. Weil mit den drei Amplitudenstufen von b(k) die zwei Amplitudenwerte von a(k) codiert werden, ist b(k) gegenüber a(k) redundant, wobei als Redundanzmaß

$$q = \frac{\mathrm{ld}(2)}{\mathrm{ld}(3)} = \frac{1}{1{,}58} = 0{,}631 \tag{4.1.33}$$

eingeführt wird, d.h. gegenüber binärer Übertragung besitzt die pseudoternäre Codierung eine Effektivität von 63 %.

Die Codierungsvorschrift (4.1.32) läßt sich durch ein digitales Filter mit dem Frequenzgang

$$H_B(e^{j\omega T}) = 1 - e^{-j\omega T} \tag{4.1.34}$$

realisieren, wobei dieses Filter nach Bild 4.1 dem Impulsformer mit dem Frequenzgang

$H_S(j\omega)$ vorgeschaltet ist. Der Nachteil der Codierung nach (4.1.32) ist, daß Folgefehler entstehen, wenn beim Empfänger ein Wert a(k) falsch detektiert wurde. Dies ist ähnlich wie bei den im vorigen Kapitel behandelten Partial–Response–Codes: Hier sorgte ein Vorcodierer dafür, daß die detektierte Amplitude nur von der aktuellen Datenamplitude a(k) abhing. Mit der Codierungsregel

$$c(k) = a(k) \oplus c(k-1) \quad , \tag{4.1.35}$$

die mit der Vorcodierung nach (3.1.34) für den Duobinär–Code übereinstimmt, erhält man die Werte c(k), die nach (4.1.32) gemäß der Vorschrift

$$b(k) = c(k) - c(k-1) \tag{4.1.36}$$

gefiltert werden. Nach Tabelle 4.1. hängt b(k) nur von a(k) ab, so daß Folgefehler vermieden werden. Dem Wert a(k) = 0 entspricht b(k) = 0, a(k) = 1 entspricht b(k) = 1.

Tabelle 4.1 Codierungsregel beim AMI–Code

c(k–1)	a(k)	c(k)	b(k)
0	0	0	0
0	1	1	1
1	0	1	0
1	1	0	–1

Beim AMI–Code handelt es sich damit um einen Spezialfall des Partial–Response–Codes, was durch einen Vergleich von Bild 3.9 mit Bild 4.1 deutlich wird. Die darin gezeigten Vorcodierer entsprechen sich, der Partial–Response–Codierer ist ein digitales Filter, das in Bild 4.1 durch die Systemfunktion $H_B(\exp(j\omega T))$ beschrieben wird, und die Impulsformung erfolgt in Bild 3.9 im idealen Tiefpaß und nach Bild 4.1 durch das Filter mit der Systemfunktion $H_S(j\omega)$.

Zur Berechnung des Leistungsdichtespektrums nach (4.1.9) benötigt man die Leistungsdichte $S_{cc}(\exp(j\omega T))$ des vorcodierten Datenprozesses. Nimmt man an, daß der Wert a(k) = 1 mit der Wahrscheinlichkeit p bzw. a(k) = 0 mit 1–p auftritt, so gilt für den vorcodierten Datenprozeß [Höl 82], [Lee 88]:

$$S_{cc}(e^{j\omega T}) = \frac{p\cdot(1-p)}{1-2\,(1-2p)\,\cos(\omega T)+(1-2p)^2} \quad . \tag{4.1.37}$$

Für das Betragsquadrat des Frequenzganges nach (4.1.34) erhält man

$$|H_B(e^{j\omega T})|^2 = 2\cdot(1-\cos(\omega T)) = 4\cdot\sin^2(\omega T/2) \quad , \tag{4.1.38}$$

so daß man bei Verwendung von Rechteckimpulsen $h_S(t)$ nach (4.1.13) bzw. (4.1.14) und $p = 0{,}5$ für die Leistungsdichte des Sendesignalprozesses mit (4.1.9) schließlich schreiben kann:

$$\begin{aligned} S_{ss}(j\omega) &= \frac{1}{T} S_{cc}(e^{j\omega T}) \, |H_B(e^{j\omega T})|^2 \, |H_S(j\omega)|^2 \\ &= \frac{1}{T}\frac{1}{4} 4\cdot\sin^2(\omega T/2) \, A^2\cdot T^2 \left[\frac{\sin(\omega T/2)}{\omega T/2}\right]^2 \\ &= A^2\cdot T \left[\frac{\sin^2(\omega T/2)}{\omega T/2}\right]^2 \quad . \end{aligned} \tag{4.1.39}$$

Auch diese Leistungsdichte ist im Bild 4.4 eingezeichnet. Durch den Amplitudengang des digitalen Filters nach (4.1.38) wird bei $\omega = 0$ eine Nullstelle erzwungen, die Bandbreite stimmt mit der beim Doppelstromimpuls–Code überein.

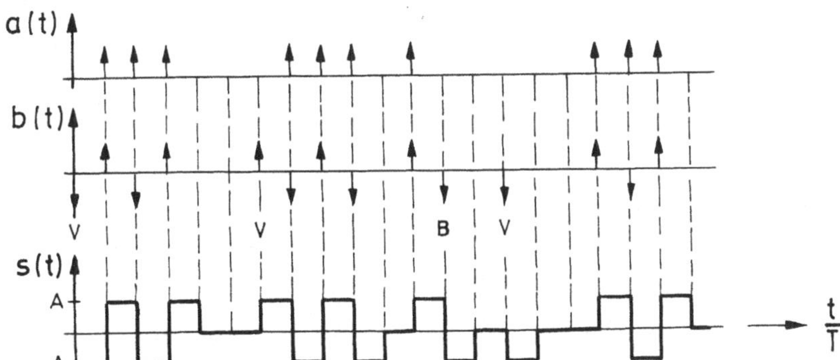

Bild 4.12 Basisbandübertragung mit HDB_2–Code

Es gibt wegen des Polaritätswechsels bei der Übertragung von $a(k) = 1$ keine Schwierigkeiten bei der Taktrückgewinnung, wohl aber bei der Übertragung von $a(k) = 0$. Deswegen hat man eine Erweiterung des Bipolar–Codes in Form des High–Density–Bipolar–Codes [Con 89] oder kurz HDB_n–Codes vorgeschlagen, bei dem nach n Werten $b(k) = 0$ die in Bild 4.12 mit V bezeichneten, die Codierungsregel des Bipolar–Codes verletzenden Impulse eingefügt werden. Sofern eine ungerade Anzahl von Impulsen seit dem letzten V–Impuls gesendet wurde, werden die n+1 Werte $b(k) = 0$ durch die Folge

00...0V, sonst durch die Folge B0...0V ersetzt, wobei die Polarität von B der Bipolar–Codierungsregel gehorcht. Das Leistungsdichtespektrum des HDB_n–Codes nähert sich mit wachsendem n dem des Bipolar–Codes an, für n = 2 ist es in Bild 4.4 eingezeichnet.

Die Decodierung ist beim HDB_n–Code aufwendiger als beim AMI–Code, da hier die letzten n decodierten Werte gespeichert werden müssen, um den aktuellen Wert decodieren zu können. Wegen dieser Abhängigkeit von vergangenen Werten können auch Folgefehler auftreten. Der HDB_3–Code wurde vom CCITT für PCM–Übertragungsverfahren als Standard festgelegt [Con 89], der HDB_2–Code für Sprachübertragung [Wal 87].

Zur Beurteilung des Bipolar–Codes ist deren Störanfälligkeit zu untersuchen. Weil es sich um pseudoternäre Codes handelt, setzt sich die Dichtefunktion des gestörten Abtastwertes $r_E(kT)$ am Empfängerausgang aus den drei in Bild 4.13 gezeigten Teildichten zusammen.

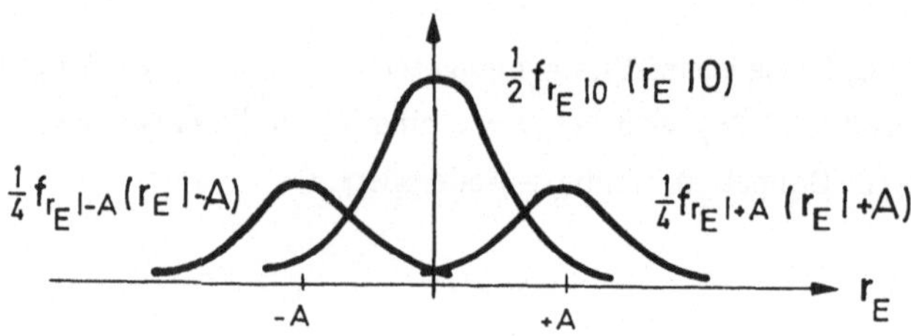

Bild 4.13 Dichten am Ausgang des Empfangsfilters bei Bipolar–Code

Dabei wird vorausgesetzt, daß die Impulsantworten $h_S(t)$ des Sendefilters und $h_E(t)$ des Empfangsfilters wie beim Doppelstromimpuls nach (4.1.13) bzw. (4.1.17) gewählt werden. Dann liegen die Mittelwerte der Teildichten nach (4.1.19) bei –A, 0 und +A, während die Varianz der Störungen nach (4.1.20) wieder $\sigma^2 = N_W/T$ ist. Ferner wird angenommen, daß die beiden Werte von a(k) mit gleicher Wahrscheinlichkeit P{a(k)=0} = 1–p = P{a(k)=1} = p = 0,5 auftreten, so daß beim AMI–Code b(k) = 0 mit der Wahrscheinlichkeit P{b(k)=0} = P(0) = 1–p = 0,5 und b(k) = +1 bzw. b(k) = –1 mit der Wahrscheinlichkeit P{b(k)=±1} = P(±1) = p/2 = 0,25 auftreten. Für die Fehlerwahrscheinlichkeit erhält man ähnlich wie in Abschnitt 3.2.1 mit den Diskriminationsschwellen $\gamma = \pm A/2$ unter Beachtung der Symmetrieverhältnisse

$$P(F) = P(F|0) \cdot P(0) + P(F|+1) \cdot P(+1) + P(F|-1) \cdot P(-1)$$

$$= \frac{1}{2} 2 \int_{A/2}^{\infty} \frac{1}{\sqrt{2\pi}\,\sigma} \exp(-\frac{r_E^2}{2\cdot\sigma^2})\, dr_E$$

$$+ \frac{1}{4} \cdot 2 \int_{-A/2}^{A/2} \frac{1}{\sqrt{2\pi}\,\sigma} \exp\left(-\frac{(r_E - A)^2}{2 \cdot \sigma^2}\right) dr_E$$

$$= Q\left(\frac{A}{2\sigma}\right) + \frac{1}{2}\left[Q\left(\frac{A}{2\sigma}\right) - Q\left(\frac{3A}{2\sigma}\right)\right] = \frac{1}{2}\left[3 \cdot Q\left(\frac{A}{2\sigma}\right) - Q\left(\frac{3A}{2\sigma}\right)\right]$$

$$= \frac{1}{2}\left[3 \cdot Q\left(\frac{A}{2}\sqrt{\frac{T}{N_W}}\right) - Q\left(\frac{3A}{2}\sqrt{\frac{T}{N_W}}\right)\right] \quad . \tag{4.1.36}$$

Die Schwellen werden in der Praxis zu $\gamma = \pm A/2$ gewählt, weil sie so einfacher einstellbar und unabhängig von weiteren Parametern sind. Bei Minimierung der Fehlerwahrscheinlichkeit müßten sie aber in den Schnittpunkten der Dichten in Bild 4.13 liegen [Kro 86], so daß allgemein

$$(1-p) \cdot \frac{1}{\sqrt{2\pi}\,\sigma} \exp\left(-\frac{\gamma^2}{2 \cdot \sigma^2}\right) = \frac{p}{2} \cdot \frac{1}{\sqrt{2\pi}\,\sigma} \exp\left(-\frac{(\gamma - A)^2}{2 \cdot \sigma^2}\right) \tag{4.1.37}$$

bzw.

$$\gamma = \frac{A}{2} + \frac{\sigma^2}{A} \ln\left[\frac{2(1-p)}{p}\right] \tag{4.1.38}$$

gilt, solange $\gamma > 0$ ist. Die Schwelle γ hängt also von der Amplitude A des ungestörten Empfangssignales $s_E(t)$ zum Abtastzeitpunkt $t = kT$, der Varianz σ^2 der Störungen und der Wahrscheinlichkeit $P\{a(k)=1\} = p$ ab. Um die Schwelle bezüglich der Parameter σ^2 und p nicht adaptiv machen zu müssen, wählt man sie zu $\gamma = +A/2$ und $\gamma = -A/2$. Dies läßt sich auch damit begründen, daß der in (4.1.38) vernachlässigte Term bei großen Signal–zu–Rauschverhältnissen und Wahrscheinlichkeiten im Bereich von $p = 0{,}5$ gegenüber $A/2$ sehr klein wird.

Die Fehlerwahrscheinlichkeit P(F) nach (4.1.36) ist in Bild 4.7 dargestellt. Daran wird deutlich, daß der pseudoternäre Code bei gleichem Signal–zu–Rauschverhältnis auf eine höhere Fehlerwahrscheinlichkeit als die bisher betrachteten Codes führt.

4.1.4 Partial–Response–Codes

Strebt man eine Minimierung der Bandbreite an, so bieten sich die Partial–Response–Codes als Basisbandübertragungsverfahren an. Folgt man dem Konzept der optimalen Störunterdrückung nach Abschnitt 3.2.1, so müßte das Empfangsfilter das an das Sendefilter angepaßte Filter sein. Für die Beträge von Sende– und Empfangsfilter gilt dann mit (3.2.23) für den modifizierten Duobinär–Code nach (3.1.30)

$$|H_E(j\omega)| = c \cdot |H_S(j\omega)| = \sqrt{2c\cdot\sin(\omega T)} \quad . \tag{4.1.39}$$

Eine derartige Aufteilung des Frequenzgangs auf Sende– und Empfangsfilter berücksichtigt die Verzerrungen des Kanals nicht. Deshalb ist nach Abschnitt 3.3 ein Entzerrer auf der Empfangsseite zu implementieren, was zu einem suboptimalen Empfänger führen kann. Die Aufteilung nach (4.1.39) hätte den Nachteil, daß die einfache Struktur der Signalaufbereitung nach Bild 3.9 bzw. Bild 4.1 nicht mehr gegeben ist, da das Teilfilter mit dem Frequenzgang

$$H_B(e^{j\omega T}) = 1 - e^{-j2\omega T} \tag{4.1.40}$$

nun auf Sender und Empfänger aufzuteilen ist. Um dies zu vermeiden, wählt man für das Empfangsfilter einen idealen Tiefpaß

$$H_E'(j\omega) = \begin{cases} 1 & |\omega| \le \omega_1 \\ 0 & |\omega| > \omega_1 \end{cases} , \tag{4.1.41}$$

was mit (3.1.11) und (3.1.12) auf die Impulsantwort

$$h_E'(t) = \frac{1}{T}\,\frac{\sin(\omega_1 t)}{\omega_1 t} \tag{4.1.42}$$

führt. Es ist davon auszugehen, daß dieser Teil des Empfangsfilters zusammen mit dem Entzerrer als realisierbares System implementiert wird.

Legt man die Maximalwerte der Amplitude von $s_E(t)$ auf $\pm A$ fest, so gilt für den modifizierten Duobinär–Code nach (3.1.28)

$$\begin{aligned} h(t) = h_S'(t) * h_E'(t) &= A\cdot\left[\frac{\sin(\omega_1 t)}{\omega_1 t} - \frac{\sin(\omega_1(t-2T))}{\omega_1(t\text{-}2T)}\right] \\ &= A \cdot \frac{\sin(\omega_1 t)}{(1\text{-}t/T)\omega_1 t} \quad . \end{aligned} \tag{4.1.43}$$

Für das Spektrum folgt daraus

$$H(j\omega) = H_S'(j\omega) \cdot H_E'(j\omega) = A\cdot T\,(1 - e^{-j2\omega T}) \cdot H_I(j\omega) \quad , \tag{4.1.44}$$

wobei $H_I(j\omega)$ der Frequenzgang des idealen Tiefpasses nach (4.1.41) bzw. (3.1.11) ist. Da wegen der Rechteckform des Spektrums des idealen Tiefpasses offensichtlich

$$H_I(j\omega) \cdot H_I(j\omega) = H_I(j\omega) \tag{4.1.45}$$

gilt, d.h. die Kettenschaltung zweier idealer Tiefpässe liefert wieder einen idealen Tiefpaß, kann man mit dem Frequenzgang $H'_E(j\omega)$ des Empfangsfilters nach (4.1.41) und (4.1.44) für den Frequenzgang des Sendefilters

$$H'_S(j\omega) = A \cdot T \cdot (1 - e^{-j2\omega T}) \cdot H_I(j\omega) \tag{4.1.46}$$

schreiben. Für die Leistungsdichte des Sendesignalprozesses gilt dann unter Einbeziehung der Vorcodierung mit (4.1.39), (4.1.37) für p = 0,5 und (3.1.30):

$$\begin{aligned} S_{ss}(j\omega) &= S_{cc}(e^{j\omega T}) \cdot |H'_S(j\omega)|^2 \\ &= \frac{1}{T}\,\frac{1}{4}\,A^2\,T^2\,4 \cdot \sin^2(\omega T) = A^2\,T\,\sin^2(\omega T) \quad . \end{aligned} \tag{4.1.47}$$

Diese Leistungsdichte zeigt Bild 4.14 zusammen mit derjenigen für den 4B3T–Code, der im folgenden Abschnitt beschrieben wird.

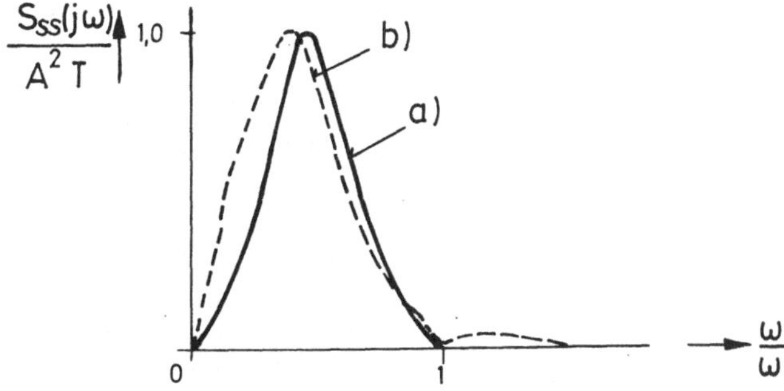

Bild 4.14 Leistungsdichtespektren der Sendesignalprozesse bei a) modifiziertem Duobinär–Code und b) 4B3T–Code

Die Darstellung des Leistungsdichtespektrums des Sendesignalprozesses nach (4.1.47) läßt sich im Einklang mit Bild 4.1 interpretieren, wenn man (4.1.46) als Kettenschaltung des digitalen Filters mit dem Frequenzgang $H_B(\exp(j\omega T))$ und des Formfilters mit dem Frequenzgang $H_S(j\omega)$ identifiziert:

$$H_S'(j\omega) = H_B(e^{j\omega T}) \cdot H_S(j\omega) = A \cdot T \cdot (1 - e^{-j2\omega T}) \cdot H_I(j\omega) \quad . \tag{4.1.48}$$

Zum Schluß soll noch die Fehlerwahrscheinlichkeit P(F) berechnet werden. Dazu folgt mit $a(k) \in \{0, 1\}$ aus (4.1.43), daß das ungestörte Empfangssignal die Abtastwerte $s_E(kT) \in \{+A, 0, -A\}$ annimmt. Für die Varianz der Störung folgt mit dem Parseval–Theorem [Lük 75] und (4.1.41)

$$\sigma^2 = N_W \int_0^{\infty} (h_E'(t))^2 \, dt = N_W \frac{1}{2\pi} \int_{-\infty}^{\infty} |H_E'(j\omega)|^2 \, d\omega$$

$$= N_W \frac{1}{2\pi} \int_{-\omega_1}^{\omega_1} d\omega = N_W \frac{2 \cdot \omega_1}{2\pi} = N_W \frac{1}{T} \tag{4.1.49}$$

derselbe Wert wie für die anderen pseudoternären Codes, den AMI–Code oder den HDB_n–Code. Da die maximalen Amplitudenwerte von $s_E(kT)$ ebenfalls übereinstimmen, erhält man dieselbe Fehlerwahrscheinlichkeit P(F) wie in (4.1.36) bzw. Bild 4.7. Sie ist damit wie bei allen pseudoternären Codes größer als beim Doppelstromimpuls– oder dem Coded–Diphase–Code.

4.1.5 kBnT–Codes

Neben den Partial–Response–Codes gibt es noch eine weitere Methode, die Bandbreite niedrig zu halten. Dazu reduziert man die Schrittgeschwindigkeit und erhöht die Anzahl der Amplitudenstufen. Beim kBnT–Code werden je k Binärzeichen in n Zeichen eines L–stufigen Codes umgewandelt, wobei stets

$$2^k \leq L^n \tag{4.1.50}$$

gilt. Gegenüber dem binären Datenstrom reduziert sich die Taktrate um den Faktor n/k. Weil durch den L–stufigen Code i.a. mehr Zeichen als durch den binären Datenblock dargestellt werden können, besitzt der Code Redundanz, die wie bei (4.1.33) durch

$$q = \frac{ld(2^k)}{ld(L^n)} = \frac{k}{ld(L^n)} \tag{4.1.51}$$

definiert werden soll. Die Redundanz läßt sich zum einen dazu ausnutzen, daß man nur Datenblöcke verwendet, bei denen möglichst wenige gleichartige Amplitudenstufen aufeinanderfolgenden, um die Taktsynchronisation zu erleichtern; zum anderen lassen sich damit fehlerhaft übertragene Datenblöcke erkennen. Um die Störeinflüsse nicht zu groß werden zu lassen, beschränkt man sich i.a. auf L = 3 Amplitudenstufen. Ordnet man n nach (4.1.50) den maximalen Wert von k zu, so erhält man die in Tabelle 4.2 gezeigten Verhältnisse [Lee 88].

Tabelle 4.2 Eigenschaften einiger kBnT–Blockcodes

n	k	Code	q
1	1	1B1T	63 %
2	3	3B2T	95 %
3	4	4B3T	84 %
4	6	6B4T	95 %
5	7	7B5T	89 %

Zu den 1B1T–Codes zählt der AMI–Code, der die größte Redundanz in Tabelle 4.2 aufweist. Offensichtlich wird die Effektivität q größer mit wachsender Blocklänge. Durch Abnahme der Redundanz sinkt aber auch die Möglichkeit, das Signalspektrum zu beeinflussen und Fehler zu erkennen. Deswegen wählt man beim ISDN–Basisanschluß einen Kompromiß in Form eines 4B3T–Codes, der als MMS43–Code [Kah 85] bezeichnet wird, wobei die Abkürzung für *modify monitor sum* steht. Bei einer Datenrate von 144 kb/s reduziert sich die Schrittgeschwindigkeit hier auf 144·3/4 kBd = 108 kBd, das zugehörige Spektrum zeigt Bild 4.13. Der Bandbreitenbedarf ist dem des modifizierten Duobinär–Codes vergleichbar, nachteilig ist allerdings die höhere Leistungskonzentration bei $\omega = 0$ [Kah 85].

Die Auswahl der Codewörter erfolgt im Sinne einer guten Taktrückgewinnung so, daß möglichst wenig gleichartige Amplitudenwerte aufeinander folgen. Ein Maß dafür ist die Summe

$$\mathrm{RDS}(k) = \sum_{n=-\infty}^{k} b(n) \quad , \tag{4.1.52}$$

die man im Englischen als *running digital sum* [Lee 88] bezeichnet, wobei die b(n) die codierten L–stufigen Amplitudenwerte sind. Je kleiner diese Summe unabhänging vom Zeitpunkt k ist, desto günstigere Eigenschaften besitzt der Code. Um dies zu erreichen, werden in Abhängigkeit von RDS(k) verschiedene Moden ausgewählt. Im einfachsten Fall unterscheidet man zwei Moden, M1 und M2, nach Tabelle 4.3. Den ersten sechs

Binärblöcken mit den Elementen "0" und "1" werden Ternärblöcke mit den Elementen "+", "0" und "–" und mit der Amplitudensumme s = 0 zugeordnet. In diesem Fall ist es gleichgültig, ob man den nächsten Binärblock nach M1 oder M2 codiert, so daß es nur einen Mode gibt und für den folgenden Mode M_f die Angabe M1 und M2 erfolgt. Anders ist es bei den übrigen Binärblöcken, bei denen die Summe s des Ternärblockes zwischen –3 und +3 liegt, so daß man in Abhängigkeit davon als nächsten Ternärblock denjenigen wählt, der die Summe RDS(k) verkleinert.
Die Ternärkombination "000" wird nicht verwendet, weil sie zu Problemen bei der Taktrückgewinnung führen würde.

Tabelle 4.3 4B3T–Code mit zwei Moden

Binär	M1	s	M_f	M2	s	M_f
0000	+ 0 –	0	M1/M2			
0001	– + 0	0	M1/M2			
0010	0 – +	0	M1/M2			
0011	+ – 0	0	M1/M2			
1110	0 + –	0	M1/M2			
1111	– 0 +	0	M1/M2			
0100	+ + 0	2	M2	– – 0	–2	M1
0101	0 + +	2	M2	0 – –	–2	M1
0110	+ 0 +	2	M2	– 0 –	–2	M1
0111	+ + +	3	M2	– – –	–3	M1
1000	+ + –	1	M2	– – +	–1	M1
1001	– + +	1	M2	+ – –	–1	M1
1010	+ – +	1	M2	– + –	–1	M1
1011	+ 0 0	1	M2	– 0 0	–1	M1
1100	0 + 0	1	M2	0 – 0	–1	M1
1101	0 0 +	1	M2	0 0 –	–1	M1

Die Blocksumme s ist im Mode M1 bei den übrigen zehn Codewörtern positiv, so daß als Folgemode M2 gewählt wird, bei dem die Blocksumme negativ ist, so daß auf ihn der Mode M1 folgt. Dadurch wird RDS(k) minimiert und liegt nach jedem Block im Bereich $-3 \leq RDS(k) \leq +3$. Innerhalb eines Blocks kann sich der Bereich allerdings auf maximal $-4 \leq RDS(k) \leq +4$ ausweiten.

Beim MMS43–Code werden die vier Moden verwendet, die Tabelle 4.4 zeigt. Bei den ersten sechs binären Blöcken entstehen Codewörter mit der Summe s = 0, so daß ein beliebiger Mode als Folgemode gewählt werden kann. Bei den übrigen zehn Blöcken besitzt der Mode M1 eine positive Summe s, so daß der Folgemode M2, M3 oder M4 ist, die jeweils eine kleinere positive bzw. negative Summe s aufweisen. Die Moden M2 und M3 besitzen eine Summe von s = +1 oder s = –1, der Mode M4 eine negative Summe s. Im Sinne eines minimalen Wertes von RDS(k) wird daraus die Aufeinanderfolge der Moden verständlich.

Tabelle 4.4 Moden beim MMS43–Code als Beispiel für einen 4B3T–Code

Bin.	M1	s	M_f	M2	s	M_f	M3	s	M_f	M4	s	M_f
0001	0 – +	0	M1/M2/M3/M4									
0010	+ – 0	0	M1/M2/M3/M4									
0100	– + 0	0	M1/M2/M3/M4									
0111	– 0 +	0	M1/M2/M3/M4									
1011	+ 0 –	0	M1/M2/M3/M4									
1110	0 + –	0	M1/M2/M3/M4									
0000	+ 0 +	2	M3	0 – 0	–1	M1	0 – 0	–1	M2	0 – 0	–1	M3
0011	0 0 +	1	M2	0 0 +	+1	M3	0 0 +	+1	M4	– – 0	–2	M2
0101	0 + +	2	M4	– 0 0	–1	M1	– 0 0	–1	M2	– 0 0	–1	M3
1000	+ 0 0	1	M2	+ 0 0	+1	M3	+ 0 0	+1	M4	0 – –	–2	M2
1001	+ – +	1	M2	+ – +	+1	M3	+ – +	+1	M4	– – –	–3	M1
1010	+ + –	1	M2	+ + –	+1	M3	+ – –	–1	M2	+ – –	–1	M3
1100	+ + +	3	M4	– + –	–1	M1	– + –	–1	M2	– + –	–1	M3
1101	0 + 0	1	M2	0 + 0	+1	M3	0 + 0	+1	M4	– 0 –	–1	M2
1111	+ + 0	2	M3	0 0 –	–1	M1	0 0 –	–1	M2	0 0 –	–1	M3

Im Datenstrom der Ternärzeichen können bis zu fünf "+" – und "–" Werte aufeinanderfolgen, was für die Taktrückgewinnung, adaptive Entzerrung und Echokompensation nicht günstig ist und zu einem relativ hohen Leistungsanteil im Bereich von $\omega = 0$ führt, worauf bereits bei Bild 4.14 hingewiesen wurde.

Die kBnT–Codes weisen keine Fehlerfortplanzung auf, da sie blockweise decodiert werden, indem den Ternärblöcken nach einer Codetabelle Binärblöcke zugewiesen werden.

4.2 Verwürfler

Bei einigen Codes zur Basisbandübertragung – z.B. dem Doppelstromimpuls–Code, aber auch dem AMI–Code oder dem Partial–Response–Code bei längeren Nullfolgen des Datensignals – wurde auf die Schwierigkeit verwiesen, den Takt im Empfänger aus dem Empfangssignal zu gewinnen. Ein Verwürfler oder englisch *scrambler* schafft hier Abhilfe. Man unterscheidet dabei zwei Typen, den *selbstsynchronisierenden* und den *blocksynchronisierten* Verwürfler. Beide verwenden eine Pseudozufallsfolge zur Transformation des Datensignals, um unabhängig vom Quellensignal häufigere Nulldurchgänge zu erzwingen. Dazu wird im Gegensatz z.B. zu den kBnT–Codes keine Redundanz benötigt.

Pseudozufallsfolgen lassen sich auch für kryptographische Zwecke verwenden, was hier aber nicht näher betrachtet werden soll.

4.2.1 Pseudozufallsfolgen

Zur Erzeugung von Pseudozufallsfolgen, die bei der Datenübertragung zur Taktsynchronisation und zur Verschlüsselung eingesetzt werden, verwendet man rückgekoppelte Schieberegister von der in Bild 4.15 gezeigten Art.

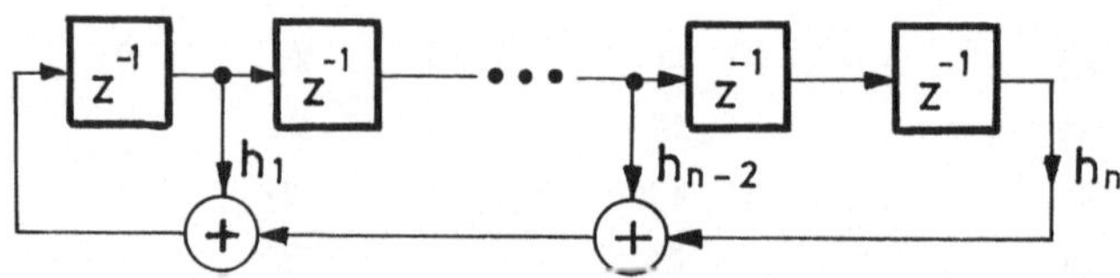

Bild 4.15 Struktur eines rückgekoppelten Schieberegisters zur Erzeugung von Pseudozufallsfolgen

Mindestens zwei Ausgänge des Schieberegisters werden über Modulo–2–Addierer rückgekoppelt. Da man in einem n–stelligen Schieberegister

$$M = 2^n \tag{4.2.1}$$

Binärzahlen darstellen kann, ist das Ausgangssignal des Schieberegisters periodisch, da spätestens nach

$$N = 2^n - 1 \tag{4.2.2}$$

Takten die anfängliche Binärkombination wieder im Register steht. Die Periode ist N und nicht M, weil die Kombination "0...0" nicht zulässig ist, da sie sich selbst reproduziert, bzw. die Periode hier N = 1 beträgt. Man ist bestrebt, die Periode möglichst groß, eben gleich N zu machen, indem man geeignete Rückkopplungspunkte auswählt. Die so gewonnene Folge wird im Englischen als *maximal–length shiftregister sequence* und im Deutschen als *m–Sequenz* bezeichnet. Um diese zu finden, bedient man sich der mathematischen Theorie der Galois Felder, wobei man hier vom Galois–Feld GF(2) spricht, da man nur die beiden Elemente "0" und "1" unterscheidet, die durch die mit $\oplus$ symbolisierte Modulo–2–Addition miteinander verknüpft werden. Damit gilt für den Eingang des Schieberegisters

$$x(k) = h_1 \cdot x(k-1) \oplus h_2 \cdot x(k-2) \oplus \cdots \oplus h_n \cdot x(k-n) \quad , \tag{4.2.3}$$

wobei die Gewichte h_i die Werte 0 und 1 annehmen können, je nachdem, ob die entsprechende Rückkopplung verwendet wird oder nicht. Zur Initialisierung der Folge wird ein Startwert in das Schieberegister gelesen. Die von diesem Startwert abhängenden, vom System erzeugten Folgen unterscheiden sich wegen der Periodizität nur durch eine Verschiebungszeit, so daß es gleichgültig ist, mit welchem Startwert man beginnt, wobei der Startwert "0...0" ausgeschlossen ist. Die Wirkungsweise des Pseudozufallsgenerators nach (4.2.3) läßt sich durch ein sogenanntes *Generatorpolynom*

$$h_0 \oplus h_1 \cdot z^{-1} \oplus h_2 \cdot z^{-2} \oplus \cdots \oplus h_n \cdot z^{-n} \tag{4.2.4}$$

beschreiben. Damit Folgen der maximalen Länge N entstehen, müssen diese Polynome *irreduzibel* in GF(2) sein, d.h. sie lassen sich nur durch 1 und sich selbst teilen. Ferner ist es *primitiv*, da es kein Teiler des Polynoms

$$1 \oplus z^{-m} \quad , \quad m < N = 2^n - 1 \tag{4.2.5}$$

ist [Pet 72]. In Tabelle 4.5 sind für die primitiven Polynome der Ordnung 15 bis 34 die Indizes i der nicht verschwindenden Koeffizienten h_i aufgeführt. Es gibt noch weitere primitive Polynome derselben Ordnung, die Tabelle enthält jeweils das Polynom mit der geringsten Anzahl nicht verschwindender Koeffizienten. Gleiche Eigenschaften findet man bei den Spiegelpolynomen, bei denen die Koeffizienten h_i durch h_{n-i} ersetzt werden.

Die N Werte einer Periode der Zahlenfolge setzen sich aus M/2 Werten "1" und M/2–1 Werten "0" zusammen, da die Folge "0...0" im Schieberegister nicht auftreten darf, weil sie sich selbst regeneriert. Für die Häufigkeitsverteilung gilt damit:

$$f_x(x) = \frac{M/2-1}{N} \delta_0(x) + \frac{M/2}{N} \delta_0(x-1) \quad . \tag{4.2.6}$$

Tabelle 4.5 Ordnung n der Generatorpolynome und Indizes i der Rückkopplungen

Ordnung n	Index i					
15	0	1	15			
16	0	1	3	12	15	16
17	0	3	17			
18	0	7	18			
19	0	1	2	5	19	
20	0	3	20			
21	0	2	21			
22	0	1	22			
23	0	5	23			
24	0	1	2	7	24	
25	0	3	25			
26	0	1	2	6	26	
27	0	1	2	5	27	
28	0	2	28			
29	0	1	2	29		
30	0	1	2	23	30	
31	0	3	31			
32	0	1	2	22	32	
33	0	13	33			
34	0	1	2	27	34	

Um angenähert Mittelwertfreiheit zu erhalten, transformiert man die Folge mit

$$y(k) = 2 \cdot x(k) - 1 \quad , \tag{4.2.7}$$

so daß man die Häufigkeitsverteilung

$$f_y(y) = \frac{M/2-1}{N}\,\delta_0(y+1) + \frac{M/2}{N}\,\delta_0(y-1) \tag{4.2.8}$$

erhält, die für große n und damit M und N der Dichtefunktion eines mittelwertfreien binären Zufallsprozesses recht nahe kommt.

Für die Korrelationsfunktion der in N periodischen Pseudozufallsfolge erhält man mit der Definition

$$\hat{s}_{yy}(\kappa) = \frac{1}{N} \sum_{k=0}^{N-1} y(k)\, y(k+\kappa) \tag{4.2.9}$$

für das Grundintervall der in N periodischen Funktion [Gol 67]

$$\hat{s}_{yy}(\kappa) = \begin{cases} 1 & \kappa = 0 \\ -\frac{1}{N} & 1 \leq \kappa < N \end{cases}, \tag{4.2.10}$$

die im Bild 4.16 dargestellt ist.

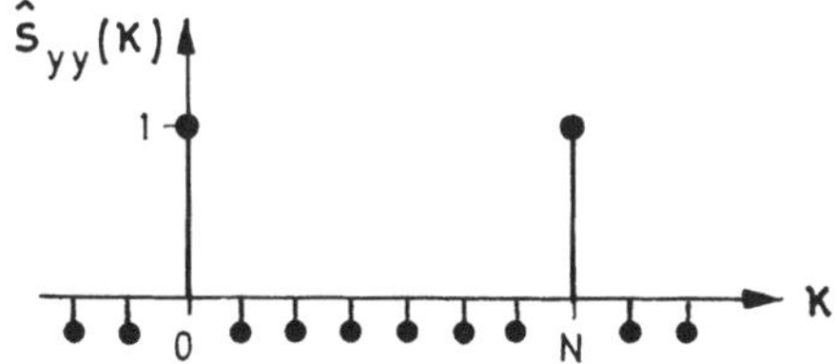

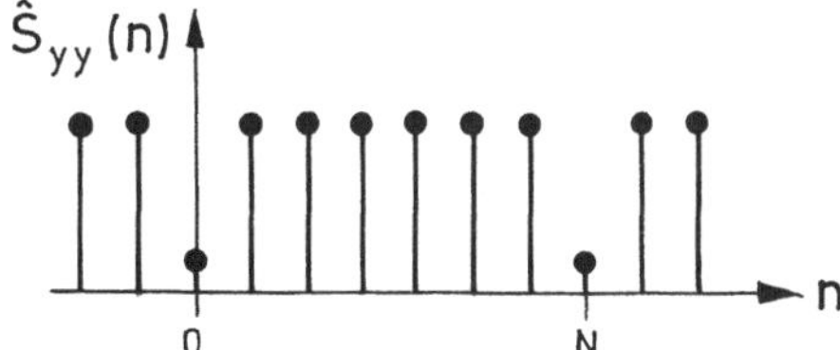

Bild 4.16 Korrelationsfunktion und Spektrum des Pseudozufallsprozesses

Für großes n und damit N stimmt diese Korrelationsfunktion in der Umgebung von $\kappa = 0$ mit der eines weißen Prozesses überein, weshalb man hier auch von einem Pseudozufallsprozeß spricht. Die Eigenschaften der Folge im Spektralbereich sollen an Hand des Periodogramms [Kam 89], eines Schätzwerts für das Leistungsdichtespektrum,

$$\frac{1}{N} Y^*(n)\, Y(n) = \hat{S}_{yy}(n) \tag{4.2.11}$$

betrachtet werden, wobei

$$Y(n) = \sum_{k=0}^{N-1} y(k)\, e^{-j2\pi kn/N} \tag{4.2.12}$$

die diskrete Fourier–Transformente oder DFT [Kam 89] der periodischen Folge y(k) ist. Aus (4.2.11) und (4.2.12) folgt mit reellem y(k)

$$\frac{1}{N} Y^*(n)\, Y(n) = \frac{1}{N} \left[\sum_{k=0}^{N-1} y(k)\, e^{-j2\pi kn/N} \right]^* \sum_{m=0}^{N-1} y(m)\, e^{-j2\pi mn/N}$$

$$= \frac{1}{N} \sum_{k=0}^{N-1} y(k)\, e^{j2\pi kn/N} \sum_{\kappa=-k}^{N-1-k} y(k+\kappa)\, e^{-j2\pi(k+\kappa)n/N}$$

$$= \sum_{\kappa=-k}^{N-1-k} \hat{s}_{yy}(\kappa)\, e^{-j2\pi\kappa n/N} = \sum_{\kappa=0}^{N-1} \hat{s}_{yy}(\kappa)\, e^{-j2\pi\kappa n/N} , \qquad (4.2.13)$$

wobei die Definition (4.2.9) der in N periodischen Korrelationsfunktion verwendet wurde. Setzt man hierin (4.2.10) ein, erhält man

$$\hat{S}_{yy}(n) = \sum_{\kappa=0}^{N-1} \hat{s}_{yy}(\kappa)\, e^{-j2\pi\kappa n/N}$$

$$= 1 - \frac{1}{N} \sum_{\kappa=1}^{N-1} e^{-j2\pi\kappa n/N} = 1 - \frac{1}{N} \sum_{\kappa=0}^{N-1} e^{-j2\pi\kappa n/N} + \frac{1}{N}$$

$$= 1 - \delta_0(n) + \frac{1}{N} = \begin{cases} \frac{1}{N} & n = 0 \\ 1 + \frac{1}{N} & 1 \le n < N \end{cases} \qquad (4.2.14)$$

die Leistungsdichte eines weißen Prozesses, dessen Mittelwert 1/N mit wachsender Länge n des Schieberegisters bzw. N der Periode des Prozesses immer kleiner wird; Bild 4.16 zeigt diese Leistungsdichte.

4.2.2 Selbstsynchronisierende Verwürfler

Beim selbstsynchronisierenden Verwürfler wird das Quellensignal a(k) über eine Modulo–2–Addition in ein Schieberegister zur Erzeugung einer m–Sequenz nach Bild 4.17 eingespeist. Die dabei verwendeten Rückkopplungen führen auf das Spiegelpolynom, wie man den in Tabelle 4.5 für n = 23 angegebenen Polynomkoeffizienten entnehmen kann, und finden im Modem mit der CCITT–Norm V.26ter Verwendung. Für die codierte Sendefolge gilt:

$$c(k) = a(k) \oplus [c(k-18) \oplus (c(k-23)] \quad . \qquad (4.2.15)$$

Im Empfänger befindet sich ein identisch aufgebauter Entwürfler, der an seinem Ausgang wieder die Sendefolge liefert:

$$a'(k) = c(k) \oplus [c(k-18) \oplus c(k-23)]$$

$$= a(k) \oplus [c(k-18) \oplus c(k-23)] \oplus [c(k-18) \oplus c(k-23)]$$

$$= a(k) \quad , \tag{4.2.16}$$

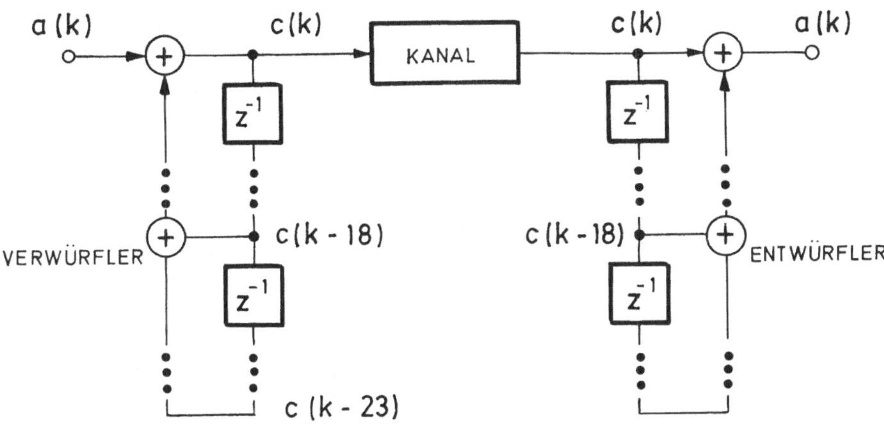

Bild 4.17 Verwürfler und Entwürfler zur Vermeidung langer "0"– bzw. "1"–Folgen

wenn man (4.2.15) einsetzt und die Beziehung

$$[c(k-18) \oplus c(k-23)] \oplus [c(k-18) \oplus c(k-23)] = 0 \tag{4.2.17}$$

beachtet. Diese Eigenschaft, auf der auch die Selbstsynchronisation beruht, macht verständlich, daß die Funktion des Verwürflers, lange Folgen gleicher Symbole zu vermeiden, versagt, wenn man als Sendedaten a(k) eine bestimmte, vom aktuellen Speicherinhalt des Generators abhängige Folge einspeist: das Ausgangssignal wird dann durch eine Nullfolge gebildet. Man nimmt aber an, daß es sehr unwahrscheinlich ist, daß die Quelle genau diese Folge liefert, was umso eher zutrifft, je größer die Periode N der m–Sequenz ist.

Ein gewichtigeres Problem stellt die Fehlerfortpflanzung dar. Der Kompensationsmechanismus nach (4.2.17) versagt, wenn ein Binärzeichen auf dem Übertragungsweg verfälscht wird. Dieser eine Fehler ruft an jedem Modulo–2–Addierer einen Folgefehler hervor, so daß man auch aus diesem Grund die Zahl der Rückkopplungen möglichst niedrig hält.

Schließlich ist es problematisch, periodische Eingangsfolgen zu verwürfeln, da dann auch die Ausgangsfolge periodisch werden kann [Lee 88]. Die Periode der Eingangsfolge kann mit der der Ausgangsfolge übereinstimmen. Dadurch wird der "weiße" Charakter des Sendespektrums gestört und somit das Ziel der Verwürflung verfehlt.

4.2.3 Blocksynchronisierte Verwürfler

Beim blocksynchronisierten Verwürfler wird zu den Sendedaten a(k) im Sender und Empfänger zeitsynchron dieselbe m–Sequenz modulo–2–addiert, wie es Bild 4.18 zeigt.

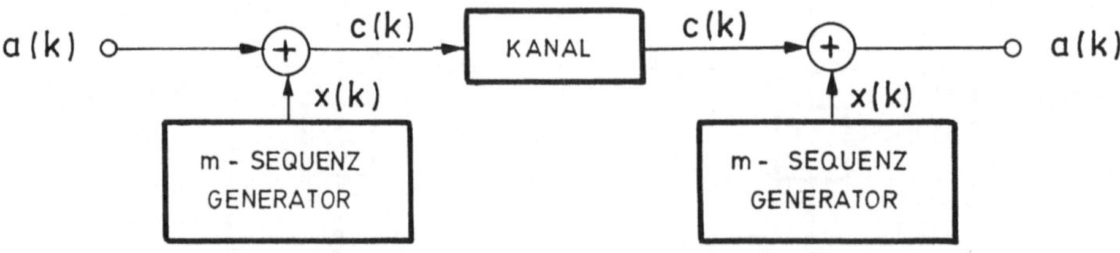

Bild 4.18 Verwürflung und Entwürflung beim blocksynchronisierten Verwürfler

Für die verwürfelte Folge b(k) gilt

$$c(k) = a(k) \oplus x(k) \quad , \tag{4.2.18}$$

wobei x(k) die Werte der m–Sequenz sind. Für die entwürfelten Daten gilt

$$a'(k) = c(k) \oplus x(k) = a(k) \oplus x(k) \oplus x(k) = a(k) \quad , \tag{4.2.19}$$

d.h. der Mechanismus des Entwürfelns entspricht dem des selbstsynchronisierenden Verwürflers nach (4.2.16). Der Unterschied besteht darin, daß hier keine Folgefehler auftreten, da die Modulo–2–Addition immer mit den unverfälschten Werten x(k) auf der Sende– und Empfangsseite erfolgt. Anders als beim selbstsynchronisierenden Verwürfler benötigt man hier aber die Kenntnisse vom Beginn eines Blocks, zu dem die Folge x(k) addiert wird. Bei Fehlsynchronisation würde in Abhängigkeit von den Sendedaten und der m–Sequenz eine mehr oder weniger große Zahl von Fehlern auftreten. Je länger die Periode N der m–Sequenz ist, desto unwahrscheinlicher ist aber eine Fehlsynchronisation.

Die Verwürflung versagt vollständig, wenn das zu verwürfelnde Signal a(k) mit derjenigen m–Sequenz übereinstimmt, die zu a(k) modulo–2–addiert wird. Hier ergäbe sich für c(k) die Nullfolge. Bei großem Wert von N ist dieser Fall aber sehr unwahrscheinlich.

Auch beim blocksynchronisierten Verwürfler sind periodische Eingangssignale problematisch. Wenn die Periode der Eingangsfolge N_1 ist, so ist die Periode der Ausgangsfolge gleich dem kleinsten gemeinsamen Vielfachen von N_1 und der Periode N der m–Sequenz. Folglich wählt man N am geeignetsten als Primzahl, weil dann die Periode der Ausgangsfolge zu $N_1 \cdot N$ wird. Wenn N_1 gleich N oder einem Vielfachen davon wird, kann die Ausgangsfolge eine Periode kleiner als N besitzen [Lee 88], was dann dieselben Folgen wie beim selbstsynchronisierenden Verwürfler bei Perioden $N_1 < N$ der Eingangsfolgen hat. Wenn N hinreichend groß ist, wird dieser Fall allerdings sehr unwahrscheinlich.

5 Digitale Modulationsverfahren

Bei der Datenübertragung verfügt man auf Grund der physikalischen Eigenschaften des Übertragungsmediums oder wegen der Mehrfachausnutzung des Mediums für mehrere Teilnehmer oft nur über einen Kanal beschränkter Bandbreite. Ein Beispiel ist der Mobilfunk, bei dem durch *Frequenzmultiplex* den Teilnehmern Bandpaßkanäle beschränkter Bandbreite zugeteilt werden. In diesem Fall verwendet man digitale Modulationsverfahren mit sinusförmigem Träger, um das im Basisband aufbereitete Datensignal im vorgegebenen Band übertragen zu können. Zu den digitalen Modulationsverfahren zählt man auch solche, die einen Pulsträger verwenden, sowie die Delta– und Differenz–Pulscodemodulation [Höl 82], die hier aber nicht behandelt werden sollen.

Wie bei den analogen Modulationsverfahren unterscheidet man bei den digitalen *Amplituden–*, *Phasen–* und *Frequenzmodulation*. Da das modulierende Signal im Basisband nach Abschnitt 4.1

$$s(t) = \sum_{k=-\infty}^{\infty} b(k)\, h_S(t-kT) \quad ; \quad b(k) \in \{b_1, \dots, b_N\} \tag{5.1}$$

in den Schritten der Dauer T durch die diskreten Amplitudenstufen $b(k) = b_i$ gekennzeichnet ist, wobei die b(k) durch Codierung aus den binären Werten $a(k) \in \{0, 1\}$ gewonnen werden, spricht man hier auch von *Tastung*. Damit soll zum Ausdruck gebracht werden, daß das modulierte Signal eine feste Anzahl diskreter Amplitudenstufen, diskreter Phasenwerte oder diskreter Frequenzwerte aufweist. Die Amplitudenumtastung wird mit dem englischen Ausdruck *amplitude shift keying* oder *ASK* bezeichnet, die Phasenumtastung mit *phase shift keying* oder *PSK* und die Frequenzumtastung mit *frequency shift keying* oder *FSK*. Für das mit dem Träger der Frequenz ω_c modulierte Signal gilt

$$z(t) = \mathrm{Re}\{A \cdot m(t) \cdot \exp(j\omega_c t)\} \quad , \tag{5.2}$$

wobei m(t) als modulierendes Signal eine Funktion des Basisbandsignals s(t) nach (5.1) ist. Bei ASK erhält man mit dem Amplitudenhub m_A

$$m(t) = m_A \cdot s(t) \quad , \tag{5.3}$$

bei PSK mit dem Phasenhub m_P

$$m(t) = \exp\{j\, m_P \cdot s(t)\} \tag{5.4}$$

und bei FSK mit dem Frequenzhub m_F und dem Nullphasenwinkel θ_0

$$m(t) = \exp\left\{j(m_F \int_{kT}^{t} s(\tau)\, d\tau + \theta_0)\right\} \quad ; \quad kT \le t \le (k+1)T \quad . \tag{5.5}$$

Man bezeichnet das in (5.2) definierte komplexe Signal

$$x(t) = m(t) \cdot \exp(j\omega_c t) \tag{5.6}$$

als *analytisches* Signal, dessen Spektrum $X(j\omega)$ nach Bild 5.1 gegenüber dem Tiefpaßspektrum $M(j\omega)$ von m(t) um die Frequenz ω_c verschoben ist und, weil ω_c größer als die maximale in $M(j\omega)$ auftretende Frequenzkomponente gewählt wird, nur für $\omega > 0$ nicht verschwindende Komponenten aufweist:

$$X(j\omega) = M(j(\omega - \omega_c)) \quad . \tag{5.7}$$

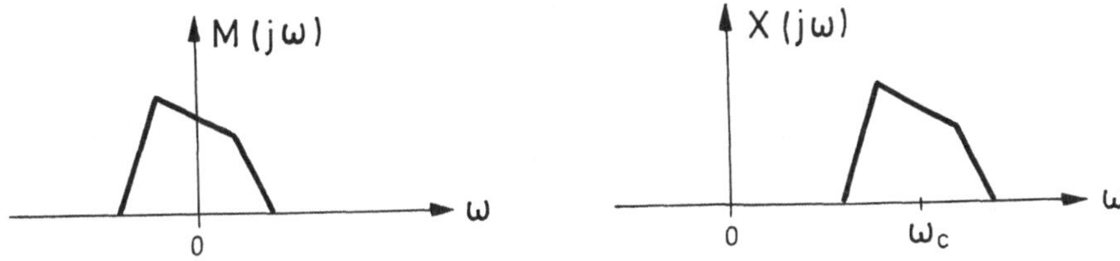

Bild 5.1 Tiefpaßspektrum $M(j\omega)$ und Spektrum $X(j\omega)$ des zugehörigen analytischen Signals

Das Spektrum $Z(j\omega)$ des modulierten reellen Bandpaßsignals z(t) nach (5.2) ist der gerade Anteil [Kam 89] des analytischen Spektrums, so daß man mit (5.7)

$$Z(j\omega) = \frac{1}{2}\,[X(j\omega) + X^*(-j\omega)] = \frac{1}{2}\,[M(j(\omega - \omega_c)) + M^*(-j(\omega + \omega_c))]$$

$$= \frac{1}{2}\,[M(j(\omega - \omega_c)) + M(j(\omega + \omega_c))] \tag{5.8}$$

erhält, was in Bild 5.2 dargestellt ist.

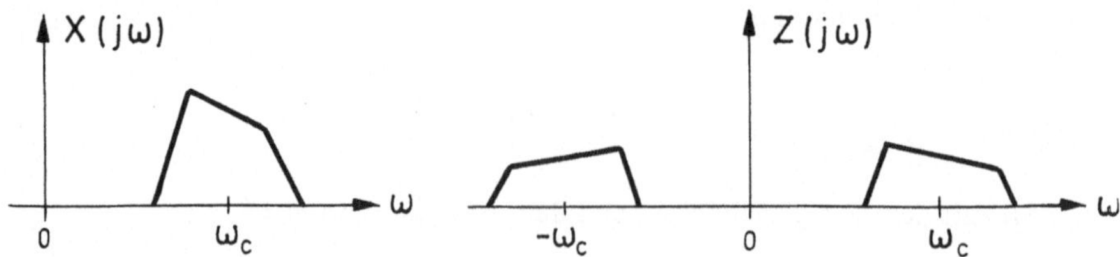

Bild 5.2 Spektrum des analytischen und des zugehörigen modulierten Signals

Aus diesen Betrachtungen wird deutlich, daß im Spektrum des analytischen Signals die volle Information des Bandpaßsignals enthalten ist, so daß es zu dessen Beschreibung ausreicht.

Bei der Beurteilung der Modulationsverfahren spielen die Kriterien

- *Bandbreitebedarf*
- *Resistenz gegen Störungen*
- *Realisierungsaufwand*

eine Rolle. Diese Kriterien sollen für die drei Modulationsverfahren ASK, PSK und FSK bei binärem Sendesignal s(t) mit $b(k) \in \{+1, -1\}$ und rechteckförmigen Impuls $h_S(t)$ der Amplitude A und der Dauer T, d.h. einem Basisbandsignal mit Doppelstromimpuls–Codierung, näher betrachtet werden. In Bild 5.3 sind das Basisbandsignal und die modulierten Signale dargestellt.

In Abhängigkeit vom gesendeten Binärzeichen kann man bei ASK folgende modulierten Signale nach (5.2) bzw. (5.3) mit $m_A = 1/A$ unterscheiden

$$z(t) = \pm A \cdot \cos(\omega_c t) \quad , \quad kT \leq t \leq (k+1)T \quad . \tag{5.9}$$

Eine besonders einfache Form des ASK–Signals erhält man, wenn man anstelle des Basisbandsignals mit Doppelstromimpuls–Code ein solches mit Einfachstromimpuls–Code verwendet. Dann wird die Trägerschwingung bei Übertragung einer binären "1" ein–

und bei einer binären "0" ausgeschaltet. Man spricht in diesem Fall von hart getasteter Amplitudenmodulation oder *on–off keying* bzw. *OOK* [Kro 86].

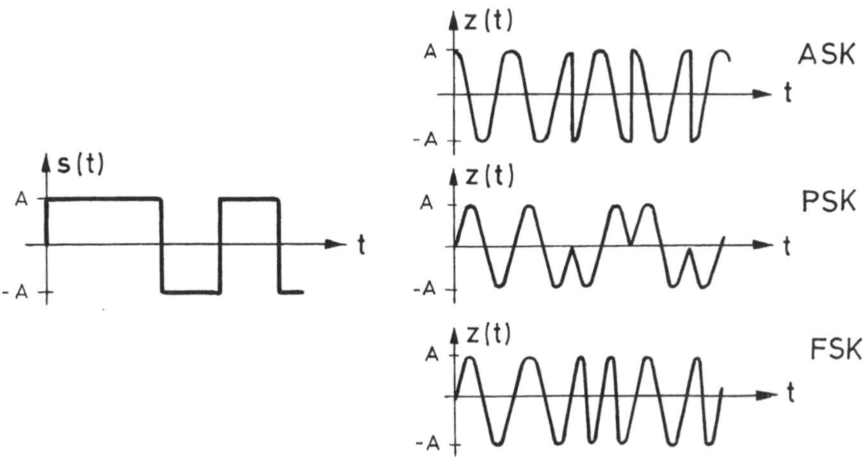

Bild 5.3 Digitale Modulationsverfahren für ein binäres Datensignal

Wählt man $m_P = \pi/(2A)$, so folgt für die beiden modulierten Signale bei PSK

$$z(t) = \mathrm{Re}\left\{ A \cdot \exp(j(\omega_c t \pm \frac{\pi A}{2A})) \right\} = A \cdot \cos(\omega_c t \pm \pi/2)$$

$$= \pm A \cdot \sin(\omega_c t) \quad , \quad kT \le t \le (k+1)T \quad . \tag{5.10}$$

Mit dem Modulationsparameter $m_F = \omega_d/A$ und der Phase $\theta_0 = \pi/2$ erhält man bei binärer FSK

$$z(t) = \mathrm{Re}\{A \cdot \exp\,(j(\omega_c t + \frac{\omega_d}{A} \cdot (\pm A)\, t + \frac{\pi}{2}))\} = A \cdot \cos((\omega_c \pm \omega_d)\, t \pm \pi/2)$$

$$= A \cdot \sin((\omega_c \pm \omega_d)t) \quad , \quad kT \le t \le (k+1)T \quad . \tag{5.11}$$

In Bild 5.3 wurden die Parameter so gewählt, daß beim Übergang des modulierten Signals von einem zum anderen Binärwert an den Taktgrenzen im Gegensatz zu den Beispielen für ASK und PSK kein Phasensprung auftritt. Man nennt dieses Modulationsverfahren deshalb auch *continuous–phase* FSK oder *CPFSK*. Man erreicht dadurch, daß die erforderliche Übertragungsbandbreite reduziert wird.

Um die drei Modulationsverfahren in einer einheitlichen Form darzustellen, die insbesondere eine einfache Berechnung der Bitfehlerwahrscheinlichkeit erlaubt, verwendet man sogenannte *Signalvektordiagramme* [Kro 86]. Dazu stellt man die modulierten Signale z(t) mit Hilfe einer *orthonormalen Basis* $\varphi_i(t)$ mit der Eigenschaft

$$\int_{kT}^{(k+1)T} \varphi_i(t)\,\varphi_j(t)\,dt = \begin{cases} 1 & i = j \\ 0 & i \neq j \end{cases} \tag{5.12}$$

dar. Für ASK benötigt man nur eine Basisfunktion

$$\varphi_1(t) = \sqrt{\frac{2}{T}}\,\cos(\omega_c t) \quad , \quad kT \leq t \leq (k+1)T \quad , \tag{5.13}$$

ebenso für PSK

$$\varphi_1(t) = \sqrt{\frac{2}{T}}\,\sin(\omega_c t) \quad , \quad kT \leq t \leq (k+1)T \quad , \tag{5.14}$$

während man für FSK zwei Basisfunktionen benötigt

$$\varphi_1(t) = \sqrt{\frac{2}{T}}\,\sin((\omega_c - \omega_d)t) \quad ; \quad kT \leq t \leq (k+1)T \tag{5.15a}$$

$$\varphi_2(t) = \sqrt{\frac{2}{T}}\,\sin((\omega_c + \omega_d)t) \quad ; \quad kT \leq t \leq (k+1)T \quad , \tag{5.15b}$$

wobei die zweite Basisfunktion unter der Voraussetzung bestimmt wurde, daß wie im Bild 5.3 $2\cdot(\omega_c - \omega_d) = \omega_c + \omega_d$ gilt. Im allgemeinen Fall läßt sich diese Basisfunktion nach dem Gram–Schmidt–Verfahren [Kro 86] berechnen.

Die Vektorkomponenten z_i des Signalvektordiagramms erhält man nach der Vorschrift

$$z_i = \int_0^T z(t)\cdot\varphi_i(t)\,dt = \pm A\sqrt{\frac{T}{2}} = \pm\sqrt{E_z} \quad , \tag{5.16}$$

was auf die in Bild 5.4 gezeigten Diagramme führt, in dem die Signalenergie

$$E_z = \int_0^T z^2(t)\,dt = \frac{A^2 T}{2} \quad , \tag{5.17}$$

des modulierten Signals verwendet wird. Man erkennt daran insbesondere, daß sich das ASK– und das PSK–Signal nicht voneinander unterscheiden, obwohl sie durch andere Basisfunktionen, die allerdings nur um den Winkel $\pi/2$ gegeneinander verschoben sind, dargestellt werden.

Mit Hilfe dieser Signalvektordiagramme läßt sich auf einfache Weise die Bitfehlerwahrscheinlichkeit P(F) berechnen. Dazu sei angenommen, daß sich den Signalen z(t) ein

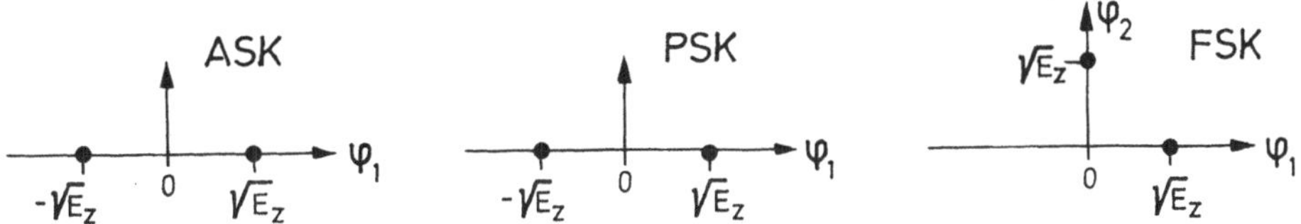

Bild 5.4 Signalvektordiagramme für binäre ASK, PSK und FSK

mittelwertfreier weißer Prozeß mit Gaußdichte der Varianz

$$\sigma_n^2 = N_W \tag{5.18}$$

überlagert. Betrachtet man die Signalvektordiagramme im Bild 5.4, so gilt in Anlehnung an die Fehlerbetrachtungen im 4. Kapitel, daß ein Fehler immer dann auftritt, wenn die Störkomponente n den halben Abstand zwischen den Signalvektorpunkten überschreitet. Für PSK und ASK gilt

$$\begin{aligned} P(F) &= \int_{A\cdot\sqrt{T/2}}^{\infty} \frac{1}{\sqrt{2\pi}\,\sigma_n} \exp\left[-\frac{n^2}{2\cdot\sigma_n^2}\right] dn \\ &= Q\left[\frac{A}{\sigma_n}\sqrt{\frac{T}{2}}\right] = Q\left[\sqrt{E_z/N_W}\right] \end{aligned} \tag{5.19}$$

mit dem Abstand $2\cdot A\,\sqrt{T/2}$ der Signalpunkte und der Signalenergie E_z des modulierten Signals nach (5.17). Bei FSK erhält man für die Bitfehlerwahrscheinlichkeit entsprechend

$$\begin{aligned} P(F) &= \int_{A/2\cdot\sqrt{T}}^{\infty} \frac{1}{\sqrt{2\pi}\,\sigma_n} \exp\left[-\frac{n^2}{2\cdot\sigma_n^2}\right] dn \\ &= Q\left[\frac{A}{2\sigma_n}\sqrt{T}\right] = Q\left[\sqrt{E_z/(2\cdot N_W)}\right] \quad , \end{aligned} \tag{5.20}$$

wobei der Abstand der Signalpunkte $A\cdot\sqrt{T}$ beträgt. Der Vergleich von (5.19) mit (5.20) zeigt, daß die Fehlerwahrscheinlichkeit bei FSK trotz gleicher Signalenergie pro Binärzeichen größer als bei ASK oder PSK ist, wie aus Bild 5.5 hervorgeht.

Der Vergleich der Verfahren bezüglich des Bandbreitebedarfs ist recht aufwendig, da das Spektrum der linearen Modulationsverfahren ASK und PSK mit (5.8) leicht berechenbar ist, während es beim nichtlinearen Modulationsverfahren FSK nach (5.5) nicht durch Verschiebung des Basisbandspektrums von s(t) entsteht. Deshalb soll diese Berechnung an späterer Stelle folgen.

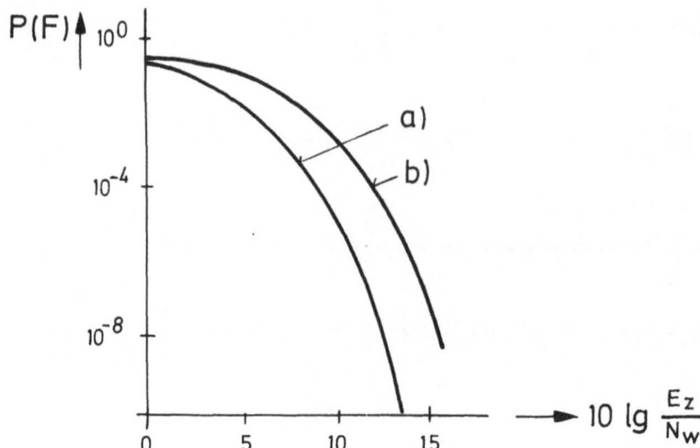

Bild 5.5 Bitfehlerwahrscheinlichkeit P(F) bei a) ASK bzw. PSK und b) FSK als Funktion des Signal—zu—Rauschverhältnisses

Der Realisierungsaufwand ist bei ASK und PSK höher als bei FSK, da synchrone Demodulation erforderlich ist, um die in Bild 5.5 angegebene Fehlerwahrscheinlichkeit zu erzielen. Dazu benötigt man die Kenntnis von Phase und Frequenz des Trägers, während man bei FSK die Binärzeichen durch Vergleich der Pegel an den Ausgängen eines Tiefpasses und eines Hochpasses, deren obere bzw. untere Grenzfrequenz bei ω_c liegt, wiedergewinnen kann. Deshalb verwendet man FSK bei Anwendungen, bei denen es auf eine kostengünstige Ausführung der Modems ankommt, z.B. beim Bildschirmtext mit FSK bei einer Datenrate von 1200 b/s.

Bisher wurde die bitweise Übertragung der Daten betrachtet. Wenn die beschränkte Bandbreite des Übertragungskanals dies nicht zuläßt, werden mehrere Binärzeichen zu Blöcken, die man als *Dibits*, *Tribits*, *Quadbits* usw. bezeichnet, zusammengefaßt, so daß sich die Schrittgeschwindigkeit und damit die Bandbreite halbiert, drittelt, viertelt usw. Für diese blockweise Übertragung sollen die Modulationsverfahren getrennt betrachtet werden.

5.1 Amplitudenumtastung

Nach (5.2) und (5.3) gilt für das Signal mit Amplitudenumtastung bei $m_A = 1/A$:

$$z(t) = \mathrm{Re}\{s(t) \cdot \exp(j\omega_c t)\} \quad . \tag{5.1.1}$$

Der Ausdruck in der geschweiften Klammer werde nach (5.6) als komplexes analytisches

Signal eingeführt. Wenn das modellierende Signal s(t) reell ist, erhält man ein Signal mit ASK–Modulation, wenn s(t) komplex ist, ein *quadraturamplitudenmoduliertes* oder *QAM*– bzw. *QASK*–Signal.

5.1.1 ASK–Modulation

Den Aufbau des Modulators zeigt Bild 5.6. Die binäre Quelle liefert einen Prozeß, dessen Musterfunktionen mit den Werten $a(k) \in \{0, 1\}$ wie bei den Basisbandverfahren codiert werden, wobei den Werten b(k) jedoch nicht nur ein Wert a(k), sondern auch ein Block von zwei oder mehreren Binärzeichen a(k) zugeordnet werden kann, wenn für binäre Übertragung nicht genug Bandbreite zur Verfügung steht. Bei einer Blocklänge b erhält man

$$2^b = M \tag{5.1.2}$$

unterschiedliche Zeichen b(k), die die Werte

$$b(k) = \frac{2i-M-1}{M-1} \quad ; \quad i = 1, 2, \dots, M \tag{5.1.3}$$

annehmen. Es folgt ein impulsformendes Filter, das z.B. eine rechteckförmige Impulsantwort

$$h_S(t) = A \cdot [\delta_{-1}(t) - \delta_{-1}(t-T)] \tag{5.1.4}$$

der Dauer T hat, die gleich der Dauer T eines Binärzeichens ist. Es folgt die Modulationsstufe mit der Modulationsfrequenz ω_c, so daß das modulierte Signal bzw. Bandpaßsignal mit (5.1) und (5.1.1) folgende Form besitzt:

$$z(t) = \mathrm{Re}\left\{\left[\sum_{k=-\infty}^{+\infty} b(k)\, h_S(t-kT)\right] \cdot \exp(j\omega_c t)\right\}$$

$$= \left[\sum_{k=-\infty}^{+\infty} b(k)\, h_S(t-kT)\right] \cdot \cos(\omega_c t) \quad . \tag{5.1.5}$$

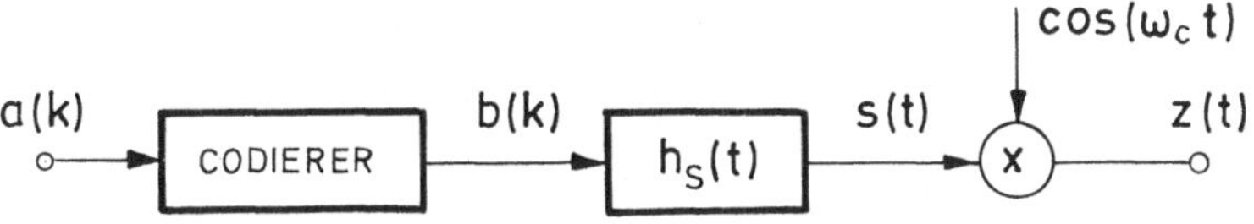

Bild 5.6 Blockschaltbild des ASK–Modulators

Da b(k) die Realisation einer Zufallsvariablen ist, stellt z(t) nach (5.1.5) die Musterfunktion eines Bandpaßprozesses dar. Für die Leistungsdichte dieses Prozesses gilt mit (5.8)

$$S_{zz}(j\omega) = \frac{1}{2}\left[S_{ss}(j(\omega-\omega_c)) + S_{ss}(j(\omega+\omega_c))\right] \quad , \tag{5.1.6}$$

wobei $S_{ss}(j\omega)$ die Leistungsdichte des modulierenden Prozesses ist. Wie bei der Berechnung der Spektren von Basisbandprozessen nach (4.1.9) gilt mit Bild 5.6

$$S_{ss}(j\omega) = \frac{1}{T}\, S_{bb}(e^{j\omega T})\, |H_S(j\omega)|^2 \quad . \tag{5.1.7}$$

Nimmt man an, daß die Zufallsvariablen $b(k)$ mit gleicher Wahrscheinlichkeit auftreten und einem weißen Zufallsprozeß entstammen, so besitzt dieser Prozeß den Mittelwert

$$E\{b(k)\} = \frac{1}{M}\sum_{i=1}^{M} \frac{2\,i-M-1}{M-1} = 0 \tag{5.1.8}$$

und die mittlere Leistung bzw. Varianz [Bro 62]

$$E\{b^2(k)\} = \frac{1}{M}\sum_{i=1}^{M}\left[\frac{2\,i-M-1}{M-1}\right]^2 = \frac{1}{3}\,\frac{M^2-1}{(M-1)^2} = \frac{1}{3}\,\frac{M+1}{M-1} \quad . \tag{5.1.9}$$

Für die Autokorrelationsfunktion folgt damit

$$s_{bb}(\kappa) = \begin{cases} \frac{1}{3}\,\frac{M+1}{M-1} & \kappa = 0 \\ 0 & \kappa \neq 0 \end{cases} \quad , \tag{5.1.10}$$

was auf die Leistungsdichte, die zeitdiskrete Fourier–Transformierte [Kam 89] der Autokorrelationsfunktion,

$$S_{bb}(e^{j\omega T}) = \sum_{\kappa=-\infty}^{+\infty} s_{bb}(\kappa)\, e^{-j\omega T\kappa} = \frac{1}{3}\,\frac{M+1}{M-1} \tag{5.1.11}$$

führt. Damit erhält man aber für das Leistungsdichtespektrum des modulierenden Signalprozesses mit (5.1.7):

$$S_{ss}(j\omega) = \frac{1}{T}\,\frac{1}{3}\,\frac{M+1}{M-1}\, |H_S(j\omega)|^2 \quad . \tag{5.1.12}$$

Verwendet man die rechteckförmige Impulsantwort $h_S(t)$ nach (5.1.4), so gilt schließlich mit (4.1.14) und (5.1.6)

$$S_{zz}(j\omega) = \frac{A^2 T}{6} \frac{M+1}{M-1} \left[\left[\frac{\sin((\omega-\omega_c)T/2)}{(\omega-\omega_c)T/2} \right]^2 + \left[\frac{\sin((\omega+\omega_c)T/2)}{(\omega+\omega_c)T/2} \right]^2 \right] \quad . \tag{5.1.13}$$

Vom zu $\omega = 0$ symmetrischen Spektrum dieses Bandpaßprozesses zeigt Bild 5.7 das obere Seitenband als Funktion der normierten Frequenz $(\omega-\omega_c)T/(2\pi)$ für $M = 2$ und großes ω_c, so daß sich die beiden Teilbänder praktisch nicht überlappen. Für einen anderen Wert von M würde sich nur die Amplitude des Spektrums ändern.

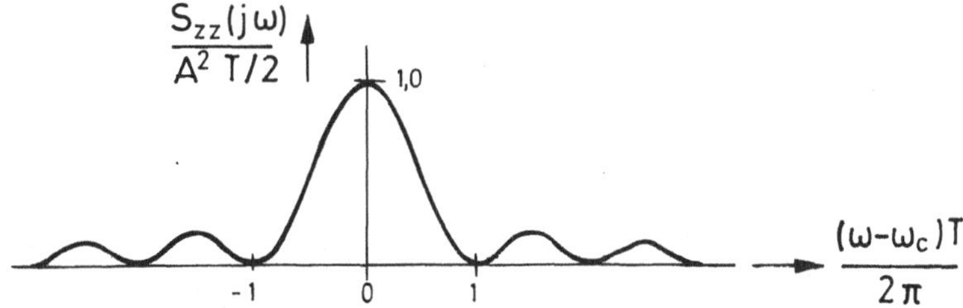

Bild 5.7 Leistungsdichte des modulierten Signals bei ASK—Modulation

Man benötigt bei ASK damit die doppelte Bandbreite des modulierenden Basisbandprozesses. Dabei steckt dieselbe Information in den Teilspektren oberhalb und unterhalb der Trägerfrequenz, was in der Symmetrie des Spektrums zum Ausdruck kommt. Um diese unökonomische Bandbreitenausnutzung zu verbessern, verwendet man *Einseitenbandmodulation* [Boc 76], bei der entweder nur das obere oder das untere Seitenband übertragen wird. Eines der Seitenbänder wird entweder durch Filterung oder durch *Hilbert–Transformation* [Kam 89] ausgelöscht. Dieses Verfahren wird z.B. bei der Datenübertragung über *Primärgruppen* des Fernmeldenetzes [Boc 76] angewendet.

Wie bei den binären Modulationsverfahren verwendet man Signalvektordiagramme zur Beschreibung des modulierten Signals z(t). Nach (5.1.3) bis (5.1.5) entsprechen den M Zeichen Z_i, die durch Codierung der Binärzeichen entstehen, die Signale

$$z_i(t) = A \cdot b(k) \cdot \cos(\omega_c t) \quad ; \quad kT \leq t \leq (k+1)T$$

$$= z_{i1} \cdot \cos(\omega_c t) \quad ; \quad i = 1, 2, \dots, M \quad . \tag{5.1.14}$$

Zur Darstellung dieser Signale benötigt man eine Basisfunktion $\varphi_1(t)$, die bereits in (5.13) angegeben wurde, so daß der $z_i(t)$ repräsentierende Vektor $\mathbf{z}_i$ eindimensional ist und die in (5.1.14) angegebene Komponente z_{i1} besitzt. Das Signalvektordiagramm für ASK bei $M = 2^3 = 8$ Zeichen zeigt Bild 5.8.

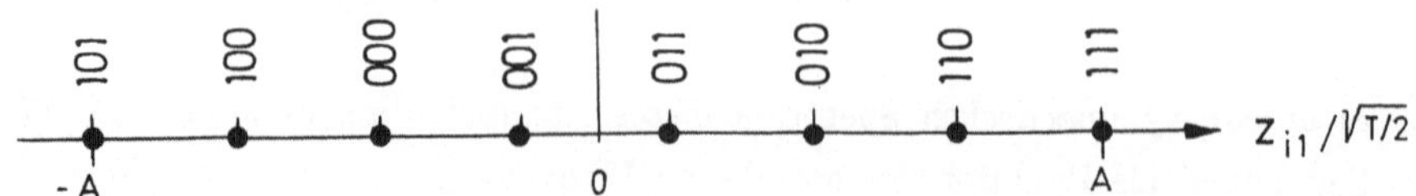

Bild 5.8 Signalvektordiagramm für ASK mit M = 8 Zeichen

Die Zuordnung der Binärkombinationen zu den Signalvektorpunkten erfolgt dabei im Sinne des *Gray–Codes*. Hierbei unterscheiden sich benachbarte Binärkombinationen nur in einer Binärstelle. Das hat den Vorteil, daß bei Fehlentscheidungen die Zahl der falsch erkannten Binärzeichen minimiert wird, weil davon auszugehen ist, daß bei Störungen statt des korrekten Vektorpunktes ein näher gelegener mit höherer Wahrscheinlichkeit als ein weiter entfernt gelegener Punkt detektiert wird.

Neben dem hohen Bandbreitenbedarf besteht ein anderer Nachteil von ASK darin, daß die Zeichen sehr unterschiedliche Signalenergie besitzen. Beide Nachteile werden bei Quadraturamplitudenmodulation oder QASK vermieden.

5.1.2 QASK–Modulation

Bei der Quadraturamplitudenmodulation verwendet man als modulierendes Signal nach (5.3) das komplexe Signal

$$m(t) = m_A \cdot [s_1(t) - j\, s_2(t)] \quad , \tag{5.1.15}$$

was mit (5.2) und $m_A = 1/A$ auf das Bandpaßsignal

$$z(t) = \mathrm{Re}\{\, A \cdot m(t) \cdot \exp(j\omega_c t)\} = \mathrm{Re}\{[s_1(t) - j\, s_2(t)] \cdot \exp(j\omega_c t)\}$$

$$= s_1(t) \cdot \cos(\omega_c t) + s_2(t) \cdot \sin(\omega_c t) \tag{5.1.16}$$

führt, wobei die Signale $s_i(t)$ die (5.1) entsprechende Form haben. Den zugehörigen Modulator zeigt Bild 5.9, wobei die Filter in den beiden Kanälen dieselbe Impulsantwort $h_S(t)$ besitzen, während die Amplituden $b_n(k)$ unabhängig voneinander die Werte

$$b_n(k) = \frac{2i - \sqrt{M} - 1}{\sqrt{M} - 1} \quad ; \quad i = 1, 2, \ldots, \sqrt{M}\, ; \; n = 1, 2 \tag{5.1.17}$$

annehmen können. Dabei werden wie bei ASK b Binärwerte zu M Zeichen zusammengefaßt, wobei sich M nach (5.1.2) berechnet.

Man bezeichnet das Verfahren als Quadraturamplitudenmodulation, weil man die mit $\cos(\omega_c t)$ modulierte *Kophasal–* und die mit $\sin(\omega_c t)$ modulierte *Quadraturkomponente* unterscheiden kann.

Zur Berechnung des Leistungsdichtespektrums des modulierten Prozesses benötigt man ähnlich wie bei ASK–Modulation die Leistungsdichten der Prozesse $b_i(k)$, die mit (5.1.17) gleich sind und nach (5.1.11) folgende Form haben:

$$S_{b_1b_1}(e^{j\omega T}) = S_{b_2b_2}(e^{j\omega T}) = \frac{1}{3}\frac{\sqrt{M}+1}{\sqrt{M}-1} \quad . \tag{5.1.18}$$

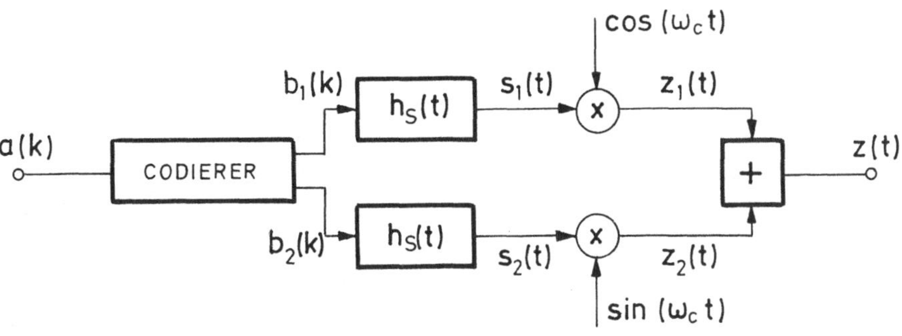

Bild 5.9 Blockschaltbild des QASK–Modulators

Verwendet man die rechteckförmigen Impulse $h_S(t)$ nach (5.1.4) für die Filter in den beiden Zweigen des Modulators, so erhält man mit (5.1.18) dieselben Leistungsdichten für die Signalprozesse $s_1(t)$ und $s_2(t)$:

$$S_{s_1s_1}(j\omega) = S_{s_2s_2}(j\omega) = \frac{A^2T}{3}\frac{\sqrt{M}+1}{\sqrt{M}-1}\left[\frac{\sin(\omega T/2)}{\omega T/2}\right]^2 \quad . \tag{5.1.19}$$

Der Prozeß $z(t)$ des modulierten Signals setzt sich nach (5.1.15) aus zwei Teilprozessen zusammen, die durch Modulation der voneinander statistisch unabhängigen Prozesse $s_1(t)$ und $s_2(t)$ entstehen. Da die Modulation mit demselben Träger ω_c erfolgt, besitzen die Teilprozesse dieselbe Leistungsdichte. Die Phasenverschiebung der beiden Träger um $\pi/2$ ändert daran nichts, da Autokorrelationsfunktionen wie Autoleistungsdichten reelle, gerade Funktionen sind. Für die Leistungsdichte des modulierten Signalprozesses gilt entsprechend (5.1.6)

$$S_{zz}(j\omega) = \frac{1}{2}\Big[S_{s_1s_1}(j(\omega-\omega_c)) + S_{s_2s_2}(j(\omega-\omega_c)) +$$

$$+ S_{s_1s_1}(j(\omega+\omega_c)) + S_{s_2s_2}(j(\omega+\omega_c))\Big] \quad , \qquad (5.1.20)$$

und mit (5.1.19) erhält man entsprechend (5.1.13) schließlich

$$S_{zz}(j\omega) = \frac{A^2T}{3}\frac{\sqrt{M}+1}{\sqrt{M}-1}\Big[\Big[\frac{\sin((\omega-\omega_c)T/2)}{(\omega-\omega_c)T/2}\Big]^2 + \Big[\frac{\sin((\omega+\omega_c)T/2)}{(\omega+\omega_c)T/2}\Big]^2\Big] \qquad (5.1.21)$$

eine Leistungsdichte wie bei ASK, allerdings mit reduzierter Amplitude. Das liegt an den bereits genannten Gründen: Da für die Filter in den beiden Zweigen des Modulators dieselbe Impulsantwort $h_S(t)$ verwendet wird und die Prozesse $b_1(k)$ und $b_2(k)$ zwei weiße, voneinander unkorrelierte Prozesse sind, nehmen die Prozesse $s_1(k)$ und $s_2(k)$ dieselbe Bandbreite ein. Nach der Modulation mit den orthogonalen Trägern überlagern sie sich in demselben Spektralbereich, lassen sich durch Synchrondemodulation aber wieder voneinander trennen. Weil hier zwei voneinander unabhängige Prozesse dieselbe Bandbreite einnehmen, ist die Bandbreitenausnutzung bei QASK doppelt so hoch wie bei ASK bzw. genauso hoch wie bei Einseitenbandmodulation, die ebenfalls Synchrondemodulation erfordert.

Ein weiterer Vorteil zeigt sich im Signalvektordiagramm für QASK. Nach (5.1.16) benötigt man zwei orthonormale Basisfunktionen, nämlich

$$\varphi_1(t) = \sqrt{\frac{2}{T}}\cos(\omega_c t) \quad ; \quad kT \le t \le (k+1)T \qquad (5.1.22a)$$

$$\varphi_2(t) = \sqrt{\frac{2}{T}}\sin(\omega_c t) \quad ; \quad kT \le t \le (k+1)T \quad . \qquad (5.1.22b)$$

Wie bei ASK nach (5.1.14) kann man für die M Zeichen Z_i die Signale

$$z_i(t) = A\cdot[b_1(k)\cdot\cos(\omega_c t) + b_2(k)\cdot\sin(\omega_c t)] \quad ; \quad kT \le t \le (k+1)T$$

$$= z_{i1}\cdot\cos(\omega_c t) + z_{i2}\cdot\sin(\omega_c t) \quad ; \quad i = 1, 2, \ldots, M \qquad (5.1.23)$$

angeben, denen die zweidimensionalen Vektoren $\mathbf{z}_i = [z_{i1}, z_{i2}]^T$ entsprechen. Bild 5.10 zeigt das Signalvektordiagramm für M = 2⁴ = 16 Zeichen. Auch hier wurden den einzelnen Signalvektoren Binärkombinationen im Sinne des Gray–Codes zugeordnet.

Ein Vergleich mit dem ASK–Signalvektordiagramm zeigt, daß die Signalenergien für die einzelnen Zeichen bei QASK weniger voneinander abweichen. Beachtet man, daß der

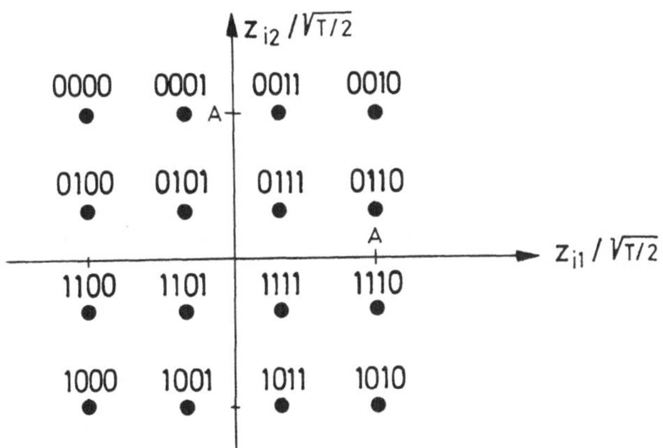

Bild 5.10 Signalvektordiagramm für QASK mit M = 16 Zeichen

Mindestabstand zweier Signalvektoren im wesentlichen die Fehlerwahrscheinlichkeit bestimmt, und setzt man deshalb voraus, daß dieser Abstand bei ASK und QASK gleich groß ist, so wird deutlich, daß bei gleicher Fehlerwahrscheinlichkeit QASK einen geringeren Maximalwert der Signalenergie erfordert. Dieser Wert beeinflußt ganz entscheidend das Nebensprechen in Multiplexsystemen, so daß man ihn bei vorgegebener Fehlerwahrscheinlichkeit möglichst niedrig hält.

5.2 Phasenumtastung

Mit (5.2) und (5.4) erhält man für das phasenmodulierte Signal

$$z(t) = \mathrm{Re}\{A\cdot\exp(j(m_P\cdot s(t) + \omega_c t)\} = \mathrm{Re}\{A\cdot\exp(j(\omega_c t + \theta(t))\}$$

$$= A\cdot\cos(m_P\cdot s(t) + \omega_c t) = A\cdot\cos(\omega_c t + \theta(t)) \quad , \qquad (5.2.1)$$

d.h. ein bezüglich des Signals s(t) nichtlinear moduliertes Signal mit der Amplitude A und Phase $\theta(t)$. Das modulierende Signal s(t) ist durch (5.1) gegeben, wobei ein Codierer die Werte

$$b(k) = i \quad ; \quad i = 1, 2, \dots, M \qquad (5.2.2)$$

liefert. Die Zahl der Zeichen ist nach (5.1.2) wieder M, die Anzahl der zu einem Block zusammengefaßten Binärstellen damit b = ld(M). Wählt man für den Modulationsgrad

$$m_P = \frac{2\pi}{M} \quad , \tag{5.2.3}$$

so folgt für das phasenmodulierte oder PSK–Signal

$$z(t) = A \cdot \cos(\omega_c t + \frac{2\pi}{M} s(t)) = A \cdot \cos(\omega_c t + \theta(t)) \quad . \tag{5.2.4}$$

Die M Zeichen Z_i werden bei Wahl einer rechteckförmigen Impulsantwort $h_S(t)$ nach (5.1.4) durch die Zeitfunktionen

$$\begin{aligned} z_i(t) &= A \cdot \cos(\omega_c t + \theta(k)) = A \cdot \cos(\omega_c t + \frac{2\pi}{M} b(k)) \quad ; \quad kT \leq t \leq (k+1)T \\ &= A \cdot \cos(\omega_c t + \theta(k)) = A \cdot \cos(\omega_c t + \frac{2\pi \cdot i}{M}) \quad ; \quad i = 1, 2, \dots, M \end{aligned} \tag{5.2.5}$$

übertragen, wobei die b(k) nach (5.2.2) verwendet wurden. Durch trigonometrische Umformung [Bro 62] kann man hierfür auch

$$\begin{aligned} z_i(t) &= A \cdot [\cos(\frac{2\pi \cdot i}{M}) \cdot \cos(\omega_c t) - \sin(\frac{2\pi \cdot i}{M}) \cdot \sin(\omega_c t)] \quad ; \quad i = 1, 2, \dots, M \\ &= A \cdot [b_1(k) \cdot \cos(\omega_c t) + b_2(k) \cdot \sin(\omega_c t)] \quad ; \quad kT \leq t \leq (k+1)T \end{aligned} \tag{5.2.6}$$

schreiben, wobei die Definition

$$b_1(k) = \cos(\theta(k)) = \cos(\frac{2\pi}{M} b(k)) = \cos(\frac{2\pi \cdot i}{M}) \tag{5.2.7a}$$

$$b_2(k) = -\sin(\theta(k)) = -\sin(\frac{2\pi}{M} b(k)) = -\sin(\frac{2\pi \cdot i}{M}) \tag{5.2.7b}$$

verwendet wird. Setzt man diese Werte in das modulierende Signal nach (5.1) ein, so daß man $s_1(t)$ und $s_2(t)$ erhält, so folgt für das modulierte Signal (5.2.4)

$$z(t) = s_1(t) \cdot \cos(\omega_c t) + s_2(t) \cdot \sin(\omega_c t) \quad . \tag{5.2.8}$$

Dies stimmt in der Form mit dem QASK–Signal nach (5.1.16) überein, wobei die Amplituden der Signale $s_i(t)$ bei QASK linear, bei PSK mit (5.2.6) aber nichtlinear von b(k) i nach (5.2.2) abhängen. Da aber nur die Amplitude des modulierten Signals beeinflußt wird, ist auch PSK ein lineares Modulationsverfahren. Der Aufbau des Modulators stimmt deshalb mit dem in Bild 5.9 gezeigten für QASK überein, nur der Codierer liefert die in (5.2.7) definierten Werte $b_n(k)$. Diese sind im Gegensatz zu QASK aber nicht mehr unabhängig voneinander, weil sie von demselben Wert b(k) abhängen.

Für die Leistung eines jeden Zeichens folgt aus (5.2.6) bzw. (5.2.7)

$$A^2\,[b_1^2(k) + b_2^2(k)] = A^2\,[\cos^2(\frac{2\pi \cdot i}{M}) + \sin^2(\frac{2\pi \cdot i}{M})] = 1 \quad . \tag{5.2.9}$$

In (5.2.6) wurde angenommen, daß die Zeitsignale $z_i(t)$ für die einzelnen Zeichen durch Filterung mit einer rechteckförmigen Impulsantwort $h_S(t)$ gewonnen werden. Damit erhält man wie bei (5.1.21) als Leistungsdichtespektrum des PSK–modulierten Signalprozesses

$$S_{zz}(j\omega) = A^2 T \left[\left[\frac{\sin((\omega-\omega_c)T/2)}{(\omega-\omega_c)T/2}\right]^2 + \left[\frac{\sin((\omega+\omega_c)T/2)}{(\omega+\omega_c)T/2}\right]^2\right] \quad , \tag{5.2.10}$$

d.h. PSK erfordert denselben Bandbreitebedarf wie QASK.

Für die Vektordarstellung der Sendesignale nach (5.2.6) benötigt man dieselben orthonormalen Basisfunktionen $\varphi_i(t)$ nach (5.1.22) wie bei QASK. Entsprechend (5.1.23) gilt für den das Zeichen $\mathbf{z}_i$ repräsentierenden Vektor:

$$\mathbf{z}_i = \begin{bmatrix} z_{i1} \\ z_{i2} \end{bmatrix} = \begin{bmatrix} \cos(\frac{2\pi \cdot i}{M}) \\ -\sin(\frac{2\pi \cdot i}{M}) \end{bmatrix} \quad ; \quad i = 1, 2, \ldots, M \quad . \tag{5.2.11}$$

Das zugehörige Signalvektordiagramm zeigt Bild 5.11 für $M = 2^3 = 8$ Zeichen, wobei die Zuordnung der Binärkombinationen zu den Vektoren $\mathbf{z}_i$ im Sinne des Gray–Codes erfolgt.

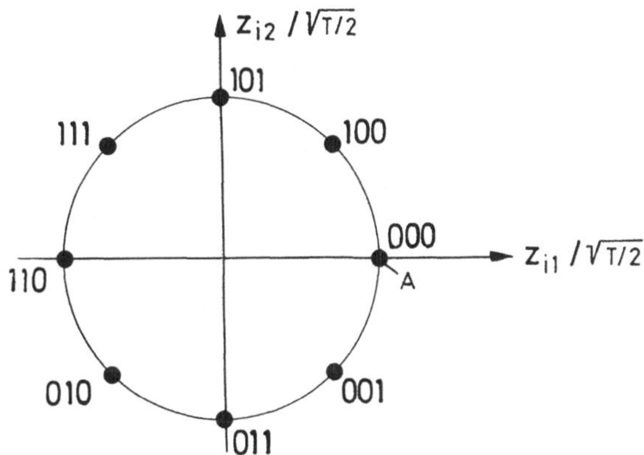

Bild 5.11 Signalvektordiagramm für PSK mit M = 8 Zeichen

Das PSK–Verfahren erfordert die Kenntnis des absoluten Wertes der Phase, um das

Signal fehlerfrei demodulieren zu können. Das ist ein Nachteil, da bei dispersiven Übertragungskanälen – z.B. Richtfunkstrecken, Funkkanäle oder drahtgebundene Fernsprechkanäle – die Phasenverschiebung unbekannt ist und sich mit der Zeit ändern kann. Abhilfe schafft hier Phasendifferenzmodulation.

Auf der einen Seite ist es von Vorteil, daß alle Signale $z_i(t)$ dieselbe Signalenergie besitzen; ein Nachteil ist allerdings, daß bei vorgegebener Amplitude A und zunehmender Anzahl M von Signalen der Abstand der Vektoren kleiner wird, was zu einer Erhöhung der Fehlerwahrscheinlichkeit führt. Deshalb verwendet man für größere Werte von M eine Kombination von Amplituden– und Phasenumtastung, um den Bereich des Signalraums im Bereich des Ursprungs besser auszunutzen.

In den nächsten beiden Abschnitten sollen diese Verfahren näher beschrieben werden, bei denen die bei PSK auftretenden Nachteile, daß

- *der Absolutwert der Phase bei der Demodulation bekannt sein muß und daß*
- *bei großen Werten von M der Abstand benachbarter Signalvektoren bei vorgegebener Signalamplitude A klein wird,*

vermieden werden.

5.2.1 Phasendifferenzumtastung

Bei PSK wird das Zeichen Z_i durch den Winkel $\theta(t) = \theta(k)$ des modulierten Signals z(t) im Taktintervall $kT \leq t \leq (k+1)T$ übertragen:

$$Z_i \longrightarrow \theta(k) = \frac{2\pi \cdot i}{M} \tag{5.2.12}$$

Um die Phasencodierung unabhängig vom Absolutwert der Phase zu machen, überträgt man bei *Phasendifferenzumtastung* oder *DPSK* das Zeichen Z_i mit Hilfe der Differenz der Phasen zweier aufeinanderfolgender Taktintervalle

$$Z_i \longrightarrow \Delta\theta(k) = \theta(k-1) - \theta(k) = \frac{2\pi \cdot i}{M} \ . \tag{5.2.13}$$

Bei binärer DPSK wird die binäre Null z.B. durch Fehlen eines Phasensprungs bzw. den Phasensprung $\Delta\theta(k) = 0$, die binäre Eins durch einen Phasensprung $\Delta\theta(k) = \pi$ übertragen. Zur Decodierung benötigt man eine Bezugsphase, die dem Empfänger zu Beginn der Übertragung im ersten Taktintervall mitgeteilt wird. Der Vorteil dieser Codierungsform besteht darin, daß eine sich in Bezug auf die Taktzeit T langsam drehende Phase des Übertragungsmediums einen unbedeutenden Einfluß auf die Decodierung hat, da sich die Phasendrehung in gleicher Weise auf $\theta(k)$ und $\theta(k-1)$ auswirkt.

Um die Fehlerwahrscheinlichkeit möglichst niedrig zu halten, wird wie bei den anderen mehrstufigen Modulationsverfahren die Zuordnung der binärcodierten Zeichen zu den Phasendifferenzen so vorgenommen, daß benachbarte Phasendifferenzen den Binärkombinationen entsprechen, die sich im Sinne des Gray–Codes möglichst nur in einer Binärstelle unterscheiden. In Tabelle 5.1 sind diese, vom internationalen Gremium CCITT festgelegten Codierungsvorschriften für $M = 2^2 = 4$ und $M = 2^3 = 8$ Zeichen aufgeführt.

Tabelle 5.1 Codierungsregel bei vier– und achtstufiger DPSK

M = 4	$\Delta\theta(k)$	Zeichen	M = 8	$\Delta\theta(k)$	Zeichen
	$\pi/4$	00		0	001
	$3\pi/4$	01		$\pi/4$	000
	$5\pi/4$	11		$\pi/2$	010
	$7\pi/4$	10		$3\pi/4$	011
				π	111
				$5\pi/4$	110
				$3\pi/2$	100
				$7\pi/4$	101

Bei gleicher Auftrittswahrscheinlichkeit der Zeichen treten auch die Phasensprünge mit gleicher Wahrscheinlichkeit auf. In diesem Falle ändert sich beim Spektrum des DPSK–modulierten Signalprozesses nichts gegenüber dem des PSK–Prozesses.

Ein Nachteil des DPSK–Verfahrens besteht darin, daß bei fehlerhafter Übertragung der Phase des modulierten Signals innerhalb eines Taktschritts das aktuelle und das darauffolgende Zeichen falsch decodiert werden, da ja der Phasensprung zum Zeitpunkt $t = kT$ und zum Zeitpunkt $t = (k+1)T$ fehlerhaft ist. Die Zeichenfehlerwahrscheinlichkeit ist demnach doppelt so groß wie bei PSK [Pro 89], was bei kleinen, in der Praxis üblichen Fehlerwahrscheinlichkeiten im Bereich von z.B. $P(F) = 10^{-5}$ aber nicht besonders stark zu bewerten ist.

5.2.2 Kombinierte Amplituden–Phasenumtastung

Der Nachteil des PSK–Verfahrens, daß die Abstände der Signalvektoren bei großer Zeichenzahl M und vorgegebener Amplitude A des Sendesignals immer kleiner und die

Fehlerwahrscheinlichkeit damit immer größer wird, kann dadurch umgangen werden, daß man statt einer Erhöhung der Amplitude A eine zusätzliche Amplitudenumtastung vornimmt. Das zugehörige Modulationsverfahren wird mit *ASK/PSK* bezeichnet. Dabei verteilen sich die Signalvektoren gleichmäßig in dem durch die Signalamplitude A bestimmten Kreis, wie Bild 5.12 für das Beispiel mit M = 8 Zeichen zeigt. Die Zuordnung der Binärzeichen zu den Vektoren erfolgt wieder im Sinne des Gray–Codes.

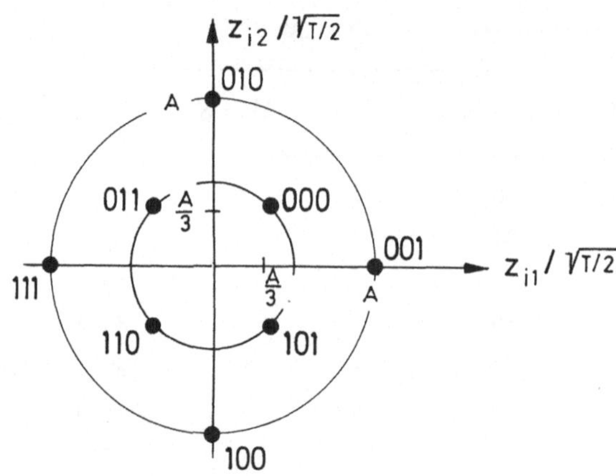

Bild 5.12 Signalvektordiagramm für ASK/PSK mit M = 8 Zeichen

Die optimale Lage der Signalvektoren wäre bei gleicher A–priori–Wahrscheinlichkeit dadurch gegeben, daß die Vektoren bei Vergabe von A untereinander einen gleich großen maximalen Abstand aufweisen. Die Koeffizienten z_{ij} der Vektoren $\mathbf{z}_i$ würden dann jedoch nicht mehr durch rationale Zahlen darstellbar sein, was bei der Implementierung von Sender– und Empfänger Genauigkeitsprobleme zur Folge hat. Man hat sich deshalb auf die dem Optinum nahekommende Lösung mit rationalen Koeffizienten z_{ij} festgelegt. Für die im ersten Quadranten liegenden Vektoren nach Bild 5.12 gilt damit

$$\mathbf{z}_0 = A \begin{bmatrix} 1/3 \\ 1/3 \end{bmatrix} , \quad \mathbf{z}_1 = A \begin{bmatrix} 1 \\ 0 \end{bmatrix} , \quad \mathbf{z}_2 = A \begin{bmatrix} 0 \\ 1 \end{bmatrix} . \qquad (5.2.14)$$

Bei höherstufigen Verfahren verfährt man ähnlich. Bei $M = 2^4 = 16$ Zeichen erhält man z.B. das Signalvektordiagramm nach Bild 5.13, in dem die den Vektoren zugeordneten Binärkombinationen eingetragen wurden. Ein Vergleich mit dem Vektordiagramm für 8–ASK/PSK nach Bild 5.12 zeigt, daß man durch Weglassen der äußeren acht Vektoren das 8–ASK/PSK–Diagramm mit den dort angegebenen relativen Abständen und Binärkombinationen erhält, wenn man das links stehende Binärzeichen unbeachtet läßt. Auf diesen Sachverhalt wird später noch einmal eingegangen. Im ersten Quadranten sind die Vektoren des 16–ASK/PSK–Diagramms durch

$$\mathbf{z}_0 = A\begin{bmatrix}1/5\\1/5\end{bmatrix}, \quad \mathbf{z}_1 = A\begin{bmatrix}3/5\\0\end{bmatrix}, \quad \mathbf{z}_2 = A\begin{bmatrix}0\\3/5\end{bmatrix}$$
$$\mathbf{z}_8 = A\begin{bmatrix}3/5\\3/5\end{bmatrix}, \quad \mathbf{z}_9 = A\begin{bmatrix}1\\0\end{bmatrix}, \quad \mathbf{z}_{10} = A\begin{bmatrix}0\\1\end{bmatrix} \tag{5.2.15}$$

gegeben.

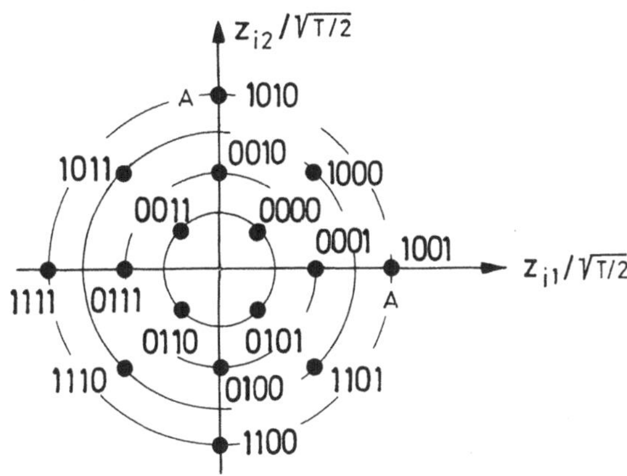

Bild 5.13 Signalvektordiagramm für 16–ASK/PSK

Bis auf die Koeffizienten unterscheidet sich das ASK/PSK–Signal nicht vom QASK– oder PSK–Signal. Deswegen hat der Sender denselben Aufbau, wie ihn Bild 5.9 zeigt, und der Bandbreitebedarf unterscheidet sich ebenfalls nicht gegenüber diesen Verfahren. Lediglich der Faktor, mit dem die Leistungsdichte nach (5.2.10) bzw. (5.1.21) gewichtet wird, ändert sich und wird wie bei QASK von M abhängig. Dabei läßt sich jedoch keine geschlossene Form wie bei QASK finden, da sich die Komponenten z_{ij} der Vektoren $\mathbf{z}_i$ nicht analytisch als Funktion von M angeben lassen.

5.3 Frequenzumtastung

Aus (5.2) und (5.5) folgt für das frequenzumgetastete oder FSK–Signal mit $m_F = \omega_d/A$

$$z(t) = \mathrm{Re}\{A \cdot \exp(j(\omega_c t + m_F \int_{kT}^{t} s(\tau)\, d\tau + \theta_0)\}$$

$$= A\cdot\cos(\omega_c t + \frac{\omega_d}{A}\int_{kT}^{t} s(\tau)\,d\tau + \theta_0) \quad . \tag{5.3.1}$$

Das modulierende Signal s(t) nach (5.1) ist ein zwei– oder mehrstufiges Signal, das die aus dem binären Quellensignal durch Codierung gewonnenen Amplituden

$$b(k) = 2i - M - 1 \quad ; \quad i = 1, 2, \quad , M \tag{5.3.2}$$

aufweist und dessen Signalform durch Impulsformung z.B. mit dem rechteckförmigen Impuls $h_S(t)$ nach (5.1.4) entsteht. Das Zeichen Z_i wird dann durch das Signal

$$\begin{aligned} z_i(t) &= A\cdot\cos((\omega_c + \omega_d\cdot b(k))t + \theta_0) \quad ; \quad kT \leq t \leq (k+1)T \\ &= A\cdot\cos((\omega_c + \omega_d\cdot(2i - M - 1))t + \theta_0) \quad ; \quad i = 1, 2, \dots , M \end{aligned} \tag{5.3.3}$$

dargestellt, das durch die Momentanfrequenz

$$\omega_i = \omega_c + \omega_d\cdot(2i - M - 1) \quad ; \quad i = 1, 2, \dots , M \tag{5.3.4}$$

bestimmt wird. Grundsätzlich sind diese Frequenzen frei wählbar. Damit sich die Seitenbänder des modulierten Signals oberhalb von $-\omega_c$ und unterhalb von $+\omega_c$ nicht überlappen, muß

$$\omega_1 = \omega_c - (M-1)\cdot\omega_d > 0 \quad , \tag{5.3.5}$$

gelten. Die einzelnen Frequenzen nach (5.3.4) haben untereinander den Abstand

$$\omega_{i+1} - \omega_i = 2\cdot\omega_d \quad , \tag{5.3.6}$$

wobei ω_d ein frei wählbarer, später näher zu diskutierender Parameter ist. Man könnte ω_d z.B. unter dem Gesichtspunkt wählen, daß man für jedes Zeichen Z_i ein Sendesignal der Frequenz ω_i nach (5.3.4) und mit rechteckförmiger Hüllkurve wählt. Das modulierte Signal hätte dann ein Spektrum, dessen Hauptmaximum eine Bandbreite von $4\pi/T$ einnimmt. Sollen sich die Hauptmaxima der Spektren für die einzelnen Zeichen nicht überlappen, benötigt man einen Frequenzabstand nach (5.3.6), der der Weite des Hauptmaximums entspricht, d.h. es müßte $\omega_d\cdot T = 2\pi$ gelten, was einen sehr hohen Bandbreitebedarf erfordern würde und nicht notwendig ist, wie später gezeigt wird.

Bei der einleitenden Betrachtung der Modulationsverfahren für binäre Basisbandsignale wurde im Zusammenhang mit binärer FSK ein Beispiel gezeigt, bei dem an den

Taktgrenzen t = kT kein Phasensprung auftrat. Dies wurde dadurch erreicht, daß die zur Codierung der beiden Binärzeichen verwendeten Frequenzen so gewählt wurden, daß ganze Perioden in das Taktintervall paßten und an den Taktgrenzen stets die Nullphase $\theta_0 = 0$ vorlag. Dies wird immer erreicht, wenn man für die Frequenzen die beiden Forderungen

$$\omega_i \overset{!}{=} (i + n - 1)\cdot\omega_0 \quad : \quad n \in \mathbb{N}, i = 1, 2, \dots, M \tag{5.3.7a}$$

$$\omega_i\cdot T \overset{!}{=} 2\pi\cdot(i + m - 1) \quad ; \quad m \in \mathbb{N}, i = 1, 2, \dots, M \tag{5.3.7b}$$

mit beliebigem ω_0 einhält, was nach (5.3.6) auf den Frequenzabstand

$$2\cdot\omega_d = \omega_{i+1} - \omega_i = \omega_0 = 2\pi/T \tag{5.3.8}$$

führt, der halb so groß ist wie der nach den oben angestellten Überlegungen. Man kann aber auch ohne diese Forderungen einen kontinuierlichen Phasenverlauf erzielen.

Allgemein, d.h. ohne Frequenzen mit dieser speziellen Eigenschaft zu wählen, erhält man das als continuous–phase frequency shift keying oder CPFSK bezeichnete Verfahren, wenn man die Phase nicht durch Integration über jeweils einen Takt, sondern über die gesamte Signaldauer gewinnt. Technisch läßt sich dies sehr einfach durch Einsatz von *phase–locked loops* oder *PLL*–Schaltungen unter Einsatz eines *voltage–controlled oscillator* oder *VCO* erreichen. Für das modulierte Signal gilt dann an Stelle von (5.3.1)

$$\begin{aligned} z(t) &= A\cdot\cos(\omega_c\, t + \frac{\omega_d}{A}\int_{-\infty}^{t} s(\tau)\, d\tau + \theta_0) \\ &= A\cdot\cos(\omega_c t + \theta(t) + \theta_0) \quad . \end{aligned} \tag{5.3.9}$$

Wählt man $h_S(t)$ wieder nach (5.1.4) als rechteckförmiges Signal der Dauer T und der Amplitude A, so gilt für den Winkel $\theta(t)$

$$\begin{aligned} \theta(t) &= \frac{\omega_d}{A}\int_{-\infty}^{t} s(\tau)\, d\tau = \frac{\omega_d}{A}\int_{-\infty}^{t} \sum_{n=-\infty}^{\infty} b(n)\, h_S(t-nT) \\ &= \pi h\, [\sum_{n=-\infty}^{k-1} b(n) + b(k)\,(\frac{t}{T} - k)] \quad ; \quad kT \le t \le (k+1)T \end{aligned} \tag{5.3.10}$$

mit dem Modulationsindex

$$h = \frac{\omega_d\cdot T}{\pi} \quad . \tag{5.3.11}$$

Im Gegensatz zu den bisher betrachteten, auch als Pulsamplituden– oder PAM–Verfahren bezeichneten Modulationsverfahren stellt CPFSK zum einen ein nichtlineares Verfahren, zum anderen ein solches mit Gedächtnis dar. Die Nichtlinearität kommt darin zum Ausdruck, daß hier das modulierende Basisbandsignal nicht die Amplitude, sondern die Phase des modulierten Signals beeinflußt. Im Gegensatz zu FSK nach (5.3.1) handelt es sich bei CPFSK um ein Verfahren mit Gedächtnis, da die Phase $\theta(t)$ im Taktintervall $kT \leq t \leq (k+1)T$ nach (5.3.10) nicht nur vom aktuellen Datum b(k) sondern auch von den zurückliegenden Daten abhängt. Die Momentanfrequenz ist jedoch wie bei FSK durch (5.3.4) gegeben. Die möglichen Phasenverläufe von $\theta(t)$ als Funktion der Zeit zeigt Bild 5.14a für binäre CPFSK, d.h. für M = 2, und den Modulationsindex h = 1/2. Der Graph öffnet sich mit zunehmender Zeit immer weiter. Ein "+"–Zeichen bedeutet, daß b(k) = +1, ein "–"–Zeichen, daß b(k) = –1 übertragen wird. Ein konkretes Anwendungsbeispiel könnte z.B. dem in Bild 5.14a stärker gezeichneten Linienzug entsprechen, den man für die Datenfolge +1 +1 –1 +1 –1 für b(k) bzw. 1 1 0 1 0 für a(k) erhält. Differentiation dieses Verlaufs nach der Zeit ergibt die Momentanfrequenz, die im angegebenen Beispiel die Wertefolge ω_{+1} ω_{+1} ω_{-1} ω_{+1} ω_{-1} mit $\omega_{+1} = \omega_c+\omega_d$ und $\omega_{-1} = \omega_c-\omega_d$ annimmt.

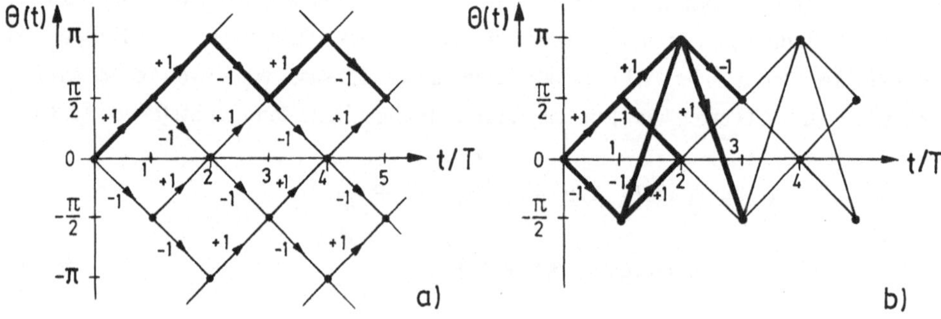

Bild 5.14 Binäre CPFSK für h = 1/2. a) Phasengraph, b) Zustandsgitter

Berücksichtigt man die Mehrdeutigkeit der Phase und zeichnet den Graphen im Intervall $-\pi < \theta(t) \leq +\pi$, so gelangt man zum Zustandsgitter oder Englisch *state trellis*. Für das Beispiel mit h = 1/2 erhält man vier Zustände, die in Bild 5.14b ersichtlich sind. Zu bemerken ist, daß die Zustände $\pm\pi/2$ zu den Zeitpunkten kT mit ungeradem Index k, die Zustände 0 und π zu denen mit geradem Index k erreicht werden. Der stärker ausgezeichnete Teil des Graphen stellt den Baustein dar, der durch Verschieben nach rechts jeweils um 2T den gesamten Graphen aufbaut.

Die Berechnung des Leistungsdichtespektrums des modulierten Signalprozesses erfolgt in [Pro 89] über die Autokorrelationsfunktion. Diese wird für den als äquivalenter Tiefpaßprozeß dargestellten modulierenden Prozeß bestimmt, für dessen Musterfunktion

$$m(t) = e^{j\theta(t)}$$

$$= \exp\{j\pi h[\sum_{n=-\infty}^{k-1} b(n) + b(k)\,(\tfrac{t}{T} - k)] \quad ; \quad kT \le t \le (k+1)T \tag{5.3.12}$$

gilt. Es handelt sich dabei um einen *zyklostationären* [Fra 69] Prozeß, bei dem Mittelwert und Korrelationsfunktion periodisch in T und damit zeitabhängig sind. Um diese Abhängigkeit zu beseitigen, wird die Korrelationsfunktion über eine Periode T gemittelt, und man erhält

$$\bar{s}_{mm}(\tau) = \frac{1}{T}\int_0^T s_{mm}(t,t-\tau)\,dt = \frac{1}{T}\int_0^T E\{m(t)\,m^*(t-\tau)\}\,dt$$

$$= \frac{1}{T}\int_0^T E\{\exp(j\pi h\cdot b(k)\cdot[(\tfrac{t}{T} - k) - (\tfrac{t-\tau}{T} - k)]\}\,dt \quad . \tag{5.3.13}$$

In [Pro 89] wird diese gemittelte Autokorrelationsfunktion allgemein hergeleitet, d.h. für beliebige Impulsformen $h_S(t)$, die sich auch über mehr als einen Takt T erstrecken können, und für beliebige Statistik der Amplituden b(k). Hier soll angenommen werden, daß alle Werte b(k) nach (5.3.2) mit gleicher Wahrscheinlichkeit, nämlich mit 1/M, auftreten. Damit folgt für (5.3.13)

$$\bar{s}_{mm}(\tau) = \frac{1}{T}\int_0^T \frac{1}{M}\sum_{i=1}^{M} \exp\{j\pi h(2i-M-1)\,[(\tfrac{t}{T} - k) - (\tfrac{t-\tau}{T} - k)]\}dt \tag{5.3.14}$$

unter Verwendung von (5.3.2). Transformation dieser Korrelationsfunktion in den Frequenzbereich liefert die Leistungsdichte des äquivalenten Tiefpaßprozesses [Pro 89]

$$S_{mm}(j\omega) = \int_{-\infty}^{\infty} \bar{s}_{mm}(\tau)\,e^{-j\omega\tau}\,d\tau \tag{5.3.15}$$

$$= T\left[\frac{1}{M}\sum_{i=1}^{M} A_i^2(j\omega) + \frac{2}{M^2}\sum_{i=1}^{M}\sum_{j=1}^{M} B_{ij}(j\omega)\,A_i(j\omega)\,A_j(j\omega)\right]$$

mit

$$A_i(j\omega) = \frac{\sin(\omega T/2 - \pi h(2i-M-1)/2)}{\omega T/2 - \pi h(2i-M-1)/2} \tag{5.3.16}$$

$$B_{ij}(j\omega) = \frac{\cos(\omega T - \theta_{ij}) - \Psi\cdot\cos(\theta_{ij})}{1 + \Psi - 2\cdot\Psi\cdot\cos(\omega T)} \tag{5.3.17}$$

$$\theta_{ij} = \pi h \cdot (i + j - M - 1) \quad . \tag{5.3.18}$$

Darin bezeichnet Ψ die charakteristische Funktion der Zufallsvariablen b(k) nach (5.3.2), die durch

$$\Psi = \Psi(jh) = E\{e^{j\pi h \cdot b(k)}\} \tag{5.3.19}$$

definiert ist und bei Gleichverteilung der b(k) auf

$$\Psi(jh) = \frac{1}{M} \sum_{i=1}^{M} e^{j\pi h \cdot (2i-M-1)} = \frac{1}{M} \cdot e^{-j\pi h \cdot (M+1)} \sum_{i=1}^{M} e^{j2\pi h \cdot i}$$

$$= \frac{1}{M} \frac{e^{-j\pi hM} - e^{j\pi hM}}{e^{-j\pi h} - e^{j\pi h}} = \frac{1}{M} \frac{\sin(\pi h \cdot M)}{\sin(\pi h)} \tag{5.3.20}$$

führt. Aus der Definition der charakteristischen Funktion und (5.3.19) folgt, daß sie betragsmäßig stets kleiner oder gleich eins ist. Wird sie zu eins, was nach (5.3.20) für den Modulationsindex h = 1 zutrifft, enthält das Leistungsdichtespektrum diskrete Spektrallinien [Luc 68], [Pro 89]. Dies ist aus der Sicht der Informationstheorie unerwünscht, da sie Dauerschwingungen entsprechen, die Übertragungsleistung beanspruchen, ohne Information zu übertragen. Die Leistungsdichte des modulierten Prozesses errechnet sich nach (5.3.15), (5.3.12) und

$$z(t) = \mathrm{Re}\{A \cdot m(t) \cdot \exp(j(\omega_c t + \theta_0))\} = \mathrm{Re}\{A \cdot \exp(j(\omega_c t + \theta(t) + \theta_0))\}$$

$$= \frac{1}{2} A \cdot [\exp\{j(\omega_c t + \theta(t) + \theta_0)\} + \exp\{-j(\omega_c t + \theta(t) + \theta_0)\}] \tag{5.3.21}$$

zu

$$S_{zz}(j\omega) = \frac{1}{2} A^2 \left[S_{mm}(j(\omega - \omega_c)) + S_{mm}(j(\omega + \omega_c))\right] \quad . \tag{5.3.22}$$

Dieses Spektrum [Luc 68] ist in Bild 5.15 wie in Bild 5.7 über der normierten Frequenz $(\omega - \omega_c)T/(2\pi)$ für binäre CPFSK, d.h. M = 2, und verschiedene Modulationsindizes h für $\omega \geq \omega_c$ aufgetragen.

Man erkennt, daß nur Modulationsindizes $h < 1$ in Betracht kommen, da andernfalls das Spektrum nicht den gewünschten, von der Trägerfrequenz aus abfallenden Verlauf besitzt, der einem in der Praxis vorkommenden Dämpfungsverlauf des Übertragungskanals entspricht und einen zu hohen Bandbreitebedarf besäße. Dies gilt nicht nur für binäre CPFSK, sondern generell, wie die Beispiele nach Bild 5.16 für M = 4 und Bild 5.17 für M = 8 zeigen.

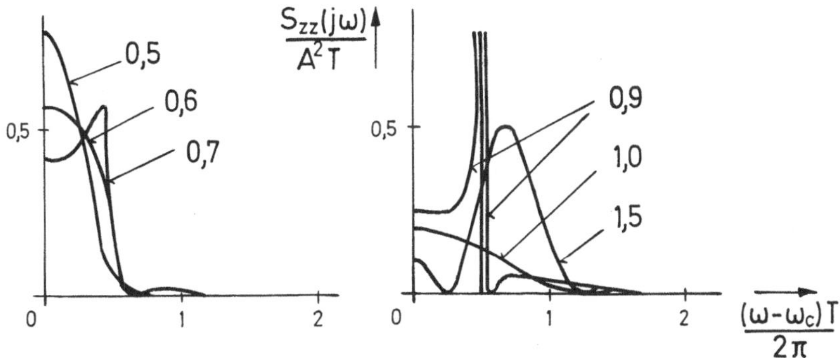

Bild 5.15 Leistungsdichte für binäre CPFSK. Parameter: Modulationsindex h

Für den Modulationsindex h = 1/M erhält man schmalbandige Leistungsdichtespektren mit guten Roll–off–Eigenschaften, die nahezu unabhängig von M sind. Für Werte im Bereich h ≈ 1,4/M wird ein vorgegebenes Band sehr gut ausgefüllt.

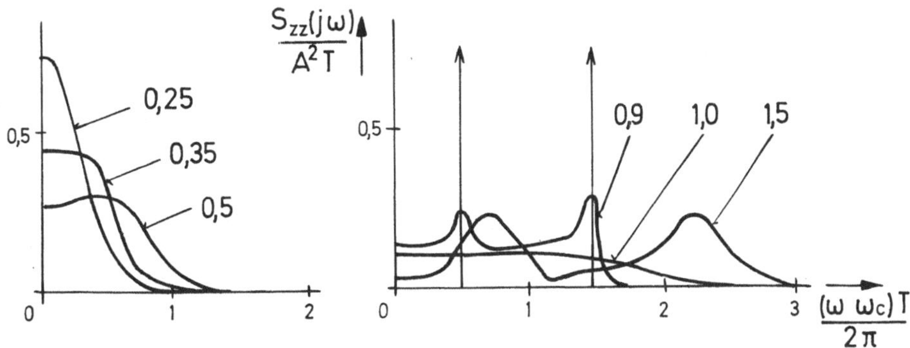

Bild 5.16 Leistungsdichte für 4–CPFSK. Parameter: Modulationsindex h

Bei h = 1/2 steigt die Bandbreite der Spektren mit M an, man erhält aber einen recht glatten Verlauf des Spektrums, insbesondere treten keine starken Erhöhungen des Spektrums an den Bandgrenzen auf. Für den Modulationsindex h = 1 erhält man in den Spektren M diskrete Spektrallinien.

Einen vergleichbar kleinen Bandbreitebedarf wie bei PAM–Verfahren erzielt man nur durch Wahl einer hinreichend kleinen Stufenzahl M oder eines hinreichend kleinen, von M abhängigen Wertes für den Modulationsindex h. Aus diesem Grunde ist vor allem binäre FSK für den praktischen Einsatz von Interesse, wenn der Übertragungskanal durch nichtlineare Verzerrungen die Amplitude des modulierten Signals verfälscht. Dadurch werden die Nulldurchgänge nicht beeinflußt, so daß eine fehlerfreie Detektion möglich ist.

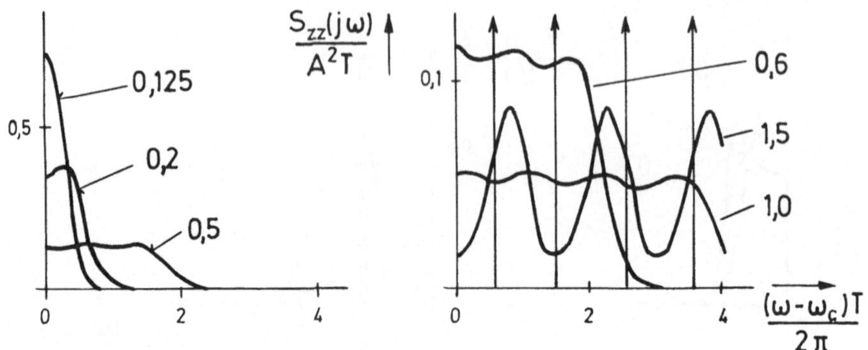

Bild 5.17 Leistungsdichte für 8–CPFSK. Parameter: Modulationsindex h

In Abhängigkeit vom Modulationsindex h und der Form der Impulsantwort $h_S(t)$ kann man verschiedene Varianten der FSK unterscheiden, von denen einige in den folgenden Abschnitten diskutiert werden sollen.

5.3.1 Frequenzumtastung mit orthogonalen Signalen

Im Zusammenhang mit den Betrachtungen zu einem kontinuierlichen Phasenverlauf bei FSK wurden die Bedingungen (5.3.7) diskutiert, die auf der Verwendung orthogonaler Sendesignale basieren. Nach (5.38) erhält man den Modulationsindex

$$h = \frac{\omega_d T}{\pi} = 1 \quad , \tag{5.3.23}$$

der sich wegen des Auftretens von isolierten Spektrallinien und des hohen Bandbreitebedarfs des Spektrums als wenig geeignet erwiesen hat. Es ist deshalb zu fragen, ob es andere Lösungen für orthogonale Signale mit besseren Eigenschaften gibt. Dazu werden die beiden Signale

$$\begin{aligned} z_1(t) &= A \cdot \sin((\omega_c - \omega_d)t) = A \cdot \sin(\omega_1 t) \\ z_2(t) &= A \cdot \sin((\omega_c + \omega_d)t) = A \cdot \sin(\omega_2 t) \end{aligned} \qquad 0 \leq t \leq T \tag{5.3.24}$$

nach (5.11) betrachtet und danach gefragt, wie die Frequenzen ω_i zu wählen sind, damit $z_1(t)$ und $z_2(t)$ orthogonal im Sinne der Definition (5.12) sind. Man erhält:

$$\int_0^T z_1(t)\, z_2(t)\, dt = A^2 \int_0^T \sin(\omega_1 t)\cdot\sin(\omega_2 t)\, dt$$

$$= \frac{A^2}{2} \int_0^T [\cos((\omega_2 - \omega_1)t) - \cos((\omega_1 + \omega_2)t)]\, dt$$

$$= \frac{A^2 T}{2} \left[\frac{\sin(2\omega_d T)}{2\omega_d T} - \frac{\sin(2\omega_c T)}{2\omega_c T} \right] \quad . \tag{5.3.25}$$

Damit dieser Ausdruck verschwindet, so daß $z_1(t)$ und $z_2(t)$ zueinander orthogonal werden, muß

$$2\cdot\omega_d T = n\cdot\pi \quad ; \quad n \in \mathbb{N} \tag{5.3.26a}$$

$$2\cdot\omega_c T = m\cdot\pi \quad ; \quad m \in \mathbb{N} \tag{5.3.26b}$$

gelten. Nach (5.3.6) ist $2\cdot\omega_d$ der Frequenzabstand zweier Momentanfrequenzen ω_i. Zur Reduktion des Bandbreitebedarfs wählt man in (5.3.25a) $n = 1$, was auf den Modulationsindex

$$h = \frac{\omega_d \cdot T}{\pi} = \frac{1}{2} \tag{5.3.27}$$

führt, während m in (5.3.26b) beliebig gewählt werden kann. Da die Trägerfrequenz ω_c in der Regel sehr viel höher als die Taktfrequenz $2\pi/T$ ist und in (5.3.25) der zweite Term mit wachsendem Argument $2\omega_c T$ nach null konvergiert, ist die Bedingung nach (5.3.26b) in der Regel vernachlässigbar [Gag 78].

Durch (5.3.27) wird der minimale Frequenzabstand zweier orthogonaler FSK–modulierter Signale festgelegt, so daß man von *minimum shift keying* oder *MSK* spricht. Die Bedingung (5.3.27) für orthogonale Signale gilt nicht nur für binäre FSK mit $M = 2$, sondern für beliebiges M.

Ein Maß für den Bandbreitebedarf ist der Frequenzabstand zwischen der höchsten und der niedrigsten Momentanfrequenz nach (5.3.4):

$$\omega_M - \omega_1 = \omega_c + \omega_d\cdot(M-1) - \omega_c - \omega_d\cdot(1-M) = 2\cdot(M-1)\cdot\omega_d \quad . \tag{5.3.28}$$

Mit (5.3.27) erhält man für MSK

$$\omega_M - \omega_1 = (M-1)\cdot\frac{\pi}{T} \quad , \tag{5.3.29}$$

d.h. einen mit der Stufenzahl M ansteigenden Bandbreitebedarf, der über dem vergleichbarer PAM–Verfahren liegt, weshalb man hier auch von *Breitband–Frequenzumtastung* spricht.

Aus Bild 5.15, Bild 5.16 und Bild 5.17 folgt, daß für h = 1/M die Bandbreite des Spektrums praktisch unabhängig von M wird. Dies bestätigt sich, wenn man den aus h = 1/M folgenden Wert

$$\omega_d = \frac{\pi \cdot h}{T} = \frac{\pi}{M \cdot T} \tag{5.3.30}$$

in (5.3.28) einsetzt:

$$\omega_M - \omega_1 = 2\,\frac{M-1}{M}\,\frac{\pi}{T} \approx 2\,\frac{\pi}{T} \quad . \tag{5.3.31}$$

Für (5.3.26a) erhält man in diesem Fall

$$2\omega_d T = 2\,\frac{\pi}{M \cdot T} \cdot T = \frac{2}{M} \cdot \pi \quad , \tag{5.3.32}$$

d.h. nur für M = 2 wird die Bedingung (5.3.26a) für orthogonale Signale eingehalten, für M > 2 aber nicht mehr. Man bezeichnet FSK mit dem Modulationsindex h = 1/M wegen des geringen Bandbreitebedarfs nach (5.3.31) auch als *Schmalband–Frequenzumtastung*. Hier ist der Bandbreitebedarf ähnlich groß wie bei dem PAM–Verfahren. Der geringere Bandbreitebedarf von Schmalband–Frequenzumtastung wird allerdings mit einer höheren Fehlerwahrscheinlichkeit gegenüber der Breitband–Frequenzumtastung mit orthogonalen Signalen erkauft.

Das Signal mit MSK–Modulation läßt sich nach [Hay 83], [Pro 89], Bla 90] als PSK–moduliertes Signal interpretieren. Dazu schreibt man für (5.2.8)

$$\begin{aligned} z(t) &= s_1(t) \cdot \cos(\omega_c t) + s_2(t) \cdot \sin(\omega_c t) \\ &= \mathrm{Re}\{[s_1(t) - j\, s_2(t)] \cdot e^{j\omega_c t}\} = \mathrm{Re}\{m(t) \cdot e^{j\omega_c t}\} \end{aligned} \tag{5.3.33}$$

und interpretiert das komplexe modulierende Signal m(t) in Anlehnung an (5.1) mit $b(k) \in \{+1, -1\}$ und, wegen der Tatsache, daß nach Bild 5.14 für h = 1/2 das MSK–Signal zu geraden Zeitpunkten k die Phasenwinkel 0 oder π, zu ungeraden die Werte $\pm\pi/2$ annimmt, durch

$$m(t) = \sum_{n=-\infty}^{\infty} [b(2n) \cdot h_S(t-2nT) - j\, b(2n+1) \cdot h_S(t-(2n+1)T)] \quad , \tag{5.3.34}$$

wobei die Impulsantwort $h_S(t)$ die Form

$$h_S(t-2nT) = A \cdot \cos\left[\frac{\pi(t-2nT)}{2T}\right] \cdot [\delta_{-1}(t-(2n-1)T) - \delta_{-1}(t-(2n+1)T)] \tag{5.3.35a}$$

bzw.

$$h_S(t-(2n+1)T) = A\cdot\cos\left[\frac{\pi(t-(2n+1)T)}{2T}\right]\cdot[\delta_{-1}(t-2n)T] - \delta_{-1}(t-(2n+2)T)]$$

$$= -A\cdot\sin\left[\frac{\pi(t-2nT)}{2T}\right]\cdot[\delta_{-1}(t-2nT] - \delta_{-1}(t-(2n+2)T)] \tag{5.3.35b}$$

annimmt. Man beachte, daß die Dauer der Impulse $h_S(t)$ hier 2T beträgt, während sie bisher T betrug, und daß sie gegeneinander um T verschoben sind. Wegen dieser Verschiebung der beiden in Quadratur stehenden Terme nach (5.3.34) bezeichnet man dieses Modulationsverfahren auch als *offset quadrature* PSK oder *OQPSK*. Das modulierte Signal ist nach (5.3.33) und (5.3.34) durch

$$z(t) = A\cdot\Big[\Big(\sum_{n=-\infty}^{\infty} b(2n)\cdot h_S(t-2nT)\Big)\cdot\cos(\omega_c t) + \\ + \Big(\sum_{n=-\infty}^{\infty} b(2n+1)\cdot h_S(t-(2n+1)T)\cdot\sin(\omega_c t)\Big)\Big]$$

$$= z_i(t) + z_q(t) \tag{5.3.36}$$

gegeben, wobei $z_i(t)$ die Kophasal–, $z_q(t)$ die Quadraturkomponente bezeichnet, die zusammen mit z(t) in Bild 5.18 dargestellt sind.

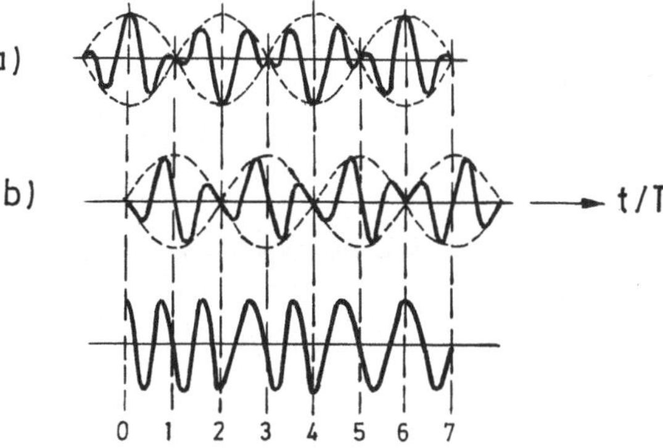

Bild 5.18 OQPSK–Signal mit a) Kophasal– und b) Quadraturkomponente

Aus Bild 5.18 wird ersichtlich, daß das OQPSK–Signal und das MSK–Signal miteinander übereinstimmen. Dies läßt sich verdeutlichen, indem man für die Phase $\theta(t)$ nach (5.3.10) bei MSK den Modulationsindex $h = 1/2$ einsetzt und

$$\theta(t) = \frac{\pi}{2}\left[\sum_{n=-\infty}^{k-1} b(n) + b(k)\cdot\left(\frac{t}{T} - k\right)\right]$$

$$= \theta(k) + b(k)\cdot\left[\frac{\pi(t-kT)}{2T}\right] \quad ; \quad kT \le t \le (k+1)T \tag{5.3.37}$$

$$= \theta(k+1) - b(k)\cdot\left[\frac{\pi((k+1)T-t)}{2T}\right]$$

schreibt. Für das MSK–Signal folgt mit $\theta_0 = 0$ aus (5.3.9)

$$z(t) = A\cdot\cos(\omega_c t + \theta(t))$$

$$= A\cdot[\cos(\theta(t))\cdot\cos(\omega_c t) - \sin(\theta(t))\cdot\sin(\omega_c t) \tag{5.3.38}$$

und mit (5.3.37), $k = 2n$, $\theta(2n) = 0$ bzw. $\theta(2n) = \pi$ sowie $\theta(2n+1) = \pm\pi/2$ für die Kophasal– und Quadraturkomponente im Basisband:

$$\cos\{\theta(t)\} = \cos\left\{\theta(2n) + b(2n)\cdot\left[\frac{\pi(t-2nT)}{2T}\right]\right\}$$

$$= \cos\{\theta(2n)\}\cdot\cos\left\{b(2n)\cdot\left[\frac{\pi(t-2nT)}{2T}\right]\right\}$$

$$- \sin\{\theta(2n)\}\cdot\sin\left\{b(2n)\cdot\left[\frac{\pi(t-2nT)}{2T}\right]\right\}$$

$$= \cos\{\theta(2n)\}\cdot\cos\left\{\frac{\pi(t-2nT)}{2T}\right\} \quad ; \quad kT \le t \le (k+1)T \tag{5.3.39a}$$

bzw.

$$\sin\{\theta(t)\} = \sin\left\{\theta(2n+1) - b(2n)\cdot\left[\frac{\pi((2n+1)T-t)}{2T}\right]\right\}$$

$$= \sin\{\theta(2n+1)\}\cdot\cos\left\{b(2n)\cdot\left[\frac{\pi((2n+1)T-t)}{2T}\right]\right\}$$

$$- \cos\{\theta(2n+1)\}\cdot\sin\left\{b(2n)\cdot\left[\frac{\pi((2n+1)T-t)}{2T}\right]\right\}$$

$$= \sin\{\theta(2n+1)\}\cdot\cos\left\{\frac{\pi(t-(2n+1)T)}{2T}\right\}$$

$$= \sin\{\theta(2n+1)\}\cdot\sin\left\{\frac{\pi(t-2nT)}{2T}\right\}$$

$$2nT \le t \le (2n+1)T \quad . \tag{5.3.39b}$$

Die oben gemachten Annahmen bezüglich der Winkel $\theta(k)$ und ihrer Aufeinanderfolge entsprechen Bild 5.14b und sind in Tabelle 5.2 zusammengestellt. Setzt man (5.3.39) in

(5.3.38) ein, so erhält man schließlich:

$$z(t) = A \cdot \Big[\cos\{\theta(2n)\} \cdot \cos\Big\{\frac{\pi(t-2nT)}{2T}\Big\} \cdot \cos(\omega_c t) -$$

$$- \sin\{\theta(2n+1)\} \cdot \sin\Big\{\frac{\pi(t-2nT)}{2T}\Big\} \cdot \sin(\omega_c t) \Big] \quad ;$$

$$2nT \le t \le (2n+1)T \quad . \qquad (5.3.40)$$

Ein Vergleich mit (5.3.36) zeigt, daß an die Stelle der Koeffizienten b(k) die Phasenwinkel $\theta(k)$ getreten sind, beide Darstellungen aber dasselbe modulierte Signal z(t) beschreiben.

Tabelle 5.2 Phasen $\theta(k)$, Zeichen b(k) und Vektorkomponenten bei MSK bzw. OQPSK

$\theta(2n)$	b(2n)	$\theta(2n+1)$	z_{i1}	z_{i2}
0	+1	$+\pi/2$	+A	–A
π	+1	$-\pi/2$	–A	+A
0	–1	$-\pi/2$	+A	+A
π	–1	$+\pi/2$	–A	–A

Die Amplituden der Kophasal– und Quadraturkomponente sind ebenfalls in Tabelle 5.2 aufgeführt, die auf die zeitunabhängige Amplitude des modulierten Signals z(t) führen. Verwendet man die aus (5.3.36) und (5.3.35) folgenden orthonormalen Basisfunktionen [Hay 83]

$$\varphi_1(t) = \sqrt{\frac{2}{T}} \cos(\frac{\pi t}{2T}) \cdot \cos(\omega_c t) \quad ; \quad -T \le t \le T \qquad (5.3.41a)$$

$$\varphi_2(t) = \sqrt{\frac{2}{T}} \sin(\frac{\pi t}{2T}) \cdot \sin(\omega_c t) \quad ; \quad 0 \le t \le 2T \quad , \qquad (5.3.41b)$$

so kann man für OQPSK das in Bild 5.19 gezeigte Signalvektordiagramm mit den Vektorkomponenten z_{ij} aus Tabelle 5.2 zeichnen. Das Diagramm stimmt formal mit dem für 4–PSK, auch als QPSK bezeichnet, überein. Die Interpretation ist hier jedoch eine andere: Während bei 4–PSK den Vektorpunkten Dibits und den Achsen die orthogonalen Basisfunktionen $\varphi_i(t)$ nach (5.1.22) zugeordnet werden, gelten hier die Basisfunktionen nach (5.3.41) und die Signalvektorpunkte entsprechen einem einzelnen Binärzeichen b(k) unter der Randbedingung einer bestimmten Phase $\theta(k)$. Bei MSK spielt wegen der kontinuierlichen Phase die Vergangenheit des Datenstroms bei der Codierung eine Rolle.

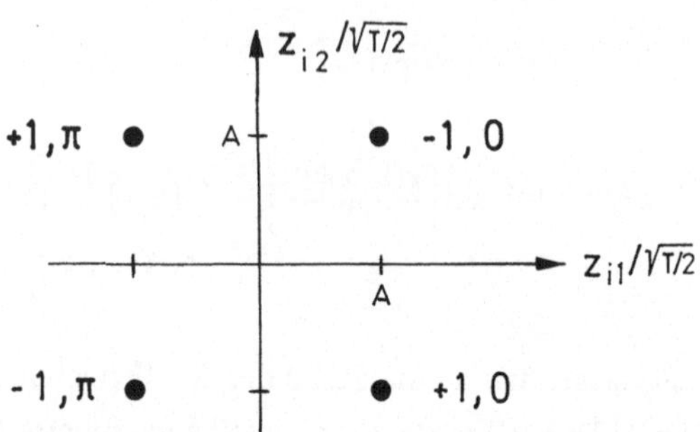

Bild 5.19 Signalvektordiagramm für MSK mit Zeichen b(k) und Phase θ(k)

Wegen der Ähnlichkeit von MSK und 4–PSK sollen noch deren Spektren verglichen werden. Das Leistungsdichtespektrum für 4–PSK ist nach (5.2.10)

$$S_{zz}(j\omega) = A^2 T \left[\left[\frac{\sin((\omega-\omega_c)T/2)}{(\omega-\omega_c)T/2}\right]^2 + \left[\frac{\sin(\omega+\omega_c)T/2)}{(\omega+\omega_c)T/2}\right]^2\right] \tag{5.3.42}$$

und das für binäre MSK erhält man mit h = 1/2 und M = 2 aus (5.3.15) bis (5.3.20). Die charakteristische Funktion Ψ(jh) wird für h = 1/2 zu null, so daß für das modulierende Signal

$$\begin{aligned} S_{mm}(j\omega) = T\cdot &\left[\left[\frac{\sin(\omega T/2 + \pi/4)}{\omega T/2 + \pi/4}\right]^2 + \left[\frac{\sin(\omega T/2 - \pi/4)}{\omega T/2 - \pi/4}\right]^2\right] \\ &+ \cos(\omega T + \pi/2)\cdot\left[\frac{\sin(\omega T/2 + \pi/4)}{\omega T/2 + \pi/4}\right]^2 \\ &+ \cos(\omega T - \pi/2)\cdot\left[\frac{\sin(\omega T/2 - \pi/4)}{\omega T/2 - \pi/4}\right]^2 \\ &+ 2\cdot\cos(\omega T)\cdot\left[\frac{\sin(\omega T/2 + \pi/4)}{\omega T/2 + \pi/4}\right]\cdot\left[\frac{\sin(\omega T/2 - \pi/4)}{\omega T/2 - \pi/4}\right] \\ = \frac{T}{\pi^2}&\left[\frac{\cos(\omega T)}{\omega^2 T^2 - \pi^2/4}\right]^2 \end{aligned} \tag{5.3.43}$$

und für das modulierte Signal mit (5.3.22)

$$S_{zz}(j\omega) = \frac{A^2 T}{2\pi^2}\left[\left[\frac{\cos((\omega-\omega_c)T)}{(\omega-\omega_c)^2 T^2 - \pi^2/4}\right]^2 + \left[\frac{\cos((\omega+\omega_c)T)}{(\omega+\omega_c)^2 T^2 - \pi^2/4}\right]^2\right] \tag{5.3.44}$$

gilt. Einen Vergleich der beiden Leistungsdichtespektren für MSK und 4–PSK liefert Bild 5.20.

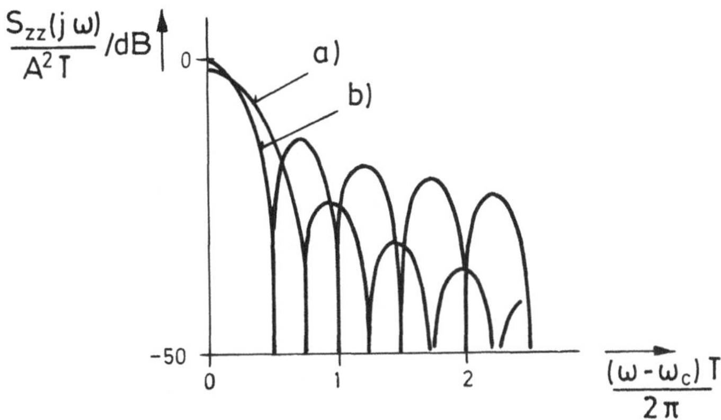

Bild 5.20 Vergleich der Leistungsdichtespektren für a) MSK und b) 4–PSK

Man erkennt, daß 4–PSK ein schmäleres Hauptmaximum als MSK besitzt, daß die Nebenmaxima aber bei 4–PSK langsamer abnehmen als die von MSK. Dies liegt daran, daß bei MSK im Gegensatz zu 4–PSK keine Phasensprünge um $\pm\pi/2$ und π auftreten. Da beide Verfahren wegen der gleichen Signalvektordiagramme auf dieselbe Fehlerwahrscheinlichkeit führen [Hay 83], wird man bei relativ breitbandigen Übertragungskanälen oder solchen mit nichtlinearen Verzerrungen MSK verwenden, bei relativ schmalbandigen Kanälen wird man eher 4–PSK den Vorzug geben.

5.3.2 Frequenzumtastung mit Basisbandvorfilterung

Bei den bisherigen Betrachtungen wurde davon ausgegangen, daß der Impuls $h_S(t)$ stets ein rechteckförmiger Impuls der Dauer T war, wenn man einmal von der Interpretation von MSK durch OQPSK absieht. Das hat zur Folge, daß der Phasenverlauf $\theta(t)$ nach (5.3.10) bzw. Bild 5.14 aus geraden Linienelementen zusammengesetzt ist, d.h. keinen glatten Verlauf aufweist. Die Folge ist ein relativ großer Bandbreitebedarf. Man hat deswegen versucht, den Übergang zwischen den einzelnen Phasenwerten zu glätten, indem man z.B. einen sinusförmigen Verlauf [Amo 76], [Lin 81] wählte. Man erreicht dies, indem man

$$h_S(t) = -A\,\frac{\pi}{2}\sin(\frac{\pi}{T}t)\cdot[\delta_{-1}(t)-\delta_{-1}(t-T)] \tag{5.3.45}$$

wählt. Da $h_S(t)$ nach (5.3.45) einen relativ steilen Anstieg des Kurvenverlaufs aufweist, ist der Gewinn an Bandbreitereduktion aber gering. Man wird deshalb nicht nur $h_S(t)$ ändern, sondern wie bei der Spektralformung im Basisband ein Vorfilter mit dem Frequenzgang $H_B(\exp(j\omega T))$ nach Bild 4.1 einführen. Dadurch läßt sich die Änderung der Phase $\theta(t)$ von $t = kT$ nach $t = (k+1)T$ im Mittel verringern. Nach [Jag 78] wird für die Phasenänderung die Beziehung

$$\theta(k+1) = \theta(k) + \tfrac{\pi}{4}\,[\,\tfrac{1}{2}\,c(k-1) + c(k) + \tfrac{1}{2}\,c(k+1)] \tag{5.3.46}$$

vorgeschlagen, während für MSK mit (5.3.37)

$$\theta(k+1) = \theta(k) + \tfrac{\pi}{2}\,c(k) \tag{5.3.47}$$

gilt. Die Vorfilterung nach (5.3.46) erfordert ein Filter mit dem Frequenzgang

$$\begin{aligned} H_B\,(e^{j\omega T}) &= \tfrac{\pi}{2}\left[\tfrac{1}{2}\,e^{-j\omega T} + 1 + \tfrac{1}{2}\,e^{j\omega T}\right] \\ &= \tfrac{\pi}{2}\,[\,1 + \cos\omega T\,] = \pi\cdot\cos^2(\omega T/2) \quad , \end{aligned} \tag{5.3.48}$$

wobei die Kausalität nicht beachtet wurde.

Für die Impulsantwort $h_S(t)$ wird eine Signalform gewählt, die die Bedingung

$$\frac{1}{A\cdot T}\int_{(2k-1)T/2}^{(2k+1)T/2} h_S(t)\,dt = \begin{cases} 1 & k = 0 \\ 0 & k \neq 0 \end{cases} \tag{5.3.49}$$

bei möglichst wenig Bandbreitebedarf erfüllt. Damit erreicht man, daß der Zuwachs der Phase in einem Taktintervall nur vom aktuellen Datum $b(k)$ bestimmt wird, andererseits die Impulsantwort $h_S(t)$ nicht zeitbegrenzt sein muß, so daß man eine begrenzte Bandbreite erreichen kann. Die in (5.3.49) genannte Forderung wird als *dritte Nyquistbedingung* bezeichnet und durch Impulse mit dem Frequenzgang [Pas 74]

$$H_S(j\omega) = AT\,\frac{\omega T/2}{\sin(\omega T/2)}\cdot H(j\omega) \tag{5.3.50}$$

erfüllt, wobei $H(j\omega)$ den Frequenzgang für Roll–off–Impulse nach (3.1.19) bezeichnet. Um minimale Bandbreite zu erreichen, wählt man für den Roll–off–Faktor $\rho = 0$, d.h. für $H(j\omega)$ einen idealen Tiefpaß, so daß für (5.3.50)

$$H_S(j\omega) = A\cdot T\,\frac{\omega T/2}{\sin(\omega T/2)} \quad ; \quad |\omega| \leq \pi/T \tag{5.3.51}$$

gilt. Die Kettenschaltung aus dem Vorfilter nach (5.3.48) und dem nach (5.3.51) liefert den Frequenzgang

$$H_B(e^{j\omega T}) \cdot H_S(j\omega) = A \cdot T \cdot \pi \frac{\omega T/2}{\sin(\omega T/2)} \cdot \cos(\omega T/2)$$

$$= A \cdot T \cdot \pi\,(\omega T/2) \cdot \mathrm{ctg}(\omega T/2) \quad ; \quad |\omega| \leq \pi/T \quad . \qquad (5.3.52)$$

Dies führt auf einen Impuls unbegrenzter Dauer. Zur digitalen Realisierung verwendet man Filter mit endlicher Impulsantwort, die man durch Abschneiden der Impulsantwort unendlicher Dauer erhält. Der Einfluß auf das Sendesignalspektrum wird in [Jag 78] diskutiert.

Die durch das so aufbereitete modulierende Signal generierte Phase $\theta(t)$ zeigt Bild 5.21, wobei die Anfangswerte $\theta(0) = 0$ und $b(-1) = b(0) = +1$ verwendet wurden. Die Zeichen "+" und "−" bezeichnen das Vorzeichen von $b(k+1)$.

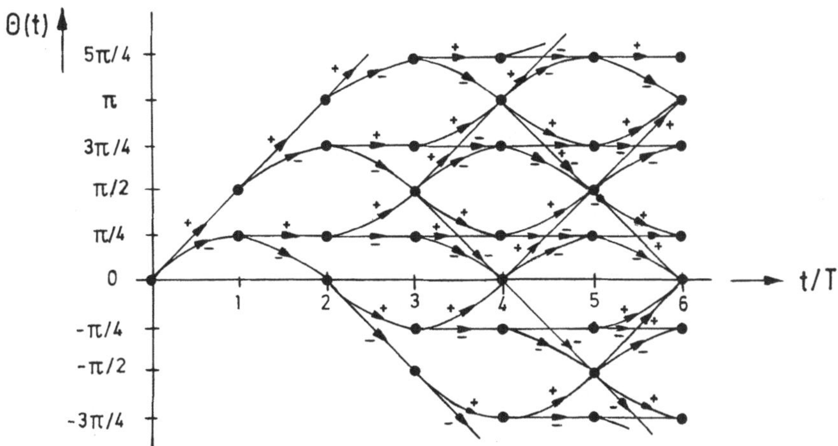

Bild 5.21 Phasenverlauf bei "gezähmter" Frequenzumtastung

Im Gegensatz zur Phasenänderung um $\pm\pi/2$ bei MSK ändert sich die Phase innerhalb eines Taktes hier um die Werte 0, $\pm\pi/4$ oder $\pm\pi/2$, und der Übergang zwischen den acht möglichen Werten $\theta(k)$ innerhalb des Intervalls $-\pi < \theta(k) \leq \pi$ ist glatter. Man spricht deshalb auch von *"gezähmter"* Frequenzumtastung oder im Englischen von *tamed frequency modulation* bzw. *TFM*. Auffällig sind die horizontalen Verläufe der Phase $\theta(t)$, bei denen keine Änderung der Phase eintritt. Bei MSK würde dies einem dauernden Wechsel der Phase durch Umschalten der beiden Sendefrequenzen entsprechen. Dadurch wird das Leistungsdichtespektrum [Jag 78], [Mäu 88] bei TFM schmaler als bei MSK, wie Bild 5.22 zeigt, bei dem die Amplituden der Leistungsdichten auf die bei $\omega_c = 0$ bezogen und im logarithmischen Maßstab als Funktion von $(\omega - \omega_c)T/(2\pi)$ angegeben wurden.

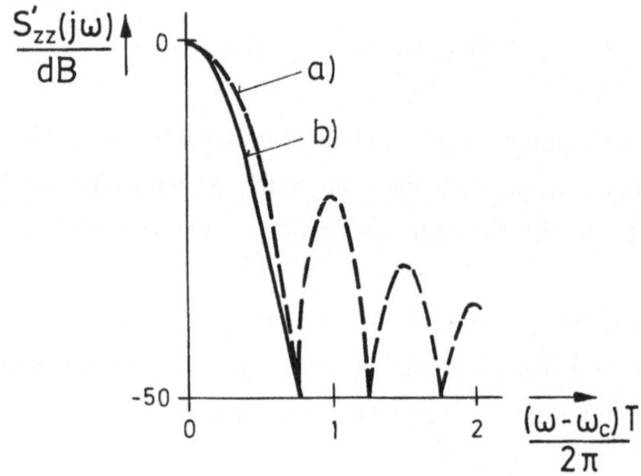

Bild 5.22 Vergleich der Leistungsdichtespektren bei a) MSK und b) TFM

Der Verlust an Signal–zu–Rauschverhältnis beträgt bei TFM gegenüber MSK bei einer Fehlerwahrscheinlichkeit von $P(F) = 10^{-3}$ etwa 1 dB [Lin 81], d.h. er ist sehr gering. Damit stellt TFM wegen des geringen Bandbreitebedarfs trotz des erhöhten Aufwands bei der Signalaufbereitung bei Kanälen geringer Bandbreite und mit nichtlinearen Verzerrungen – z.B. Mobilfunkkanälen – eine Alternative zu MSK dar.

5.4 Optimalempfänger für digital modulierte Signale

Unter Optimalempfängern versteht man solche, bei denen die Fehlerwahrscheinlichkeit, bei binärer Übertragung die *Bitfehlerwahrscheinlichkeit*, bei zeichenweiser Übertragung die *Zeichenfehlerwahrscheinlichkeit*, zum Minimum gemacht wird.

Der Zusammenhang zwischen Bit– und Zeichenfehlerwahrscheinlichkeit ist ohne Kenntnis der Codierung nicht angebbar. Geht man aber davon aus, daß die Zeichen aus b Binärzeichen im Sinne des Gray–Code codiert werden, so unterscheiden sich die Binärcodes geometrisch unmittelbar benachbarter Signalvektoren, die diese Zeichen repräsentieren, in nur einem Binärzeichen. Es ist ferner davon auszugehen, daß bei großen Signal–zu–Rauschverhältnissen, die für den praktischen Einsatz von Datenübertragungseinrichtungen allein von Interesse sind, die Fehlerwahrscheinlichkeit im wesentlichen von dem Fehler bestimmt wird, der dadurch entsteht, daß statt des gesendeten Signalvektors ein unmittelbar benachbarter Signalvektor detektiert wird. Bezeichnet man mit $P_b(F)$ und $P_z(F)$ die Bit– bzw. Zeichenfehlerwahrscheinlichkeit, so gilt:

$$P_b(F) \approx \frac{1}{b} P_z(F) \quad . \tag{5.4.1}$$

Künftig soll nicht zwischen Bit– und Zeichenfehlerwahrscheinlichkeit unterschieden werden, sondern die Fehlerwahrscheinlichkeit mit P(F) bezeichnet werden, da aus dem Zusammenhang klar wird, um welche Art es sich handelt.

Die bei den einzelnen Modulationsverfahren erreichbaren Fehlerwahrscheinlichkeiten hängen sehr von der Art der Demodulation ab. Generell wird man bei synchronen Demodulationsverfahren, bei denen man den Träger nach Frequenz und Nullphase sowie den Zeichentakt kennt, bessere Ergebnisse erzielen als bei asynchronen Methoden. Wenn nichts anderes gesagt wird, soll deshalb Synchronmodulation vorausgesetzt werden.

5.4.1 Modell des optimalen Empfängers

Die Herleitung des optimalen Empfängers kann hier nur skizzenhaft erfolgen. Für eine detailliertere Betrachtung wird auf die Literatur, z.B. [Kro 86], verwiesen.

Für die von einem Empfänger erzielte Fehlerwahrscheinlichkeit gilt allgemein

$$P(F) = \sum_{i=1}^{M} P(F|Z_i) \cdot P(Z_i) = \frac{1}{M} \sum_{i=1}^{M} P(F|Z_i) \quad , \tag{5.4.2}$$

wobei $P(F|Z_i)$ die Fehlerwahrscheinlichkeit für das Zeichen Z_i und $P(Z_i) = 1/M$ die als gleich angenommene A–priori–Wahrscheinlichkeit der M Zeichen Z_i ist. Man kann zeigen [Kro 86], daß die Fehlerwahrscheinlichkeit P(F) zum Minimum wird, wenn man sich für das Zeichen Z_i mit der größten A–posteriori–Wahrscheinlichkeit $P(Z_i|\mathbf{r})$ entscheidet:

$$P(Z_i|\mathbf{r}) \overset{!}{=} \operatorname*{Max}_i \quad ; \quad i = 1, 2, \ldots, M \tag{5.4.3}$$

Dabei ist $\mathbf{r}$ der z.B. zweidimensionale Empfangsvektor, der bei additiven Störungen gleich der Summe aus dem das ungestörte modulierte Signal

$$z_i(t) = z_{i1} \cdot \cos(\omega_c t) + z_{i2} \cdot \sin(\omega_c t) \quad ; \quad kT \leq t \leq (k+1)T \tag{5.4.4}$$

beschreibenden Vektor $\mathbf{z}_i$ mit den mit Hilfe der orthonormalen Basisfunktionen $\varphi_n(t)$ bestimmbaren Komponenten

$$z_{in} = \int_{kT}^{(k+1)T} z_i(t) \cdot \varphi_n(t)\, dt \tag{5.4.5}$$

nach (5.16) und dem Störvektor **n** darstellen:

$$\mathbf{r} = \mathbf{z}_i + \mathbf{n} \quad ; \quad i = 1, 2, \dots, M \ . \tag{5.4.6}$$

Es wird angenommen, daß die Störungen unabhängig von $\mathbf{z}_i$ sind und einem weißen Prozeß entstammen, was mit dem in der Praxis gegebenen Fall übereinstimmt, daß die Bandbreite der Störungen erheblich größer ist als die des modulierten Signals. Geht man schließlich davon aus, daß der Störprozeß eine Gaußdichte besitzt, so gilt für die Dichte des Vektors **n** [Kro 86]

$$f_{\boldsymbol{n}}(\mathbf{n}) = \prod_{n=1}^{2} \frac{1}{\sqrt{2\pi}\, \sigma_n} \exp\left[-\frac{n_n^2}{2\sigma_n^2} \right] \ , \tag{5.4.7}$$

wobei σ_n die Standardabweichung der Störkomponenten n_n ist, die als mittelwertfrei vorausgesetzt werden. Damit läßt sich die A–posteriori–Wahrscheinlichkeit $P(Z_i | \mathbf{r})$ nach (5.4.3) über die gemischte Form der *Bayes–Regel* [Kro 86] berechnen

$$P(Z_i | \mathbf{r}) = \frac{f_{\boldsymbol{r}|Z_i}(\mathbf{r} | Z_i) \cdot P(Z_i)}{f_{\boldsymbol{r}}(\mathbf{r})} = \frac{1}{M} \frac{f_{\boldsymbol{r}|Z_i}(\mathbf{r} | Z_i)}{f_{\boldsymbol{r}}(\mathbf{r})} \ , \tag{5.4.8}$$

indem man die dazu erforderliche bedingte Dichte über eine Variablentransformation [Kro 86] nach (5.4.6) aus der Dichte des Störvektors nach (5.4.7) berechnet

$$f_{\boldsymbol{r}|Z_i}(\mathbf{r} | Z_i) = f_{\boldsymbol{n}}(\mathbf{r} - \mathbf{z}_i) = \prod_{n=1}^{2} \frac{1}{\sqrt{2\pi}\, \sigma_n} \exp\left[-\frac{(r_n - z_{in})^2}{2\sigma_n^2} \right] \ , \tag{5.4.9}$$

wobei von der Unabhängigkeit zwischen $\boldsymbol{z}_i$ und $\boldsymbol{n}$ Gebrauch gemacht wurde.

Die Entscheidungsregel (5.4.3) läßt sich mit (5.4.8) und (5.4.9) in der Form

$$f_{\boldsymbol{r}|Z_i}(\mathbf{r} | Z_i) = \prod_{n=1}^{2} \frac{1}{\sqrt{2\pi}\, \sigma_n} \exp\left[-\frac{(r_n - z_{in})^2}{2\sigma_n^2} \right] \overset{!}{=} \underset{i}{\mathrm{Max}} \tag{5.4.10}$$

angeben, da alle übrigen Größen, nämlich $P(Z_i) = 1/M$ und $f_{\boldsymbol{r}}(\mathbf{r})$, nicht von i abhängen. Zur weiteren Vereinfachung vernachlässigt man die von i unabhängigen Größen in (5.4.10) und logarithmiert den verbleibenden Ausdruck:

$$\sum_{n=1}^{2} (r_n - z_{in})^2 < \sum_{n=1}^{2} (r_n - z_{jn})^2 \quad ; \quad j = 1, \dots, M \ , j \neq i \ . \tag{5.4.11}$$

Damit die Fehlerwahrscheinlichkeit P(F) zum Minimum wird, muß sich der Empfänger für den Signalvektor $\mathbf{z}_i$ entscheiden, der zum Empfangsvektor $\mathbf{r}$ den kleinsten Euklidischen Abstand besitzt. Man kann folglich im Signalvektordiagramm den Vektoren Entscheidungsgebiete zuordnen, deren Grenzen gleiche Abstände zu den Signalvektoren haben. Für das Signalvektordiagramm für 8–ASK/PSK zeigt Bild 5.23 ein Beispiel.

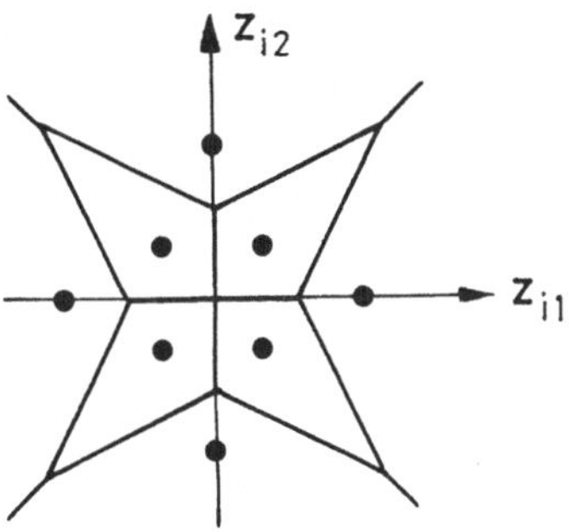

Bild 5.23 Entscheidungsräume innerhalb des Signalvektordiagramms für 8—ASK/PSK

Aus (5.4.10) und (5.4.11) erhält man weiter die Beziehung

$$\sum_{n=1}^{2} z_{in} r_n - \frac{1}{2} \sum_{n=1}^{2} z_{in}^2 = g_i = \underset{i}{\mathrm{Max}} \quad ; \quad i = 1, 2, \ldots, M \quad , \tag{5.4.12}$$

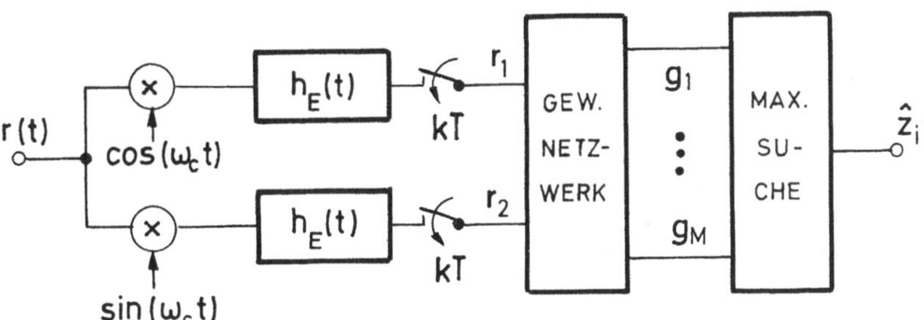

Bild 5.24 Modell des Optimalempfängers für zweidimensionale Signalvektoren

die direkt auf das Modell des Empfängers nach Bild 5.24 führt: Durch Multiplikation mit den Basisfunktionen $\varphi_1(t) = \cos(\omega_c t)$ und $\varphi_2(t) = \sin(\omega_c t)$ und anschließende Integration erhält man nach Abtastung zu den Zeiten $t = kT$ die Komponenten r_n des gestörten Empfangsvektors. Diese werden gemäß (5.4.12) mit den Werten z_{in} in einem Netzwerk gewichtet, so daß M Größen g_i entstehen, aus denen der größte Wert ausgewählt wird.

Dies ist ein Schätzwert für das Zeichen Z_i, dem nach Decodierung über eine Tabelle eine Binärkombination zugeordnet wird.

Dabei wird entsprechend früherer Hinweise vorausgesetzt, daß der Träger nach Frequenz und Phase sowie der Zeichentakt T zur Verfügung stehen. Es wurde angenommen, daß das Filter im Modulator eine rechteckförmige Impulsantwort $h_S(t)$ besitzt und der Kanal verzerrungsfrei ist, was auf ein Empfangsfilter mit $h_E(t) = h_S(T-t) = h_S(t)$ führt. Man kann auch Filter mit anderen Impulsantworten $h_S(t)$ als die rechteckförmige nach (5.1.3) zur Signalformung des Basisbandsignals verwenden; üblich sind z.B. auch cosinusförmige Impulse [Höl 82], um andere Spektren zu erzielen. Grundsätzlich ändert sich dann aber nichts an den in diesem Kapitel genannten Überlegungen, so daß hier immer von einem rechteckförmigen Impuls ausgegangen wird.

5.4.2 Berechnung der Fehlerwahrscheinlichkeit

Zur Berechnung der Fehlerwahrscheinlichkeit P(F) nach (5.4.2) benötigt man die bedingten Wahrscheinlichkeiten $P(F|Z_i)$. Diese erhält man als Integral über die bedingte Dichte nach (5.4.9) innerhalb des auf falsche Entscheidungen führenden Gebiets. Dieses Gebiet kann recht kompliziert ausfallen, wie aus dem Beispiel in Bild 5.23 zu entnehmen ist, so daß man P(F) über die Wahrscheinlichkeit P(C) für korrekte Entscheidungen

$$P(F) = 1 - P(C) = 1 - \frac{1}{M} \sum_{i=1}^{M} P(C|Z_i) \tag{5.4.13}$$

berechnet. Für $P(C|Z_i)$ gilt dabei

$$\begin{aligned} P(C|Z_i) &= \int_{R_i} f_{r|Z_i}(r|Z_i)\, dr \\ &= \frac{1}{2\pi \cdot \sigma_n^2} \int_{R_i} \exp\left[-\frac{(r_1-z_{i1})^2 + (r_2-z_{i2})^2}{2\sigma_n^2} \right] dr_1 dr_2 \end{aligned} \tag{5.4.14}$$

mit der bedingten Dichte nach (5.4.9) und dem Entscheidungsraum R_i für korrekte Entscheidungen. Bei Modulationsverfahren auf der Basis der Phasenumtastung läßt sich das Integral in (5.4.14) mit Hilfe der Polarkoordinaten

$$r_1 = \rho \cdot \cos(\alpha) \quad ; \quad r_2 = \rho \cdot \sin(\alpha) \tag{5.4.15}$$

und der Funktionaldeterminante

$$dr_1 dr_2 = \begin{vmatrix} \cos(\rho) & -\rho\cdot\sin(\alpha) \\ \sin(\alpha) & \rho\cdot\cos(\alpha) \end{vmatrix} d\rho d\alpha = \rho\cdot d\rho\, d\alpha \tag{5.4.16}$$

einfacher als in karthesischen Koordinaten auswerten:

$$P(C|Z_i) = \frac{1}{2\pi\cdot\sigma_n^2} \int_{\alpha_u}^{\alpha_o} \int_{\rho_u}^{\rho_o} \exp\left[\frac{2\rho[z_{i1}\cdot\cos(\alpha)+z_{i2}\cdot\sin(\alpha)]-\rho^2-z_{i1}^2-z_{i2}^2}{2\sigma_n^2}\right] \rho\cdot d\rho d\alpha \ . \tag{5.4.17}$$

Auch in dieser allgemeinen Form ist eine geschlossene Auswertung des Integrals nicht möglich. Deshalb sind nach Einsetzen der Koeffizienten z_{in} numerische Verfahren erforderlich. Eine Alternative dazu stellt die Abschätzung des Integrals nach unten dar, um über (5.4.13) eine Abschätzung der Fehlerwahrscheinlichkeit nach oben zu erhalten.

Eine Möglichkeit besteht darin, den Entscheidungsgebieten $\mathbf{R}_i$ für korrekte Entscheidungen Kreisflächen $\mathbf{K}_i$ einzubeschreiben, die deren Grenze an mindestens einem Punkt berühren. Man nennt diese Methode *Kreisflächenverfahren* [Kro 86], die zu der im Englischen als *spherical bound* bezeichneten oberen Grenze der Fehlerwahrscheinlichkeit führt. Die bedingte Wahrscheinlichkeit $P(C|Z_i)$ wird durch

$$P(C|Z_i) \geq P\{\mathbf{n} \in \mathbf{K}_i | Z_i\} = P\{\mathbf{n} \in \mathbf{K}_i\} \tag{5.4.18}$$

abgeschätzt, da sicher kein Fehler entsteht, wenn der Störvektor $\mathbf{n}$ nach (5.4.6) innerhalb des Kreises $\mathbf{K}_i$ bleibt. Die bedingte Wahrscheinlichkeit ist gleich der unbedingten, da $\mathbf{n}$ unabhängig vom Zeichen Z_i ist und Z_i den Radius ρ_i der Kreisfläche $\mathbf{K}_i$ bestimmt. Die Dichte von $\mathbf{n}$ ist aber durch (5.4.7) gegeben, so daß mit den Polarkoordinaten nach (5.4.15) und der Umformung des Integrals nach (5.4.17) mit $z_{in} = 0$

$$\begin{aligned} P\{\mathbf{n} \in \mathbf{K}_i\} &= \frac{1}{2\pi\cdot\sigma_n^2} \int_0^{2\pi} \int_0^{\rho_i} \exp\left[-\frac{\rho^2}{2\sigma_n^2}\right] \rho\cdot d\rho d\alpha \\ &= 1 - \exp\left[-\frac{\rho_i^2}{2\sigma_n^2}\right] \end{aligned} \tag{5.4.19}$$

gilt. Für die Fehlerwahrscheinlichkeit P(F) folgt mit (5.4.13)

$$P(F) \leq 1 - \frac{1}{M}\sum_{i=1}^{M} \left(1 - \exp\left[-\frac{\rho_i^2}{2\sigma_n^2}\right]\right) = \frac{1}{M}\sum_{i=1}^{M} \exp\left[-\frac{\rho_i^2}{2\sigma_n^2}\right] \ . \tag{5.4.20}$$

Diese Abschätzung erfordert nur geringen numerischen Aufwand, da im wesentlichen nur der Radius ρ_i zu bestimmen ist.

Ein anderes Abschätzverfahren liefert die im Englischen als *union bound* [Kro 86] bezeichnete obere Grenze für P(F). Da ein Fehler immer dann auftritt, wenn der Empfangsvektor $\mathbf{r}$ einem Vektor $\mathbf{z}_j$ näher liegt als dem gesendeten Vektor $\mathbf{z}_i$, was durch den Fehlerfall F_{ij} bezeichnet werden soll, kann man den Fehler F_i als Vereinigungsmenge der Fehler F_{ij} interpretieren:

$$F_i = \bigcup_{\substack{j=1 \\ j \neq i}}^{M} F_{ij} = F_{i1} \cup F_{i2} \cup \ldots \cup F_{iM} \quad . \tag{5.4.21}$$

Für die bedingte Fehlerwahrscheinlichkeit kann man deshalb

$$P(F \mid Z_i) = P\Big(\bigcup_{\substack{j=1 \\ j \neq i}}^{M} F_{ij}\Big) \tag{5.4.22}$$

schreiben und dies durch

$$P(F \mid Z_i) = \sum_{\substack{j=1 \\ j \neq i}}^{M} P(F_{ij}) - P\Big(\bigcap_{\substack{j=1 \\ j \neq i}}^{M} F_{ij}\Big) \leq \sum_{\substack{j=1 \\ j \neq i}}^{M} P(F_{ij}) \tag{5.4.23}$$

abschätzen, indem man die Wahrscheinlichkeit des Durchschnitts vernachlässigt. Die Wahrscheinlichkeit $P(F_{ij})$ läßt sich aber sehr einfach berechnen: Der Fehler F_{ij} tritt dann auf, wenn die Gaußsche Störkomponente in Richtung der Verbindungsstrecke zwischen den Signalvektoren z_i und z_j größer als die Hälfte dieses Abstandes d_{ij} ist. Bei unkorrelierten Störkomponenten n_n des Vektors $\boldsymbol{n}$ sind die statistischen Eigenschaften von der Raumrichtung unabhängig, so daß mit (5.4.7)

$$P(F_{ij}) = \int_{d_{ij}/2}^{\infty} \frac{1}{\sqrt{2\pi}\sigma_n} \exp\Big[-\frac{n^2}{2\sigma_n^2}\Big]\, dn = Q\Big[\frac{d_{ij}}{2\sigma_n}\Big] \tag{5.4.24}$$

gilt. Mit (5.4.23) folgt schließlich für die Abschätzung der Fehlerwahrscheinlichkeit:

$$P(F) = \frac{1}{M} \sum_{j=1}^{M} P(F \mid Z_i) \leq \frac{1}{M} \sum_{j=1}^{M} \sum_{\substack{j=1 \\ j \neq i}}^{M} Q\Big[\frac{d_{ij}}{2\sigma_n}\Big] \quad . \tag{5.4.25}$$

Verglichen mit der Abschätzung nach (5.4.20) ist hier ein höherer numerischer Aufwand nötig, da zum einen die Abstände d_{ij} aller Signalvektoren $\mathbf{z}_i$ untereinander und die Q–Funktion berechnet werden müssen. Die tabelliert vorliegende Q–Funktion [Abr 65] läßt sich ihrerseits z.B. durch

$$Q(x) \leq \frac{1}{2} e^{-x^2/2} \tag{5.4.26}$$

abschätzen [Woz 68], was die Abschätzung für P(F) aber vergröbert.

Zum Abschluß soll ein Vergleich der Fehlerwahrscheinlichkeiten bei den Modulationsverfahren ASK, QASK, PSK und ASK/PSK vorgenommen werden. Dabei sollen die Daten a(k) zu Quadbits zusammengefaßt werden, so daß sich $M = 2^4 = 16$ Sendesignale bzw. Signalvektoren ergeben. Die Signalvektordiagramme zeigt Bild 5.25.

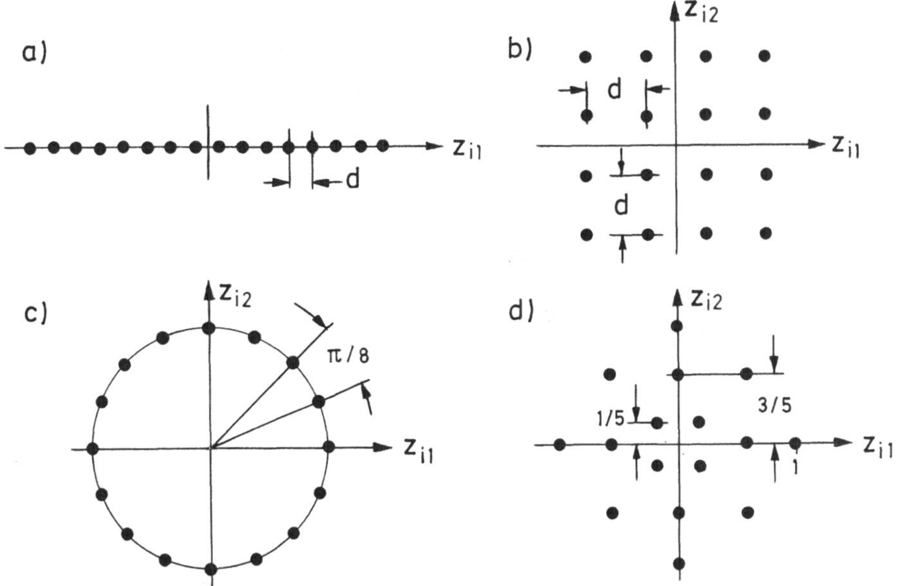

Bild 5.25 Signalvektordiagramme für die Modulationsverfahren a) 16–ASK, b) 16–QASK, c) 16–PSK und d) 16–ASK/PSK

In diesem Vergleich werden nur PAM–Verfahren einbezogen, da FSK–Verfahren erheblich mehr Bandbreite erfordern würden, sofern man orthogonale Signale wie bei MSK verwendet.

Bei ASK nach Bild 5.25a) liegt die Entscheidungsschwelle im halben Abstand, also bei d/2, zwischen den einzelnen Signalvektoren $\mathbf{z}_i$, die hier eindimensional sind und nach (5.16) die Werte

$$z_i = \pm \sqrt{E_{z_i}} \tag{5.4.27}$$

annehmen. Die Signalenergie E_{z_i} ist nach (5.17) durch

$$E_{z_i} = \int_0^T z_i^2(t)\,dt = \int_0^T A_i^2 \cdot \sin^2(\omega_c t)\,dt = \frac{A_i^2 T}{2} \tag{5.4.28}$$

gegeben, wobei die Amplituden nach (5.1.3) und (5.1.5) mit M = 16 die Werte

$$\begin{aligned} A_i &= A \cdot b(k) = A \cdot \left(\frac{2i-17}{15}\right) = \frac{15}{2}\left(\frac{2i-17}{15}\right) d \sqrt{\frac{2}{T}} \\ &= \left(i - \frac{17}{2}\right) d \sqrt{\frac{2}{T}} \quad ; \quad i = 1, 2, \ldots, 16 \end{aligned} \tag{5.4.29}$$

annehmen, wenn man die Energie als Funktion vom Abstand d berechnet.

Bei der Berechnung der Fehlerwahrscheinlichkeit kann man zwei Typen von Entscheidungsgebieten R_i unterscheiden, die nach Bild 5.26 im Randbereich und im mittleren Bereich liegen.

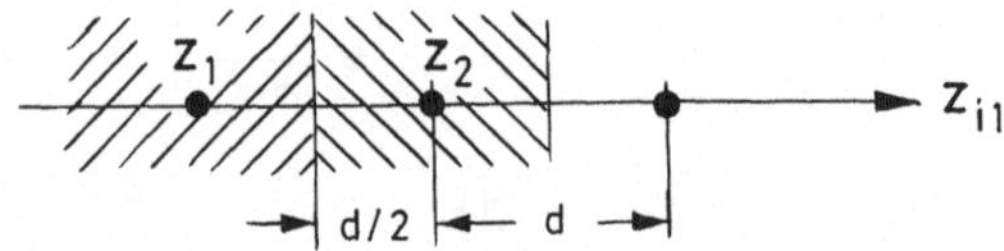

Bild 5.26 Typen der Entscheidungsgebiete bei ASK

Für die Fehlerwahrscheinlichkeit erhält man

$$\begin{aligned} P(F) &= 1 - P(C) = 1 - \frac{2}{16} P(C|Z_1) - \frac{14}{16} P(C|Z_2) \\ &= 1 - \frac{1}{8} \int_{-\infty}^{d/2} \frac{1}{\sqrt{2\pi}\sigma_n} \exp\left[-\frac{n^2}{2\sigma_n^2}\right] dn - \frac{7}{8} \int_{-d/2}^{d/2} \frac{1}{\sqrt{2\pi}\sigma_n} \exp\left[-\frac{n^2}{2\sigma_n^2}\right] dn \\ &= 1 - \frac{1}{8}\left[1 - Q\left[\frac{d}{2\sigma_n}\right] - 7 \cdot \left(1 - 2\,Q\left[\frac{d}{2\sigma_n}\right]\right)\right] = \frac{15}{8} Q\left[\frac{d}{2\sigma_n}\right] \ . \end{aligned} \tag{5.4.30}$$

Die maximale Signalenergie beträgt mit (5.4.28) und $A_1 = -A_{16} = 15 \cdot d/\sqrt{2T}$

$$E_z^p = \frac{A_1^2 T}{2} = \frac{A_{16}^2 T}{2} = \frac{255}{4} d^2 \ , \tag{5.4.31}$$

die mittlere Signalenergie nach Umrechnung [Bro 62]

$$E_z^a = \frac{1}{16} \sum_{i=1}^{16} E_{z_i} = \frac{1}{8} \sum_{i=1}^{8} \frac{A_i^2 T}{2} = \frac{d^2}{32} \sum_{i=1}^{8} (2i-1)^2$$

$$= \frac{8\cdot(4\cdot 64-1)}{32\cdot 3}\, d^2 = \frac{85}{4} d^2 \quad , \tag{5.4.32}$$

so daß für die Fehlerwahrscheinlichkeit mit (5.18)

$$P(F) = \frac{15}{8}\; Q(0{,}0626\cdot\sqrt{E_z^p/N_W}) = \frac{15}{8}\; Q(0{,}1085\cdot\sqrt{E_z^a/N_W}) \tag{5.4.33}$$

gilt.

Bei QASK unterscheidet man drei Typen von Entscheidungsgebieten R_i, die Bild 5.27 zeigt.

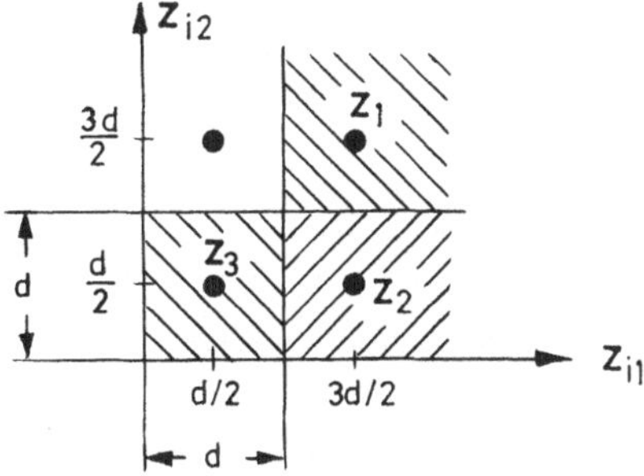

Bild 5.27 Typen der Entscheidungsgebiete bei QASK

Beachtet man, daß die Störkomponenten n_1 und n_2 statistisch unabhängig voneinander sind, so folgt für die Fehlerwahrscheinlichkeit

$$P(F) = 1 - \frac{4}{16} P(C|Z_1) - \frac{4}{16} P(C|Z_2) - \frac{8}{16} P(C|Z_3)$$

$$= 1 - \frac{1}{4}\left[\int_{-d/2}^{\infty} \frac{1}{\sqrt{2\pi}\sigma_n} \exp(-\frac{n^2}{2\sigma_n^2})\, dn\right]^2$$

$$-\frac{1}{4}\int_{-d/2}^{\infty} \frac{1}{\sqrt{2\pi}\sigma_n} \exp(-\frac{n^2}{2\sigma_n^2})\, dn \cdot \int_{-d/2}^{d/2} \frac{1}{\sqrt{2\pi}\sigma_n} \exp(-\frac{n^2}{2\sigma_n^2})\, dn$$

$$-\frac{1}{2}\left[\int_{-d/2}^{d/2} \frac{1}{\sqrt{2\pi}\sigma_n} \exp(-\frac{n^2}{2\sigma_n^2})\, dn\right]^2$$

$$= 1 - \frac{1}{4}\,(1 - Q(\frac{d}{2\sigma_n}))^2 - \frac{1}{4}\,(1 - Q(\frac{d}{2\sigma_n}))\cdot(1 - 2\cdot Q(\frac{d}{2\sigma_n})) - \frac{1}{2}\,(1 - 2\cdot Q(\frac{d}{2\sigma_n}))^2$$

$$= 3\cdot Q(\frac{d}{2\sigma_n}) - \frac{9}{4}\, Q^2(\frac{d}{2\sigma_n}) \quad . \tag{5.4.34}$$

Die Signalenergie errechnet sich mit (5.1.16) zu

$$E_{zi} = \int_0^T z^2(t)\,dt = \int_0^T [A_{i1}\cdot\cos(\omega_c t) + A_{i2}\cdot\sin(\omega_c t)]^2\,dt$$

$$= (A_{i1}^2 + A_{i2}^2)\,\frac{T}{2}\;, \qquad (5.4.35)$$

wobei für die Amplituden mit (5.1.17)

$$A_{in} = A\cdot b_n(k) = A\,\frac{2i-\sqrt{M}-1}{\sqrt{M}-1} \quad ; \quad i = 1, 2, \ldots ,M\;,\; n = 1, 2 \qquad (5.4.36)$$

gilt. Die maximale Signalenergie erhält man nach Bild 5.27 für die Amplitude

$$A_{11} = A_{12} = A = \frac{3}{2}\,d\,\sqrt{\frac{2}{T}}\;, \qquad (5.4.37)$$

so daß für die maximale Signalenergie selbst mit (5.4.35)

$$E_z^p = 2\cdot A^2\,\frac{T}{2} = A^2 T = \frac{9}{2}\,d^2 \qquad (5.4.38)$$

gilt. Für die mittlere Signalenergie erhält man als Funktion von d

$$E_z^a = \frac{1}{4}\left[\frac{9}{2} + 2\cdot\left[\frac{9}{4} + \frac{1}{4}\right] + \frac{1}{2}\right] d^2 = \frac{5}{2}\,d^2\;, \qquad (5.4.39)$$

was auf die Fehlerwahrscheinlichkeit

$$P(F) = 3\cdot Q(0{,}236\cdot\sqrt{E_z^p/N_W}) - \frac{9}{4}\,Q^2(0{,}236\cdot\sqrt{E_z^p/N_W})$$

$$= 3\cdot Q(0{,}316\cdot\sqrt{E_z^p/N_W}) - \frac{9}{4}\,Q^2(0{,}236\cdot\sqrt{E_z^p/N_W}) \qquad (5.4.40)$$

als Funktion der maximalen bzw. mittleren Signalenergie führt.

Die Berechnung der Fehlerwahrscheinlichkeit bei PSK erfordert die Auswertung des Integrals nach (5.4.17), was bei den in Bild 5.28 gezeigten Entscheidungsgebieten R_i nur numerisch möglich ist.

Deshalb soll eine Abschätzung der Fehlerwahrscheinlichkeit mit der Kreisflächenmethode erfolgen. Der Radius des in Bild 5.28 gezeigten Kreises, der den für alle Signalvektoren $\mathbf{z}_i$ gleichartigen Entscheidungsgebieten R_i einbeschrieben ist, beträgt mit den Angaben in Bild 5.28

$$\rho_1 = A\,\sqrt{\frac{T}{2}}\,\sin(\pi/16)\;, \qquad (5.4.41)$$

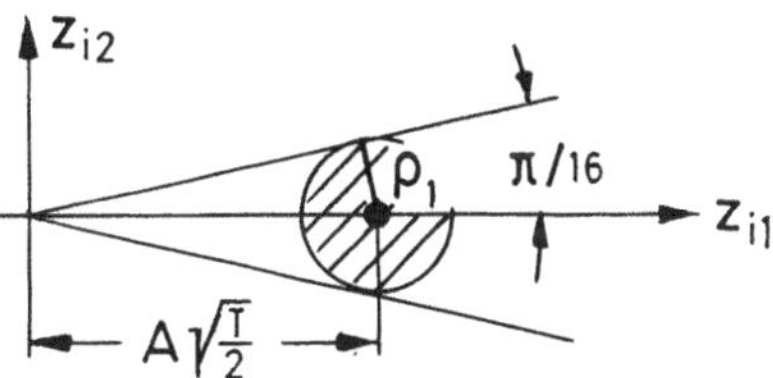

Bild 5.28 Typen der Entscheidungsgebiete bei PSK

so daß man mit (5.4.18) und (5.4.19)

$$P(C|Z_1) \geq 1 - \exp\left[-\frac{\rho_1^2}{2\sigma_n^2} \right] \tag{5.4.42}$$

erhält. Weil alle bedingten Wahrscheinlichkeiten $P(C|Z_i)$ gleich sind, gilt für die Fehlerwahrscheinlichkeit

$$\begin{aligned} P(F) &= 1 - P(C) = 1 - P(C|Z_1) \\ &\leq \exp\left[-\frac{\rho_1^2}{2\sigma_n^2} \right] = \exp\left[-\frac{0{,}0095 \cdot A^2 T}{\sigma_n^2} \right] \quad . \end{aligned} \tag{5.4.43}$$

Bei PSK ist die maximale Signalenergie gleich der mittleren und beträgt

$$E_z^p = E_z^a = E_z = \frac{A^2 T}{2} \quad . \tag{5.4.44}$$

Für die Abschätzung der Fehlerwahrscheinlichkeit folgt aus (5.4.43)

$$P(F) \leq \exp(-0{,}019 \cdot E_z/N_W) \quad . \tag{5.4.45}$$

Für die Berechnung der Fehlerwahrscheinlichkeit bei 16–ASK/PSK sind die Entscheidungsgebiete R_i nach Bild 5.29 maßgeblich.

Eine exakte Berechnung der Fehlerwahrscheinlichkeit ist wegen der schwierig zu beschreibenden Entscheidungsgebiete nur numerisch möglich. Die einfachste Abschätzung erhält man mit der Kreisflächenmethode. Die dazu benötigten Radien sind

$$\rho_1 = \frac{A}{2}\sqrt{\frac{T}{2}}\,\frac{2\sqrt{2}}{5} = \frac{A\sqrt{T}}{5} \quad ; \quad \rho_2 = \frac{A}{5}\sqrt{\frac{T}{2}} \quad . \tag{5.4.46}$$

Aus Bild 5.29 folgt, daß vier Entscheidungsregionen der Radius ρ_1, den übrigen zwölf der

Radius ρ_2 zuzuordnen ist. Damit erhält man für die Fehlerwahrscheinlichkeit

$$P(F) = 1 - \tfrac{1}{4}\,P(C|z_1) - \tfrac{3}{4}\,P(C|z_2)$$

$$\leq \tfrac{1}{4}\exp\left[-\frac{A^2T}{50\sigma_n^2}\right] + \tfrac{3}{4}\exp\left[-\frac{A^2T}{100\sigma_n^2}\right] \quad . \tag{5.4.47}$$

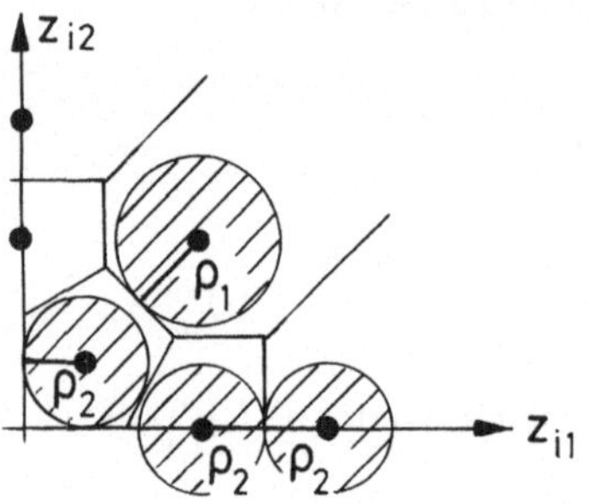

Bild 5.29 Typen der Entscheidungsgebiete bei 16—ASK/PSK

Die maximale Signalenergie beträgt

$$E_z^p = \frac{A^2T}{2} \quad , \tag{5.4.48}$$

die mittlere Signalenergie dagegen

$$E_z^a = \frac{A^2T}{2}\cdot\tfrac{1}{4}\left(1 + \tfrac{9}{25} + \tfrac{2}{25} + \tfrac{2\cdot 9}{25}\right) = \frac{27}{50}\,\frac{A^2T}{2} \quad . \tag{5.4.49}$$

Für die Abschätzung der Fehlerwahrscheinlichkeit nach (5.4.47) folgt damit

$$P(F) \leq \tfrac{1}{4}\exp(-0{,}04\cdot E_z^p/N_W) + \tfrac{3}{4}\exp(-0{,}02\cdot E_z^p/N_W)$$

$$\leq \tfrac{1}{4}\exp(-0{,}074\cdot E_z^a/N_W) + \tfrac{3}{4}\exp(-0{,}037\cdot E_z^a/N_W) \quad . \tag{5.4.50}$$

Die Bilder 5.30 zeigen die Fehlerwahrscheinlichkeiten P(F) bezogen auf die maximale Signalenergie und bezogen auf die mittlere Signalenergie. Dabei ist zu beachten, daß es sich um die Zeichenfehlerwahrscheinlichkeit handelt, die Bitfehlerwahrscheinlichkeit beträgt nach (5.4.1) etwa ein Viertel der Zeichenfehlerwahrscheinlichkeit.

Vergleicht man die Ergebnisse, so kann man generell sagen, daß die Modulationsverfahren ASK und PSK durchweg die schlechtesten Ergebnisse liefern. Dies kann man damit erklären, daß bei beschränkter Signalenergie und steigender Anzahl M von Signalvektoren diese einen deutlich kleiner werdenden Abstand untereinander aufweisen, während dieser Abstand bei QASK und ASK/PSK langsamer sinkt. Deshalb liefern QASK und ASK/PSK die günstigeren Ergebnisse, die sich außerdem nur wenig unterscheiden. Auf Fernsprechkanälen verwendet man häufig das bezüglich der Fehlerwahrscheinlichkeit gegenüber QASK etwas schlechtere ASK/PSK–Verfahren, weil man damit auf die Hälfte bzw. ein Viertel der maximalen Übertragungsrate umschalten kann, um bei Übertragungskanälen mit starken zeitlichen Änderungen der Störungen eine vorgegebene Fehlerwahrscheinlichkeit erreichen zu können. Darauf wird im folgenden Abschnitt näher eingegangen. Bei Satellitenübertragungsstrecken verwendet man dagegen QASK, weil hier die Störungen zeitunabhängiger sind. Auf Fernsprechverbindungen verwendet man QASK bei sehr hohen Datenraten.

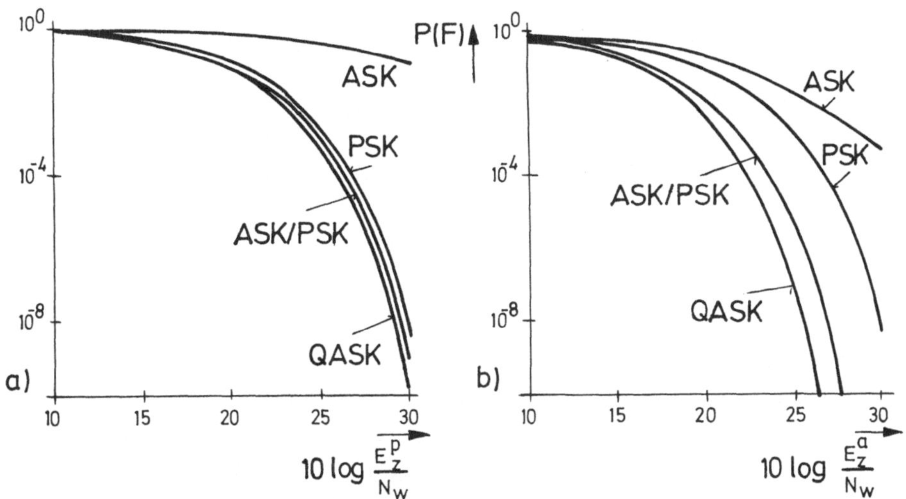

Bild 5.30 Blockfehlerwahrscheinlichkeit bei verschiedenen Modulationsverfahren bezogen auf a) die maximale Signalenergie und b) die mittlere Signalenergie

Wollte man FSK in die Betrachtung einbeziehen und orthogonale Sendesignale wählen, was auf MSK führt, würde dies beim Empfänger und beim Bandbreitebedarf erheblich höheren Aufwand bedeuten. Statt der zwei Kanäle wie für Empfänger von PAM–Signalen wären hier $M = 16$ Kanäle erforderlich und der Bandbreitebedarf würde etwa achtfach höher als bei PAM sein, eine Bandbreite, die bei Fernsprech– oder Funkkanälen nicht zur Verfügung steht.

Beschränkt man wie bei PAM die maximal mögliche Signalenergie, so führen die relativ großen Abstände der Signalvektoren untereinander hier zu einer gegenüber PAM erheblich kleineren Zeichenfehlerwahrscheinlichkeit, ein Phänomen, das von der Frequenzmodulation analoger Signale her bekannt ist. Dies zeigt folgende Abschätzung: Alle Signalvektoren liegen auf einer Achse im Raum der Dimension N = M und haben dieselbe Signalenergie

$$E_z^p = E_z^a = E_z = \frac{A^2T}{2} \tag{5.4.51}$$

und denselben Abstand untereinander

$$d_{ij}^2 = d^2 = 2 \cdot \frac{A^2T}{2} = A^2T \quad . \tag{5.4.52}$$

Für die Abschätzung der Fehlerwahrscheinlichkeit gilt bei gleichen bedingten Wahrscheinlichkeiten $P(F|Z_i)$ mit der union bound nach (5.4.25)

$$P(F) = P(F|Z_i) \le \sum_{\substack{j=1 \\ j \ne i}}^{M} Q(\frac{d_{ij}}{2\sigma_n}) = (M-1) \cdot Q(\frac{d}{2\sigma_n}) \quad . \tag{5.4.53}$$

Als Funktion der Signalenergie erhält man mit M = 16

$$P(F) \le 15 \cdot Q(\sqrt{E_z/(2N_W)}) \quad . \tag{5.4.54}$$

Vergleicht man diese Fehlerwahrscheinlichkeit mit der kleinsten bei PAM–Verfahren erreichbaren, nämlich mit der bei QASK, so erhält man bei 10 dB Signal–zu–Rauschverhältnis bei MSK den Wert $P(F) \le 1{,}9 \cdot 10^{-1}$, bei QASK aber $P(F) = 4{,}197 \cdot 10^{-1}$, bei 15 dB für MSK den Wert $P(F) \le 5 \cdot 10^{-4}$, bei QASK jedoch $P(F) = 1{,}1 \cdot 10^{-1}$, und bei 20 dB für MSK den Wert $P(F) \le 1{,}15 \cdot 10^{-11}$, bei QASK dagegen $P(F) = 2{,}4 \cdot 10^{-3}$, d.h. Werte, die mit zunehmendem Signal–zu–Rauschverhältnis bei MSK um Größenordnungen besser als bei QASK sind.

5.5 Modems für Fernsprechkanäle

Modems haben die Aufgabe, die Datenquelle bzw. Datensenke, die man auch als *Datenendeinrichtung* mit der Abkürzung *DEE* bezeichnet, an das Fernsprechnetz anzukoppeln. Innerhalb des Fernsprechnetzes kann dabei eine Wählleitung oder eine Standleitung verwendet werden. Die Datenendeinrichtung kann ein Rechner, ein Terminal, ein Faksimilegerät oder irgendein anderes Endgerät sein. Es ist nach Bild 5.31 über eine Schnittstelle mit der Leitung zum Modem, das man auch als *Datenübertragungseinrichtung* oder *DÜE* bezeichnet, verbunden, wobei am Eingang des Modems ebenfalls eine Schnittstelle vorhanden ist.

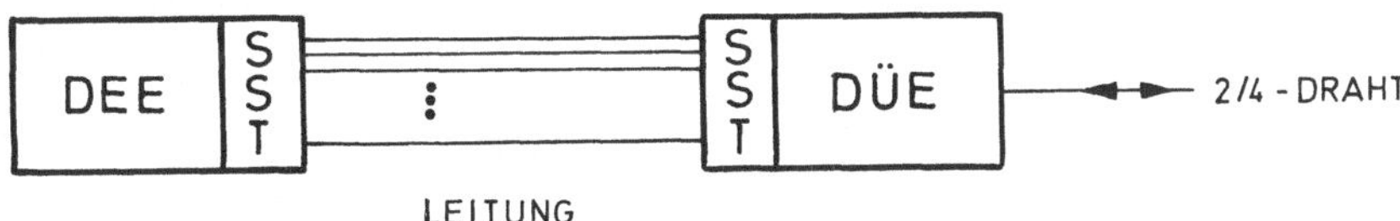

Bild 5.31 Ankopplung einer Datenendeinrichtung DEE über eine Datenübertragungseinrichtung DÜE an das Fernsprechnetz mit den durch SST gekennzeichneten Schnittstellen

Die Verbindungsleitung zwischen Datenendeinrichtung und Modem enthält mehrere Daten–, Steuer– und Meldeleitungen, während die vom Modem zum Fernsprechnetz führende Verbindung eine Zweidraht– oder Vierdrahtleitung ist. Die Datenübertragungseinrichtung hat damit die Aufgabe, diese beiden Leitungssysteme aneinander anzupassen. Bei kurzen Verbindungen zwischen Datenendeinrichtungen lohnt sich dieser Aufwand nicht, so daß man sie statt über eine Zweidrahtleitung direkt über mehradrige Leitungen miteinander verbindet.

Da das Fernsprechnetz ein allgemein zugängliches Kommunikationsnetz ist, müssen dessen Schnittstellen genormt werden. Es gibt mehrere Normungsorganisationen; für die Normung von Modems und Schnittstellen ist das CCITT zuständig, für Stecker die *ISO* oder *International Standards Organization* bzw. die *IEC* oder *International Electronic Commission*. Neben diesen internationalen Gremien gibt es noch nationale, wie das *Deutsche Institut für Normung* oder *DIN*, das *IEEE* oder *Institute of Electrical and Electronic Engineers*, die *EIA* oder *Electronic Industries Association* und das *ANSI* oder *American National Standards Institute*, wobei die zuletzt genannten amerikanischen Einrichtungen sogenannte, auch international eingehaltene Industriestandards festlegen.

Der für Schnittstellen bei Modems am häufigsten verwendete Standard ist die CCITT–Empfehlung V.24 für die Funktionen und V.28 für die elektrischen Eigenschaften der Schnittstelle. Bei den Modems selbst gibt es in Abhängigkeit von der Übertragungsleitung und der Übertragungsgeschwindigkeit mehrere Empfehlungen der V–Serie. Neben diesen Modems gibt es noch andere [Boc 77], z.B. Modems zur Übertragung im Basisband mit Datenraten von 600 b/s bis 19,2 kb/s bzw. 64 kb/s, oder Parallelmodems zur Übertragung von Daten im Fernsprechnetz in paralleler Form bis zu 160 b/s, die z.B. bei Bestellsystemen zum Abrufen der Daten von einer Datensammelstelle von einer Zentrale aus verwendet werden, und Modems, die als Übertragungsweg sogenannte Primärgruppen bei Datenübertagungsgeschwindigkeiten von 48 kb/s bzw. 64 kb/s verwenden. Das Übertragungsverfahren für Primärgruppenmodems ist in der CCITT–Empfehlung V.35 bzw. V.36 festgelegt [Boc 77]. Unter einer Primärgruppe versteht man die

Zusammenfassung von zwölf Fernsprechkanälen mit einer Bandbreite von etwa 4 kHz zu einem Übertragungsweg im Frequenzbereich von 60 kHz bis 108 kHz. Hier sollen aber nur Modems mit Datenraten von 600 b/s bis 9,6 kb/s betrachtet werden, die als Übertragungsmedium einen Fernsprechkanal verwenden und vom CCITT genormt wurden.

5.5.1 Schnittstellen

Schnittstellen zwischen Datenkommunikationseinrichtungen lassen sich durch ihre mechanischen, elektrischen und funktionalen Eigenschaften beschreiben. Hinzu kommen gegebenenfalls Eigenschaften, die sich auf den Ablauf der Kommunikation, das sogenannte *Kommunikationsprotokoll* [Boc 86] beziehen.

Die mechanischen Eigenschaften beziehen sich auf den Stecker. Von der ISO bzw. EIA wurden Stecker für die bitserielle Übertragung mit verschiedenen Anordnungen der Steckerstifte und Arretierungsvorrichtungen, von der IEC bzw. vom IEEE solche für byteserielle bzw. bitparallele Übertragung in Bussystemen [Wal 87] genormt.

Die elektrischen und funktionalen Eigenschaften von Schnittstellen im Fernsprechnetz werden durch CCITT–Empfehlungen der V–Serie, für Datennetze durch Empfehlungen der X–Serie festgelegt. Die wohl bekannteste Schnittstelle ist die V.24/V.28–Schnittstelle, die in die DIN 66020 Norm aufgenommen wurde. In V.28 wurden die elektrischen Eigenschaften der unsymmetrischen Doppelstrom–Schnittstellenleitung, in V.24 die funktionellen Eigenschaften in Form einer Liste der Definitionen für Schnittstellenleitungen zwischen Datenendeinrichtungen und Datenübertragungseinrichtungen zusammengestellt. Bei den Schnittstellenleitungen unterscheidet man Erdleitungen und Datenleitungen, Steuerleitungen von der DEE zur DÜE, Modeleitungen von der DÜE zur DEE, Taktleitungen und gegebenenfalls Wählleitungen von der DEE zur DÜE sowie Leitungen für einen Hilfskanal. Ihre Zahl ist sehr hoch und beträgt bei Verwendung aller optionaler Leitungen 25, wovon mindestens 3 vorhanden sein müssen. Zur Vereinfachung der Schnittstelle hat man für Datennetze die Empfehlung X.24 geschaffen, bei der durch Multiplexbetrieb 10 mögliche Leitungen für die Kommunikation zwischen Datenend– und Datenübertragungseinrichtungen ausreichen.

Modernere Schnittstellendefinitionen sind in V.10 bzw. X.26 und V.11 bzw. X.27 enthalten, die im Gegensatz zu V.28 nicht nur die elektrischen Eigenschaften am Stecker, sondern die von Sender und Empfänger sowie der dazwischenliegenden Leitung berücksichtigen. Insbesondere wird dadurch das Nebensprechen sowie der Zusammenhang zwischen Leitungslänge und Übertragungsgeschwindigkeit erfaßt. Mit der Schnittstelle V.24/V.28 kann man bis zu 15 m bei einer Übertragungsrate unterhalb von 20 kb/s überbrücken, bei der Schnittstelle nach V.10 bis zu 10 m bei 100 kb/s, bis zu

1 km bei 100 b/s. Die größte Reichweite erreicht man mit der Schnittstelle nach V.11 mit 1 km bei 1 kb/s und 10 m bei 1 Mb/s und unabgeschlossener Leitung bzw. 10 Mb/s bei abgeschlossener Leitung.

Die Schnittstellen können miteinander kombiniert werden. So kann man eine Schnittstelle nach V.28 mit der nach V.10 sowie diese mit der nach V.11 betreiben, was man als *Interoperabilität* bezeichnet.

Schließlich definiert die Empfehlung V.31 die elektrischen Eigenschaften für Einfachstrom–Schnittstellenleitungen über Kontakte, die für Schnittstellen mit geringen Anforderungen, z.B. bei Parallelmodems, Verwendung finden.

5.5.2 Standardisierte Modems für serielle Übertragung

Bei Modems zur Datenübertragung auf Fernsprechwegen, die in Form von Wähl– oder von Festverbindungen zur Verfügung stehen können, unterscheidet man in Abhängigkeit von der Übertragungsgeschwindigkeit vier Gruppen. Bei niedrigen Übertragungsraten von 200 b/s bis 1,2 kb/s wird zweiwertige Frequenzumtastung oder FSK verwendet, bei mittleren Raten von 1,2 kb/s bis 4,8 kb/s zwei– und mehrstufige Phasenumtastung oder PSK und kombinierte Amplituden–Phasenumtastung oder ASK/PSK bei höheren Raten von 4,8 kb/s bis 9,6 kb/s. Bei den höchsten, auf dem Fernsprechkanal erreichbaren Raten von 9,6 kb/s und 14,4 kb/s verwendet man QASK mit *Trellis–Codierung* [Lee 88].

Alle Modems für den Einsatz auf Fernsprechleitungen, von denen Tabelle 5.3 nur einige Beispiele zeigt, sind nach CCITT–Empfehlungen genormt. Sie unterscheiden sich, wie bereits erwähnt, durch die Übertragungsgeschwindigkeit und Modulationsverfahren, die Betriebsweise, den Einsatz auf verschiedenen Übertragungswegen, die Verwendung von Entzerrern, das Vorhandensein eines Hilfskanals und die ohne Codierungsmaßnahmen erreichbare Fehlerwahrscheinlichkeit. Je nach Bandbreitebedarf des Verfahrens sind der mit dx bezeichnete Duplexbetrieb in beiden Übertragungsrichtungen auf einem Fernsprechkanal, Halbduplexbetrieb, mit hx abgekürzt, für die wechselweise Übertragung in beiden Richtungen und der mit sx bezeichnete Simplexbetrieb in nur einer Richtung möglich. Die Angabe 4–dx bezieht sich darauf, daß auf Vierdrahtleitungen Duplexbetrieb vorgesehen ist. Alle Verfahren sind codetransparent, d.h. man kann das Datensignal in beliebiger Weise einer Quellen– oder Kanalcodierung unterwerfen, um die Redundanz des zu übertragenden Signalprozesses zu verringern oder im Sinne einer Reduktion der Fehlerwahrscheinlichkeit zu erhöhen. Bei niedrigen Datenraten, bis etwa 600 b/s, sind manche Verfahren auch geschwindigkeitstransparent, d.h. hier darf die Übertragungsgeschwindigkeit in gewissen Grenzen variiert werden [Boc 77]. Wenn mehrwertige Übertragungsverfahren verwendet werden, sind diese taktgebunden, um die im

Tabelle 5.3 Beispiele standardisierter Modems für serielle Datenübertragung

CCITT–Empf.	Rate kb/s	Be–trieb	Modula–tion	Lei–tung	Ent–zer.	Hilfs–kanal	Fehler P(F)
V.21	0,2	dx	2 × 2–FSK	W–Lt.	nein	nein	$2\cdot10^{-5}$
V.23	0,6/1.2	hx	2–FSK	W–Lt.	KE	ja	$6\cdot10^{-5}$
V.26bis	2,4/1,2	hx	4/2–PSK	W–Lt.	KE	ja	$6\cdot10^{-5}$
V.27	4,8	4–dx	8–PSK	F–Lt.	ME	ja	$<10^{-6}$
V.27bis	4,8	4–dx	8–PSK	F–Lt.	AE	wählb.	$<10^{-6}$
V.27ter	4,8/2,4	hx	8/4–PSK	W–Lt.	AE	ja	$<10^{-4}$
V.29	9,6/7,2/4,8	4–dx	16–ASK/PSK	F–Lt.	AE	nein	$<10^{-5}$

Empfangssignal enthaltenen Binärkombinationen wiedergewinnen zu können.
Um die Fehlerwahrscheinlichkeit zu reduzieren, lassen sich einige mit PSK arbeitende Modems – dabei steht PSK hier immer für Phasendifferenzumtastung – in der Übertragungsgeschwindigkeit reduzieren. Als Übertragungswege kommen Fernsprechwähl– und Festleitungen in Betracht, wobei bei höheren Datenraten festverschaltete Leitungen erforderlich sind. Bei niedrigen Datenraten kommt man ohne Entzerrer, bei mittleren mit einem durch KE gekennzeichneten Kompromißentzerrer aus, bei höheren ab 4,8 kb/s benötigt man einen mit AE bezeichneten adaptiven Entzerrer. Bei der älteren Empfehlung V.27 ist ein mit ME bezeichneter manueller Entzerrer vorgesehen.

Sofern ein Hilfskanal, der eine Übertragungsrate von maximal 75 b/s besitzt, vorhanden ist, wird er mit binärer FSK moduliert. Der Träger liegt bei 420 Hz, der Hub beträgt ±30 Hz, d.h. die beiden Frequenzen liegen bei 390 bzw. 450 Hz. Dies ergibt für den in (5.3.11) definierten Modulationsindex h einen Wert von $h = 60/75 = 0{,}8$. Der Hilfskanal wird z.B. bei fehlererkennender Codierung als Rückkanal benötigt.

Die Fehlerwahrscheinlichkeit P(F) liegt im Bereich von 10^{-4} bis 10^{-6}, wobei die Fehlerwahrscheinlichkeit mit der Datenrate ansteigt und bei Wählleitungen höher als bei Festleitungen ist. Diese Werte wurden bei 90% aller Verbindungen gemessen [Boc 77] und ohne Codierungsmaßnahmen erreicht.

Nicht berücksichtigt wurden in Tabelle 5.3 Modems mit QASK. Man verwendet dieses Verfahren, wenn bei relativ hohen Datenraten Duplexbetrieb auf Zweidrahtleitungen realisiert werden soll. Ein Beispiel ist die Empfehlung V.22bis mit 16–QASK und einer Datenrate von 2,4 kb/s, die auf eine Schrittgeschwindigkeit von 600 Bd und damit auf eine Viertelung des Bandbreitebedarfs führt. Ein anderes Beispiel ist die Empfehlung

V.32, bei der 32–QASK bei einer Datenrate von 9,6 kb/s verwendet wird. Die Schrittgeschwindigkeit beträgt hier 2,4 kBd, wobei im selben Frequenzband mit Hilfe von Trellis–Codierung und Echokompensation die beiden Übertragungsrichtungen für den Duplexbetrieb realisiert werden. Halbduplexbetrieb ist auf einer Zweidrahtleitung nach Empfehlung V.33 bei einer Datenrate von 14,4 kb/s möglich, wobei die Schrittgeschwindigkeit unter Verwendung von Trellis–Codierung und 128–QASK den im Fernsprechkanal maximal erreichbaren Wert von 2,4 kBd annimmt.

Es sollen nun die in Tab. 5.3 genannten Modems im Detail betrachtet werden. Der Aufbau des Senders, der für alle hier genannten Modems auf der Basis eines PAM–Verfahrens, also für PSK und ASK/PSK, gleich ist, wurde in Bild 5.9 gezeigt. Bei FSK müßten die beiden Träger durch Oszillatoren mit den Frequenzen $\omega_c \pm \omega_d$ ersetzt werden. Der Empfänger entspricht dem in Bild 5.24 gezeigten Blockschaltbild, wobei bei FSK die Frequenzen für die Oszillatoren $\omega_c \pm \omega_d$ sind, sofern man nicht andere Konzepte [Mäu 88] für den FSK–Empfänger realisiert. Berücksichtigt man, daß bei den PAM–Verfahren Takt– und Trägersynchronisation erforderlich ist, so kommen zusätzliche Einrichtungen zur Regelung von Takt und Träger hinzu, die im Blockschaltbild nach Bild 5.32 durch die Blöcke mit der Bezeichnung TA–R für Takt– und TR–R für Trägerregelung berücksichtigt wurden. Wie man diese Regelungen realisiert, wird im 7. Kapitel diskutiert. Ferner enthält der Empfänger nach Bild 5.32 am Eingang einen Bandpaß zur Störunterdrückung und einen Verstärker.

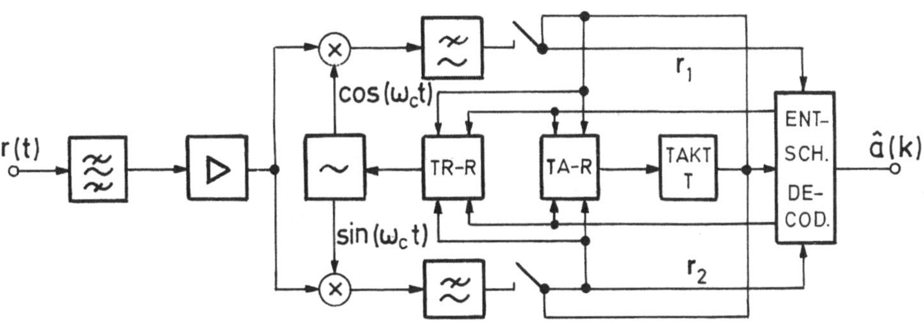

Bild 5.32 Blockschaltbild des PAM–Empfängers mit synchroner Takt– und Trägerregelung

Modem für 200 b/s nach CCITT V.21:

Für Duplexbetrieb im Frequenzmultiplex stehen zwei getrennte Kanäle innerhalb des Frequenzbandes eines Fernsprechkanals zur Verfügung. Sie sind durch die Träger bei den Frequenzen 1080 Hz und bei 1750 Hz mit jeweils ±100 Hz Hub für die beiden binären FSK–Signale gekennzeichnet. Der Modulationsindex h nach (5.3.11) beträgt damit h = 200/200 = 1, das Spektrum besitzt nach Bild 5.15 damit zwei diskrete Spektrallinien im Abstand von 100 Hz von der Trägerfrequenz.

Modem für 1200/600 b/s nach CCITT V.23:

Es steht nur ein Kanal für Halbduplexbetrieb zur Verfügung. Bei 600 b/s liegt der Träger des binären FSK–Signals bei 1,5 kHz, der Hub beträgt ±200 Hz, bei 1200 b/s liegt der Träger bei 1,7 kHz mit einem Hub von ±400 Hz. Diese Werte entsprechen im ersten Fall einem Modulationsindex von h = 400/600 = 0,67, im zweiten von ebenfalls h = 800/1200 = 0,67. Damit wird der Bandbreitebedarf gegenüber dem Einzelkanal des Modems nach V.21 reduziert und es treten keine diskreten Spektrallinien mehr auf. In Abhängigkeit von der Qualität des Übertragungsweges bzw. der erreichbaren Fehlerwahrscheinlichkeit wird auf die eine oder andere Geschwindigkeit umgeschaltet. In welcher Weise sich dabei die Fehlerwahrscheinlichkeit verringert, läßt sich nicht allgemein beantworten, da die Verbesserung von der Art des Empfängers abhängt.

Modem für 2,4/1,2 kb/s nach CCITT V 26bis:

Wegen der höheren Datenrate wird hier PSK mit einem Träger von 1,8 kHz verwendet. Wenn die niedrige Datenrate von 1,2 kb/s verwendet wird, überträgt man bitweise, d.h. die Schrittgeschwindigkeit oder Übertragungsrate beträgt 1,2 kBd. Für 2,4 kb/s werden dagegen je zwei aufeinanderfolgende Binärzeichen zu einem Dibit zusammengefaßt und übertragen, so daß auch hier die Schrittgeschwindigkeit 1,2 kBd beträgt.

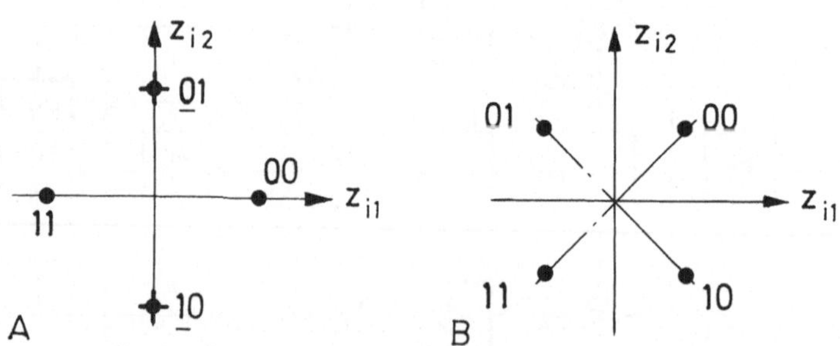

Bild 5.33 Signalvektordiagramme für die Alternativen A und B zur Bildung von Dibits bei 4–PSK sowie bei 2–PSK mit der zusätzlichen Markierung durch "+"

Für die Zuordnung der Dibits zu den Winkeln der Phasen– bzw. Phasendifferenzumtastung, die in Abschnitt 5.2.1 betrachtet wurde, gibt es zwei Alternativen nach Bild 5.33. Schaltet man auf 1,2 kb/s zurück, werden im Diagramm der früher bevorzugten Alternative A die durch Punkte und Kreuze markierten Signalvektoren für binäre PSK verwendet. Diesen Signalvektoren werden die unterstrichenen Binärzeichen zugeordnet.

Bezeichnet man mit E_z die Signalenergie, so ist der Abstand der Signalvektoren bei 4–PSK durch

$$d = \sqrt{2 \cdot E_z} \tag{5.5.1}$$

gegeben. Fehler treten nicht auf, wenn keine der Komponenten des Störvektors **n** den halben Abstand d überschreitet. Damit gilt aber für die Fehlerwahrscheinlichkeit:

$$P(F) = 1 - P(C) = 1 - \left[1 - Q(\frac{d}{2\sigma_n})\right]^2$$

$$= 2 \cdot Q(\sqrt{E_z/(2N_W)}) - Q^2(\sqrt{E_z/(2N_W)}) \quad . \tag{5.5.2}$$

Schaltet man auf 2–PSK zurück, ohne an der Signalenergie E_z etwas zu ändern, verringert sich die Fehlerwahrscheinlichkeit nach (5.19) auf

$$P(F) = Q(\sqrt{E_z/N_W}) \quad . \tag{5.5.3}$$

Die Verbesserung wird deutlich, wenn man die Fehlerwahrscheinlichkeit mit der Kreisflächenmethode abschätzt. Für die Radien der den Entscheidungsgebieten eingeschriebenen Kreisflächen gilt bei 2–PSK bzw. 4–PSK

$$\rho_{2\text{–PSK}} = \sqrt{E_z} = A\sqrt{\frac{T}{2}} \quad ; \quad \rho_{4\text{–PSK}} = \frac{1}{2}\sqrt{2 \cdot E_z} = \frac{A}{2}\sqrt{T} \tag{5.5.4}$$

und für die mit der Kreisflächenmethode abgeschätzte Fehlerwahrscheinlichkeit nach (5.4.20)

$$P(F)_{2\text{–PSK}} \lesssim \exp(-0{,}5 \cdot E_z/N_W) \quad ; \quad P(F)_{4\text{–PSK}} \lesssim \exp(-0{,}25 \cdot E_z/N_W) \tag{5.5.5}$$

ein bezüglich des Signal–zu–Rauschverhältnisses E_z/N_W bei 2–PSK um 3 dB gegenüber 4–PSK verbesserter Wert. In Bild 5.34a sind die abgeschätzten Werte der Fehlerwahrscheinlichkeiten P(F) nach (5.5.5) als Funktion des Signal–zu–Rauschverhältnisses angegeben.

Modem für 4,8/2,4 kb/s nach CCITT V.27/V.27bis /V.27ter:

Wegen der weiter erhöhten Datenrate wird nun 8– bzw. 4–wertige PSK verwendet, die in Bild 5.11 eingeführt wurde. Durch Codierung von Tri– bzw. Dibits erreicht man eine Schrittgeschwindigkeit von 1,6 bzw. 1,2 kBd. Das zugehörige Signalvektordiagramm

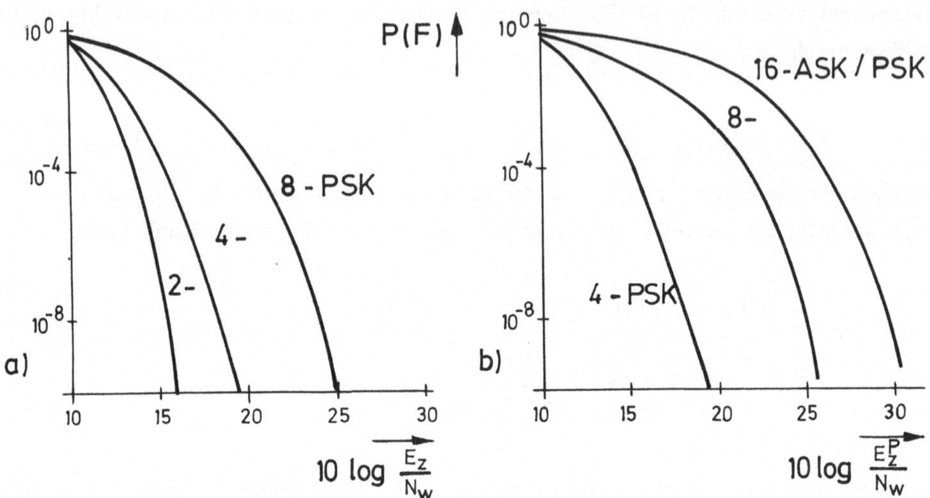

Bild 5.34 Abschätzung der Fehlerwahrscheinlichkeit P(F) a) bei 2–, 4– und 8–PSK sowie b) 4–PSK, 8– und 16–ASK/PSK

zeigt Bild 5.35. Auch hier erfolgt die Zurückschaltung der Übertragungsgeschwindigkeit, wenn die Fehlerrate zu hoch wird. Die Unterschiede der Modems nach V.27, V.27bis und V.27ter folgen aus Tab. 5.3. Bei der Realisierung des Modems ist ein Verwürfler mit dem Generatorpolynom $b(k) = a(k) \oplus b(k-6) \oplus b(k-7)$ vorgesehen.

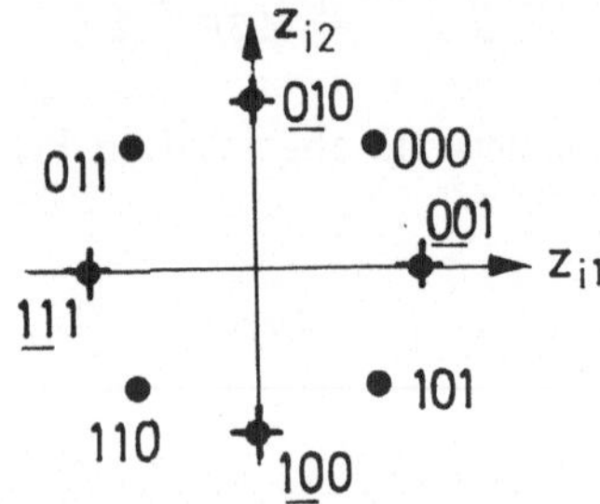

Bild 5.35 Signalvektordiagramm für 8–PSK, für 4–PSK zusätzlich mit "+" markiert

Schätzt man die Fehlerwahrscheinlichkeit P(F) mit der Kreisflächenmethode ab, so gilt entsprechend (5.4.41) für die Radien der einbeschriebenen Kreisflächen bei 4–PSK bzw. 8–PSK

$$\rho_{4-PSK} = A \sqrt{\frac{T}{2}} \sin(\pi/4) \quad ; \quad \rho_{8-PSK} = A \sqrt{\frac{T}{2}} \sin(\pi/8) \tag{5.5.6}$$

und für die Fehlerwahrscheinlichkeiten erhält man als Funktion des Signal–zu–Rausch–

verhältnisses nach (5.4.43) bzw. (5.4.45)

$$P(F)_{4-PSK} \lesssim \exp(-0{,}25 \cdot E_z/N_W) \quad ; \quad P(F)_{8-PSK} \lesssim \exp(-0{,}0732 \cdot E_z/N_W) \quad . \tag{5.5.7}$$

Dabei stimmt der in (5.5.5) und (5.5.7) berechnete Wert für 4–PSK überein. Gegenüber 8–PSK erzielt man bei 4–PSK einen Gewinn beim Signal–zu–Rauschverhältnis von etwa 5,3 dB. Die Abschätzung der Fehlerwahrscheinlichkeit P(F) nach (5.5.7) zeigt wieder Bild 5.24a.

Modem für 9,6/7,2/4,8 kb/s nach CCITT V.29

Hier ist die Datenrate weiter erhöht, so daß man nun ein ASK/PSK–Modulationsverfahren einsetzt. Man könnte auch das QASK–Verfahren verwenden, hätte dann aber nicht die einfache Rückschaltemöglichkeit auf 7,2 bzw. 4,8 kb/s.

Hier werden bei 9,6 kb/s Quadbits, bei 7,2 kb/s Tribits und bei 4,8 kb/s Dibits gebildet, so daß die Schrittgeschwindigkeit 2,4 kBd beträgt, was in einem erhöhten Bandbreitebedarf zum Ausdruck kommt. Ferner ändert sich die Modulationsart beim Zurückschalten: in den ersten beiden Übertragungsmoden handelt es sich um ASK/PSK, im dritten Modus um PSK. Da die Schrittgeschwindigkeit von 2,4 kBd der höchsten im Fernsprechkanal verfügbaren Bandbreite entspricht, ist in diesem Fall kein Platz für einen Hilfskanal. Die zugehörigen Signalvektorkonfigurationen, für den Fall der 16–ASK/PSK bereits aus Bild 5.10 bekannt, zeigt Bild 5.36.

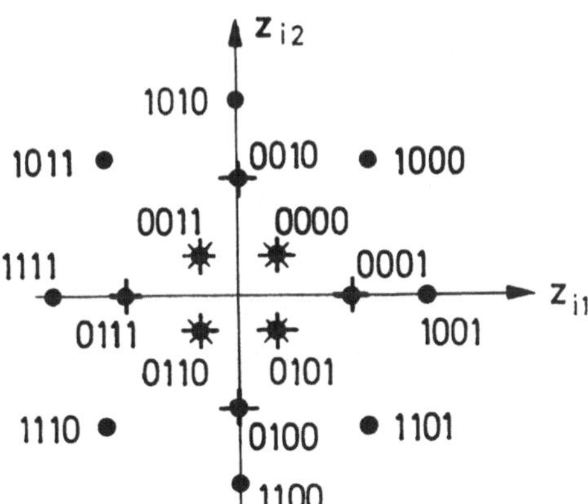

Bild 5.36 Signalvektordiagramm für 16–ASK/PSK, 8–ASK/PSK mit "+" und 4–PSK mit "+" und "×" markiert

Bei der Rückschaltung der Datenrate auf 7,2 kb/s werden die mit "+" markierten Vektoren verwendet, die einer 8–ASK/PSK entsprechen, bei der Rückschaltung auf 4,8 kb/s nur die zusätzlich mit "×" markierten Signalvektoren, die einer 4–PSK entsprechen. Bei der Rückschaltung wird die maximale Signalenergie jeweils beibehalten, so daß sich die Abstände der Vektoren untereinander entsprechend erhöhen. Die Fehlerwahrscheinlichkeit für 16–ASK/PSK wurde bereits in (5.4.50) abgeschätzt. Für 8–ASK/PSK gelten die Entscheidungsgebiete nach Bild 5.23. Verwendet man auch hier die Kreisflächenmethode zur Abschätzung der Fehlerwahrscheinlichkeit, so kann man zwei Kreisflächen mit den Radien

$$\rho_1 = \frac{1}{3} A \sqrt{\frac{T}{2}} \quad ; \quad \rho_2 = \frac{1}{3} A \sqrt{\frac{5}{2} T} \tag{5.5.8}$$

unterscheiden. Bezogen auf die maximale Signalenergie $E_z^P = A^2T/2$ erhält man für die abgeschätzte Fehlerwahrscheinlichkeit

$$P(F) \leq \frac{1}{2} \exp(-0{,}0556 \cdot E_z^P/N_W) + \frac{1}{2} \exp(-0{,}2778 \cdot E_z^P/N_W) \tag{5.5.9}$$

einen Wert, der wegen der höheren Vorfaktoren des Signal–zu–Rauschverhältnisses eine niedrigere Fehlerwahrscheinlichkeit liefert. Dasselbe gilt bei weiterem Zurückschalten auf 4–PSK, wobei die exakte Fehlerwahrscheinlichkeit in diesem Fall durch (5.5.2), die abgeschätzte durch (5.5.5) gegeben ist. Die geschätzten Werte der Fehlerwahrscheinlichkeit P(F) für 16–ASK/PSK nach (5.4.50), 8–ASK/PSK nach (5.5.8) und 4–PSK nach (5.5.5) zeigt Bild 5.34b.

Bei diesem Modem wird ein Verwürfler vorgeschrieben, der durch das Generatorpolynom $b(k) = a(k) \oplus b(k-3) \oplus b(k-7)$ definiert ist.

6 Entzerrung von Datenkanälen

Der Einfluß des Übertragungskanals auf den Entwurf des Empfängers wurde aus der Sicht der Übertragungstheorie bereits im 3. Kapitel behandelt. Dort wurde gezeigt, daß lineare Verzerrungen des Übertragungskanals, d.h. frequenzabhängige Verläufe von Dämpfung und Gruppenlaufzeit, zu Formänderungen der übertragenen Datensignale führen, so daß sich die Signale am Ausgang des Übertragungskanals, die die Antwort auf die einzelnen Eingangsdatensymbole darstellen, gegenseitig überlagern. Man spricht dabei von *Impulsnebensprechen* oder *Intersymbolinterferenz*, was in Bild 6.1 an einem Beispiel veranschaulicht wird. Dabei wird ein Sendesignal mit Doppelstromimpuls–Code verwendet, und den Kanal symbolisiert ein RC–Tiefpaß mit exponentiell abklingender Impulsantwort.

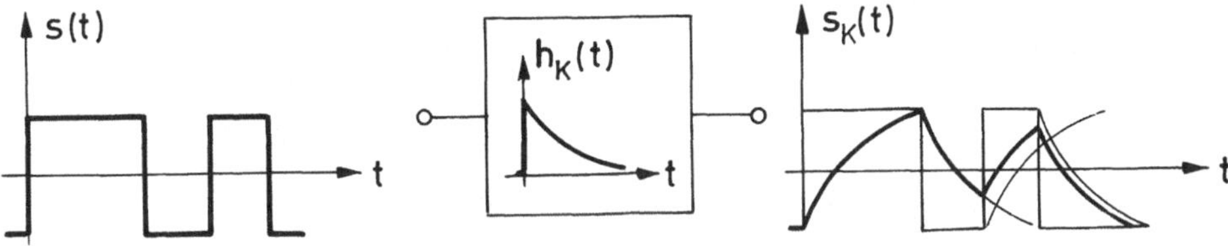

Bild 6.1 Zur Veranschaulichung des Impulsnebensprechens

Folgen des Impulsnebensprechens sind eine Verringerung des Maximums des Abtastwerts zum Abtastzeitpunkt $t = kT$, was wegen des sich überlagernden Rauschens zu einer erhöhten Fehlerwahrscheinlichkeit führt, und Probleme bei der Taktrückgewinnung schafft, so daß sich bei fehlerhafter Abtastung eine weitere Verschlechterung der Fehlerwahrscheinlichkeit ergibt. Um diese durch Eigenschaften des Übertragungskanals verursachten Nachteile zu vermeiden, verwendet man einen *Entzerrer*, der im Englischen als *equalizer* bezeichnet wird. Bei den Betrachtungen im 3. Kapitel wurde gezeigt, daß die Kettenschaltung aus Sendefilter, Kanal und Empfangsfilter ein *ideales Impulssystem* bilden muß, um das Nebensprechen zu vermeiden. Zusätzlich muß das Empfangsfilter, um die Störungen im Sinne eines maximalen Signal–zu–Rauschverhältnisses zu unterdrücken, noch die Eigenschaft eines angepaßten Filters oder *Matched Filters* haben. Die Berechnung von Sende– und Empfangsfilter bei gegebener Kanalübertragungsfunktion erfolgte im 3. Kapitel durch Angabe der Frequenzgänge. Die Kanaleigenschaften beeinflußten dabei sowohl den Frequenzgang des Sende– wie den des Empfangsfilters. Es wurde deshalb darauf hingewiesen, daß diese optimalen Frequenzgänge bei sich zeitlich ändernden Kanälen – z.B. nicht fest geschaltete Fernsprechkanäle oder Funkkanäle – nicht realisiert werden können. In diesem Fall müßten Sende– und Empfangsfilter bei hohen Datenraten, die eine hohe Bandbreitenausnutzung erfordern, an den Kanalfrequenzgang adaptiert werden. Da dies aus technischen Gründen nicht möglich ist, wählt man in der Praxis Sende– und Empfangsfilter so, daß sie ein ideales Impulssystem bilden, wobei zur Störunterdrückung das Empfangsfilter das an das Sendefilter angepaßte Filter oder Matched Filter ist. Der Entzerrer zur Kompensation der Kanalverzerrungen wird dem Empfangsfilter nachgeschaltet. Dadurch ist es möglich, den Entzerrer adaptiv auszulegen. Ausgehend von diesen im 3. Kapitel erarbeiteten Grundlagen sollen in diesem Kapitel Konzepte für den Entwurf und den praktischen Einsatz von Entzerrern entwickelt werden.

6.1 Konzepte zur Kanalentzerrung

Im 3. Kapitel wurde das Entzerrungsproblem im Basisband – also ohne Modulation des Sendesignals – betrachtet. Bei der Überbrückung größerer Entfernungen und bei der Verwendung eines Fernsprech– oder Mobilfunkkanals werden die im 5. Kapitel diskutierten Modulationsverfahren erforderlich, wobei die Pulsamplitudenmodulationsverfahren bei höheren Datenraten eine besondere Bedeutung haben. Die zugehörigen Empfänger nach Bild 5.24 bzw. Bild 5.32 besitzen am Eingang eine Demodulationsstufe. Grundsätzlich kann die Entzerrung deshalb im Bandpaßbereich des Übertragungskanals oder im Basisbandbereich nach der Demodulation erfolgen [Qur 85], [Lee 88]. Hier soll die Entzerrung im Basisband betrachtet werden, so daß nach Bild 6.2 der Entzerrer zwischen Abtaster und Entscheider liegt.

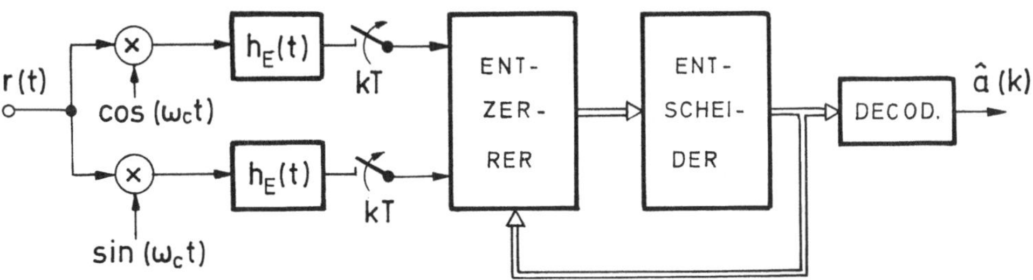

Bild 6.2 Blockschaltbild eines PAM–Empfängers mit Entzerrer

Bei dem in Bild 6.2 gezeigten Entzerrer wurde eine Rückkopplung vom Entscheiderausgang zum Entzerrer vorgesehen, um auch sogenannte *entscheidungsrückgekoppelte* Entzerrer zu berücksichtigen, die im Englischen als *decision feedback equalizer* (DFE) bezeichnet werden. Fehlt diese Rückkopplung, handelt es sich um einen *linearen* Entzerrer. Der Vorteil des nichtlinearen, entscheidungsrückgekoppelten Entzerrers besteht darin, daß vom Entscheider her ungestörte Daten zur Verfügung gestellt werden, sofern bei der Entscheidung keine Fehler auftreten. Dadurch läßt sich gegenüber dem linearen Entzerrer der Einfluß der Kanalstörungen reduzieren.

Der Entscheider kann zu jedem Takt $t = kT$ eine Entscheidung treffen oder als sequentieller Entscheider für die gesamte Datenfolge, die bei einem Übertragungsvorgang am Empfänger eintrifft. Der zuletzt genannte Ansatz, der aufwendiger ist und im Entscheider z.B. die Implementation des *Viterbi–Algorithmus* [For 73] erfordert, hat den Vorteil, daß er die durch das Impulsnebensprechen hervorgerufene Beeinflussung von zeitlich aufeinanderfolgenden Daten berücksichtigt. Wenn man davon ausgeht, daß der Entzerrer das Impulsnebensprechen vollständig beseitigt, wäre eine sequentielle Entscheidung nicht erforderlich. In der Praxis wird man das Impulsnebensprechen aber aus zwei Gründen nicht vollständig beseitigen können. Zum einen wäre dazu möglicherweise ein Entzerrer mit unendlicher Dauer der Impulsantwort erforderlich, was mit den üblicherweise verwendeten Transversalentzerrern nicht realisierbar ist, zum anderen muß man beim Entwurf des Entzerrers auch die Kanalstörungen berücksichtigen. Betrachtet man den Frequenzgang des Entzerrers nach (3.3.7)

$$H_{EZ}(j\omega) = \frac{1}{H_K(j\omega)} \quad , \tag{6.1.1}$$

so wird dieser eine große Verstärkung an den Stellen aufweisen, an denen der Kanalfre–

quenzgang Nullstellen aufweist. Dadurch wird das Rauschen aber verstärkt, was zu einer Erhöhung der Fehlerwahrscheinlichkeit führt. Unter disesem Gesichtspunkt wird man den Frequenzgang des Entzerrers bei niedrigen Signal–zu–Rauschverhältnissen anders als nach (6.1.1) wählen, was dazu führt, daß das Impulsnebensprechen nicht vollständig beseitigt wird. In diesem Falle ist ein sequentieller Entscheider sinnvoll, da er das verbleibende Impulsnebensprechen berücksichtigt.

Bei der Datenübertragung sollen die Daten mit möglichst geringer Fehlerwahrscheinlichkeit übertragen werden. Deswegen könnte man als Ziel beim Entwurf von Entzerrern das Minimum der Fehlerwahrscheinlichkeit vorgeben. Leider läßt sich aber kein handhabbarer Zusammenhang zwischen der Fehlerwahrscheinlichkeit P(F) und den Parametern des Entzerrers angeben, um die Entzerrerparameter so zu bestimmen, daß die Fehlerwahrscheinlichkeit minimal wird. Ein anders Optimalitätskriterium besteht darin, das Impulsnebensprechen durch Wahl der Entzerrerparameter zum Verschwinden zu bringen. Wie aus den Betrachtungen im 3. Kapitel folgt, erzielt man diese im Englischen mit *zero forcing* bezeichnete Eigenschaft durch Einsatz eines Entzerrers mit dem Frequenzgang nach (6.1.1). Will man aber die Kanalstörungen mit berücksichtigen, wird man den mittleren quadratischen Fehler, der sich als Differenz zwischen dem unverzerrten und ungestörten Datensignal und dem Ausgangssignal des Entzerrers ergibt, zum Minimum machen.

Zusammenfassend ergeben sich drei Gesichtspunkte bei der Konzeption eines Entzerrers, nämlich die Auswahl

- *der Struktur, die linear sein kann oder zusätzlich eine Rückkopplung für den Entscheiderausgang besitzt*
- *des Entscheiders, der eine taktweise oder eine sequentielle Entscheidung vorsehen kann, sowie*
- *des Optimalitätskriteriums, bei dem entweder das Impulsnebensprechen zum Verschwinden gebracht oder das Minimum des mittleren quadratischen Fehlers zwischen dem Ausgangssignal des Entzerrers und dem ungestörten Signal ohne Impulsnebensprechen gesucht wird.*

Die Auswahl für die eine oder andere Art und Struktur des Entzerrers bzw. Entscheiders hängt vom Signal–zu–Rauschverhältnis, den Anforderungen an die Güte des Datenübertragungssystems und dem Aufwand bei der Realisierung ab.

Zur Vereinfachung der weiteren Betrachtung sollen die Signale mit Pulsamplitudenmodulation als komplexwertige Signale dargestellt werden. Ähnlich wie im 5. Kapitel gilt für das modulierte und durch das Sendefilter mit der Impulsantwort $h_S(t)$ geformte Sendesignal

$$z(t) = \mathrm{Re}\{ \sum_k b(k)\, h_S(t-kT)\, e^{-j\omega_c t}\} \quad , \tag{6.1.2}$$

wobei für die vorcodierten Daten b(k) die komplexe Darstellung

$$b(k) = b_1(k) + j \cdot b_2(k) \tag{6.1.3}$$

verwendet wird, so daß $b_1(k)$ die Amplitude der Kophasal– und $b_2(k)$ die der Quadraturkomponente bestimmt. Im Kanal wird das modulierte Signal mit der Impulsantwort $h_K(t)$ gefaltet und es überlagern sich additiv weiße Gaußsche Störungen, repräsentiert durch die Musterfunktion n(t)

$$r(t) = z(t) * h_K(t) + n(t) \quad . \tag{6.1.4}$$

Ein Modell für den Sender und den gestörten Übertragungskanal zeigt Bild 6.3

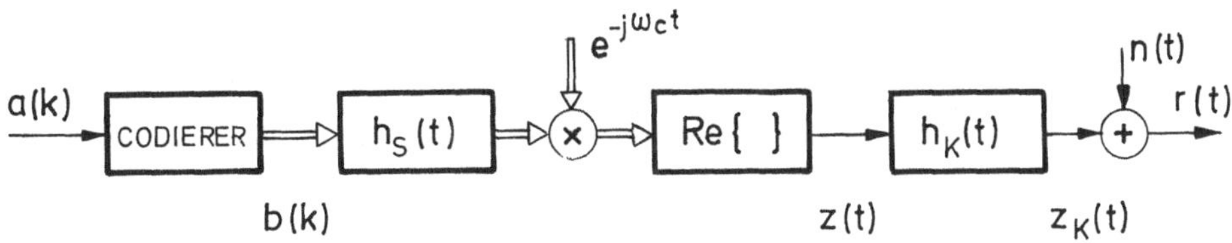

Bild 6.3 PAM–Sender mit komplexer Signaldarstellung und Übertragungskanal

Am Empfängereingang wird das gestörte Empfangssignal r(t) nach (6.1.4) zunächst demoduliert, was bei komplexwertiger Signaldarstellung auf

$$r_d(t) = r(t) \cdot e^{j\omega_c t} = s_d(t) + n_d(t)$$

$$= \mathrm{Re}\{ \sum_k b(k) \cdot e^{-j\omega_c t} \} \cdot h_S(t-kT) * h_K(t)\, e^{j\omega_c t} + n(t) \cdot e^{j\omega_c t}$$

$$= \mathrm{Re}\{ \sum_k b(k) \cdot e^{-j\omega_c t} \}\, g(t-kT) + n_d(t) \tag{6.1.5}$$

führt. Dabei ist

$$g(t) = h_S(t) * h_K\, e^{j\omega_c t} \tag{6.1.6}$$

die komplexwertige Impulsform des Empfangssignals, die durch Faltung des Sendesignalimpulses mit der in den Tiefpaßbereich transformierten Kanalimpulsantwort entsteht. Dies ist eine Darstellung des Bandpaßübertragungssystems im Basisband und stellt für modulierte Signale das Analogon zum Basisbandübertragungssystem nach Bild 3.1 dar [Lee 88], das hier aber nicht weiter betrachtet werden soll.

Das Empfangsfilter, das eine hinreichende Statistik für die Lösung des Detektionsproblems im Sinne des Maximum–Likelihood–Empfängers [Kro 86] liefert, ist ein Matched Filter, das an die Impulsform nach (6.1.6) angepaßt ist [For 72]:

$$h_E(t) = g^*(-t) \tag{6.1.7a}$$

$$H_E(j\omega) = G^*(j\omega) \quad . \tag{6.1.7b}$$

Für die Gesamtübertragungsfunktion vom Ausgang des Codierers bis zum Ausgang des Matched Filters gilt damit:

$$G(j\omega)\cdot H_E(j\omega) = G(j\omega)\cdot G^*(j\omega) = |G(j\omega)|^2 = S^E_{gg}(j\omega) \quad . \tag{6.1.8}$$

Andererseits gilt für die Rauschleistung am Ausgang des Matched Filters, wenn man $n_d(t)$ als Musterfunktion eines weißen Prozesses mit der Rauschleistungsdichte N_W voraussetzt:

$$S_{n_e n_e}(j\omega) = N_W\cdot |G(j\omega)|^2 = N_W\cdot S^E_{gg}(j\omega) \quad . \tag{6.1.9}$$

Die Systemdichte $S^E_{gg}(j\omega)$, die Fourier–Transformierte der Systemkorrelationsfunktion [Kam 89], bestimmt damit die beiden Beziehungen (6.1.8) und (6.1.9). Von ihr hängt auch das Impulsnebensprechen ab, wie aus (6.1.8) und Bild 6.4 folgt.

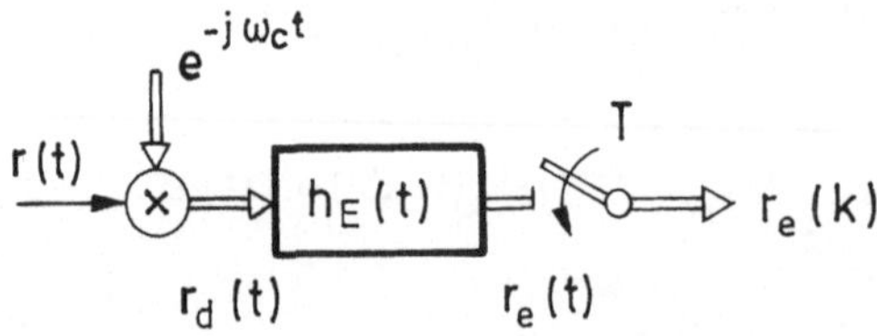

Bild 6.4 Eingangsstufe eines PAM–Empfängers mit komplexer Signaldarstellung

Das Ausgangssignal des Matched Filters wird mit dem Takt T abgetastet, was zwischen dem Codiererausgang und dem Ausgang des Abtasters auf den Frequenzgang [Kam 89]

$$|G(e^{j\omega T})|^2 = \frac{1}{T}\sum_{n=-\infty}^{\infty} |G(j(\omega + \tfrac{2\pi n}{T}))|^2 = S^E_{gg}(e^{j\omega T}) \tag{6.1.10}$$

führt. Im Englischen bezeichnet man diese Überlappung der Teilspektren als *spectral folding*. Wenn (6.1.10) wie z.B. bei der Verwendung von Roll–off–Impulsen ein konstantes Spektrum liefert, entsteht nach den Überlegungen im 3. Kapitel kein Impulsnebensprechen. Dabei müßte man die Forderung (6.1.7) einhalten, was bei unbekannten Übertragungseigenschaften des Kanals aber nicht möglich ist. In der Praxis ist der Kanal i.a. unbekannt, so daß die hier angegebene Lösung, die der im 3. Kapitel hergeleiteten entspricht, nicht realisierbar ist. Statt dessen wird man das Empfangsfilter als Matched Filter für den Sendesignalimpuls wählen und das durch den Kanal hervorgerufene Impulsnebensprechen durch einen nachgeschalteten Entzerrer kompensieren.

6.2 Lineare Entzerrer

Da der Entzerrer die linearen Verzerrungen des Kanals kompensieren soll, liegt es nahe, ihn als lineares System zu realisieren. Wegen der zu verarbeitenden Abtastwerte handelt es sich dabei um ein digitales Filter, das vornehmlich als transversales System mit endlicher Impulsantwort, als sogenanntes FIR–System [Kam 89], realisiert wird. Es ist unabhängig von der Wahl der Koeffizienten stets stabil, was bei adaptiven Systemen besonders wichtig ist. Für die Impulsantwort $h_C(k)$ des Entzerrers und ihre z–Transformierte, die Systemfunktion, gilt

$$h_C(k) = \sum_{i=-N}^{M} c_i \cdot \delta_0(k-i) \tag{6.2.1a}$$

$$H_C(z) = \sum_{k=-\infty}^{\infty} h_C(k)\, z^{-k} = \sum_{i=-N}^{M} c_i \cdot z^{-i} \quad , \tag{6.2.1b}$$

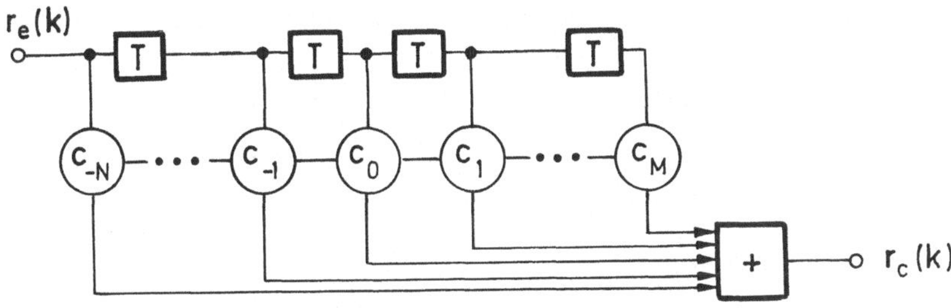

Bild 6.5 Struktur des Transversalentzerrers mit N+M+1 Koeffizienten

wobei $\delta_0(k)$ die Impulsfolge bezeichnet. Den Aufbau des Entzerrers mit insgesamt

N+M+1 Koeffizienten c_i zeigt Bild 6.5, wobei die mit T gekennzeichneten Elemente Verzögerungsglieder darstellen.

Für die weiteren Betrachtungen wird angenommen, daß der Hauptimpuls bzw. das Impulsmaximum von $h_C(k)$ durch Gewichtung mit c_0 entsteht, d.h. es handelt sich um ein nichtkausales System, das in der Praxis durch Verzögerung um N Takte kausal gemacht wird.

Für die Wirkung des Entzerrers zeigt Bild 6.6 ein Beispiel. Der zu entzerrende Impuls h(t) – das Faltungsprodukt aus dem Sendeimpuls, der Kanalimpulsantwort, die in den Tiefpaßbereich transformiert wurde, und der Impulsantwort des Empfangsfilters – liefert nach Abtastung je zwei Vor– und Nachschwinger und einen Hauptimpuls mit dem Gewicht 1. Die Vorschwinger entsprechen den Wirkungen des Impulsnebensprechens vorausgehender Daten, während die Nachschwinger das Impulsnebensprechen des aktuell übertragenen Datums repräsentieren. Wünschenswert wäre eine Signalform, die nur einen Impuls mit dem Gewicht 1 besäße. Durch geeignete Wahl der Koeffizienten c_i soll der Entzerrer dafür sorgen, daß diese gewünschte Impulsform an seinem Ausgang erscheint. Daß diese ideale Impulsform prinzipiell angenähert werden kann, geht aus Bild 6.6 hervor, das das Ausgangssignal $s_c(k)$ des Entzerrers als Faltungsprodukt des abgetasteten Impulses h(k) und der Impulsantwort $h_C(k)$ des Entzerrers zeigt:

$$s_c(k) = \sum_{i=-N}^{M} h_C(i) \cdot h(k-i) = \sum_{i=-N}^{M} c_i \, h(k-i) \quad . \tag{6.2.2}$$

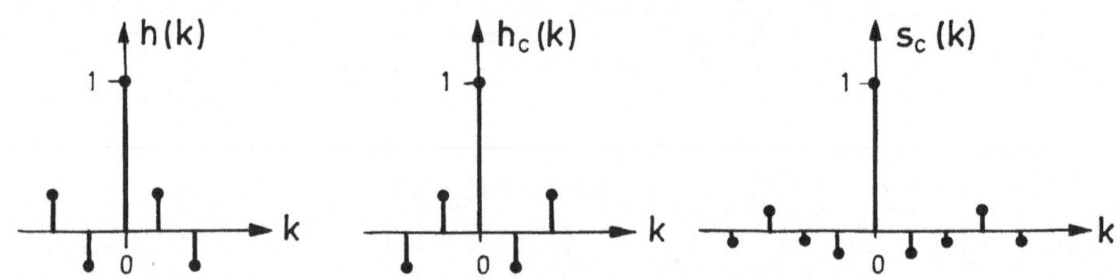

Bild 6.6 Impuls h(k), Impulsantwort $h_C(k)$ des Transversalentzerrers und Ausgangssignal $s_C(k)$

Man erkennt, daß die Entzerrung nicht ideal ist, denn die Vor– und Nachschwinger sind zahlreicher, ihre Amplitude ist allerdings kleiner geworden. Es gilt allgemein, daß nur ein Transversalfilter mit einer Impulsantwort unendlicher Dauer in der Lage ist, ein beliebiges Signal zu entzerren.

6.2.1 Optimalitätskriterium zum Entzerrerentwurf

Das Ausgangssignal $r_c(k)$ des Entzerrers besitzt eine Nutzkomponente $s_c(k)$ und eine Störkomponente $n_c(k)$

$$r_c(k) = s_c(k) + n_c(k) \quad , \tag{6.2.3}$$

wobei die Störkomponente durch Faltung der Musterfunktion $n_d(t)$ des demodulierten weißen Prozesses mit der Impulsantwort $h_E(t)$ des Empfangsfilters, Abtastung und Filterung mit dem Entzerrer entsteht

$$\begin{aligned} n_c(k) &= \sum_{i=-\infty}^{\infty} h_C(k-i) \cdot n_e(i) \\ &= \sum_{i=-\infty}^{\infty} h_C(k-i) \int_{-\infty}^{\infty} n_d(t) \cdot h_E(iT-t)\, dt \quad . \end{aligned} \tag{6.2.4}$$

Der Entzerrer besitze zunächst eine Impulsantwort unendlicher Dauer. Entsprechend entsteht die Nutzkomponente $s_c(k)$ durch Transformation der vorcodierten Daten b(k) über das Sendefilter, den Kanal und das Empfangsfilter, Abtastung sowie Faltung mit der Entzerrerimpulsantwort nach Bild 6.7.

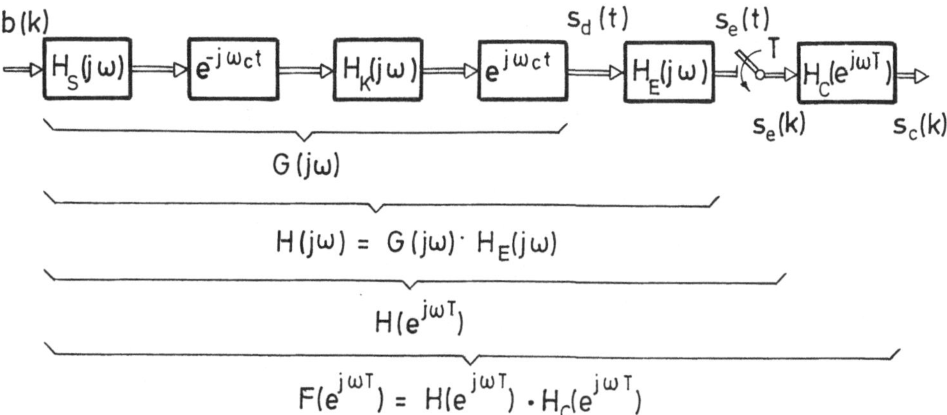

Bild 6.7 Definition der Teilfrequenzgänge und Komponenten des Datenübertragungssystems

Faßt man wie in Abschnitt 6.1 die Übertragungseigenschaften bis zum Abtaster am Ausgang des Empfangsfilters in der Impulsantwort h(t) zusammen, so folgt mit den Definitionen in Bild 6.7

$$s_c(k) = \sum_{i=-\infty}^{\infty} h_C(k-i) \cdot s_e(i) = \sum_{i=-\infty}^{\infty} h_C(k-i) \sum_{n=-\infty}^{\infty} b(n) \cdot h((i-n)T)$$

$$= \sum_{n=-\infty}^{\infty} b(n) \cdot \sum_{i=-\infty}^{\infty} h_C(k-i)\, h(i-n)$$

$$= \sum_{n=-\infty}^{\infty} b(n) \cdot f(k-n) \;, \tag{6.2.5}$$

wobei

$$f(n) = h_C(n) * h(n) = \sum_{i=-\infty}^{\infty} h_C(i) \cdot h(n-i) \tag{6.2.6}$$

gilt. Für (6.2.3) folgt mit (6.2.5)

$$r_c(k) = b(k) \cdot f(0) + \sum_{\substack{n=-\infty \\ n \neq k}}^{\infty} b(n) \cdot f(k-n) + n_c(k) \;, \tag{6.2.7}$$

wobei der mittlere Term das Impulsnebensprechen darstellt. Soll dies durch Wahl des Optimalitätskriteriums vollständig unterdrückt werden, so muß

$$f(n) = \sum_{i=-\infty}^{\infty} h_C(i) \cdot h(n-i) = \begin{cases} 1 & n = 0 \\ 0 & n \neq 0 \end{cases} \tag{6.2.8}$$

gelten. Dies ist eine andere Form der zero–forcing condition nach (3.1.10). Transformiert man (6.2.8) in den Frequenzbereich, so folgt für den Frequenzgang des Entzerrers

$$F(e^{j\omega T}) = H_C(e^{j\omega T}) \cdot H(e^{j\omega T}) = 1 \tag{6.2.9}$$

bzw.

$$H_C(e^{j\omega T}) = \frac{1}{H(e^{j\omega T})} \;. \tag{6.2.10}$$

Dieses Ergebnis erinnert an die Beziehung (6.1.1), wobei der Entzerrer dort als zeitkontinuierliches System vorausgesetzt wurde. Sofern die Kettenschaltung aus Sende– und Empfangsfilter ein ideales Impulssystem ist, wird der Frequenzgang nach Abtastung eine Konstante, so daß $H(\exp(j\omega T))$ nur noch vom Frequenzgang des Kanals bestimmt wird. In diesem Fall stimmen die Ergebnisse von (6.1.1) und (6.2.10) überein. Problematisch wird diese das Impulsnebensprechen vollständig unterdrückende Lösung dann, wenn der Frequenzgang $H(\exp(j\omega T))$ Nullstellen besitzt oder sehr kleine Werte annimmt. Dann besitzt $H_C(\exp(j\omega T))$ eine große Verstärkung, die auch die Störungen stark ansteigen läßt. Nimmt man an, daß N_w die Leistungsdichte des demodulierten weißen Störprozesses ist, so folgt mit (6.2.4) für die Leistungsdichte am Ausgang des Entzerrers

$$\begin{aligned} S_{n_c n_c}(e^{j\omega T}) &= N_w \, |H_C(e^{j\omega T})|^2 \cdot |H_E(e^{j\omega T})|^2 \\ &= \frac{N_w \cdot |H_E(e^{j\omega T})|^2}{|H(e^{j\omega T})|^2} = \frac{N_w}{|H_S(e^{j\omega T})|^2 \cdot |H_K(e^{j(\omega-\omega_c)T})|^2} \\ &= \frac{N_w}{|G(e^{j\omega T})|^2} \, , \end{aligned} \tag{6.2.11}$$

wobei von der Definition (6.1.6) und (6.2.10) Gebrauch gemacht wurde und der Nenner $|G(\exp(j\omega T))|^2$ in (6.1.10) berechnet wurde. Für die mittlere Störleistung und damit den Fehler am Ausgang des Entzerrers folgt aus (6.2.11):

$$\begin{aligned} F_p &= E\{n_c^2(k)\} = \frac{T}{2\pi} \int_{-\pi/T}^{\pi/T} S_{n_c n_c}(e^{j\omega T}) \, d\omega \\ &= N_w \frac{T}{2\pi} \int_{-\pi/T}^{\pi/T} \frac{1}{|G(e^{j\omega T})|^2} \, d\omega \; . \end{aligned} \tag{6.2.12}$$

Wenn der Kanal kein Impulsnebensprechen verursacht und Sende– und Empfangsfilter in Kette ein ideales Impulssystem liefern, wird die rechte Seite von (6.2.12) frequenzunabhängig gleich eins, so daß für (6.2.12)

$$F_{p_{min}} = E\{n_c^2(k)\} = N_w \tag{6.2.13}$$

gilt. Das Nutzsignal wird wegen des Entzerrers, der das Impulsnebensprechen bei der Wahl des hier betrachteten Optimalitätskriteriums vollständig unterdrückt, unverzerrt übertragen. Damit ist die Leistungsdichte des Nutzsignalprozesses am Entzerrerausgang weiß und hat den Wert eins, sofern der Quellenprozeß ebenfalls weiß ist und seine Leistungsdichte den Wert eins besitzt.

Die Bedingung zum vollständigen Unterdrücken des Impulsnebensprechens nach (6.2.8) läßt sich nur durch einen Entzerrer mit unendlicher Dauer der Impulsantwort erfüllen. Da dies mit einem Transversalentzerrer nicht realisierbar ist, wird stets ein Rest von Impulsnebensprechen übrig bleiben [Pro 89].

Der hervorstechenste Nachteil des Optimalitätskriteriums zur vollständigen Kompensation des Impulsnebensprechens ist die Verstärkung der Störungen für die Frequenzkomponenten, für die der Frequenzgang der Übertragungstrecke aus Sendefilter, Kanal und Empfangsfilter kleine Werte aufweist. Abhilfe schafft hier das Kriterium, bei dem der aus (6.2.7) mit $f(0) = 1$ folgende mittlere quadratische Fehler

$$F_m = E\{|r_c(k) - b(k)|^2\} = E\{|\sum_{\substack{n=-\infty \\ n \neq k}}^{\infty} b(n) \cdot f(k-n) + n_c(k)|^2\} \tag{6.2.14}$$

zum Minimum gemacht wird, weil hier sowohl das Impulsnebensprechen wie auch die Kanalstörungen berücksichtigt werden.

Das Ausgangssignal $r_c(k)$ des Entzerrers entsteht durch Filterung des Ausgangssignals $r_e(k)$ des Empfangsfilters mit der Impulsantwort $h_C(k)$ des Entzerrers, so daß man mit (6.2.10)

$$F_m = E\{|\sum_{i=-\infty}^{\infty} c_i\, r_e(k-i) - b(k)|^2\} \overset{!}{=} \underset{c_i}{\mathrm{Min}} \tag{6.2.15}$$

schreiben kann. Differentiation nach dem gesuchten Koeffizienten c_j, $-\infty < j < \infty$, liefert

$$\frac{\partial F_m}{\partial c_j} = E\{(\sum_{i=-\infty}^{\infty} c_i \cdot r_e(k-i) - b(k)) \cdot r_e^*(k-j)\} = 0 \quad . \tag{6.2.16}$$

Weitere Umformung führt mit $-\infty < j < \infty$ auf

$$\sum_{i=-\infty}^{\infty} c_i\, E\{r_e(k-i) \cdot r_e^*(k-j)\} = E\{b(k) \cdot r_e^*(k-j)\} \tag{6.2.17}$$

bzw.

$$\sum_{i=-\infty}^{\infty} c_i\, s_{r_e r_e}(j-i) = h_C(j) * s_{r_e r_e}(j) = s_{b r_e}(j) \quad , \tag{6.2.18}$$

wobei die Definition der Kreuzkorrelationsfunktion [Kam 89]

$$s_{xy}(\kappa) = E\{x^*(k) \cdot y(k+\kappa)\} \tag{6.2.19}$$

verwendet wurde. Transformiert man (6.2.18) in den Frequenzbereich, so folgt

$$H_C(e^{j\omega T}) \cdot S_{r_e r_e}(e^{j\omega T}) = S_{b r_e}(e^{j\omega T}) \quad . \tag{6.2.20}$$

Wegen der statistischen Unabhängigkeit von Nutz– und Störanteil gilt für die Autoleistungsdichte

$$S_{r_e r_e}(e^{j\omega T}) = S_{s_e s_e}(e^{j\omega T}) + S_{n_e n_e}(e^{j\omega T}) \quad . \tag{6.2.21}$$

Nimmt man an, daß der Datenprozeß $b(k)$ weiß ist, so daß für dessen Leistungsdichte

$$S_{bb}(e^{j\omega T}) = 1 \tag{6.2.22}$$

gilt, so folgt für die Nutzleistungsdichte

$$S_{s_e s_e}(e^{j\omega T}) = S_{bb}(e^{j\omega T}) \cdot |H(e^{j\omega T})|^2 = |H(e^{j\omega T})|^2 \tag{6.2.23}$$

und für die Störleistungsdichte

$$S_{n_e n_e}(e^{j\omega T}) = N_W \cdot |H_E(e^{j\omega T})|^2 \quad , \tag{6.2.24}$$

da der Störprozeß auf dem Kanal weiß mit der Leistungsdichte N_W ist. Zur Bestimmung des Frequenzganges des Entzerrers ist noch die Kreuzleistungsdichte auf der rechten Seite von (6.2.20) zu bestimmen. Beachtet man, daß Nutz– und Störprozeß unabhängig voneinander sind, so folgt mit (6.2.22):

$$\begin{aligned} S_{br_e}(e^{j\omega T}) &= S_{bs_e}(e^{j\omega T}) = S_{bb}(e^{j\omega T}) \cdot H^*((e^{-j\omega T}) \\ &= H^*(e^{-j\omega T}) \quad . \end{aligned} \tag{6.2.25}$$

Setzt man (6.2.21) bis (6.2.25) in (6.2.20) ein, erhält man für den Frequenzgang des Entzerrers:

$$H_C(e^{j\omega T}) = \frac{S_{br_e}(e^{j\omega T})}{S_{r_e r_e}(e^{j\omega T})} = \frac{H^*(e^{-j\omega T})}{|H(e^{j\omega T})|^2 + N_W \cdot |H_E(e^{j\omega T})|^2} \quad . \tag{6.2.26}$$

Wenn die Störungen mit $N_W = 0$ verschwinden, erhält man das Ergebnis nach (6.2.10), d.h. in diesem Fall führen beide Kriterien, die vollständige Unterdrückung des Impulsnebensprechens und die Minimierung des mittleren quadratischen Fehlers, auf denselben Entzerrer.

Für den mittleren quadratischen Fehler nach (6.2.14) gilt, wenn man den optimalen Entzerrer nach (6.2.26) verwendet, der die dem *Orthogonalitätsprinzip* [Kro 86] der Schätztheorie entsprechende Bedingung (6.2.16) erfüllt

$$\begin{aligned} F_m &= E\{|r_c(k) - b(k)|^2\} = E\{(r_c(k) - b(k)) \cdot (r_c^*(k) - b^*(k))\} \\ &= E\{b(k) - r_c(k)) \cdot b^*(k)\} = 1 - E\{r_c(k) \cdot b^*(k)\} \quad , \end{aligned} \tag{6.2.27}$$

wobei noch beachtet wurde, daß $b(k)$ die in (6.2.22) angegebene Leistungsdichte besitzt.

Ersetzt man $r_c(k)$ wie in (6.2.26) durch das Faltungsprodukt von $s_e(k)$ mit $h_C(k)$ und beachtet, daß Nutz– und Störanteil unabhängig voneinander sind, so folgt mit (6.2.5)

$$F_m = 1 - \sum_{i=-\infty}^{\infty} c_i\, E\{r_e(k-i)\cdot b^*(k)\} = 1 - \sum_{i=-\infty}^{\infty} c_i\, E\{s_e(k-i)\cdot b^*(k)\}$$

$$= 1 - \sum_{i=-\infty}^{\infty} c_i\, h(-i) = 1 - f(0) \quad . \tag{6.2.28}$$

Für das Faltungsprodukt von $h_C(k)$ und $h(k)$ gilt mit (6.2.5) nach z–Transformation

$$H_C(z)\cdot H(z) = F(z) \quad , \tag{6.2.29}$$

und wenn man die aus (6.2.26) folgende Systemfunktion für den Entzerrer einsetzt:

$$F(z) = \frac{H(z)\cdot H^*(z^{-1})}{H(z)\cdot H^*(z^{-1}) + N_W\cdot H_E(z)\cdot H_E^*(z^{-1})} \quad . \tag{6.2.30}$$

Den in (6.2.28) auftretenden Wert f(0) erhält man durch inverse z–Transformation [Kam 89] aus (6.2.30) mit k = 0 und dem Integrationsweg c im Konvergenzgebiet des Integranden:

$$f(k)\Big|_{k=0} = \frac{1}{2\pi j}\oint_c F(z)\cdot z^{k-1}\,dz\Big|_{k=0} = \frac{1}{2\pi j}\oint_c F(z)\cdot z^{-1}\,dz \quad . \tag{6.2.31}$$

Zur Auswertung des Integrals wählt man als Integrationsweg c den Einheitskreis, da F(z) als stabile Funktion vorausgesetzt wird und damit der Einheitskreis im Konvergenzgebiet liegt, und setzt $z = \exp(j\omega T)$ bzw. $dz = j\omega\cdot\exp(j\omega T)\,d\omega$, so daß

$$f(0) = \frac{T}{2\pi}\int_{-\pi/T}^{\pi/T} \frac{H(e^{j\omega T})\cdot H^*(e^{-j\omega T})}{H(e^{j\omega T})\cdot H^*(e^{-j\omega T}) + N_W\cdot H_E(e^{j\omega T})\cdot H_E^*(e^{-j\omega T})}\,d\omega \tag{6.2.32}$$

folgt. Setzt man dies in (6.2.28) ein, erhält man schließlich

$$F_m = \frac{T}{2\pi}\int_{-\pi/T}^{\pi/T} \frac{N_W\cdot H_E(e^{j\omega T})\cdot H_E^*(e^{-j\omega T})}{H(e^{j\omega T})\cdot H^*(e^{-j\omega T}) + N_W\cdot H_E(e^{j\omega T})\cdot H_E^*(e^{-j\omega T})}\,d\omega$$

$$= \frac{T}{2\pi}\int_{-\pi/T}^{\pi/T} \frac{N_W}{G(e^{j\omega T})\cdot G^*(e^{-j\omega T}) + N_W}\,d\omega$$

$$= \frac{T}{2\pi} \int_{-\pi/T}^{\pi/T} \frac{N_w}{|G(e^{j\omega T})|^2 + N_w} d\omega \quad , \tag{6.2.33}$$

wobei $G(\exp(j\omega T))$ aus (6.1.6) bzw. (6.2.11) folgt. Wenn der Kanal keine Verzerrungen verursacht und Sende– und Empfangsfilter in Kette geschaltet ein ideales Impulssystem sind, wird $|G(\exp(j\omega T))| = 1$ und für F_m gilt dann

$$F_{m_{min}} = \frac{N_w}{1 + N_w} \quad , \tag{6.2.34}$$

was gegenüber (6.2.13) ein kleinerer Wert ist, so daß

$$F_{m_{min}} < F_{p_{min}} \tag{6.2.35}$$

folgt. Der minimale mittlere quadratische Schätzfehler ist also kleiner als der mittlere Fehler, den man bei vollständiger Unterdrückung des Impulsnebensprechens erhält.

6.2.2 Adaptiver Entzerrer

Bei den Betrachtungen im vorausgehenden Abschnitt war vorausgesetzt worden, daß der Entzerrer eine Impulsantwort mit unendlicher Dauer besitzt. Nun soll von dem realistischen Fall eines Entzerrers mit endlicher Dauer der Impulsantwort nach (6.2.1a) ausgegangen werden, mit dem sich das Impulsnebensprechen in der Regel nicht vollständig unterdrücken läßt. Deshalb ist nur das zweite Optimalitätskriterium, die Minimierung des mittleren quadratischen Fehlers, sinnvoll anwendbar.

Ausgangspunkt für die Berechnung der Entzerrerkoeffizienten ist die der Wiener–Hopf–Gleichung [Kro 88] der Schätztheorie entsprechende Beziehung (6.2.18), die hier in einem endlichen Zeitintervall betrachtet werden soll:

$$\sum_{i=-N}^{M} c_i \, s_{r_e r_e}(j-i) = s_{b r_e}(j) \quad ; \quad -N \le j \le M \quad . \tag{6.2.36}$$

Zur Lösung dieses Gleichungssystems führt man den Koeffizientenvektor

$$\mathbf{c} = (c_{-N} \cdots c_0 \cdots c_M)^T \tag{6.2.37}$$

ein, wobei das hochgestellte T einen transponierten Vektor bezeichnet. Die in (6.2.36) auftretenden Werte der Autokorrelationsfunktion $s_{r_e r_e}(\kappa)$ werden in der Matrix

$$\mathbf{S}_{r_e r_e} = E\{r_e^*(k)\, r_e^T(k)\} = \begin{bmatrix} s_{r_e r_e}(0) & s_{r_e r_e}(-1) & \dots\, s_{r_e r_e}(-N-M) \\ s_{r_e r_e}(1) & s_{r_e r_e}(0) & \dots\, s_{r_e r_e}(-N-M+1) \\ \vdots & & \\ s_{r_e r_e}(M+N) & s_{r_e r_e}(M+N-1) & \dots\, s_{r_e r_e}(0) \end{bmatrix} \tag{6.2.38}$$

zusammengefaßt. Der Vektor $\mathbf{r}_e(k)$, dessen Komponenten sich aus (6.2.17) und (6.2.36) ergeben, ist durch

$$\mathbf{r}_e(k) = (r_e(k+N) \dots r_e(k) \dots r_e(k-M))^T \tag{6.2.39}$$

definiert. Schließlich faßt man die Werte der Kreuzkorrelationsfunktion auf der linken Seite von (6.2.36) in dem Vektor

$$\mathbf{s}_{b r_e} = E\{b(k)\, r_e^*(k)\} = (s_{b r_e}(-N) \dots s_{b r_e}(0) \dots s_{b r_e}(M))^T \tag{6.2.40}$$

zusammen und ersetzt das Gleichungssystem (6.2.36) durch die Vektorgleichung

$$\mathbf{S}_{r_e r_e} \cdot \mathbf{c} = \mathbf{s}_{b r_e} \quad . \tag{6.2.41}$$

Damit erhält man die Lösung:

$$\mathbf{c} = \mathbf{S}_{r_e r_e}^{-1}\, \mathbf{s}_{b r_e} \quad . \tag{6.2.42}$$

Zur Berechnung der Kreuzkorrelationsfunktion $s_{b r_e}(\kappa)$ benötigt man die Kenntnis des unbekannten Datenprozesses $b(k)$, der hier als stationär und weiß vorausgesetzt wird. Bei der Einstellung der Entzerrerkoeffizienten verwendet man eine sogenannte *Präambel*. Dabei handelt es sich um die Werte eines Pseudozufallsprozesses, die mit Hilfe des im Abschnitt 4.2.1 beschriebenen Generators erzeugt werden. Diese Werte werden in der Startprozedur des Datenübertragungssystems auf der Sende– und Empfangsseite erzeugt, so daß nach Synchronisation die Werte b(k) und die zugehörigen gestörten Werte $r_e(k)$ im Empfänger zur Verfügung stehen. Aus den Definitionen in (6.2.38) und (6.2.39) folgt, daß die Länge der Pseudozufallsfolge mindestens die Länge der Impulsantwort des Entzerrers besitzen muß, um Schätzwerte für die Auto– bzw. Kreuzkorrelationsfunktion mit der erforderlichen Anzahl der Stützstellen bestimmen zu können. Stehen mehr als diese Mindestanzahl von Werten zur Verfügung, lassen sich die Korrelationsfunktionen genauer schätzen [Kam 89].

In der Regel wird der Übertragungskanal sich mit der Zeit ändern, so daß man die Koeffizienten adaptieren muß. In diesem Fall empfehlt sich eine rekursive Berechnung des Koeffizientenvektors c nach (6.2.37). Grundlage für diese rekursive Berechnung ist das Gradientenverfahren des steilsten Abstiegs nach Newton [Wid 85].

Bei der Dimensionierung des Entzerrers wird das Newton–Verfahren dafür eingesetzt, das Minimum des mittleren quadratischen Fehlers F_m nach (6.2.15) als Funktion des Koeffizientenvektors **c** nach (6.2.37) zu bestimmen. Das darin auftretende Faltungsprodukt läßt sich bei endlicher Anzahl der Entzerrerkoeffizienten c_i, $-N \leq i \leq M$ mit (6.2.37) und (6.2.39) in Vektorform angeben:

$$r_c(k) = \sum_{i=-N}^{M} c_i \, r_e(k-i) = \mathbf{c}^T \mathbf{r}_e(k) = \mathbf{r}_e^T(k)\, \mathbf{c} \quad . \tag{6.2.43}$$

Für den mittleren quadratischen Fehler nach (6.2.15) gilt mit der Voraussetzung (6.2.22) und den Definitionen (6.2.38) und (6.2.40):

$$\begin{aligned} F_m &= E\{(\mathbf{c}^T \boldsymbol{r}_e(k) - b(k))\,(\boldsymbol{r}_e^T(k)\,\mathbf{c} - b(k))^*\} \\ &= \mathbf{c}^T E\{\boldsymbol{r}_e(k)\, \boldsymbol{r}_e^{*T}(k)\}\, \mathbf{c}^* - E\{b(k)\, \boldsymbol{r}_e^{*T}(k)\}\, \mathbf{c}^* \\ &\qquad - \mathbf{c}^T E\{\boldsymbol{r}_e(k)\, b^*(k)\} + E\{b(k)\, b^*(k)\} \\ &= \mathbf{c}^T \mathbf{S}_{r_e r_e} \mathbf{c}^* - \mathbf{s}_{b r_e}^T \mathbf{c}^* - \mathbf{c}^T \mathbf{s}_{b r_e}^* + 1 \\ &= \mathbf{c}^T \mathbf{S}_{r_e r_e} \mathbf{c}^* - 2\,\mathrm{Re}\{\mathbf{s}_{b r_e}^T \mathbf{c}^*\} + 1 \quad . \end{aligned} \tag{6.2.44}$$

Der Gradient des Fehlers, d.h. die Richtung seines größten Anstiegs als Funktion des Koeffizientenvektors **c**, ist durch [Lee 88]

$$\begin{aligned} \nabla_{\mathbf{c}} &= \frac{\partial F_m}{\partial \mathbf{c}} = \left[\frac{\partial F_m}{\partial c_{-N}} \cdots \frac{\partial F_m}{\partial c_0} \cdots \frac{\partial F_m}{\partial c_M} \right]^T \\ &= 2 \cdot \mathbf{S}_{r_e r_e} \mathbf{c} - 2 \cdot \mathbf{s}_{b r_e} \end{aligned} \tag{6.2.45}$$

gegeben. Das Minimum ist durch $\nabla_{\mathbf{c}} = 0$ bestimmt, so daß man für den optimalen Koeffizientenvektor die in (6.2.42) genannte Lösung erhält, die mit $\mathbf{c}_{opt}$ bezeichnet werden soll:

$$\nabla_{\mathbf{c}} = 0 \;\longrightarrow\; \mathbf{c}_{opt} = \mathbf{S}_{r_e r_e}^{-1} \mathbf{s}_{b r_e} \quad . \tag{6.2.46}$$

Durch Umformung von (6.2.45) und Einführen von $\mathbf{c}_{opt}$ in (6.2.46) erhält man

$$\tfrac{1}{2} \mathbf{S}_{r_e r_e}^{-1} \nabla_{\mathbf{c}} = \mathbf{c} - \mathbf{S}_{r_e r_e}^{-1} \mathbf{s}_{b r_e} = \mathbf{c} - \mathbf{c}_{opt} \tag{6.2.47}$$

bzw.

$$\mathbf{c}_{\text{opt}} = \mathbf{c} - \frac{1}{2}\,\mathbf{S}^{-1}_{r_e r_e}\,\nabla_{\mathbf{c}} \,, \tag{6.2.47a}$$

was man in die Rekursionsgleichung

$$\mathbf{c}(k+1) = \mathbf{c}(k) - \frac{1}{2}\,\mathbf{S}^{-1}_{r_e r_e}\,\nabla_{\mathbf{c}}(k) \tag{6.2.48}$$

umformen kann. Die Idee dieser Gleichung besteht darin, den neuen Koeffizientenvektor $\mathbf{c}(k+1)$ aus dem alten Vektor $\mathbf{c}(k)$ dadurch zu bestimmen, daß man den alten Vektor in Richtung des negativen Gradienten verändert, um F_m nach (6.2.44) zu minimieren. Da F_m eine in $\mathbf{c}$ quadratische Form ist, läßt sich F_m als ein mehrdimensionaler Paraboloid interpretieren, der ein eindeutiges Minimum besitzt. Durch den Vorfaktor des Gradienten, die Schrittweite der Rekursion, wird die Konvergenz des Verfahrens bestimmt: wird die Schrittweite zu klein, wird das Minimum erreicht, jedoch erfolgt dies sehr langsam. Wird die Schrittweite sehr groß, kann die Rekursion instabil werden, weil das Minimum nicht im Schrittweitenraster liegt. In (6.2.48) wird deshalb eine wählbare Schrittweite

$$0 < \mu < 1 \tag{6.2.49}$$

eingeführt, was auf

$$\mathbf{c}(k+1) = \mathbf{c}(k) - \mu\,\mathbf{S}^{-1}_{r_e r_e}\,\nabla_{\mathbf{c}}(k) \tag{6.2.50}$$

führt. Zur Lösung dieser Rekursionsbeziehung wird der Gradient $\nabla_{\mathbf{c}}(k)$ durch (6.2.45) ersetzt und die optimale Lösung (6.2.46) eingeführt

$$\begin{aligned} \mathbf{c}(k+1) &= \mathbf{c}(k) - 2\cdot\mu\,(\mathbf{c}(k) - \mathbf{S}^{-1}_{r_e r_e}\,\mathbf{s}_{b r_e}) \\ &= \mathbf{c}(k) - 2\cdot\mu(\mathbf{c}(k) - \mathbf{c}_{\text{opt}}) \\ &= (1 - 2\mu)\,\mathbf{c}(k) + 2\,\mu\,\mathbf{c}_{\text{opt}} \;. \end{aligned} \tag{6.2.51}$$

Ausgehend von der Anfangslösung $\mathbf{c}(0)$ erhält man durch rekursives Einsetzen

$$\mathbf{c}(1) = (1-2\mu)\,\mathbf{c}(0) + 2\mu\,\mathbf{c}_{\text{opt}} \tag{6.2.52a}$$

$$\begin{aligned} \mathbf{c}(2) &= (1-2\mu)\,\mathbf{c}(1) + 2\mu\,\mathbf{c}_{\text{opt}} \\ &= (1-2\mu)^2\,\mathbf{c}(0) + 2\mu\,[(1-2\mu) + 1]\,\mathbf{c}_{\text{opt}} \end{aligned} \tag{6.2.52b}$$

$$c(3) = (1-2\mu)^3 \, c(0) + 2\mu \, [(1-2\mu)^2 + (1-2\mu) + 1] \, c_{opt} \tag{6.2.52c}$$

und schließlich mit Hilfe der Summenformel für die endliche geometrische Reihe [Bro 62] die Lösung

$$\begin{aligned} c(k) &= (1-2\mu)^k \, c(0) + 2\mu \sum_{i=0}^{k-1} (1-2\mu)^i \, c_{opt} \\ &= (1-2\mu)^k \, c(0) + 2\mu \frac{1-(1-2\mu)^k}{1-(1-2\mu)} \cdot c_{opt} \\ &= c_{opt} + (1-2\mu)^k \, (c(0) - c_{opt}) \quad . \end{aligned} \tag{6.2.53}$$

Diese Lösung zeigt, daß man mit $\mu = 1/2$ in einem Schritt zur optimalen Lösung gelangt, was bei einer quadratischen Funktion immer möglich ist. Ferner wird die Beschränkung des Schrittweitenfaktors μ nach (6.2.49) verständlich, um eine stabile Lösung zu garantieren.

Für die Berechnung der Koeffizienten eines adaptiven Entzerrers läßt sich weder die direkte Lösung nach (6.2.46) noch die rekursive nach (6.2.50) verwenden, da sich die Korrelationsmatrix $S_{r_e r_e}$ und der Korrelationsvektor $s_{b r_e}$ bei einem on–line betriebenen Entzerrer nicht berechnen lassen. Ein zweiter Grund besteht darin, daß von zumindest schwach stationären Prozessen ausgegangen wurde, was in der Praxis nicht erfüllt sein muß. Statt der Minimierung des mittleren quadratischen Fehlers nach (6.2.44) wird deshalb die Minimierung des aktuellen Fehlers selbst angestrebt, wobei folgende an (6.2.48) angelehnte Rekursionsbeziehung

$$c(k+1) = c(k) - \mu \, \hat{\nabla}_c(k) \tag{6.2.54}$$

verwendet wird, die man nach dem englischen Terminus *least mean square* als *LMS–Algorithmus* bezeichnet. Mit (6.2.17) und (6.2.43) gilt für den Fehler

$$\epsilon(k) = r_c(k) - b(k) = r_e^T(k) \, c - b(k) = c^T r_e(k) - b(k) \tag{6.2.55}$$

und daraus folgend für den Gradienten:

$$\hat{\nabla}_c = \frac{\partial |\epsilon(k)|^2}{\partial c} = 2 \, \epsilon(k) \, \frac{\partial \epsilon^*(k)}{\partial c} = 2 \, \epsilon(k) \, r_e^*(k) \quad . \tag{6.2.56}$$

Setzt man dies in (6.2.54) ein, erhält man [Lee 88]

$$\mathbf{c}(k+1) = \mathbf{c}(k) - 2\,\mu\,\epsilon(k)\,\mathbf{r}_e^*(k)$$

$$= (\mathbf{I} - 2\mu\,\mathbf{r}_e^*(k)\,\mathbf{r}_e^T(k))\,\mathbf{c}(k) + 2\mu\,b(k)\,\mathbf{r}_e^*(k) \quad . \qquad (6.2.57)$$

Damit diese Rekursionsbeziehung stabil ist, muß die Schrittweite μ im Bereich [Wid 85]

$$0 < \mu < \frac{1}{\lambda_{max}} \qquad (6.2.58)$$

gewählt werden, wobei λ_{max} der maximale Eigenwert der Korrelationsmatrix $\mathbf{S}_{r_e r_e}$ ist. Eine Abschätzung des maximalen Eigenwerts nach oben ist über die Spur dieser Matrix möglich

$$\lambda_{max} < \mathrm{spur}\{\mathbf{S}_{r_e r_e}\} \quad , \qquad (6.2.59)$$

und da die Korrelationsmatrix beim praktischen Einsatz von Entzerren nicht verfügbar ist, läßt sich bei Transversalentzerrern die obere Schranke in (6.2.58) durch die Signalenergie festlegen, so daß

$$0 < \mu < \frac{1}{\sum\limits_{i=-N}^{M} |r_e(k-i)|^2} \qquad (6.2.60)$$

gilt. Statt der momentanen Signalenergie wird auch die gemittelte Signalenergie verwendet, indem man mit Hilfe der aktuellen Werte die gemittelte Signalenergie rekursiv berechnet.

Modifikationen werden auch beim LMS–Algorithmus selbst vorgenommen [Pro 89]. Um den Algorithmus weniger rechenintensiv zu machen, verwendet man bei der rekursiven Berechnung der Koeffizienten nur das Vorzeichen des Fehlers $\varepsilon(k)$ oder des Abtastwerts $r_e(k)$ oder auch nur die Vorzeichen beider Größen. Schließlich wird nicht zu jedem Zeitpunkt $t = kT$ ein neuer Koeffizientenvektor $\mathbf{c}(k)$ generiert, sondern erst nach einer bestimmten Anzahl von Takten T, z.B. zu den Zeilen $t = k\cdot(LT)$. Das Zeitintervall LT wird dazu benutzt, um einen Mittelwert des nach (6.2.56) geschätzten Gradienten zu ermitteln. Eine Modifikation davon ist, den Koeffizientenvektor $\mathbf{c}(k)$ zwar zu jedem Zeitpunkt $t = kT$ zu bestimmen, dazu aber den mit einem Tiefpaß gefilterten bzw. fortlaufend gemittelten Schätzwert des Gradienten zu verwenden.

Es wurde bereits darauf hingewiesen, daß der Algorithmus zur Berechnung der Entzerrerkoeffizienten die Kenntnis des Datenprozesses $b(k)$ erfordert. Da die Daten aber aus $r_e(k)$ im Empfänger extrahiert werden sollen, sind sie nicht bekannt. In der Startprozedur des Datenübertragungssystems kann, so wurde gesagt, ein Pseudozufallsprozeß benutzt werden, um mit dem synthetischen Datenprozeß den Entzerrer einzustellen. Dies Verfahren ist nicht anwendbar, wenn bei laufender Datenübertragung der Entzerrer adaptiert werden soll. Eine Möglichkeit wäre in diesem Fall, die Datenübertragung von Zeit zu Zeit zu unterbrechen und den Entzerrer erneut zu adaptieren, was allerdings keinen kontinuierlichen Betrieb zuläßt. Stattdessen verwendet man statt der Daten b(k) deren am Entscheiderausgang verfügbare Schätzwerte, um den LMS–Algorithmus zu realisieren. Wenn nur einzelne Fehler mit hinreichend kleiner Wahrscheinlichkeit auftreten, wird wegen des Mittelungseffektes der rekursiven Berechnung im LMS–Algorithmus der Einfluß dieser Fehler auf die Bestimmung des Koeffizientenvektors gering sein [Pro 89].

Die Entzerrerkoeffizienten c_i werden als komplexwertig vorausgesetzt. Deshalb ist der Entzerrer ein komplexwertiges digitales Filter [Kam 89], dessen Struktur Bild 6.8 zeigt.

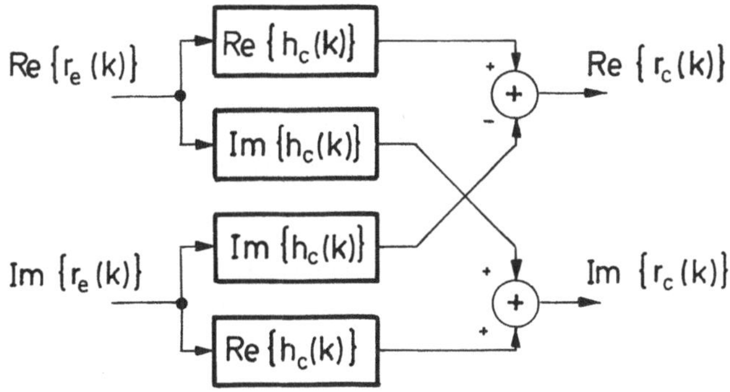

Bild 6.8 Blockschaltbild des komplexwertigen Entzerrers

Man erkennt, daß der komplexwertige Entzerrer aus vier reellwertigen Teilsystemen aufgebaut ist. Setzt man nämlich voraus, daß das Eingangssignal $r_e(k)$ ebenfalls komplex ist, so entsteht das Ausgangssignal eines Systems mit komplexer Impulsantwort durch vier reellwertige Faltungen.

6.2.3 Rekursive Entzerrer

Ein Transversalentzerrer mit endlicher Dauer der Impulsantwort ist nicht in der Lage, einen Kanal mit beliebiger Dauer der Impulsantwort zu entzerren. In der Praxis ist das meist kein Problem, da die Impulsantwort des Kanals nach einer bestimmten Zeit aus Stabilitätsgründen auf einen so kleinen Wert abklingt, daß die dadurch verursachten Verzerrungen z.B. gegenüber den durch das Rauschen verursachten Störungen vernachläsigt werden können.

Um den Vorteil der unendlichen Dauer der Impulsantwort eines rekursiven Entzerrers zu nutzen, kann man die Vorschwinger durch seinen transversalen, die Nachschwinger durch den rekursiven Anteil zu kompensieren versuchen. Statt des Ansatzes für den transversalen Entzerrer

$$r_c(k) = \sum_{i=-N}^{M} c_i\, r_e(k-i) \tag{6.2.61}$$

gilt für den rekursiven Entzerrer

$$r_c(k) = \sum_{i=-N}^{0} c_i\, r_e(k-i) + \sum_{i=1}^{M} c_i\, r_c(k-i) \quad , \tag{6.2.62}$$

was nach z–Transformation auf die nichtkausale Systemfunktion

$$H_C(z) = \frac{\sum_{i=-N}^{0} c_i\, z^{-i}}{1 - \sum_{i=1}^{M} c_i\, z^{-i}} \tag{6.2.63}$$

führt. Die Koeffizienten c_i, die man wie in (6.2.37) zu einem Vektor zusammenfassen kann, lassen sich mit dem LMS–Algorithmus ähnlich wie in (6.2.57) bestimmen

$$\mathbf{c}(k+1) = (\mathbf{I} - 2\mu\, \mathbf{r}^*(k)\, \mathbf{r}^T(k))\, \mathbf{c}(k) + 2\mu\, b(k)\, \mathbf{r}^*(k) \quad , \tag{6.2.64}$$

wobei der Vektor $\mathbf{r}(k)$ entsprechend (6.2.62) durch

$$\mathbf{r}(k) = (r_e(k+N) \ldots r_e(k)\; r_c(k-1) \ldots r_c(k-M))^T \tag{6.2.65}$$

ersetzt wird. Auch hier gelten für die Implementierung des Algorithmus die im Zusammenhang mit dem Transversalentzerrer gemachten Anmerkungen.

Untersuchungen haben gezeigt [Pro 89], daß der rekursive Entzerrer etwas bessere Ergebnisse bezüglich der Fehlerwahrscheinlichkeit als der entsprechende Transversalentzerrer mit derselben Koeffizientenzahl N+M+1 liefert. Dennoch wird er in der Praxis nicht eingesetzt. Der geringfügig kleineren Fehlerwahrscheinlichkeit stehen bedeutende Nachteile gegenüber: unabhängig von der Wahl der Koeffizienten ist der Transversalentzerrer auf Grund seiner Struktur stets stabil. Das ist insbesondere bei adaptiven Entzerrern ein entscheidender Vorteil. Bei der Adaption des rekursiven Entzerrers muß man die Koeffizienten stets daraufhin überprüfen, ob sie auf ein stabiles System führen. Der Aufwand dafür ist nicht unerheblich – es sind die Nullstellen des Nennerpolynoms in (6.2.63) zu berechnen, was bei hohem Polynomgrad numerisch aufwendig und bezüglich der Genauigkeit nicht unproblematisch ist – und kompensiert den Nachteil der etwas höheren Fehlerwahrscheinlichkeit bei einem vergleichbaren Transversalentzerrer nicht. Sinnvoller wäre dann, die Zahl der Koeffizienten des Transversalentzerrers zu erhöhen.

Eine andere Möglichkeit des Entzerrerentwurfs, die Verzerrungen des Kanals und die von ihm verursachten Störungen getrennt zu reduzieren, besteht bei entscheidungsrückgekoppelten Systemen. Es wurde bereits darauf hingewiesen, daß Kanäle, die in ihrem Übertragungsbereich hohe Dämpfungswerte aufweisen, den Entzerrer zu einer Verstärkung des Störpegels veranlassen. Dadurch werden aber auch die Größen, die zur Einstellung des linearen Entzerrers mit Hilfe des LMS–Algorithmus herangezogen werden, stärker gestört und führen zu einer schlechteren Entzerrungsleistung.

6.3 Entscheidungsrückgekoppelte Entzerrer

Ähnlich wie beim rekursiven linearen Entzerrer werden die Vor– und Nachschwinger des verzerrten Impulses h(t) getrennt verarbeitet: die Vorschwinger wie beim rekursiven linearen Entzerrer durch ein nichtkausales Transversalfilter, die Nachschwinger im Gegensatz dazu in einem kausalen Transversalfilter, das vom Ausgangssignal des Entscheiders gespeist wird, wie Bild 6.9 zeigt.

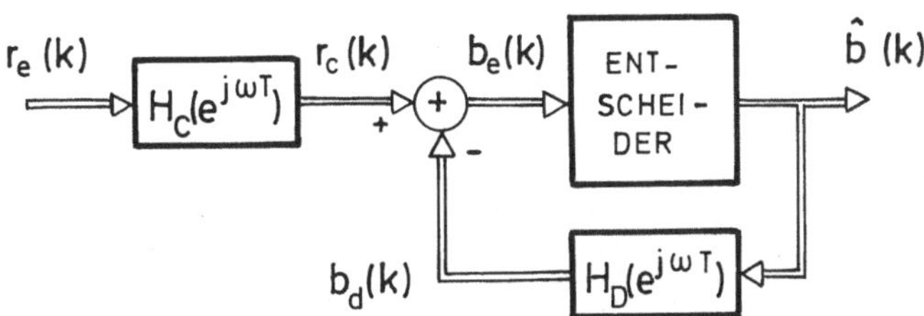

Bild 6.9 Struktur des entsscheidungsrückgekoppelten Entzerrers

Für das Signal $b_e(k)$ am Eingang des Entscheiders gilt damit:

$$b_e(k) = r_e(k) - b_d(k) = \sum_{i=-N}^{0} c_i\, r_e(k-i) - \sum_{j=1}^{M} d_j\, \hat{b}(k-j) \quad . \tag{6.3.1}$$

Daraus folgt für die beiden Teilsystemfunktionen des nichtlinearen, weil entscheidungsrückgekoppelten Entzerrers

$$H_C(z) = \sum_{i=-N}^{0} c_i \cdot z^{-i} \tag{6.3.2}$$

$$H_D(z) = \sum_{j=1}^{M} d_j \cdot z^{-j} \quad . \tag{6.3.3}$$

Die Entzerrung ist unter dem Einfluß von Kanalstörungen mit dem entscheidungsrückgekoppelten Entzerrer besser als mit dem linearen Entzerrer, weil nur bei der Entzerrung der Vorschwinger durch das System $H_C(z)$, das sogenannte *forward filter*, die im Eingangssignal $r_e(k)$ enthaltenen Kanalstörungen eine Rolle spielen. Dagegen wird das Ausgangssignal des Entscheiders, der Schätzwert für das Quellensignal b(k), als störungsfreies Signal benutzt, um mit dem System $H_D(z)$, auch als *feedback filter* bezeichnet, die Nachschwinger zu kompensieren. Man braucht beim Entwurf von $H_D(z)$ deshalb keine Rücksicht auf die Störungen zu nehmen und kann die freien Parameter d_j ausschließlich zur Reduktion des Impulsnebensprechens verwenden. Diese Argumentation gilt allerdings nur dann, wenn der Schätzwert am Ausgang des Entscheiders mit b(k) übereinstimmt, d.h. bei Fehlerfreiheit des Entscheiders. Tritt dagegen ein Fehler auf, pflanzt sich dieser fort. Bei in der Praxis eingesetzten Datenübertragungssystemen ist die Fehlerwahrscheinlichkeit jedoch so gering, daß der Gewinn des entscheidungsrückgekoppelten Entzerrers bei der Entzerrung des Kanals diesen Nachteil überwiegt [Lee 88], so daß die Fehlerrate insgesamt kleiner als bei einem vergleichbaren linearen Entzerrer ist.

Der zusätzliche Freiheitsgrad beim Entwurf des entscheidungsrückgekoppelten Entzerrers wird an Bild 6.10 deutlich, das für den Fall fehlerfreier Entscheidungen gilt und dessen Komponenten aus Bild 6.7 folgen.

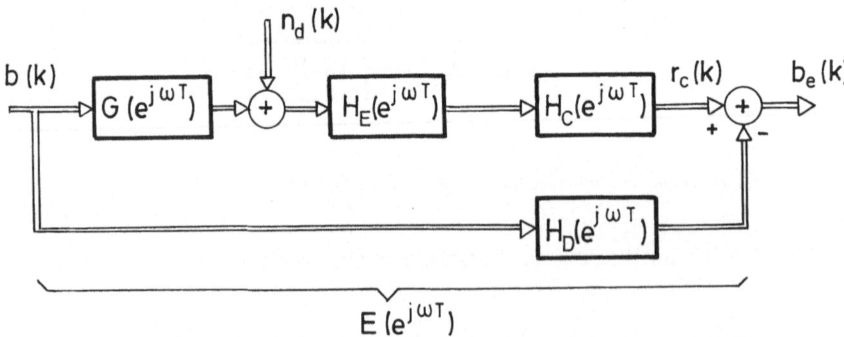

Bild 6.10 Modell des entscheidungsrückgekoppelten Entzerrers bei fehlerfreien Entscheidungen

Die Fehlerfreiheit kommt in der Annahme

$$\hat{b}(k) = b(k) \tag{6.3.4}$$

zum Ausdruck. Für die Störleistungsdichte am Entzerrerausgang und damit am Entscheidereingang gilt

$$S_{n_C n_C}(e^{j\omega T}) = N_W \cdot |H_E(e^{j\omega T}) \cdot H_C(e^{j\omega T})|^2 \quad , \tag{6.3.5}$$

sofern der demodulierte Störprozeß $n_d(k)$ weiß ist und die Rauschleistungsdichte N_W besitzt. Für den Nutzsignalprozeß $d_e(k)$, der im Signalprozeß $b_e(k)$ am Entscheidereingang enthalten ist, erhält man

$$\begin{aligned} S_{d_e d_e}(e^{j\omega T}) &= S_{bb}(e^{j\omega T}) \cdot |G(e^{j\omega T}) \cdot H_E(e^{j\omega T}) \cdot H_C(e^{j\omega T}) - H_D(e^{j\omega T})|^2 \\ &= S_{bb}(e^{j\omega T}) \cdot |H(e^{j\omega T}) \cdot H_C(e^{j\omega T}) - H_D(e^{j\omega T})|^2 \\ &= S_{bb}(e^{j\omega T}) \cdot |E(e^{j\omega T})|^2 \quad , \end{aligned} \tag{6.3.6}$$

wenn $S_{bb}(\exp(j\omega T))$ die Leistungsdichte des Quellenprozesses $b(k)$ ist. Beim linearen Entzerrer fehlt der untere Zweig in Bild 6.10, so daß für die Störleistungsdichte nach wie vor (6.3.5) gilt. Für den Nutzsignalprozeß $s_c(k)$ am Entzerrerausgang bzw. Entscheidereingang gilt dann aber

$$S_{s_C s_C}(e^{j\omega T}) = S_{bb}(e^{j\omega T}) \cdot |H(e^{j\omega T}) \cdot H_C(e^{j\omega T})|^2 \quad . \tag{6.3.7}$$

Der Vergleich von (6.3.6) mit (6.3.7) zeigt, daß beim entscheidungsrückgekoppelten Entzerrer der zusätzliche Freiheitsgrad in Form der Wahl des Frequenzganges $H_D(\exp(j\omega T))$ auftritt. Da die Störleistung davon nicht beeinflußt wird, kann man $H_D(\exp(j\omega T))$ so dimensionieren, daß das Impulsnebensprechen ohne Einfluß auf die Störungen reduziert wird.

Das Impulsnebensprechen verschwindet vollständig, wenn nach Bild 6.10

$$E(e^{j\omega T}) \stackrel{!}{=} 1 \tag{6.3.8}$$

bzw. mit (6.3.6)

$$1 + H_D(e^{j\omega T}) \stackrel{!}{=} H(e^{j\omega T}) \cdot H_C(e^{j\omega T}) \tag{6.3.9}$$

gilt. Dem steht entgegen, daß mit $H_D(\exp(j\omega T))$ auf der linken Seite von (6.3.9) ein kausales, mit $H_C(\exp(j\omega T))$ auf der rechten Seite aber ein nichtkausales System gefordert wird. Erfüllt wird (6.3.9) mit $H_C(\exp(j\omega T)) = 1/H(\exp(j\omega T))$, d.h. verschwindendem $H_D(\exp(j\omega T))$, was einem linearen Entzerrer mit vollständiger Kompensation des Impulsnebensprechens entspricht.

Aus Bild 6.7 und Bild 6.10 folgt im Zeitbereich mit (6.3.3):

$$e(k) = h(k) * h_C(k) - h_D(k)$$

$$= \sum_{i=-N}^{0} c_i\, h(k-i) - \sum_{j=1}^{M} d_j \cdot \delta_0(k-j)$$

$$= \begin{cases} \sum_{i=-N}^{0} c_i\, h(k-i) - d_k & 1 \leq k \leq M \\ \sum_{i=-N}^{0} c_i\, h(k-i) & \text{sonst} \end{cases} \quad . \tag{6.3.10}$$

Wünschenswert wäre, daß e(k) als ideales Impulssystem nur zum Zeitpunkt $k = 0$ den Wert $e(0) = 1$, für $k \neq 0$ aber den Wert $e(k) = 0$ lieferte. Da die Impulsantwort $h_D(k)$ aber

- *kausal sein muß, weil sich* $H_D(z)$ *in einer Rückkopplungsschleife befindet und diese nur bei Kausalität von* $H_D(z)$ *realisierbar ist*
- *endlich ist, weil nur dann das Filter* $H_D(z)$ *realisierbar ist,*

kann nur die endliche Anzahl M von Nachschwingern von e(k) zum Verschwinden gebracht werden. Dazu ist die Bedingung

$$d_k = \sum_{i=-N}^{0} c_i\, h(k-i) \quad ; \quad 1 \leq k \leq M \tag{6.3.11}$$

zu erfüllen, die eine Funktion der Entzerrerkoeffizienten c_i von $H_C(\exp(j\omega T))$ und des Frequenzgangs $H(\exp(j\omega T))$ zwischen Quelle und dem Abtaster vor dem Eingang des Entzerrers ist. Die Auswertung dieser Bedingung ist in der Praxis nicht möglich, weil der Übertragungskanal und damit auch h(k) unbekannt ist. Deswegen verwendet man auch hier den LMS–Algorithmus zur rekursiven Berechnung der Koeffizienten c_i, $-N \leq i \leq 0$, und d_j, $1 \leq j \leq M$, des entscheidungsrückgekoppelten Entzerrers, die wie bei (6.2.37) in einem Vektor

$$e = (c_{-N} \cdots c_0\ -d_1 \cdots -d_M)^T \tag{6.3.12}$$

zusammengefaßt werden. Entsprechend (6.2.65) und (6.3.1) wird der Vektor der Eingangswerte des Entzerrers

$$p(k) = (r_e(k+N) \ldots r_e(k)\ \hat{b}(k-1) \ldots \hat{b}(k-M))^T \tag{6.3.13}$$

definiert, so daß der Fehler

$$\varepsilon(k) = b_e(k) - \hat{b}(k) = \mathbf{p}^T(k)\,\mathbf{e} - \hat{b}(k) = \mathbf{e}^T\,\mathbf{p}(k) - \hat{b}(k) \tag{6.3.14}$$

im Vektorform angegeben werden kann. Für den LMS–Algorithmus erhält man schließlich gemäß (6.2.57) und (6.2.64):

$$\begin{aligned} \mathbf{e}(k+1) &= \mathbf{e}(k) - 2\mu\,\varepsilon(k)\,\mathbf{p}^*(k) \\ &= \mathbf{e}(k) - 2\mu\,\mathbf{p}^T(k)\,\mathbf{e}(k) - \hat{b}(k)\,\mathbf{p}^*(k) \\ &= (\mathbf{I} - 2\mu\,\mathbf{p}^*(k)\,\mathbf{p}^T(k))\,\mathbf{e}(k) + 2\mu\,\hat{b}(k)\,\mathbf{p}^*(k) \quad . \end{aligned} \tag{6.3.15}$$

Für die Wahl der Schrittweite μ gelten die an anderer Stelle gemachten Bemerkungen, wobei hier die obere Schranke von μ durch den maximalen Eigenwert der Korrelationsmatrix von $\mathbf{p}(k)$ nach (6.3.13) bestimmt wird.

6.4 Entzerrer mit reduziertem Takt

Der optimale Entzerrer besteht aus einem Matched Filter, das an den Sendesignalimpuls und den Kanal angepaßt ist, sowie einem Entzerrer, der die linearen Kanalverzerrungen kompensiert. Da der Kanal in der Regel nicht bekannt ist, läßt sich der optimale Empfänger nicht realisieren. Statt des optimalen Matched Filters wird ein Filter verwendet, das nur an den Sendeimpuls angepaßt ist. Der auf diese Weise realisierte Empfänger führt auf erhöhte Fehlerwahrscheinlichkeiten, wenn die Abtastzeiten gegenüber dem Symboltakt verschoben sind und wenn ein Entzerrer mit endlicher Länge der Impulsantwort zur Entzerrung eines Kanals verwendet wird, der starke Dämpfungsänderungen – wie z.B. der Fernsprechkanal an den Bandgrenzen – aufweist [Lee 88]. Abhilfe schafft hier ein Empfänger, der mit reduziertem Takt arbeitet [Pro 89], [Rup 87], [Ung 76].

Wenn die Abtastung zu den Zeiten $t = kT+\tau$ statt zu den Zeiten $t = kT$ erfolgt, erhält man für das Leistungsdichtespektrum des Nutzsignalprozesses am Eingang des Entzerrers mit (6.2.23) bzw. (6.1.10)

$$S_{s_e s_e}(e^{j\omega T}) = \frac{1}{T} \sum_{n=-\infty}^{\infty} |H(j(\omega + \frac{2\pi n}{T})|^2\, e^{j(\omega + 2\pi n/T)\tau} \quad . \tag{6.4.1}$$

Durch den zusätzlichen Exponentialterm können spektrale Minima entstehen, die zu einer Verstärkung der Störungen durch den Entzerrer führen [Lee 88]. Ferner entstehen durch die Überlagerung der Teilspektren Aliasing–Effekte [Kam 89], sofern der Sendeimpuls $h_S(t)$ eine Bandbreite besitzt, die größer als $1/(2T)$ ist, was z.B. bei den Roll–off–Impulsen nach 3.1.1 mit Roll–off–Faktoren $\rho > 0$ der Fall ist. Deshalb wählt man die Abtastfrequenz so, daß das Abtasttheorem eingehalten wird, d.h.

$$f_A = \frac{1+\rho}{T} \; . \tag{6.4.2}$$

Für $\rho = 0{,}5$ führt dies auf eine Taktzeit von $2T/3$, für $\rho = 1$ auf $T/2$. Allgemein reduziert sich die Abtastzeit gegenüber dem Symboltakt auf den Wert KT/L, wobei $K < L$ gilt und K und L relativ prim sind. Man bezeichnet einen derartigen, mit reduziertem Takt arbeitenden Entzerrer im Englischen deshalb als *fractionally spaced equalizer*. Für den Frequenzgang dieses Entzerrers gilt:

$$H_C(e^{j\omega\cdot KT/L}) = \sum_{i=-N}^{M} c_i \cdot e^{-j\omega\cdot KT/L} \; . \tag{6.4.3}$$

Wenn das Spektrum $H(j\omega)$ eine kleinere Bandbreite als $\omega_{max} = 2\pi\cdot L/(2KT)$ besitzt, tritt bei Abtastung mit der Abtastfrequenz

$$f_{A'} = \frac{L}{K\cdot T} \tag{6.4.4}$$

kein Aliasing auf, so daß für die Leistungsdichte des Nutzsignalprozesses am Ausgang des mit dem Takt KT/L arbeitenden Entzerrers mit (6.4.1) und (6.4.3) gilt:

$$S_{s_e s_e}(e^{j\omega\cdot KT/L}) = \frac{1}{T}\,|H(j\omega)|^2\,|H_C(e^{j\omega\cdot KT/L})|^2\,e^{j\omega\tau} \quad ; \quad |\omega| \leq \frac{L}{2KT} \; . \tag{6.4.5}$$

Daraus folgt, daß der Entzerrer in der Lage ist, die Verzerrungen des Kanals zu kompensieren, bevor die Aliasing–Effekte, die bei Abtastung mit $f_A = 1/T$ enstehen, sich auswirken können. Der Entzerrer kann damit auch den durch die Zeitverschiebung τ hervorgerufenen Effekt kompensieren. Da der Entscheider im Symboltakt Entscheidungen trifft, wird der Entzerrerausgang zu den Zeiten $t = kT$ abgetastet, so daß für die Leistungsdichte des Nutzsignalprozesses

$$S_{s_c s_c}(e^{j\omega T}) = \frac{1}{T}\sum_{n=-\infty}^{\infty} |H(j(\omega+\tfrac{2\pi n}{T}))|^2\,|H_C(e^{j\omega T})|^2\,e^{j(\omega+2\pi n/T)\tau} \tag{6.4.6}$$

gilt. Ergebnis dieser Betrachtungen ist, daß man den Empfänger aus folgenden Komponenten aufbaut [Lee 88]: Einem Tiefpaß zur Bandbegrenzung auf die Bandbreite $\omega_{max} = 2\pi\cdot L/(2KT)$, sofern das Sendesignal nicht auf dieses Band begrenzt ist, einem

Abtaster mit der Frequenz $f_{A'} = L/(KT)$, einem digitalen Filter, das die Funktionen des Matched Filters und des Entzerrers übernimmt und mit diesem Takt arbeitet, sowie einem Abtaster mit der Abtastfrequenz $f_A = 1/T$, da z.B. für $L = 2 \cdot K$ nur jeder zweite Abtastwert am Ausgang des Filters für den nachfolgenden Entscheider benötigt wird.

Der hier beschriebene lineare Entzerrer kann durch Hinzunahme des Systems $H_D(z)$ zu einem entscheidungsrückgekoppelten Entzerrer nach Abschnitt 6.3 erweitert werden. Die Berechnung der Koeffizienten c_i bzw. d_j erfolgt z.B. mit einem entsprechend angepaßten LMS–Algorithmus.

Weil der Entzerrer bei Roll–off–Impulsen mit $\rho = 1$ mit der doppelten Abtastfrequenz arbeitet, ist seine Impulsantwort bei gleicher Koeffizientenanzahl von N+M+1 gegenüber den linearen Entzerrer halb so lang; beim entscheidungsrückgekoppelten Entzerrer ergibt sich z.B. eine Länge von $(N+1) \cdot T/2$ der Impulsantwort zur Kompensation der Vorschwinger. Untersuchungen haben ergeben [Qur 77], daß der Entzerrer mit einem reduzierten Takt von T/2 bei gleicher Koeffizientenanzahl bessere Ergebnisse bezüglich der Entzerrung liefert als ein mit dem Symboltakt T arbeitender Entzerrer. Als Sendeimpuls wurde ein Roll–off–Impuls verwendet, der Kanal wies eine hohe Flankensteilheit an den Bandgrenzen auf, und die Zeitverschiebung τ hatte einen vernachlässigbaren Einfluß. Dieses Beispiel unterstreicht die Bedeutung des Entzerrers mit reduziertem Takt für den praktischen Einsatz.

6.5 Sequentieller Maximum–Likelihood–Empfänger

Bei den bisherigen Betrachtungen wurden die Komponenten Matched Filter und Entzerrer auf der einen Seite sowie Entscheider auf der anderen als unabhängige Einheiten betrachtet und die Entscheidung erfolgte symbolweise. Dabei wurde nicht berücksichtigt, daß die einzelnen, im Symboltakt aufeinanderfolgenden Signalelemente wegen des Impulsnebensprechens miteinander zusammenhängen. Dies führt im Sinne minimaler Fehlerwahrscheinlichkeit zu einem suboptimalen Empfänger. Optimal ist es dagegen, die gesamte Symbolkette eines Übertragungsvorgangs als Einheit aufzufassen und für diese insgesamt eine Entscheidung zu treffen, die mit größter Wahrscheinlichkeit korrekt ist und damit dem Maximum–Likelihood–Kriterium [Kro 86] folgt. Geht man davon aus, daß bei symbolweiser Entscheidung und M unterschiedlichen Symbolen ebenfalls M Entscheidungsmöglichkeiten bestehen, erhöht sich diese Anzahl auf die K–te Potenz von M, wenn die Symbolkette insgesamt K Symbole umfaßt.

Abgesehen von der sehr großen Zahl der Entscheidungsmöglichkeiten steht einer praktischen Realisierung dieses Konzepts die Tatsache entgegen, daß die Entscheidung erst ex–post, d.h. nach Eintreffen aller Symbole getroffen werden könnte. Der dazu erforderliche hohe Speicheraufwand, der Rechenaufwand und die dann notwendige off–line Übertragung sind nicht realisierbar. Einen Ausweg stellt die sequentielle Maximum–Likelihood–Entscheidung dar, bei der ein akzeptabler Speicher– und Rechenaufwand sowie eine damit einhergehende zeitliche Verzögerung bei der Detektion der Daten erforderlich ist.

6.5.1 Komponenten des Maximum–Likelihood–Emfängers

Das optimale Matched Filter am Eingang des Empfängers ist nach (3.3.8) an die Kettenschaltung von Sende– und Kanalmodellfilter angepaßt. In den vorausgegangenen Abschnitten wurde jedoch angenommen, daß das Matched Filter nur an das Sendefilter angepaßt werden konnte, da der Kanal als unbekannt vorausgesetzt wurde. Hier soll das theoretische Optimum des Empfängers betrachtet werden, so daß diese Einschränkung fallen gelassen wird und für das Matched Filter am Eingang des Empfängers eines PAM–Systems mit der Nomenklatur in Bild 6.7

$$H_E(j\omega) = G^*(j\omega) \tag{6.5.1}$$

gilt. Falls das Signal am Ausgang des Matched Filters Impulsnebensprechen aufweist, ist ein Entzerrer erforderlich. Wählt man als Entwurfskriterium die vollständige Unterdrückung des Impulsnebensprechens, so muß die Kettenschaltung von der Quelle bis zum Ausgang des Entzerrers ein ideales Impulssystem sein. Beachtet man, daß das Ausgangssignal des Matched Filters abgetastet wird, so gilt mit der Nomenklatur in Bild 6.7

$$F(e^{j\omega T}) = G(e^{j\omega T})\cdot G^*(e^{j\omega T})\cdot H_C(e^{j\omega T}) \overset{!}{=} 1 \tag{6.5.2}$$

für das ideale Impulssystem und mit (6.1.10)

$$H_C(e^{j\omega T}) = \frac{1}{G(e^{j\omega T})\cdot G^*(e^{j\omega T})} = \frac{1}{|G(e^{j\omega T})|^2} = \frac{1}{S^E_{gg}(e^{j\omega T})} \tag{6.5.3}$$

für den linearen Entzerrer, der das Impulsnebensprechen vollständig unterdrückt. Es wurde darauf hingewiesen, daß dieser Empfänger den Nachteil aufweist, daß die Störungen durch den Entzerrer verstärkt werden können, wenn $G(j\omega)$ Nullstellen bzw. hohe Dämpfungswerte im Übertragungsband aufweist. Um dies zu berücksichtigen, kann man als Optimalitätskriterium den mittleren quadratischen Fehler minimieren; es zeigte sich aber, daß der entscheidungsrückgekoppelte Entzerrer eine noch bessere Lösung darstellt.

Es soll nun ein anderer Weg aufgezeigt werden, wie man das Impulsnebensprechen reduzieren kann, indem man statt einer symbolweisen Entscheidung eine Entscheidung über den gesamten, bei einem Datenübertragungsvorgang übertragenen Block von K Symbolen b(k) ausführen kann. Geht man davon aus, daß keine Kenntnis über die Auftrittswahrscheinlichkeiten der Elemente des Prozesses $b(k)$ vorliegt, verwendet man das Maximum–Likelihood–Kriterium [Kro 86] für die Entscheidung. Dazu benötigt man die Verbunddichtefunktion der Abtastwerte des Störprozesses am Eingang des Entscheiders. Diese läßt sich dann besonders einfach berechnen, wenn die Abtastwerte unabhängig voneinander sind, d.h. einem weißen Prozeß entstammen. Um dies zu erreichen, folgt dem Entzerrer $H_C(\exp(j\omega T))$ in Bild 6.11 das Filter $H_W(\exp(j\omega T))$, das an seinem Ausgang einen weißen Störprozeß $n_w(k)$ mit der Varianz

$$\begin{aligned}\sigma^2_{n_w} &= N_W\, |H_E(e^{j\omega T})|^2\, |H_C(e^{j\omega T})|^2\, |H_W(e^{j\omega T})|^2 \\ &= N_W\, |G(e^{j\omega T})|^2 \frac{1}{|G(e^{j\omega T})|^4} |H_W(e^{j\omega T})|^2 \\ &= N_W \frac{1}{|G(e^{j\omega T})|^2} |H_W(e^{j\omega T})|^2 \end{aligned} \tag{6.5.4}$$

liefert, wobei von (6.5.1) und (6.5.3) Gebrauch gemacht wurde und N_W die Leistungsdichte des weißen Störprozesses auf dem Übertragungskanal ist. Man kann zeigen, daß das Filter mit dem Frequenzgang $W(\exp(j\omega T))$ nach Bild 6.11 identisch mit dem Filter im Vorwärtszweig des entscheidungsrückgekoppelten Entzerrers ist [Lee 88].

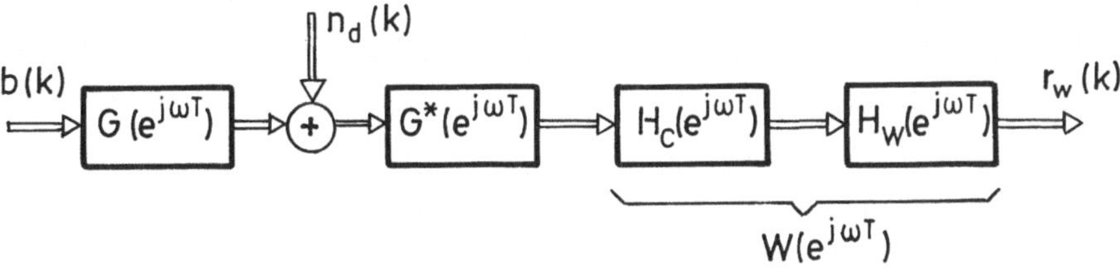

Bild 6.11 Datenübertragungsstrecke mit weißem Störprozeß am Entscheidereingang

Zur Berechnung des Filters $H_W(\exp(j\omega T))$ betrachtet man (6.5.4) in der z–Ebene und erhält:

$$H_W(z)\, H_W^*(1/z^*) = \frac{\sigma^2_{n_w}}{N_W} G(z)\, G^*(1/z^*) \quad . \tag{6.5.5}$$

Daraus folgt, daß man $H_W(z) = G(z)$ setzen kann. Nimmt man weiter an, daß G(z) ein transversales System ist und sich demnach durch

$$G(z) = H_W(z) = c \prod_{i=1}^{n} (1 - z_{0i} \cdot z^{-1}) \tag{6.5.6}$$

darstellen läßt, so erhält man für die Kettenschaltung von $H_C(z)$ und $H_W(z)$ mit (6.5.3) und (6.5.6)

$$W(z) = H_C(z) \cdot H_W(z) = \frac{1}{G(z) \cdot G^*(1/z^*)} G(z)$$

$$= \frac{1}{G^*(1/z^*)} = \frac{1/c}{\prod_{i=1}^{n} (1 - z_{0i}^* \cdot z)} \quad . \tag{6.5.7}$$

Die Eigenschaften von W(z) sollen an einem Beispiel verdeutlicht werden. Mit

$$G(z) = 1 + \tfrac{1}{4} z^{-1} \quad ; \quad 0 < |z| < \infty \tag{6.5.8}$$

folgt aus (6.5.7)

$$W(z) = \frac{1}{1 + \frac{1}{4} z} = \frac{4}{4 + z} \quad ; \quad 0 \le |z| < 4 \tag{6.5.9}$$

ein nichtkausales System, das man durch ein transversales System mit geeigneter Zeitverschiebung approximieren kann.

Die Kombination aus dem Matched Filter nach (6.5.1) und dem Filter W(z) bezeichnet man im Englischen als *whitened matched filter* [For 72]. Mit ihr wird das Eingangssignal des sequentiellen Maximum–Likelihood–Entscheiders vorverarbeitet. Der Vorteil dieses Systems besteht darin, daß es

- *eine hinreichende Statistik für die optimale Entscheidung liefert und*
- *die Eingangsgrößen des Entscheiders als unabhängige Zufallsvariable mit einer Gaußdichte liefert.*

Beachtet man, daß den Voraussetzungen zu Bild 6.11 entsprechend nach dem Filter $H_C(\exp(j\omega T))$ das vollständig entzerrte Quellensignal zur Verfügung steht, so gelangt man zu dem im Bild 6.12 gezeigten Ersatzschaltbild des Empfängers.

Geht man davon aus, daß bei einem Datenübertragungsvorgang K Symbole b(k) übertragen werden, so lassen sich diese in dem K–dimensionalen Vektor

$$\mathbf{b} = (b(1) \;\; b(2) \ldots b(K))^T \tag{6.5.10}$$

zusammenfassen. Zur Schätzung dieses Vektors steht der gestörte Vektor

$$\mathbf{r}_w = (r_w(1)\ r_w(2) \dots r_w(K))^T \tag{6.5.11}$$

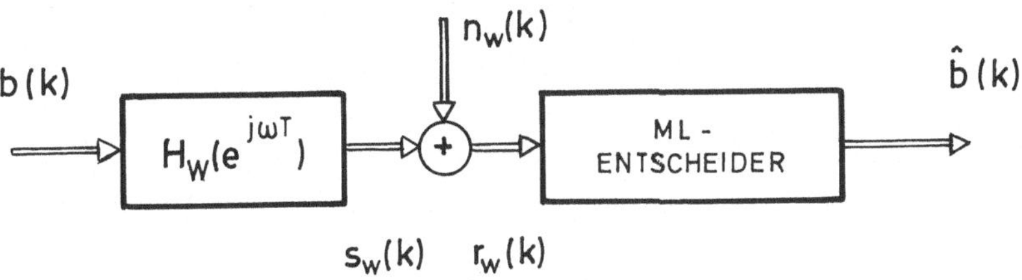

Bild 6.12 Ersatzschaltbild des sequentiellen Maximum–Likelihood–Empfängers

zur Verfügung, der sich additiv aus der Nutzkomponente $\mathbf{s}_w$ und der Störkomponente $\mathbf{n}_w$ zusammensetzt

$$\mathbf{r}_w = \mathbf{s}_w + \mathbf{n}_w \quad , \tag{6.5.12}$$

wobei $\mathbf{s}_w$ und $\mathbf{n}_w$ entsprechend $\mathbf{r}_w$ nach (6.5.11) definiert sind. Der Vektor $\mathbf{n}_w$ ist ein Zufallsvektor, dessen Komponenten Abtastwerte eines weißen Prozesses und damit unabhängig voneinander sind. Sie besitzen einen verschwindenden Mittelwert und die Varianz $\sigma^2_{n_w}$ nach (6.5.4). Durch Transformation der Zufallsvariablen [Kro 86] erhält man die bedingte Verbunddichte des Vektors $\mathbf{r}_w$ aus der des Vektors $\mathbf{n}_w$:

$$f_{\mathbf{r}_w|\mathbf{b}}(\mathbf{r}_w|\mathbf{b}) = \prod_{k=1}^{K} f_{r_w(k)|b(k)}(r_w(k)|b(k))$$

$$= \prod_{k=1}^{K} f_{n_w(k)|b(k)}(r_w(k)-s_w(k)|b(k)) = \prod_{k=1}^{K} f_{n_w(k)}(r_w(k)-s_w(k))$$

$$= \prod_{k=1}^{K} \frac{1}{\sqrt{2\pi}\ \sigma_{n_w}} \exp\left[-\frac{|r_w(k) - s_w(k)|^2}{2\sigma^2_{n_w}}\right]$$

$$= \frac{1}{(2\pi)^{K/2}\ \sigma^K_{n_w}} \cdot \exp\left[-\frac{1}{2\sigma^2_{n_w}} \sum_{k=1}^{K} |r_w(k)-s_w(k)|^2\right] \quad . \tag{6.5.13}$$

Damit läßt sich das Entscheidungsproblem als ein Parameterschätzproblem mit dem

Maximum–Likelihood–Kriterium [Kro 86] interpretieren: Statt eines Parametervektors **b**, der zu einem festen Zeitpunkt zur Verfügung steht, wird der Parametervektor **b** hier aus den sequentiell von der Quelle gesendeten Symbolen b(k) aufgebaut. Das Maximum–Likelihood–Kriterium besteht darin, die Dichte nach (6.5.13) als Funktion des geschätzten Parametervektors zum Maximum zu machen:

$$f_{\mathbf{r}_w|\mathbf{b}}(\mathbf{r}_w|\mathbf{b})\Big|_{\mathbf{b}=\hat{\mathbf{b}}} \overset{!}{=} \underset{\hat{\mathbf{b}}}{\mathrm{Max}} \; . \tag{6.5.14}$$

Weil der Logarithmus eine monotone Funktion ist, kann man statt des Maximums der Dichte nach (6.5.14) auch das Maximum der logarithmierten Dichte bestimmen

$$\ln f_{\mathbf{r}_w|\mathbf{b}}(\mathbf{r}_w|\mathbf{b})\Big|_{\mathbf{b}=\hat{\mathbf{b}}} = \left[-\ln[(2\pi)^{K/2}\,\sigma^K_{n_w}] - \frac{1}{2\sigma^2_{n_c}} \sum_{k=1}^{K} |r_w(k) - s_w(k)|^2\right]\Bigg|_{\mathbf{b}=\hat{\mathbf{b}}} \overset{!}{=} \underset{\hat{\mathbf{b}}}{\mathrm{Max}} \; . \tag{6.5.15}$$

Der erste Term ist unabhängig von **b**, ebenso der Vorfaktor des zweiten Terms, so daß das Maximum davon unabhängig ist. Statt das Maximum bei negativem Vorzeichen des zweiten Terms kann man auch das Minimum bei positivem Vorzeichen bestimmen, so daß man

$$d = \sum_{k=1}^{K} |\, r_w(k) - s_w(k)|^2\Big|_{\mathbf{b}=\hat{\mathbf{b}}} \overset{!}{=} \underset{\hat{\mathbf{b}}}{\mathrm{Min}} \tag{6.5.16}$$

schreiben kann. Beachtet man, daß $H_W(z)$ mit (6.5.6) ein Transversalfilter ist, so gilt mit c = 1 und den Filterkoeffizienten w_i

$$H_W(z) = \prod_{i=1}^{n} (1 - z_{0i}\cdot z^{-1}) = \sum_{i=0}^{n} w_i\, z^{-i} = 1 + \sum_{i=1}^{n} w_i\, z^{-i} \tag{6.5.17}$$

und für den Nutzanteil am Eingang des Entscheiders

$$s_w(k) = b(k) * h_W(k) = b(k) + \sum_{i=1}^{n} w_i\, b(k-i) \quad , \tag{6.5.18}$$

was unmittelbar aus Bild 6.12 folgt. Die in (6.5.16) formulierte Entscheidungsregel besagt, daß der quadratische Euklidische Abstand zwischen dem gestörten Signal $r_w(k)$ und dem Nutzsignal $s_w(k)$, das von den gesendeten Symbolen b(k) abhängig ist, im Zeitintervall $1 \le k \le K$ zum Minimum gemacht werden soll. Setzt man nämlich (6.5.18) in (6.5.16) ein, so folgt:

$$d = \sum_{k=1}^{K} |r_w(k) - \hat{b}(k) - \sum_{i=1}^{n} w_i\, \hat{b}(k-i)|^2 \overset{!}{=} \underset{\hat{\mathbf{b}}}{\mathrm{Min}} \; . \tag{6.5.19}$$

Diejenige Symbolfolge

$$b(k) = \hat{b}(k) \quad ; \quad 1 \leq k \leq K \quad , \tag{6.5.20}$$

die auf das Minimum führt, wird als gesendete Symbolfolge detektiert. Man erkennt, daß eine Entscheidung

- *erst nach Eintreffen aller Werte* $r_w(k)$ *möglich ist,*
- *die Speicherung aller Werte* $r_w(k)$ *erfordert und*
- *den Test aller möglichen Kombinationen der* $b(k)$, $1 \leq k \leq K$ *erfordert, wobei diese Anzahl bei* M *verschiedenen Symbolen* $b(k)$ *auf die* K*–te Potenz von* M *führt.*

Man erkennt sofort, daß diese optimale Entscheidung nicht praktikabel ist. Eine realisierbare, wenn auch suboptimale Alternative stellt der Viterbi–Algorithmus dar, der im folgenden Abschnitt beschrieben wird.

6.5.2 Entscheidung mit dem Viterbi–Algorithmus

Grundlage für den hier beschriebenen Viterbi–Algorithmus [For 73] ist, daß das informationstragende Signal $s_w(k)$ am Eingang des Entscheiders durch ein FIR–System, d.h. ein Filter mit endlicher Impulsantwort, aus dem Quellensignal gewonnen wird. Aus Bild 6.12 folgt, daß durch $H_W(\exp(j\omega T))$ $b(k)$ in $s_w(k)$ transformiert wird, und in (6.5.17) wurde $H_W(z)$ als FIR–System definiert, so daß die Voraussetzung für die Verwendung des Viterbi–Algorithmus erfüllt ist. Damit stellt $s_w(k)$ eine *Markoff–Kette* dar, bei der der aktuelle Wert $s_w(k)$ am Ausgang eine Funktion des aktuellen Wertes $b(k)$ am Eingang und des Zustandes des FIR–Systems ist. Mit dem Zustand $\mathbf{x}(k)$ wird der Vektor bezeichnet, der die zurückliegenden Eingangswerte $b(k-i)$, $1 \leq i \leq n$, enthält:

$$\mathbf{x}(k) = (b(k-1) \;\; b(k-2) \ldots b(k-n))^T \quad . \tag{6.5.21}$$

Diese Werte sind in den Speichern des FIR–Systems nach Bild 6.13 verfügbar, dessen Struktur mit der des Entzerrers aus Bild 6.5 übereinstimmt.

Die dynamischen Eigenschaften der Markoff–Kette lassen sich durch das Zustandsübergangsdiagramm beschreiben. Nimmt man an, daß das FIR–System durch (6.5.8) gegeben ist und setzt man dies in (6.5.18) ein, so folgt:

$$s_w(k) = b(k) + \frac{1}{4}\, b(k-1) \quad . \tag{6.5.22}$$

Das zugehörige Zustandsübergangsdiagramm zeigt Bild 6.14a, in dem die Kreise die beiden möglichen Zustände x = 0 und x = 1 bezeichnen, sofern $b(k)$ ein binärer Prozeß ist. Die Zahlentupel an den Pfeilen, die den Übergängen zwischen den beiden Zuständen entsprechen, bezeichnen die durch einen Strich getrennten Werte $s_w(k)$ und b(k).

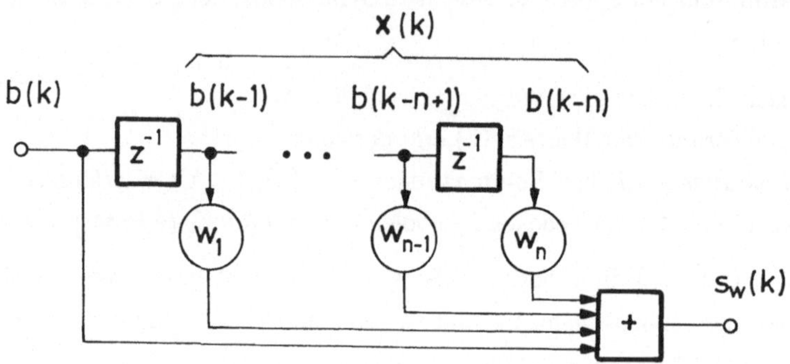

Bild 6.13 FIR–System zur Erzeugung einer Markoff–Kette mit dem Zustand **x**(k)

Will man das Zeitverhalten der Markoff–Kette zum Ausdruck bringen, verwendet man das in Bild 6.14b gezeigte Diagramm, das dem Diagramm in Bild 6.14a vollständig entspricht und den Übergang vom Zustand zur Zeit k in den zum Zeitpunkt k+1 zeigt.

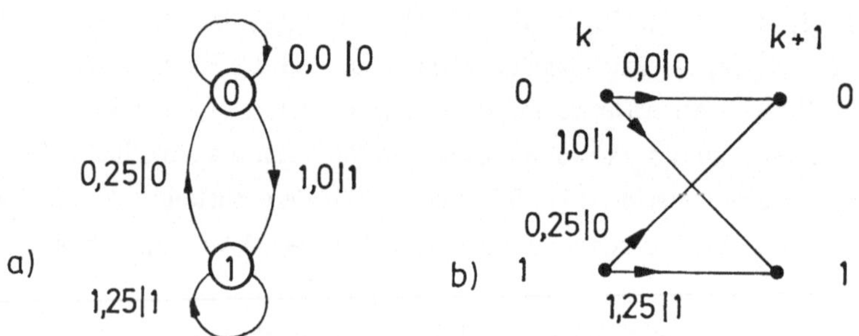

Bild 6.14 Zustandsübergangsdiagramm der Markoff–Kette in a) statischer b) dynamischer Darstellungsweise

Betrachtet man die Übertragung eines Datenblocks von K Binärzeichen b(k), so erhält man einen Graphen nach Bild 6.15, bei dem vorausgesetzt wird, daß vor Übertragung des Datenblocks $b(k) = 0$, $k < 0$ gesendet wurde. Die Punkte, die den Zuständen entsprechen, sind die Knoten des Graphen, die Verbindungen zwischen ihnen die Zweige. Der gesamte Graph entsteht durch Aneinanderfügen der elementaren Graphen in Bild 6.14b, wobei dieselben Zahlentupel wie dort für die einzelnen Zweige gelten. Man bezeichnet diesen, an ein Spalier erinnernden Graphen im Englischen als *trellis*, im Deut–

schen deshalb auch als *Trellis–Diagramm*. Je nach übertragenem Datenblock mit K Werten b(k) werden verschiedene Pfade in diesem Diagramm durchlaufen.

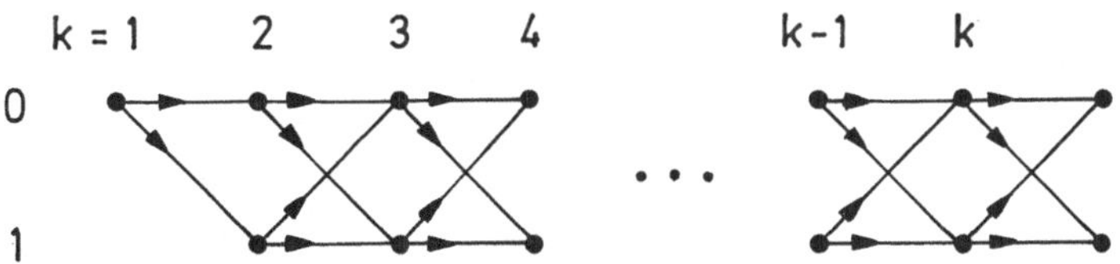

Bild 6.15 Trellis–Diagramm einer Markoff–Kette mit Binärzeichen

Am Eingang des Entscheiders ist die gestörte Version $r_w(k)$ von $s_w(k)$ verfügbar, so daß die Aufgabe besteht, mit Hilfe des Maximum–Likelihood–Kriteriums den wahrscheinlichsten Pfad durch das Trellis–Diagramm an Hand der verfügbaren Daten $r_w(k)$ zu rekonstruieren. Dazu ist das Abstandsquadrat d nach (6.5.16) zu minimieren, indem man die Abstände längs aller möglichen Pfade berechnet und schließlich den Pfad mit minimalem Abstandsquadrat auswählt, dem die mit größter Wahrscheinlichkeit übertragene Datenfolge b(k) entspricht. Um dieses Vorgehen zu veranschaulichen, zeigt Bild 6.16 ein Trellis–Diagramm, in dem die Abstände für jeden Zweig, d.h. die Summanden von (6.5.16), eingetragen sind, wobei für $r_w(k)$ die Folge 0,1; 0,8; 0,6 und 1,0 angenommen wurde. Man bezeichnet das Abstandquadrat d nach (6.5.16) als *Metrik* und ihren Wert als Distanz.

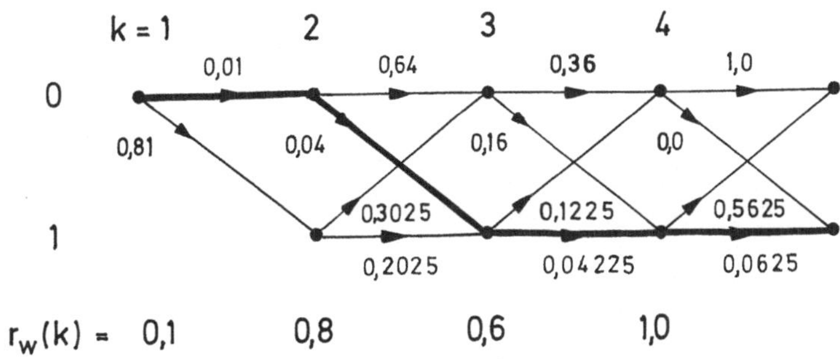

Bild 6.16 Trellis–Diagramm mit Zweigdistanzen für einen Block von K = 4 Daten

Die zugehörigen Pfaddistanzen, die nach (6.5.16) gleich der Summe der Zweigdistanzen sind, wurden in Tabelle 6.1 zusammengestellt, wobei auch die Teildistanzen für die einzelnen Zeiten k bzw. Knoten angegeben sind. Man erkennt, daß die minimale Distanz durch d = 0,15475 gegeben ist, was dem mit dicken Linien im Graphen von Bild 6.16 eingezeichneten Pfad entspricht und was auf die Binärfolge 0 1 1 1 führt. Würde man eine Entscheidung für jedes Binärzeichen einzeln treffen und dabei die symmetrisch zwischen dem minimalen ungestörten Wert $s_w(k) = 0$ und dem maximalen ungestörten Wert $s_w(k) = 1{,}25$ bei $\gamma = 0{,}625$ gelegene Schwelle verwenden, ergäbe sich durch Vergleich dieser Schwelle mit den Werten $r_w(k)$ die Binärfolge 0 1 0 1, d.h. ein Binärzeichen würde falsch detektiert.

Tabelle 6.1 Gesendeter Datenblock **b** und zugehörige Pfaddistanzen

Sendedaten	Teildistanzen				
b	k=1	k=2	k=3	k=4	
0000	0,01	0,65	1,01	2,01	
0001	0,01	0,65	1,01	1,01	
0010	0,01	0,65	0,81	1,3725	
0011	0,01	0,65	0,81	0,8725	
0100	0,01	0,05	0,1725	1,1725	
0101	0,01	0,05	0,1725	0,1725	
0110	0,01	0,05	0,09225	0,65475	
0111	0,01	0,05	0,09225	0,15475	$\Longleftarrow$
1000	0,81	1,1125	1,4725	2,4725	
1001	0,81	1,1125	1,4725	1,4725	
1010	0,81	1,1125	1,2725	1,835	
1011	0,81	1,1125	1,2725	1,335	
1100	0,81	1,0125	1,135	2,135	
1101	0,81	1,0125	1,135	1,135	
1110	0,81	1,0125	1,05475	1,61725	
1111	0,81	1,0125	1,05475	1,11725	

Dieses Beispiel zeigt, daß man die Entscheidung über die wahrscheinlichste Datenfolge erst nach Empfang aller Werte $r_w(k)$ treffen kann. Dies erfordert die Speicherung aller Teildistanzen, was sehr aufwändig ist. In dem betrachteten Beispiel ist das FIR–System nach (6.5.22) von erster Ordnung, so daß sich nur zwei Zustände und zwischen diesen nur vier Übergänge ergeben, was auf einen relativ niedrigen Aufwand führt. Bei einem FIR–System b–ter Ordnung ergeben sich 2^b Zustände und $2 \cdot 2^b$ Übergänge, so daß die Zahl der möglichen Pfade exponentiell wächst.

Diese Vielzahl von Entscheidungsmöglichkeiten wird beim Viterbi–Algorithmus dadurch reduziert, daß an jedem Knoten des Trellis–Diagramms nur der Pfad mit der kleinsten auftretenden Distanz "überlebt". Diesen Pfad bezeichnet man im Englischen als *survivor path*, weil die Distanz auf den anderen Pfaden nicht kleiner werden kann. Zu den Knoten zum Zeitpunkt k = 3 führen z.B. je zwei Pfade mit den Distanzen d = 0,05 und d = 1,0125 bzw. d = 0,65 und d = 0,96, wie Bild 6.17a zeigt. Die für diese Knoten "überlebenden" Pfade mit den kleinsten Distanzen d sind dick eingezeichnet.

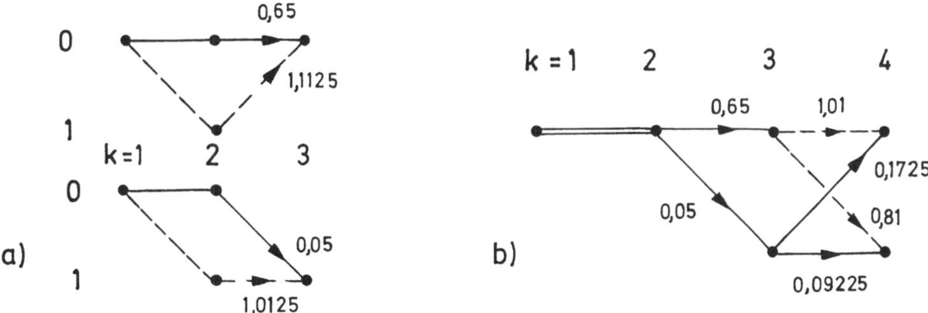

Bild 6.17 Beispiel für "überlebende" Pfade zu den Knoten k = 3 und k = 4

Die Fortsetzung der "überlebenden" Pfade zum nächsten Zeitpunkt ergibt sich dadurch, daß man die hinzukommenden Zweigdistanzen zu den Distanzen des "überlebenden" Pfades addiert und jeweils wieder nur die Pfade mit ninimaler Distanz weiter verfolgt. Dazu zeigt Bild 6.17b die überlebenden Pfade bis k = 4 mit dem Übergang von k = 3 nach k = 4. Man erkennt zum einen, daß der Pfad zwischen k = 1 und k = 2 allen "überlebenden" Pfaden gemeinsam ist und damit im endgültigen Pfad minimaler Distanz vorhanden sein wird. Zum Zeitpunkt k = 3 kann deshalb entschieden werden, daß das Binärzeichen b(1) = 0 mit größter Wahrscheinlichkeit gesendet wurde. Zum anderen zeigt sich, daß der Pfad im Zustand x = 0 bei k = 3 endet, so daß zum Zeitpunkt k = 4 feststeht, daß b(2) = 1 mit größter Wahrscheinlichkeit korrekt ist. Bei komplizierteren Diagrammen mit mehr Zuständen wird trotz der Vereinigung von Pfaden und deren Abbruch die Zahl der zu speichernden Pfade und Distanzen so groß sein, daß der Aufwand und die Zeitdifferenz zwischen empfangenen Werten $r_w(k)$ und der möglichen optimalen Entscheidung nicht mehr praktikabel ist. In diesem Fall verfolgt man den Pfad mit der kleinsten Distanz zum Zeitpunkt k um k_0 Taktintervalle zurück und entscheidet, daß zum Zeitpunkt $k-k_0$ dasjenige Symbol $b(k-k_0)$ gesendet wurde, das auf diesem Pfad liegt. Es werden dann nur noch diejenigen Pfade verfolgt, die von dem Knoten ausgehen, der dieser Entscheidung entspricht.

Zum Schluß sollen noch einige Bemerkungen zur Fehlerwahrscheinlichkeit bei sequentieller Maximum–Likelihood–Entscheidung folgen. Da der Pfad der K vom Sender gesendeten Daten b(k) als ein Ereignis betrachtet wird, bezieht sich die Fehlerwahrscheinlichkeit darauf, daß dieser Pfad fehlerhaft im Empfänger detektiert wird. Man kann sich vorstellen, daß diese Wahrscheinlichkeit bei hinreichend großem Wert von K, d.h. entsprechender Länge des Datenblocks, selbst bei großem Signal–zu–Rauschverhältnis nahe bei P(F) = 1 liegt. Es reicht ja schon ein einziges falsch detektiertes Symbol b(k) aus, daß der Block im Sinne der oben genannten Definition als falsch empfangen gilt. Deshalb ist diese Definition nicht sinnvoll. Viel wichtiger ist die Aussage, mit welcher Wahrscheinlichkeit Einzelfehler, Doppelfehler usw. auftreten. Dabei ist das Auftreten eines Einzelfehlers wahrscheinlicher als das Auftreten mehrerer Fehler unmittelbar hintereinander, wenn man beachtet, daß die Störungen eines jeden Symbols unabhängig voneinander sind.

Zur Charakterisierung der Fehlereigenschaften des Maximum–Likelihood–Entscheiders verwendet man deshalb die Wahrscheinlichkeit, daß ein einzelner Fehler aufgetreten ist. Folgende Überlegung [Lee 88] führt zur Berechnung dieser Wahrscheinlichkeit: Wenn man im Falle fehlender Störungen den Pfad durchläuft, der dem gesendeten Block der Symbole b(k) entspricht, so liefert die Summe der Abstandsquadrate nach (6.5.16) den Wert d = 0. Gesucht ist nun die minimale Distanz d_{min}, wenn ein Fehler gemacht wird. Für alle möglichen binären Sendedaten b(k) zeigt Bild 6.18 die aus Bild 6.14b folgenden Pfade beim Auftreten eines Fehlers. An den Pfeilen stehen die zugehörigen Werte $b(k) \in \{0, 1\}$. Die Pfade mit korrekten Entscheidungen und d = 0 sind gestrichelt gezeichnet, die Pfade mit jeweils einem Fehler sind voll durchgezogen und führen alle auf die Distanz d = 1,0625, so daß dies gleich d_{min} ist. Neben den in Bild 6.18 gezeigten Möglichkeiten gibt es noch die an der Horizontalen gespiegelten Konfigurationen, die aber auf dieselben Werte für d führen.

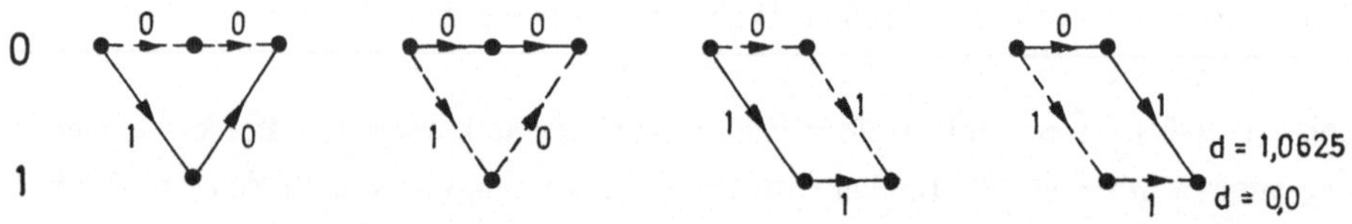

Bild 6.18 Beispiele für die Pfade bei Fehlerfreiheit und das Auftreten eines Einzelfehlers

In diesem einfachen Fall – binäre Symbole und ein FIR–System erster Ordnung für G(z) – ist die Berechnung des minimalen Abstandsquadrats d_{min} sehr einfach. Bei komplizierteren Fällen benötigt man einen Rechner und den Viterbi–Algorithmus, um dieses Minimum unter allen möglichen Einzelfehlern zu bestimmen. Man kann zeigen [Lee 88], daß für die Wahrscheinlichkeit für einen Einzelfehler

$$P(F) \approx C \cdot Q\left[\frac{d_{min}}{2\sigma_{n_W}}\right] \tag{6.5.23}$$

gilt, wobei σ_{n_W} die Standartabweichung nach (6.5.4) und $Q(\cdot)$ die in (3.2.11) definierte Q–Funktion ist. Die Konstante C hängt davon ab, mit welcher Wahrscheinlichkeit Pfade durch das Trellis–Diagramm bei ungestörter Übertragung führen, die das Minimum d_{min} aufweisen, und welche Anzahl von Fehlern dadurch verursacht wird.

Interessant ist, daß man für C = 1 die Fehlerwahrscheinlichkeit für einen Einzelfehler erhält, wenn man nur ein Symbol überträgt, so daß der Einzelfehler unabhängig vom Impulsnebensprechen wird, und als Empfangsfilter das optimale Matched Filter verwendet. Weil das Impulsnebensprechen keine Rolle spielt, erfolgt der Entwurf des optimalen Empfängers ohne den Kompromiß zwischen Störunterdrückung und Kompensation des Impulsnebensprechens. Für C = 1 stellt damit (6.5.23) die untere Grenze der erreichbaren Fehlerwahrscheinlichkeit dar. Bei sequentieller Maximum–Likelihood– Entscheidung wird die Fehlerwahrscheinlichkeit größer als dieses Minimum sein, jedoch kleiner als bei entscheidungsrückgekoppelter Entzerrung [Lee 88].

6.6 Echokompensation

Für die Übertragung von Daten in den beiden Übertragungsrichtungen zwischen zwei Teilnehmern gleichzeitig, den Duplexbetrieb [Kra 86], gibt es mehrere Möglichkeiten. Zum einen kann man für beide Übertragungsrichtungen getrennte Wege, z.B. zwei Adernpaare, verwenden. Aus Kostengründen scheidet dies meist aus, wenn die Übertragungseinrichtung nicht dauernd benutzt wird. Ein Beispiel ist der Teilnehmeranschluß, der nur als ein Adernpaar zwischen dem Teilnehmer und dem Amt verfügbar ist. Steht nur ein Übertragungsweg zur Verfügung, kann man die beiden Übertragungsrichtungen durch Frequenz– oder Zeitgetrenntlage voneinander separieren. Beides erfordert aber eine hohe Bandbreite des Übertragungsweges, die z.B. beim ISDN–Basisanschluß mit 160 kb/s nicht zur Verfügung steht [Wal 87]. Hier verwendet man deshalb Gleichlage im Frequenz– und Zeitbereich [Con 89]. Dabei muß allerdings zwischen Zweidraht– und Vierdraht–Betrieb umgesetzt werden, was mit Hilfe einer *Leitungsanpassung* oder *Gabel* in Form eines Übertragers [Son 80] möglich ist. Wegen der verschieden langen Anschlußleitungen ist diese Anpassung aber nicht ideal, so daß ein Teil des gesendeten Signals an der Gabel der Sendeeinrichtung oder an der Gabel im Amt reflektiert wird und als Echo in den Empfangszweig der Sendeeinrichtung eingekoppelt wird, wie Bild 6.19 zeigt, in dem LA die Leitunganpassung oder Gabel, S den Sender und E den Empfänger bezeichnet. Man spricht im ersten Fall von *Nah–*, im zweiten Fall von *Fernecho.*

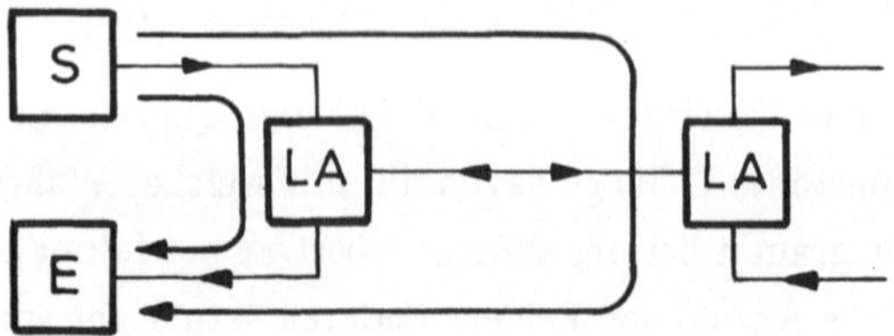

Bild 6.19 Nah– und Fernecho bei der Kopplung von Zweidraht– und Vierdraht–Leitungen

Das Nahecho ist dabei wegen seiner geringeren Dämpfung problematischer als das wegen des längeren Übertragungsweges stärker gedämpfte Fernecho. Beide Formen des Echos werden durch einen *Echokompensator* reduziert, der als Transversalfilter realisiert wird und dessen Koeffizienten ähnlich wie beim Kanalentzerrer durch den LMS–Algorithmus adaptiv bestimmt werden [Bar 85]. Das Prinzip der Echokompensation besteht darin, daß das Transversalfilter aus dem Sendesignal bzw. den Sendedaten einen Schätzwert für das Echo formt, der vom empfangenen, vom Echo überlagerten Signal subtrahiert wird. Um eine ausreichende Kompensation zu erzielen, darf der Schätzwert des Echos vom vorhandenen Echo im Zeitbereich nur um ca. 2% abweichen [Boc 86]. Geht man davon aus, daß das als Echo am Ausgang der Leitungsanpassung erscheinende Sendesignal um 10 dB gedämpft ist, das Empfangssignal auf dem Weg über die Übertragungsstrecke und die Leitungsanpassung aber um 40 dB, so erhält man ein Leistungsverhältnis von Signal und Echo von –30 dB. Ein akzeptables Verhältnis würde bei 20 dB [Lee 88] liegen, so daß der Echokompensator eine Dämpfung von 50 dB liefern muß, eine Anforderung, die höher als bei der Entzerrung ist. Das Prinzip der hier geschilderten Echokompensation wird an Hand von Bild 6.20 deutlich, wobei die Abkürzungen mit denen in Bild 8.19 übereinstimmen.

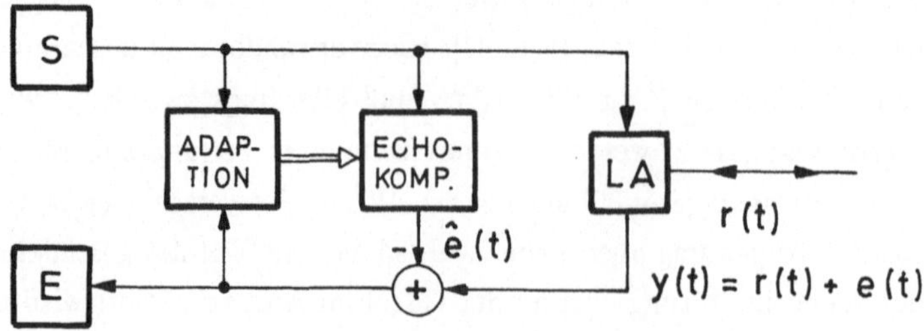

Bild 6.20 Anordnung des Echokompensators mit Sender, Empfänger und Leitungsanpassung

Der Adaptionsalgorithmus, der vom Sendesignal und dem echokompensierten Signal gespeist wird, liefert die Koeffizienten des Echokompensators. Dieser bildet die Leitungsanpassung bzw. den Echopfad nach und wird wie die Leitungsanpassung vom Sendesignal gespeist. Durch Subtraktion des geschätzten Echos vom echoverzerrten Empfangssignal wird das Echo selbst kompensiert.

Damit die Adaption auf das vom Sendesignal hervorgerufene Echo und nicht auf das Empfangssignal erfolgt, ist es nötig, daß beide Signalprozesse statistisch unabhängig voneinander sind. Um dies auch bei zufällig gleichem Sende– und Empfangssignal zu erreichen, verwendet man auf der Sende– und Empfangsseite verschiedene Verwürfler [Kah 85].

Hier soll nur das Kompensationsproblem im Basisbandbereich betrachtet werden, bei dem alle Signale und deswegen auch der Echokompensator reell sind. Bei der Echokompensation im Bandpaßbereich, d.h. bei Modulation des Sendesignals, sind komplexe Signale und Systeme erforderlich [Lee 88], was hier aber nicht betrachtet werden soll.

6.6.1 Echokompensation im Basisband

Der Echokompensator hat die Aufgabe, einen Schätzwert für das Echo e(t) bzw. dessen gefilterte und abgetastete Version $e_c(k)$ zu liefern. Das Schätzverfahren ist dabei linear, da angenommen wird, daß das Echo e(t) durch eine lineare Transformation in der Leitungsanpassung aus dem Sendesignal bzw. den Sendedaten b(k) entsteht. Es liegt daher nahe, das Problem als Signalschätzaufgabe zu formulieren und mit Hilfe eines Kalman–Filters [Kro 88] zu lösen. Dieser Weg wird hier nicht beschritten; vielmehr wird wegen der großen Ähnlichkeit des Entzerrungsproblems mit der Echokompensation die Struktur des Echokompensators als Transversalsystem

$$H_G(z) = \sum_{i=0}^{N} g_i \, z^{-i} \tag{6.6.1}$$

vorgegeben, dessen Koeffizienten g_i, $0 \leq i \leq N$ mit dem in Abschnitt 6.2 beschriebenen LMS–Algorithmus rekursiv berechnet werden sollen.

Man kann den Eingang des Echokompensators vor oder hinter dem Sendefilter anordnen. Verwendet man das Ausgangssignal des Sendefilters, ist bei digitaler Realisierung des Echokompensators eine höhere Abtastfrequenz als die Taktfrequenz erforderlich, um das Abtasttheorem einzuhalten, wenn man z.B. Roll–off–Impulse verwendet. Nur beim Partial–Response–Verfahren wäre die Abtastfrequenz gleich der Taktfrequenz. Um diesen höheren Aufwand zu vermeiden, soll hier die in Bild 6.21 gezeigte Variante verwendet werden, die eine Erweiterung von Bild 6.20 darstellt und die Einbindung des

Echokompensators in die Sende– und Empfangskomponenten für die Datenübertragung im Basisband zeigt.

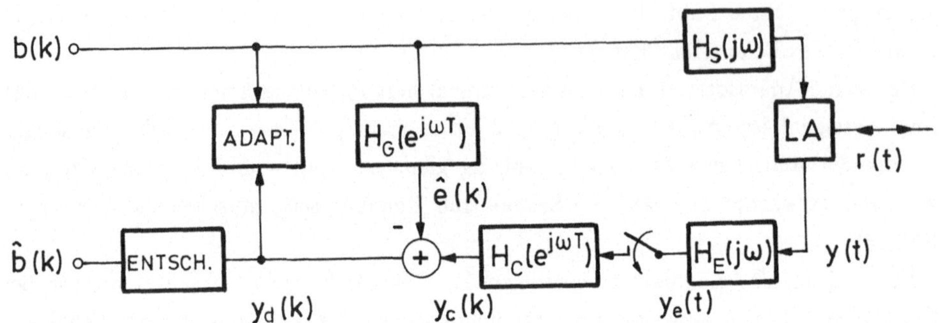

Bild 6.21 Einbindung des Echokompensators in die Sende– und Empfangskomponenten für die Datenübertragung im Basisband

Das gestörte Empfangssignal auf der Zweidrahtleitung ist durch

$$r(t) = s(t) + n(t) \tag{6.6.2}$$

gegeben, wobei s(t) das im Übertragungskanal verzerrte Sendesignal und n(t) die Kanalstörungen bezeichnen. In der Leitungsanpassung überlagert sich additiv das Echo e(t), was zu dem Signal

$$y(t) = r(t) + e(t) = s(t) + n(t) + e(t) \tag{6.6.3}$$

führt. Das Matched Filter mit dem Frequenzgang $H_E(j\omega)$ dient zur Störunterdrückung, der Abtaster mit dem Sendetakt T liefert die Abtastwerte $y_e(k)$, die im Entzerrer mit dem Frequenzgang $H_C(\exp(j\omega T))$ entzerrt werden und die Werte $y_c(k)$ liefern. Durch Subtraktion des vom Echokompensator gelieferten Schätzwerts für das Echo erhält man

$$y_d(k) = y_c(k) - \hat{e}(k) \quad , \tag{6.6.4}$$

wobei für den Schätzwert mit (6.6.1)

$$\hat{e}(k) = \sum_{i=0}^{N} g_i \, b(k-i) \tag{6.6.5}$$

gilt. Die Koeffizienten g_i sind dabei so zu wählen, daß der mittlere quadratische

Schätzfehler

$$F_m = E\{y_d^2(k)\} = E\{(y_c(k) - \sum_{i=0}^{N} g_i\, b(k-i)^2)\} \tag{6.6.6}$$

zum Minimum wird. Wie in Abschnitt 6.2 werden die Filterkoeffizienten g_i zu dem Vektor

$$\mathbf{g} = (g_0\ g_1 \cdots g_N)^T \tag{6.6.7}$$

zusammengefaßt und die Faltungssumme in (6.6.5) durch ein Skalarprodukt ausgedrückt, indem die Sendedaten in dem Vektor

$$\mathbf{b}(k) = (b(k)\ b(k-1) \ldots b(k-N))^T \tag{6.6.8}$$

zusammengefaßt werden. Für (6.6.6) gilt damit

$$F_m = E\{y_d^2(k)\} = E\{y_d(k)\cdot(y_c(k) - \mathbf{g}^T\, \boldsymbol{b}(k))\} \quad . \tag{6.6.9}$$

Wie im Abschnitt 6.2 bildet man nun den Gradienten in Bezug auf den Koeffizientenvektor **g** und erhält:

$$\nabla_g = \frac{\partial F_m}{\partial \mathbf{g}} = \left[\frac{\partial F_m}{\partial g_0} \cdots \frac{\partial F_m}{\partial g_N}\right]^T = -2\cdot E\{y_d(k)\ \boldsymbol{b}(k)\} \quad . \tag{6.6.10}$$

Der optimale Koeffizientenvektor $\mathbf{g}_{opt}$ liegt dann vor, wenn der Gradient verschwindet, was mit (6.6.4), (6.6.5) und den Definitionen (6.6.6) und (6.6.7) auf

$$E\{y_d(k)\ \boldsymbol{b}(k)\} = E\{\boldsymbol{b}(k)\ (y_c(k) - \boldsymbol{b}^T(k)\ \mathbf{g}_{opt})\}$$

$$= E\{\boldsymbol{b}(k)\ y_c(k)\} - E\{\boldsymbol{b}(k)\ \boldsymbol{b}^T(k)\}\ \mathbf{g}_{opt} = 0 \tag{6.6.11}$$

bzw.

$$\mathbf{g}_{opt} = \mathbf{S}_{\boldsymbol{bb}}^{-1}\ \mathbf{s}_{\boldsymbol{b}y_c} \tag{6.6.12}$$

führt, wobei die Definitionen

$$\mathbf{S}_{\boldsymbol{bb}} = E\{\boldsymbol{b}(k)\cdot\boldsymbol{b}^T(k)\} = \begin{bmatrix} s_{bb}(0) & s_{bb}(1) & \ldots\ s_{bb}(N) \\ s_{bb}(1) & s_{bb}(0) & s_{bb}(N-1) \\ \vdots & \vdots & \vdots \\ s_{bb}(N-1) & s_{bb}(N-2) & s_{bb}(0) \end{bmatrix} \tag{6.6.13}$$

$$\mathbf{s}_{by_c} = \mathrm{E}\{b(\mathrm{k})\cdot y_c(\mathrm{k})\} = \begin{bmatrix} s_{by_c}(0) \\ s_{by_c}(-1) \\ \vdots \\ s_{by_c}(-\mathrm{N}) \end{bmatrix} \tag{6.6.14}$$

verwendet und die Annahmen getroffen wurden, daß der Datenprozeß $b(\mathrm{k})$ auf der Sendeseite sowie der Datenprozeß $y_c(\mathrm{k})$ auf der Empfangsseite und der Störprozeß auf dem Kanal stationär sind und durch die Korrelationsfunktionen $s_{bb}(\kappa)$ bzw. $s_{by_c}(\kappa)$ beschrieben werden können. Im praktischen Betrieb wird man diese Lösung nicht verwenden, da sie nicht adaptiv ist. Die Inversion der Matrix $\mathbf{S}_{bb}$ würde dabei kein Problem darstellen, da der Prozeß $b(\mathrm{k})$ als weiß vorausgesetzt werden kann, so daß $\mathbf{S}_{bb}$ die mit $s_{bb}(0) = \sigma_b^2$ gewichtete Einheitsmatrix darstellt.

Für die in (6.6.14) verwendete Kreuzkorrelationsfunktion $s_{by_c}(\kappa)$ folgt mit (6.6.3):

$$\begin{aligned} s_{by_c}(\kappa) &= \mathrm{E}\{b(\mathrm{k})\cdot y_c(\mathrm{k}+\kappa)\} = \mathrm{E}\{b(\mathrm{k})\,(s_c(\mathrm{k}+\kappa) + n_c(\mathrm{k}+\kappa) + e_c(\mathrm{k}+\kappa))\} \\ &= \mathrm{E}\{b(\mathrm{k})\cdot(s_c(\mathrm{k}+\kappa) + n_c(\mathrm{k}+\kappa))\} + \mathrm{E}\{b(\mathrm{k})\,e_c(\mathrm{k}+\kappa)\}\quad . \end{aligned} \tag{6.6.15}$$

Beschreibt man die Kettenschaltung aus Sendefilter, Leitungsanpassung, Matched Filter und Entzerrer, den Echopfad also, durch die Impulsantwort $h_P(\mathrm{k})$, so kann man für den zweiten Erwartungswert in (6.6.15)

$$\mathrm{E}\{b(\mathrm{k})\,e_c(\mathrm{k}+\kappa)\} = \mathrm{E}\{b(\mathrm{k})\cdot b(\mathrm{k}+\kappa)\} * h_P(\kappa) = s_{bb}(\kappa) * h_P(\kappa) \tag{6.6.16}$$

schreiben. Damit durch den Koeffizientenvektor $\mathbf{g}$ nach (6.6.12) der Echopfad $h_P(\mathrm{k})$ und nicht eine Musterfunktion des empfangenen Signalprozesses geschätzt wird, müssen $b(\mathrm{k})$ und $s_c(\mathrm{k})$, d.h. der Sendesignalprozeß und der empfangene Signalprozeß unkorreliert sein. Dies wird, wie erwähnt wurde, durch verschiedene Verwürfler auf der Sende– und Empfangsseite der Datenübertragungsstrecke erreicht. Der empfangene Signalprozeß $s_c(\mathrm{k})$ stellt bei der Schätzung neben der Kanalstörung $n_c(\mathrm{k})$ eine weitere Störung dar. Da man in der Praxis allenfalls Schätzwerte für die Korrelationsfunktionen bestimmen kann, wird der erste Term in (6.6.15) nicht verschwinden. Deshalb wurde vorgeschlagen [Pro 89], das am Ausgang des Entscheiders verfügbare geschätzte Empfangssignal von $y_c(\mathrm{k})$ zu subtrahieren und dieses so aufbereitete Signal für die Schätzung der Echokoeffizienten zu verwenden.

Die Lösung des Schätzproblems für die Echokoeffzienten erfolgt in der Praxis wie beim Entzerrer adaptiv mit Hilfe des LMS–Algorithmus, den man auch als *stochastischen Gradienten–Algorithmus* bezeichnet.

6.6.2 Adaption der Echokompensators

Die Adaption des Koeffizientenvektors $\mathbf{g}$ des Echokompensators kann ähnlich wie in Abschnitt 6.2 grundsätzlich mit Hilfe folgender Rekursionsgleichung erfolgen

$$\mathbf{g}(k+1) = \mathbf{g}(k) - \mu \nabla_{\mathbf{g}} \quad , \tag{6.6.17}$$

wobei μ die Adaptionskonstante bezeichnet und der Gradient $\nabla_{\mathbf{g}}$ durch (6.6.10) gegeben ist. Ersetzt man darin $y_d(k)$ wie in (6.6.9), so folgt

$$\begin{aligned}
\mathbf{g}(k+1) &= \mathbf{g}(k) + 2\,\mu\,E\{\boldsymbol{b}(k)\; y_d(k)\} \\
&= \mathbf{g}(k) + 2\,\mu\,E\{\boldsymbol{b}(k)\,(y_c(k) - \boldsymbol{b}^T(k)\;\mathbf{g}(k))\} \\
&= (\mathbf{I} - 2\mu\,E\{\boldsymbol{b}(k)\;\boldsymbol{b}^T(k)\})\;\mathbf{g}(k) + 2\,\mu\,E\{\boldsymbol{b}(k)\; y_c(k)\} \\
&= (\mathbf{I} - 2\mu\,\mathbf{S}_{\boldsymbol{bb}})\;\mathbf{g}(k) + 2\,\mu\,\mathbf{s}_{\boldsymbol{b}y_c} \quad .
\end{aligned} \tag{6.6.18}$$

Beachtet man, daß $\mathbf{S}_{\boldsymbol{bb}}$ die mit σ_b^2 multiplizierte Einheitsmatrix ist und der optimale Koeffizientenvektor $\mathbf{g}_{opt}$ durch (6.6.12) gegeben ist, so erhält man weiter

$$\begin{aligned}
\mathbf{g}(k+1) &= (\mathbf{I} - 2\mu\,\mathbf{S}_{\boldsymbol{bb}})\;\mathbf{g}(k) + 2\mu\,\mathbf{S}_{\boldsymbol{bb}}\cdot\mathbf{g}_{opt} \\
&= (1 - 2\mu\,\sigma_b^2)\;\mathbf{g}(k) + 2\mu\,\sigma_b^2\;\mathbf{g}_{opt} \\
&= (1 - 2\mu')\;\mathbf{g}(k) + 2\mu'\;\mathbf{g}_{opt} \quad .
\end{aligned} \tag{6.6.19}$$

Diese Rekursionsbeziehung stimmt in der Form mit (6.2.51) überein, so daß die Lösung, die man durch rekursives Einsetzen erhält, aus (6.2.53) zu entnehmen ist:

$$\mathbf{g}(k) = \mathbf{g}_{opt} + (1 - 2\mu')^k\,(\mathbf{g}(0) - \mathbf{g}_{opt}) \quad . \tag{6.6.20}$$

Konvergenz ist deswegen wie in (6.2.49) für

$$0 < \mu' < 1 \tag{6.6.21}$$

bzw.

$$0 < \mu < \frac{1}{\sigma_b^2} \tag{6.6.21a}$$

gegeben.

Bei der praktischen Umsetzung der Rekursionsbeziehung (6.6.17) besteht das Problem, daß der im Gradienten ∇_g enthaltene Erwartungswert nicht gebildet werden kann. Näherungen gewinnt man, indem man den Erwartungswert durch Mittelung über ein endliches Intervall ersetzt, die Erwartungswertoperation wegläßt oder sogar nur die Vorzeichen von b(k) und $y_d(k)$ berücksichtigt. Hier soll nur der LMS–Algorithmus betrachtet werden, für den mit (6.6.17)

$$\mathbf{g}(k+1) = \mathbf{g}(k) - \mu \nabla_g(k) = \mathbf{g}(k) + 2\mu\, y_d(k)\, \mathbf{b}(k) \tag{6.6.22}$$

gilt. Auch in diesem Fall ist die Adaptionskonstante nach (6.6.21a) zu wählen, wobei wie bei (6.2.60) die Näherung

$$0 < \mu < \frac{1}{\sum_{i=0}^{N} |b(k-i)|^2} \tag{6.6.23}$$

verwendet werden kann. Alle über die Konvergenzgeschwindigkeit und die erreichbare Genauigkeit als Funktion der Adaptionskonstanten μ in Abschnitt 6.2 angestellten Bemerkungen gelten hier entsprechend.

Die Ordnung N des Echokompensationsfilters muß so groß sein, daß die Impulsantwort $h_P(k)$ des Echopfades nach (6.6.16) genau genug abgebildet wird. Da die Impulsantwort des Echopfades eine unendliche Dauer aufweisen könnte, das transversale System zur Echokompensation aber nur eine endliche Dauer der Impulsantwort besitzt, kann die Ordnung N dadurch bestimmt werden, daß der nicht dargestellte Anteil der Impulsantwort des Echopfades vernachlässigbar ist. Bei der Kompensation des Fernechos, dem eine Impulsantwort entspricht, deren Maximum nicht im Zeitursprung liegt, wird man deshalb einen Kompensator mit einer angemessenen Grundlaufzeit verwenden, so daß die Zahl N der zu adaptierenden Koeffizienten in einer handhabbaren Größenordnung bleibt.

7 Synchronisation von Träger und Takt

Bei den Modulationsverfahren im 5. Kapitel wurde stets vorausgesetzt, daß Takt und Träger des Senders im Empfänger verfügbar sind. Damit wird es möglich, synchron zu demodulieren und das Ausgangssignal des Matched Filters im optimalen Zeitpunkt abzutasten, wie aus Bild 5.32 hervorgeht. Nur dann werden die optimalen Werte für die Fehlerwahrscheinlichkeit, die im 5. Kapitel berechnet wurden, erreicht.

Zur Synchronisation von Takt und Träger im Sender und im Empfänger gibt es mehrere Möglichkeiten. Zum einen kann man Takt und Träger im Form eines Pilottons mit übertragen, zum anderen kann man Takt und Träger aus dem empfangenen Signal extrahieren. Der Nachteil des zuerst genannten Verfahrens besteht darin, daß man die zur Verfügung stehende Sendeleitung und Bandbreite auf die übertragenen Daten und Takt sowie Träger aufteilen muß. Deswegen zieht man in der Praxis den zweiten Weg vor, d.h. man schätzt Takt und Träger im Empfänger mit Hilfe des empfangenen Signals, wie dies auch in Bild 5.32 vorausgesetzt wird. Auf der Sendeseite haben Takt und Träger in der Regel eine starre Phasenbeziehung, so daß man auf die Idee kommen könnte, auf der Empfangsseite z.B. nur den Träger zu schätzen und daraus den Takt abzuleiten. Dies ist aber deswegen nicht möglich, weil auf der Übertragungsstrecke mit Frequenzmultiplex eine Frequenzumsetzung erfolgt, bei der Frequenz– und Phasensprünge auftreten können, so daß die Phasenkopplung zwischen Takt und Träger nicht bestehen bleibt und eine separate Regelung von Takt und Träger erforderlich wird. Dies trifft auch für die Datenkommunikation von Fahrzeugen aus zu, bei denen sich auf Grund der Fahrzeugbewegung die Trägerfrequenz um die Dopplerfrequenz verschiebt.

Schließlich ist noch zu erwähnen, daß man asynchron demodulierbare Übertragungsverfahren verwenden kann, um das Problem der Trägerregelung zu umgehen. Die

Notwendigkeit einer Taktregelung besteht bei diesen Verfahren aber weiter, und die Fehlerwahrscheinlichkeit ist höher als bei synchroner Demodulation.

Hier sollen synchrone Demodulationsverfahren betrachtet werden, deren Kern ein *Phasenregelkreis* ist, der häufig mit der Abkürzung *PLL* für *phase locked loop* bezeichnet wird und zur Synchronisation des lokalen, im Emfänger erzeugten Trägers mit dem im Empfangssignal enthaltenen Träger dient.

7.1 Phasenregelkreise

Bei der Träger– und Taktsynchronisation werden Phasenregelkreise verwendet, die in analoger, hybrider und digitaler Technik realisiert werden. Sie bestehen aus den Komponenten *Phasendetektor*, *Filter* und *spannungsgesteuerter Oszillator*, der in Bild 7.1 mit *VCO* für *voltage controlled oscillator* bezeichnet ist. Dabei wird eine digitale Realisierung vorausgesetzt.

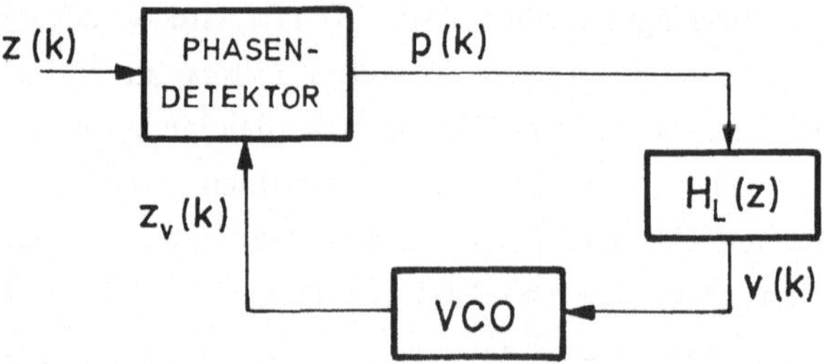

Bild 7.1 Phasenregelkreis oder PLL

Die Eingangssignale des Phasendetektors sind

$$z(k) = A_z \cdot \cos(\omega_c kT + \varphi_z(k)) \tag{7.1.1}$$

für das zu synchronisierende Signal und das vom Phasenregelkreis erzeugte Signal

$$z_v(k) = A_v \cdot \cos(\omega_c kT + \varphi_v(k)) \quad , \tag{7.1.2}$$

wobei man ω_c als die natürliche oder freilaufende Frequenz des VCO bezeichnet. Das Ausgangssignal des Phasendetektors soll eine Funktion der Phasendifferenz $\varphi_z(k)-\varphi_v(k)$ der beiden Signale z(k) und $z_v(k)$ sein, die z.B. durch die Multiplikation dieser Signale gewonnen werden kann:

$$p(k) = f\{\varphi_z(k) - \varphi_v(k)\} \tag{7.1.3}$$

$$= A_z \cdot A_v \cos(\omega_c kT + \varphi_z(k)) \cdot \cos(\omega_c kT + \varphi_v(k))$$

$$= \frac{A_z \cdot A_v}{2} \left[\cos(\varphi_z(k) - \varphi_v(k)) + \cos(2\omega_c kT + \varphi_z(k) + \varphi_v(k))\right] .$$

Wünschenswert ist, daß das Ausgangssignal p(k) linear von der Phasendifferenz abhängt, daß z.B.

$$p(k) = c_p \cdot (\varphi_z(k) - \varphi_v(k)) \tag{7.1.4}$$

gilt. Man erhält dieses Ergebnis näherungsweise, wenn man zum einen das Filter $H_L(z)$ als Tiefpaß auslegt, dessen Grenzfrequenz unterhalb von $2\omega_c$ liegt, so daß der zweite Summand in (7.1.3) unterdrückt wird, und zum anderen die Phase des ersten Summanden um $\pi/2$ dreht. Dann erhält man für den ersten Summanden von p(k)

$$p'(k) = \frac{A_z \cdot A_v}{2} \cos(\varphi_z(k) - \varphi_v(k) + \pi/2) \tag{7.1.5}$$

$$= \frac{A_z \cdot A_v}{2} \sin(\varphi_z(k) - \varphi_v(k)) \approx \frac{A_z \cdot A_v}{2} (\varphi_z(k) - \varphi_v(k)) \quad ,$$

wobei die Näherung für kleine Werte der Phasendifferenz gilt. Wegen der trigonometrischen Funktion ist das Ausgangssignal des Phasendetektors für die Phasendifferenzen $|\varphi_z(k) - \varphi_v(k)| \geq \pi$ mehrdeutig. Diese in Bild 7.2 veranschaulichte Mehrdeutigkeit, die auch bei anderen Phasendetektoren – z.B. bei der in Bild 7.2 zusätzlich dargestellten sägezahnförmigen Kennlinie für den Zusammenhang zwischen Phasendifferenz und Ausgangssignal des Phasendetektors – auftritt, zeigt, daß der Phasenregelkreis nichtlinear ist. Auch der VCO ist nichtlinear, so daß die genaue Analyse des Regelkreises recht aufwendig ist [Gar 66].

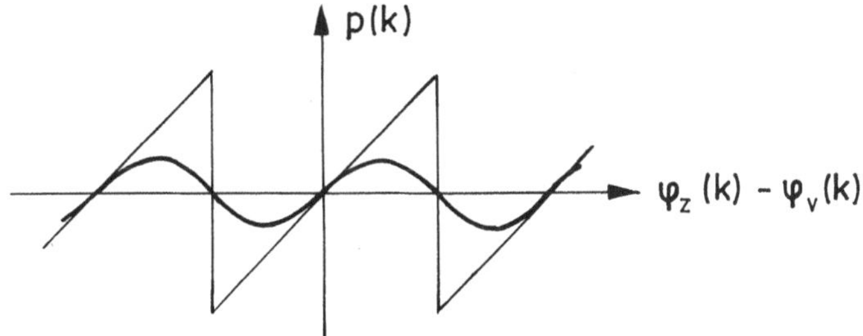

Bild 7.2 Beispiele für Kennlinien von Phasenregelkreisen

Die zweite Komponente des Phasenregelkreises ist das Filter mit der Systemfunktion $H_L(z)$, das zum einen möglichst schmalbandig sein soll, um die Störungen, die sich dem Eingangssignal z(t) überlagern, zu reduzieren und höhere Komponenten des Phasendedektors – z.B. die bei $2\omega_c$ – zu unterdrücken. Andererseits darf das Filter nicht zu schmalbandig sein, um zeitlichen Änderungen des Ausgangssignals p(k) folgen zu können. Um den Realisierungsaufwand niedrig zu halten, verwendet man üblicherweise Systeme erster oder zweiter Ordnung. Die Parameter des Filters sind dabei so zu wählen, daß der Regelkreis zum einen stabil ist und zum anderen die Regelabweichung zum Verschwinden bringt. Um diese Forderungen näher untersuchen zu können, muß man die Funktionsweise des VCO beschreiben.

Der spannungsgesteuerte Oszillator oder VCO soll ein Ausgangssignal $z_v(k)$ nach (7.1.2) mit $\varphi_v(k) = 0$ liefern, sofern die Regelabweichung und damit p(k) bzw. die gefilterte Version v(k) verschwindet. Andererseits soll das Ausgangssignal $z_v(k)$ eine positive bzw. negative Phasenänderung aufweisen, wenn die Phasendifferenz negativ bzw. positiv ist. Daraus folgt, daß die Ableitung der Phase $\varphi_v(k)$ des VCO proportional zum Eingangssignal v(k) sein soll. Die einfachste Approximation der Ableitung von $\varphi_v(k)$ liefert der Differenzenquotient [Kam 89], so daß man bei entsprechender Wahl der Konstanten T und c_v

$$\varphi_v(k) - \varphi_v(k-1) = T \cdot c_v\, v(k-1) = v(k-1) \tag{7.1.6}$$

erhält. Bezeichnet man mit $\phi_v(z)$ die z–Transformierte von $\varphi_v(k)$, so folgt aus (7.1.6)

$$\phi_v(z) \cdot (1 - z^{-1}) = \phi_v(z) \frac{z-1}{z} = V(z)\, z^{-1} \tag{7.1.7}$$

bzw.

$$\frac{\phi_v(z)}{V(z)} = H_V(z) = \frac{1}{z-1} \ . \tag{7.1.8}$$

Beachtet man ferner, daß nach Bild 7.1

$$V(z) = H_L(z) \cdot P(z) \tag{7.1.9}$$

und mit (7.1.4) für $c_p = 1$

$$P(z) = \phi_z(z) - \phi_v(z) \tag{7.1.10}$$

gilt, so erhält man für die Übertragungsfunktion der Phasen des VCO und des Eingangssignals

$$\phi_v(z) = H_V(z) \cdot V(z) = \frac{1}{z-1} H_L(z) \cdot P(z)$$

$$= \frac{1}{z-1} H_L(z) \, (\phi_z(z) - \phi_v(z)) \tag{7.1.11}$$

bzw.

$$\frac{\phi_v(z)}{\phi_z(z)} = \frac{H_L(z)}{z - 1 + H_L(z)} \quad . \tag{7.1.12}$$

Dieser offene Phasenregelkreis muß stabil sein. Wählt man für das Filter des Regelkreises den einfachsten Fall, nämlich

$$H_L(z) = b \quad , \tag{7.1.13}$$

so gilt:

$$\frac{\phi_v(z)}{\phi_z(z)} = \frac{b}{z - 1 + b} = \frac{b}{z - (1-b)} \quad . \tag{7.1.14}$$

Die Systemfunktion besitzt einen Pol bei $z_\infty = 1-b$, für den bei Stabilität $|z_\infty| < 1$ gelten muß. Für den Verstärkungsfaktor b folgt daraus $0 < b < 2$. Um das Rauschen des Eingangssignals nicht zu verstärken, wird man allerdings nur den Bereich $0 < b < 1$ zulassen.

Neben der Stabilität des Regelkreises wurde dessen Fähigkeit, den Phasenfehler zum Verschwinden zu bringen, als Kriterium für die Dimensionierung des Filters $H_L(z)$ genannt. Aus (7.1.10) und (7.1.12) folgt

$$P(z) = \left(1 - \frac{H_L(z)}{z - 1 + H_L(z)}\right) \phi_z(z) = \frac{z - 1}{z - 1 + H_L(z)} \phi_z(z) \quad , \tag{7.1.15}$$

und mit dem Grenzwertsatz der z–Transformation [Kam 89] erhält man schließlich

$$\lim_{k \to \infty} p(k) = \lim_{z \to 1} (z-1) \cdot P(z)$$

$$= \lim_{z \to 1} \frac{(z-1)^2}{z - 1 + H_L(z)} \phi_z(z) \quad . \tag{7.1.16}$$

Nimmt man an, daß am Eingang des Regelkreises ein Phasensprung

$$\varphi_z(k) = \varphi_0 \, \delta_{-1}(k) \tag{7.1.17}$$

aufgeschaltet wird, wobei $\delta_{-1}(k)$ die Sprungfolge [Kam 89] bezeichnet, so folgt mit der z–Transformierten

$$\phi_z(z) = \varphi_0 \frac{z}{z-1} \tag{7.1.18}$$

aus (7.1.16)

$$\lim_{k\to\infty} p(k) = \lim_{z\to 1} \varphi_0 \frac{z\cdot(z-1)}{z-1+H_L(z)} , \tag{7.1.19}$$

daß der Phasensprung ausgeregelt wird, sofern $H_L(1) \neq 0$ ist, was aber stets erfüllt ist, da das Regelkreisfilter ein Tiefpaß ist. Wenn am Eingang des Regelkreises ein Frequenzsprung

$$\varphi_z(k) = \omega_0\, k\, \delta_{-1}(k) \tag{7.1.20}$$

auftritt, für dessen z–Transformierte

$$\phi_z(z) = \omega_0 \frac{z}{(z-1)^2} \tag{7.1.21}$$

gilt, so folgt mit (7.1.16)

$$\lim_{k\to\infty} p(k) = \lim_{z\to 1} \omega_0 \frac{z}{z-1+H_L(z)} . \tag{7.1.22}$$

Dieser Frequenzsprung wird nur dann ausgeregelt, wenn das Regelkreisfilter eine Polstelle bei $z_\infty = 1$ besitzt. Das einfachste Regelkreisfilter erster Ordnung ist deshalb von der Form

$$H_L(z) = b \frac{z}{z-1} . \tag{7.1.23}$$

Die Nullstelle $z_0 = 0$ ist erforderlich, um eine stabile Phasenübertragungsfunktion nach (7.1.12) zu erzielen. Der freie Parameter b läßt sich innerhalb des Intervalls, das Stabilität garantiert, so wählen, daß der mittlere quadratische Phasenfehler zum Minimum wird [Kam 80].

7.2 Schätzung von Träger und Takt

Bei der Frage der Synchronisation von Träger und Takt wurden bisher nur ungestörte Signale betrachtet. Dem Nutzsignalprozeß überlagert sich im Übertragungskanal nach den bisherigen Überlegungen jedoch ein additiver weißer Störprozeß, so daß man die

Extraktion der Parameter Trägerphase und Taktabweichung aus dem gestörten Empfangssignal r(t) als Schätzproblem interpretieren kann. Stellt man das gestörte Empfangssignal als äquivalentes Tiefpaßsignal dar und verwendet die im 5. Kapitel für die Bandpaßsignale eingeführten Bezeichnungen, so gilt

$$r(t) = z(t) + n(t) = e^{-j\varphi_z}\, s(t-\tau) + n(t)$$

$$= e^{-j\varphi_z} \sum_{k=-\infty}^{\infty} b(k)\, h_S(t-kT-\tau) + n(t) \quad , \qquad (7.2.1)$$

wobei φ_z die zu schätzende Trägerphase und τ die zu schätzende Taktabweichung darstellen. Für die Schätzung dieser Parameter stehen zwei verschiedene Schätzverfahren zur Verfügung, die sich darin unterscheiden, daß beim einen die Parameter als Zufallsvariable mit bekannter Dichtefunktion, beim anderen als unbekannte deterministische Größen betrachtet werden [Kro 86]. Weil man davon ausgehen muß, daß die Dichte der als Zufallsvariable interpretierten Parameter nicht verfügbar ist, liegt hier der zweite Fall vor, bei dem man das *Maximum–Likelihood–Verfahren* anwendet.

Voraussetzung für jedes Schätzverfahren ist, daß man die dafür verwendeten Signale durch Vektoren darstellt, wobei deren Komponenten die Entwicklungskoeffizienten einer orthonormalen Basis $\varphi_i(t)$, $1 \le i \le N$, sind. Für das Signal r(t) gilt dann z.B.

$$r(t) = \sum_{i=1}^{N} r_i\, \varphi_i(t) \qquad (7.2.2)$$

und für den zugeordneten Vektor

$$\mathbf{r} = (r_1\, r_2 \dots r_N)^T \quad . \qquad (7.2.3)$$

Wenn es sich bei r(t) um die Musterfunktion eines Zufallsprozesses handelt, entspricht die orthonormale Basis $\varphi_i(t)$, $1 \le i \le N$ der Karhunen–Loève–Entwicklung [Kro 86], so daß die Vektorkomponenten r_i unkorreliert sind. Bei einem weißen Prozeß besitzt jede beliebige orthonormale Basis diese Eigenschaft, also auch die orthonormale Basis, die durch zeitliche Verschiebung von sin(x)/x–Funktionen um die Abtastzeit T_A entsteht. Im vorliegenden Fall wird man als Abtastfrequenz $f_A = 1/T_A$ den doppelten Wert der größten Frequenzkomponente des Nutzanteils wählen, im Falle von (7.2.1) die doppelte Bandbreite von $H_S(j\omega)$. Aus praktischen Gründen betrachtet man nur einen endlichen Ausschnitt des interessierenden Signals, der im vorliegenden Fall mit (7.2.2) die Dauer $T_0 = N \cdot T_A$ besitzt. Für die Vektorkomponenten r_i des gestörten Empfangsvektors $\mathbf{r}$ in (7.2.2) bzw. (7.2.3) gilt damit:

$$r_i = \int_0^{T_0} r(t)\cdot\varphi_i(t)\,dt \quad . \tag{7.2.4}$$

Bei der Maximum–Likelihood– oder kurz *ML–Parameterschätzung* geht man davon aus, daß der verfügbare Signalvektor $\mathbf{r}$ in folgender Weise vom zu schätzenden Parameter a abhängt:

$$\mathbf{r} = \mathbf{z}(a) + \mathbf{n} \quad . \tag{7.2.5}$$

Darin bezeichnet $\mathbf{z}(a)$ den Vektor, der den Nutzanteil, in (7.2.1) z.B. den ersten Summanden, bezeichnet, der bei Kenntnis der Sendedaten b(k) determiniert ist. Der weiße Störanteil in (7.2.1) wird durch $\mathbf{n}$ repräsentiert und läßt sich durch seine Abtastwerte darstellen, wobei die Abtastzeit T_A nach den oben genannten Gesichtspunkten bestimmt wird. Der ML–Schätzwert für a ist dann durch [Kro 86]

$$\frac{d\, f_{\boldsymbol{r}|a}(\mathbf{r}|a)}{da}\bigg|_{a=\hat{a}(\mathbf{r})} = \frac{d}{da}\Lambda(a)\bigg|_{a=\hat{a}(\mathbf{r})} = 0 \tag{7.2.6}$$

bzw. wegen der Monotonie des Logarithmus auch durch

$$\frac{d\, \ln[f_{\boldsymbol{r}|a}(\mathbf{r}|a)]}{da}\bigg|_{a=\hat{a}(\mathbf{r})} = \frac{d}{da}\ln[\Lambda(a)]\bigg|_{a=\hat{a}(\mathbf{r})} = 0 \tag{7.2.7}$$

gegeben, wobei man $\Lambda(a)$ als *Likelihood–Funktion* bezeichnet. Die bedingte Dichtefunktion $f_{\boldsymbol{r}|a}(\mathbf{r}|a)$ kann man mit Hilfe von (7.2.5) aus der Dichte des Zufallsvektors $\boldsymbol{n}$ des Störprozesses gewinnen

$$f_{\boldsymbol{r}|a}(\mathbf{r}|a) = f_{\boldsymbol{n}|a}(\mathbf{r} - \mathbf{z}(a)\,|\,a) = f_{\boldsymbol{n}}(\mathbf{r} - \mathbf{z}(a)) \quad , \tag{7.2.8}$$

wobei man von der statistischen Unabhängigkeit des Parameters a vom Störvektor $\boldsymbol{n}$ ausgeht. Sofern der Störprozeß eine Gaußdichte mit verschwindendem Mittelwert und der Standartabweichung σ besitzt, kann man für die Verbunddichte in (7.2.8)

$$f_{\boldsymbol{n}}(\mathbf{r} - \mathbf{z}(a)) = \prod_{i=1}^{N} \frac{1}{\sqrt{2\pi}\,\sigma} \exp\left[-\frac{|r_i - z_i(a)|^2}{2\sigma^2}\right]$$

$$= \frac{1}{(2\pi)^{N/2}\,\sigma^N} \exp\left[-\frac{1}{2\sigma^2}\sum_{i=1}^{N} |r_i - z_i(a)|^2\right] \tag{7.2.9}$$

schreiben. Für die Varianz σ^2 gilt bei weißem Störprozeß mit der Leistungsdichte N_W [Kro 86]:

$$\sigma^2 = N_W \quad . \tag{7.2.10}$$

Setzt man (7.2.8) in (7.2.6) ein, erhält man

$$\begin{aligned} \frac{d}{da} \ln[\Lambda(a)] &= \frac{d}{da} \left[-\frac{1}{2N_W} \sum_{i=1}^{N} |r_i - z_i(a)|^2 \right] \qquad (7.2.11) \\ &= \frac{d}{da} \left[\frac{1}{N_W} \sum_{i=1}^{N} [-\tfrac{1}{2} r_i^* r_i + \mathrm{Re}\{r_i^* z_i(a)\} - \tfrac{1}{2} z_i^*(a) z_i(a)] \right] \\ &= \frac{d}{da} \left[\frac{1}{N_W} \sum_{i=1}^{N} [\mathrm{Re}\{r_i^* z_i(a)\} - \tfrac{1}{2} z_i^*(a)\, z_i(a)] \right] \quad , \end{aligned}$$

weil der Term $r_i\, r_i^*$ nicht vom Parameter a abhängt. Weiter gilt mit (7.2.4)

$$\begin{aligned} \sum_{i=1}^{N} r_i^* z_i(a) &= \sum_{i=1}^{N} \int_0^{T_0} r^*(t) \cdot \varphi_i(t)\, dt \cdot z_i(a) \\ &= \int_0^{T_0} r^*(t) \sum_{i=1}^{N} z_i(a)\, \varphi_i(t)\, dt \\ &= \int_0^{T_0} r^*(t) \cdot z(a,t)\, dt \end{aligned} \tag{7.2.12}$$

und entsprechend

$$\sum_{i=1}^{N} z_i^*(a)\, z_i(a) = \int_0^{T_0} z^*(a,t) \cdot z(a,t)\, dt = E_z \quad , \tag{7.2.13}$$

so daß für die Bestimmungsgleichung des Maximum–Likelihood Schätzwerts mit (7.2.7) und (7.2.11)

$$\begin{aligned} \frac{d}{da} \ln[\Lambda(a)] \Big|_{a=\hat{a}(r)} &= \frac{d}{da} \left[\frac{1}{N_W} \mathrm{Re}\{ \int_0^{T_0} r^*(t)\, z(a,t)\, dt\} - \frac{E_z}{2 \cdot N_W} \right] \Big|_{a=\hat{a}(r)} \\ &= \frac{1}{N_W} \frac{d}{da} \mathrm{Re}\{ \int_0^{T_0} r^*(t)\, z(a,t)\, dt\} \Big|_{a=\hat{a}(r)} = 0 \end{aligned} \tag{7.2.14}$$

gilt. Bei den weiteren Betrachtungen soll vorausgesetzt werden, daß nur ein Parameter zu schätzen ist, d.h. für a = φ_z soll $\tau = 0$, für a = τ soll $\varphi_z = 0$ gelten. Das Sendesignal s(t) und damit b(k) soll bekannt sein. Dies setzt voraus, daß die am Ausgang des Entscheiders verfügbaren Schätzwerte für b(k) zur Verfügung stehen und hinreichend fehlerfrei sind, was bei den in der Praxis auftretenden Signal–zu–Rauschverhältnissen gegeben ist. Im Falle, daß beide Parameter, φ_z und τ, gleichzeitig zu schätzen sind und daß b(k) nicht zur Verfügung steht, treten größere Schätzfehler auf [Pro 89].

Bevor die Schätzung von φ_z und τ näher beschrieben wird, sollen einige generelle Bemerkungen zur Beurteilung eines Schätzwertes folgen. Ein guter Schätzwert ist dadurch gegeben, daß er [Kro 86]

◇ *erwartungstreu ist, d.h. daß der Mittelwert des Schätzwerts mit dem zu schätzenden Parameter übereinstimmt*

$$\mathrm{E}\{\hat{a}(\mathbf{r})\} \overset{!}{=} \mathrm{a} \quad , \tag{7.2.15}$$

◇ *wirksam ist, d.h. die Varianz des Schätzwertes minimal wird*

$$\sigma_{\hat{a}}^2 = \mathrm{E}\{\hat{a}^2(\mathbf{r})\} - (\mathrm{E}\{\hat{a}(\mathbf{r})\})^2 \overset{!}{=} \mathrm{Min} \quad , \tag{7.2.16}$$

◇ *konsistent ist, d.h. bei Vergrößerung der Zahl* N *der beobachteten Werte bzw. der Dauer* T_0 *des Beobachtungsintervalls konvergiert der Schätzwerts auf den zu schätzenden Parameter*

$$\lim_{N\to\infty} \mathrm{P}\{|\hat{a}(\mathbf{r}) - \mathrm{a}| > \epsilon\} = 0 \quad , \quad \epsilon > 0, \text{ beliebig} \quad . \tag{7.2.17}$$

Leider kann man aus diesen Forderungen keine Vorschrift zur Berechnung eines Schätzwerts herleiten, der die genannten Gütekriterien erfüllt. Man kann nur den verwendeten Schätzwert, z.B. den Maximum–Likelihood–Schätzwert, daraufhin überprüfen, ob er erwartungstreu, wirksam und konsistent ist. Es zeigt sich dabei, daß der Maximum–Likelihood–Schätzwert diese Kriterien asymptotisch erfüllt, wobei das Minimum in (7.2.16) durch die Cramér–Rao–Grenze [Kro 86] gegeben ist.

7.2.1 Schätzung der Trägerphase

Bei bekanntem Takt und zeitlich begrenztem Beobachtungsintervall gilt für das im gestörten Empfangssignal r(t) enthaltene Nutzsignal in der Darstellung als äquivalentes Tiefpaßsignal

$$z(t) = z(\varphi_z, t) = e^{-j\varphi_z} \sum_{k=i}^{i+L-1} b(k)\, h_S(t-kT) \quad . \tag{7.2.18}$$

Mit (7.2.14) führt dies auf

$$\frac{d}{d\varphi_z} \ln[\Lambda(\varphi_z)] = \frac{d}{d\varphi_z} \left[\frac{1}{N_W} \mathrm{Re}\{e^{-j\varphi_z} \int_0^{T_0} r^*(t) \sum_{k=i}^{i+L-1} b(k)\, h_S(t-kT)\, dt\} \right]$$

$$= \frac{d}{d\varphi_z} \left[\frac{1}{N_W} \mathrm{Re}\{e^{-j\varphi_z} \sum_{k=i}^{i+L-1} b(k) \int_{kT}^{(k+1)T} r^*(t)\, h_S(t-kT)\, dt\} \right]$$

$$= \frac{d}{d\varphi_z} \left[\frac{1}{N_W} \mathrm{Re}\{e^{-j\varphi_z} \sum_{k=i}^{i+L-1} b(k)\, r_e(k)\} \right] , \tag{7.2.19}$$

wobei

$$r_e(k) = \int_{kT}^{(k+1)T} r^*(t)\, h_S(t-kT)\, dt \tag{7.2.20}$$

der Abtastwert am Ausgang des Matched Filters bzw. am Eingang des Empfängers ist. Als Bestimmungsgleichung für den Maximum–Likelihood–Schätzwert von φ_z erhält man schließlich

$$\frac{d}{d\varphi_z} \ln[\Lambda(\varphi_z)] \Big|_{\varphi_z=\hat{\varphi}_z} = \frac{d}{d\varphi_z} \left[\mathrm{Re}\{v(i)\} \cdot \cos(\varphi_z) + \mathrm{Im}\{v(i)\} \cdot \sin(\varphi_z) \right] \Big|_{\varphi_z=\hat{\varphi}_z}$$

$$= -\mathrm{Re}\{v(i)\} \cdot \sin(\hat{\varphi}_z) + \mathrm{Im}\{v(i)\} \cdot \cos(\hat{\varphi}_z) = 0 \quad , \tag{7.2.21}$$

wobei

$$v(i) = \sum_{k=i}^{i+L-1} b(k) \cdot r_e(k) \tag{7.2.22}$$

gesetzt wurde. Explizit folgt aus (7.2.21) für den Schätzwert

$$\hat{\varphi}_z = \arctan\left[\frac{\mathrm{Im}\{v(i)\}}{\mathrm{Re}\{v(i)\}} \right] \quad . \tag{7.2.23}$$

Ein Blockschaltbild für die Demodulation im Empfänger mit den für einen Phasenregelkreis typischen Komponenten zeigt Bild 7.3. Man erkennt dabei die. Der Phasendetektor entspricht dem Multiplizierer bei der Demodulation, das Schleifenfilter setzt sich aus dem Matched Filter, in dem u.a. die Frequenzkomponente bei $2\omega_c$ unterdrückt wird, und der Summationsstufe zusammen, und die für den VCO benötigte Phase φ_v wird in dem Block zwischen Summationsstufe und VCO gemäß (7.2.23) geschätzt.

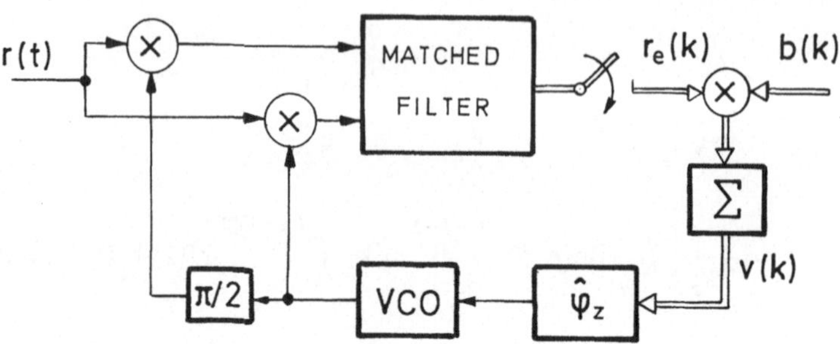

Bild 7.3 Blockschaltbild des Demodulators mit Phasenregelkreis

Das Blockschaltbild zeigt das entscheidungsrückgekoppelte Verfahren der Parameterschätzung. Wenn die Schätzwerte von b(k) zu sehr gestört sind oder nicht zur Verfügung stehen, muß die Schätzung der Phase φ_z ohne Kenntnis von b(k) erfolgen. In diesem Fall wird die wegen (7.2.1) von der Zufallsvariablen $\mathit{b}(k)$ abhängige Dichte $f_{\mathit{r}|\mathit{a}}(r|a)$ nach (7.2.9) mit der Dichte von $\mathit{b}(k) = \mathit{b}$ multipliziert und über b(k) integriert

$$f_{\mathit{r}|\mathit{a}}(r|a) = \int_{\infty}^{\infty} f_{\mathit{r}|\mathit{a},\mathit{b}}(r|a,b) \cdot f_{\mathit{b}}(b)\, db \quad , \tag{7.2.24}$$

wobei man für die Dichte $f_{\mathit{b}}(b)$ eine Gleichverteilung ansetzt, da bei einer auf Redundanzreduktion ausgerichteten Quellencodierung die Gleichverteilung das optimale Ergebnis liefert. Dieser Weg [Pro 89] soll hier aber nicht weiter verfolgt werden, da er gegenüber dem entscheidungsrückgekoppelten Verfahren auf einen höheren Schätzfehler für die Trägerphase φ_z führt.

7.2.2 Schätzung des Takts

Bei der Taktregelung sei vorausgesetzt, daß die Trägerphase mit $\varphi_z = 0$ bekannt ist und daß wie zuvor bei der Schätzung der Trägerphase ein zeitlich begrenztes Beobachtungsintervall zur Verfügung steht. Für das äquivalente Tiefpaßsignal gilt dann entsprechend (7.2.18)

$$z(t) = z(\tau,t) = \sum_{k=i}^{i+L-1} b(k)\, h_S(t-kT-\tau) \quad . \tag{7.2.25}$$

Setzt man dies in die Bestimmungsgleichung für den Maximum–Likelihood–Schätzwert nach (7.2.14) ein, erhält man

$$\frac{d}{d\tau}\ln[\Lambda(\tau)] = \frac{1}{N_W}\frac{d}{d\tau}\mathrm{Re}\{\int_0^{T_0} r^*(t) \sum_{k=i}^{i+L-1} b(k)\, h_S(t-kT-\tau)\, dt\}$$

$$= \frac{1}{N_W}\frac{d}{d\tau}\mathrm{Re}\{\sum_{k=i}^{i+L-1} b(k) \int_{kT}^{(k+1)T} r^*(t)\, h_S(t-kT-\tau)\, dt\}$$

$$= \frac{1}{N_W}\mathrm{Re}\{\sum_{k=i}^{i+L-1} b(k)\frac{d}{d\tau} r_e(k,\tau)\}\Big|_{\tau=\hat{\tau}} = 0 \qquad (7.2.26)$$

mit

$$r_e(k,\tau) = \int_{kT}^{(k+1)T} r^*(t)\, h_S(t-kT-\tau)\, dt \quad . \qquad (7.2.27)$$

Das zugehörige Blockschaltbild für die Taktregelung zeigt Bild 7.4, in dem die Demodulation des Empfangssignals entsprechend Bild 7.3 mit berücksichtigt wird.

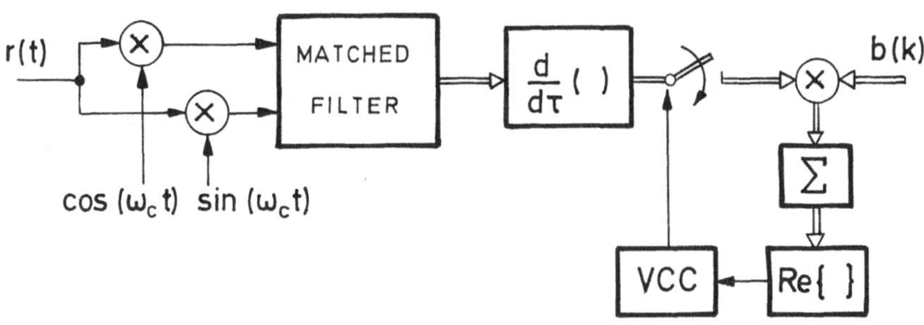

Bild 7.4 Blockschaltbild für die Taktregelung

Auch hier erhält man eine Regelungsschleife wie bei einem PLL, wobei der VCO hier die spezielle Form eines *VCC* oder *voltage controlled clock* annimmt. Der Differenzierer übernimmt die Funktion des Phasendetektors. Um dies zu verdeutlichen, sei angenommen, daß $h_S(t)$ ein Rechtimpuls der Dauer T sei. Dann ist $s_e(k,\tau)$, die in $r_e(k,\tau)$ enthaltene Nutzkomponente, als Funktion von τ ein dreieckförmiges Signal; $s_e(k,\tau)$ ist nämlich die Amplitude der um τ verschobenen Korrelationsfunktion von $h_S(t)$ im Abtastzeitpunkt des Empfängers, die Bild 7.5 zeigt.

Wenn der vom VCC erzeugte Takt dem Takt von r(t) hinterher eilt, liefert die Ableitung von $s_e(k,\tau)$ den in Bild 7.5. gezeigten positiven, sonst einen negativen Wert. Dieser dient dazu, die Taktabweichung auszuregeln, wie später noch näher erläutert wird. Die Steuergröße ist bei rechteckförmiger Impulsantwort $h_S(t)$ konstant und stimmt nur im Vorzeichen mit der Regelabweichung überein. Dies ändert sich, wenn man eine andere

Impulsform $h_S(t)$, z.B. einen Roll–off–Impuls, verwendet. Einen möglichen Verlauf von $s_e(k,\tau)$ und deren Ableitung in der Umgebung von $\tau = 0$ zeigt Bild 7.5, bei dem die zugehörige Ableitung von $s_e(k,\tau)$ im Bereich um $\tau = 0$ annähernd proportional zur Taktabweichung τ ist.

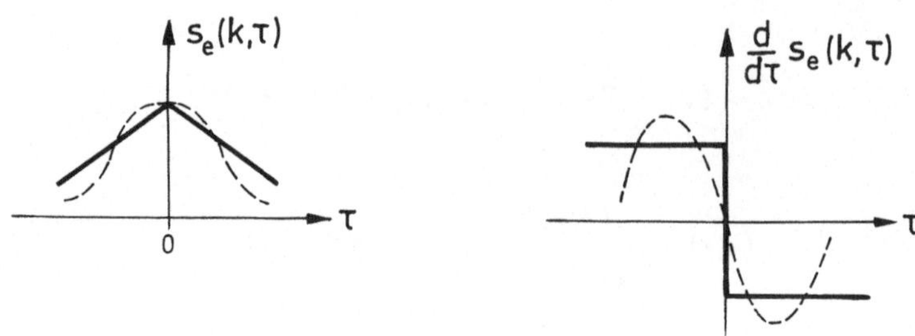

Bild 7.5 Erzeugung des Steuersignals für die Taktregelung

Bisher war angenommen worden, daß entweder nur die Trägerphase oder der Takt zu schätzen sind. Man kann beide Größen auch gemeinsam mit Hilfe der multiplen Parameterschätzung bestimmen [Pro 89]. In diesem Fall hängt die Likelihood–Funktion $\Lambda(\varphi_z,\tau)$ von den beiden Parametern ab. Die Schätzgleichungen für diese Parameter erhält man, indem man die partiellen Ableitungen der Likelihood–Funktion nach diesen Parametern zu null setzt.

7.3 Realisierung der Trägerphasenregelung

Im vorigen Abschnitt wurde die Trägerphasenregelung als Schätzproblem behandelt. Hier werden in der Praxis verwendete Realisierungen der Trägerphasenregelung diskutiert. Dabei soll wieder das entscheidungsrückgekoppelte Verfahren [Kam 80a] wegen seiner höheren Genauigkeit im Vordergrund stehen. Da dieses Verfahren aber nur bei relativ hohen Signal–zu–Rauschverhältnissen einsetzbar ist, werden auch Ansätze betrachtet, die ohne Kenntnis der Daten b(k) auskommen. Um die Bedeutung der Genauigkeit bei der Phasenregelung zu unterstreichen, soll die Wirkung eines Phasenfehlers aufgezeigt werden. Nimmt man an, daß ein allgemeines PAM–Signal mit komplexer Amplitude zu demodulieren ist, so gilt in der Schreibweise des 5. Kapitels für das ungestörte zu demodulierende Signal mit der Phase φ_z:

$$z(t) = s_1(t)\cdot\cos(\omega_c t+\varphi_z) + s_2(t)\cdot\sin(\omega_c t+\varphi_z) \quad . \tag{7.3.1}$$

Demoduliert man dies mit den beiden in Quadratur stehenden Ausgangssignalen des VCO mit der Phase φ_v

$$z_{v_1}(t) = \cos(\omega_c t + \varphi_v) \tag{7.3.2a}$$

$$z_{v_2}(t) = \sin(\omega_c t + \varphi_v) \quad , \tag{7.3.2b}$$

so erhält man für die beiden demodulierten Quadratursignale

$$s_{d_1}(t) = z(t) \cdot z_{v_1}(t)$$

$$= \frac{1}{2} s_1(t) \cdot \cos(\varphi_z - \varphi_v) + \frac{1}{2} s_2(t) \cdot \sin(\varphi_z - \varphi_v) +$$

$$+ \frac{1}{2} [s_1(t) \cdot \cos(2\omega_c t + \varphi_z + \varphi_v) + s_2(t) \cdot \sin(2\omega_c t + \varphi_z - \varphi_v)] \tag{7.3.3a}$$

$$s_{d_2}(t) = z(t) \cdot z_{v_2}(t)$$

$$= \frac{1}{2} s_2(t) \cdot \cos(\varphi_z - \varphi_v) + \frac{1}{2} s_1(t) \cdot \sin(\varphi_z - \varphi_v) +$$

$$+ \frac{1}{2} [s_1(t) \cdot \sin(2\omega_c t + \varphi_z + \varphi_v) + s_2(t) \cdot \cos(2\omega_c t + \varphi_z - \varphi_v)] \tag{7.3.3b}$$

nach trigonometrischer Umformung. Die Terme in den eckigen Klammern mit den Frequenzkomponenten bei $2\omega_c$ spielen keine Rolle, da sie im Matched Filter des Empfängers, einem Tiefpaß, unterdrückt werden. Die vom Phasenfehler $\varphi_z - \varphi_v \neq 0$ abhängigen Terme haben aber zwei Konsequenzen, nämlich

- *die Dämpfung der Nutzanteile* $s_i(t)$ *mit den Faktor* $\cos(\varphi_z - \varphi_v)$ *und*
- *Nebensprechen über die Komponente* $s_j(t) \cdot \sin(\varphi_z - \varphi_v)$, $j \neq i$,

die nur durch Reduktion des Phasenfehlers $\varphi_z - \varphi_v$ in ihrer Wirkung reduziert werden können. Da der Phasenfehler bei den entscheidungsrückgekoppelten Verfahren am geringsten ist [Lin 73], hat es die größte praktische Bedeutung.

7.3.1 Entscheidungsrückgekoppelte Trägerphasenregelung

Im Gegensatz zu dem Konzept der Trägerphasenregelung nach Bild 7.3, bei dem der Regelkreis das Matched Filter und bei Verzerrungen des Übertragungskanals auch den Entzerrer mit einschließt, bevorzugt man in der Praxis eine zweistufige Demodulation [Kam 80a]. Dabei wird das Empfangssignal zunächst mit dem Träger $2\omega_c$ demoduliert, dann gefiltert und gegebenenfalls entzerrt, und schließlich wird über die PLL–Schleife die Phase φ_z des Empfangssignals mit Hilfe von φ_v kompensiert, wie das Blockdiagramm in Bild 7.6 zeigt.

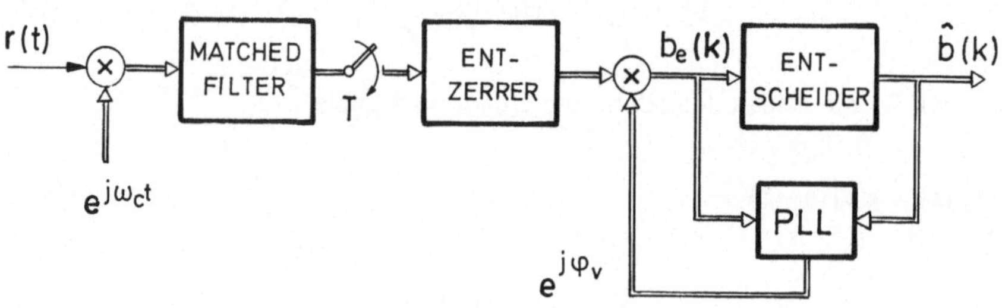

Bild 7.6 Demodulation mit entscheidungrückgekoppelter Phasenregelung

Der Vorteil dieser Anordnung ist, daß zum einen die Adaption des Entzerrers und die Trägerphasenregelung unabhängig voneinander erfolgen können und zum anderen die Laufzeiten, die von den Filtern verursacht werden und die Regelung träge machen, vermieden werden. Voraussetzung für diese Anordnung ist, daß der Entzerrer als komplexwertiges Bandpaßfilter realisiert wird [Lee 88].

Nach der ersten Demodulationsstufe steht das äquivalente Tiefpaßsignal nach (7.2.1) zur Verfügung. Sofern der Kanal lineare Verzerrungen aufweist, ist die Impulsform $h_S(t)$ nach den Überlegungen im 6. Kapitel durch die verzerrte Version g(t) zu ersetzen, die von der Kanalimpulsantwort $h_K(t)$ abhängt. Für das ungestörte äquivalente Tiefpaßsignal gilt dann:

$$s_d(t) = e^{-j\varphi_z(t)} \sum_{n=-\infty}^{\infty} b(n)\, g(t-nT) \quad . \tag{7.3.4}$$

Schließlich folgt nach Bild 7.6 und Bild 6.7 die Filterung im Matched Filter, die Abtastung und gegebenenfalls die Entzerrung, was auf das ungestörte zeitdiskrete Signal

$$s_c(k) = e^{-j\varphi_z(k)} \sum_{n=-\infty}^{\infty} b(n)\, f(k-n) \quad . \tag{7.3.5}$$

führt. Auf dieses Signal wird die Trägerphasenkorrektur angewandt, d.h. es wird mit dem von der Trägerregelung gelieferten Signal

$$s_{c_v}(k) = e^{j\varphi_v(k)} \tag{7.3.6}$$

multipliziert. Als Ergebnis erhält man:

$$b_e(k) = e^{-j(\varphi_v(k)-\varphi_z(k))} \sum_{n=-\infty}^{\infty} b(n)\cdot f(k-n) \quad . \tag{7.3.7}$$

Geht man davon aus, daß die Entzerrung fehlerfrei gelingt, so hängt $b_e(k)$ nur von b(k) ab, d.h. es gilt

$$f(k-n) = \delta_0(k-n) \quad , \tag{7.3.8}$$

wobei $\delta_0(k)$ die Impulsfolge [Kam 89] ist, und für (7.3.7) läßt sich

$$b_e(k) = e^{-j(\varphi_v(k)-\varphi_z(k))}\, b(k) \tag{7.3.9}$$

schreiben. Als Steuersignal p(k) für eine Phasenregelschleife benötigt man nach Bild 7.1 den Phasenfehler $\varphi_z(k)-\varphi_v(k)$. Durch Umformung von (7.3.9) erhält man

$$b_e(k)\cdot b^*(k) = e^{j(\varphi_v(k)-\varphi_z(k))}\cdot |b(k)|^2 \tag{7.3.10}$$

$$= |b(k)|^2\,[\cos(\varphi_v(k)-\varphi_z(k)) + j\cdot\sin(\varphi_v(k)-\varphi_z(k))]$$

bzw.

$$\varphi_v(k)-\varphi_z(k) = \arccos\left\{\frac{\mathrm{Re}\{b_e(k)\cdot b^*(k)\}}{|b(k)|^2}\right\}$$

$$= \arcsin\left\{\frac{\mathrm{Im}\{b_e(k)\cdot b^*(k)\}}{|b(k)|^2}\right\} \quad . \tag{7.3.11}$$

Linearisiert man diesen Ausdruck, so erhält man

$$\varphi_v(k)-\varphi_z(k) \approx \frac{\mathrm{Im}\{b_e(k)\cdot b^*(k)\}}{|b(k)|^2} = p'(k) \quad . \tag{7.3.12}$$

Aus Aufwandsgrunden läßt man noch die Division durch $|b(k)|^2$ weg, so daß schließlich

$$p(k) = \mathrm{Im}\{b_e(k)\, b^*(k)\} \tag{7.3.13}$$

gilt. Damit ist die Funktion des innerhalb des Trägerphasenregelkreises angeordneten Phasendetektors beschrieben. Die weiteren Elemente der PLL–Schaltung sind das Filter $H_L(z)$ und der VCO, wie man Bild 7.7 entnehmen kann.

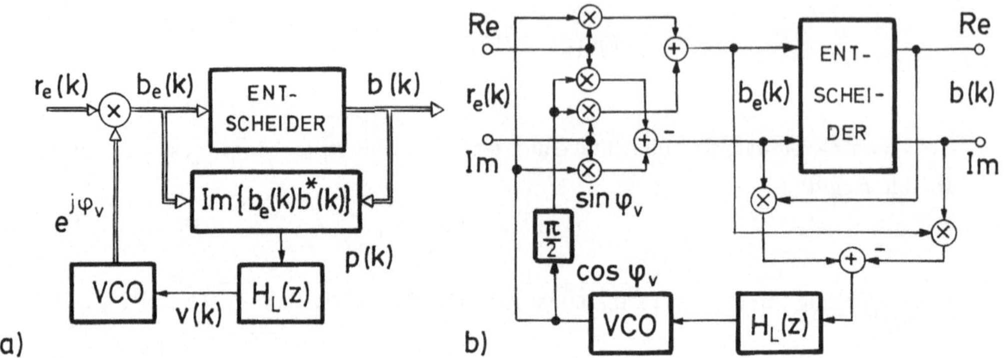

Bild 7.7 Trägerphasenregelkreis. a) komplexe, b) reelle Darstellung

Die komplexen Operationen umfassen zum einen die Multiplikation von $s_c(k)$ nach (7.3.5) mit $s_{c_v}(k)$ nach (7.3.6) und die Berechnung der Steuergröße nach (7.3.13). Für die zuerst genannte Operation gilt in ausführlicher Form

$$\begin{aligned} s_c(k)\cdot s_{c_v}(k) &= [\mathrm{Re}\{s_c(k)\} + j\cdot\mathrm{Im}\{s_c(k)\}]\cdot[\cos(\varphi_v(k) + j\cdot\sin(\varphi_v(k))] \\ &= \mathrm{Re}\{s_c(k)\}\cdot\cos(\varphi_v(k)) - \mathrm{Im}\{s_c(k)\}\cdot\sin(\varphi_v(k)) + \\ &\quad + j\cdot[\mathrm{Re}\{s_c(k)\}\cdot\sin(\varphi_v(k)) + \mathrm{Im}\{s_c(k)\}\cdot\cos(\varphi_v(k))] \end{aligned} \tag{7.3.14}$$

und für die zweite

$$\begin{aligned} p(k) &= \mathrm{Im}\{[\mathrm{Re}\{b_e(k)\} + j\cdot\mathrm{Im}\{b_e(k)\}]\cdot[\mathrm{Re}\{b(k)\} - j\cdot\mathrm{Im}\{b(k)\}] \\ &= \mathrm{Re}\{b(k)\}\cdot\mathrm{Im}\{b_e(k)\} - \mathrm{Im}\{b(k)\}\cdot\mathrm{Re}\{b_e(k)\} \quad , \end{aligned} \tag{7.3.15}$$

was auf die in Bild 7.7b gezeigte Darstellung führt.

Bei den bisherigen Überlegungen wurden stets nur die ungestörten Signale betrachtet, um die grundsätzliche Funktion der Trägerphasenregelung zu verdeutlichen. Die Analyse der Störeinflüsse ist recht aufwendig. Die Störungen beeinflussen die Genauigkeit der Regelung, ausgedrückt in der Varianz des Phasenfehlers, aber ganz wesentlich. Insbesondere wird die Dimensionierung des Schleifenfilters $H_L(z)$ der PLL–Schaltung davon beeinflußt, was an anderer Stelle [Kam 80a] genauer diskutiert wird.

7.3.2 Trägerphasenregelung ohne Kenntnis der Sendedaten

Bei starken Störungen auf dem Übertragungskanal kann man keine entscheidungsrückgekoppelten Verfahren zur Trägerphasenregelung einsetzen. Bei den PAM–Verfahren, bei denen die Sendesignalvektoren durch Winkel der Form $2\pi/M$ charakterisiert sind, z.B. bei PSK und ASK/PSK, läßt sich die Trägerphase auch ohne Kenntnis der Sendedaten b(k) und ohne Kenntnis der Dichte $f_b(b)$ dieser Daten, wie bei der Maximum–Likelihood–Schätzung der Trägerphase angedeutet wurde, ermitteln [Lee 88]. Eine zweistufige Demodulation ist in diesem Fall nicht von Vorteil, da die Regelungsschleife nicht über das Matched Filter und den Entzerrer geschlossen wird.

Für das empfangene Signal in komplexer Bandpaßdarstellung ohne Kanalverzerrungen gilt:

$$z(t) = e^{-j(\omega_c t+\varphi_z)} \sum_{n=-\infty}^{\infty} b(n)\, h_S(t-nT)$$

$$= e^{-j(\omega_c t+\varphi_z)} \sum_{n=-\infty}^{\infty} |b(n)|\, e^{j\varphi_b(n)}\, h_S(t-nT) \quad , \tag{7.3.16}$$

wobei die Phase des komplexen Datums b(n) bei PSK und ASK/PSK durch

$$\varphi_b(n) = \frac{2\pi}{M} \cdot i(n) \quad , \quad 0 \leq i(n) < M \tag{7.3.17}$$

gegeben ist. Der Sendeimpuls $h_S(t-nT)$ liefert, sofern er im Sinne eines idealen Impulssystems entworfen wurde, nur für $t = nT$ einen nicht verschwindenden Abtastwert. Sofern Verzerrungen des Kanals vorliegen, so daß Impulsnebensprechen entsteht, werden auch Abtastwerte für $t \neq nT$ einen nicht verschwindenden Beitrag liefern. Potenziert man (7.3.16) mit M, so gilt bei fehlendem Impulsnebensprechen mit $h_S(0) = 1$ für $t = kT$

$$z^M(k) = e^{-jM(\omega_c kT+\varphi_z)}\, |b(k)|^M\, e^{jM\cdot 2\pi \cdot i(k)/M}$$

$$= e^{-jM(\omega_c kT+\varphi_z)}\, |b(k)|^M \quad . \tag{7.3.18}$$

Bei PSK wird das Ergebnis mit $|b(k)| = \text{const}$ völlig unabhängig von den Daten b(k), bei ASK/PSK schwankt die Amplitude um den Mittelwert der in den Daten b(k) enthaltenen Signalenergie, so daß (7.3.18) eine starke, gegebenfalls amplitudenmodulierte Spektrallinie bei $M\cdot\omega_c$ darstellt. Diese Spektrallinie läßt sich nach Bild 7.8 mit Hilfe eines Bandpasses mit der Mittenfrequenz bei $M\cdot\omega_c$ und einer PLL–Schaltung extrahieren und nach Teilung durch M für die Synchrondemodulation verwenden.

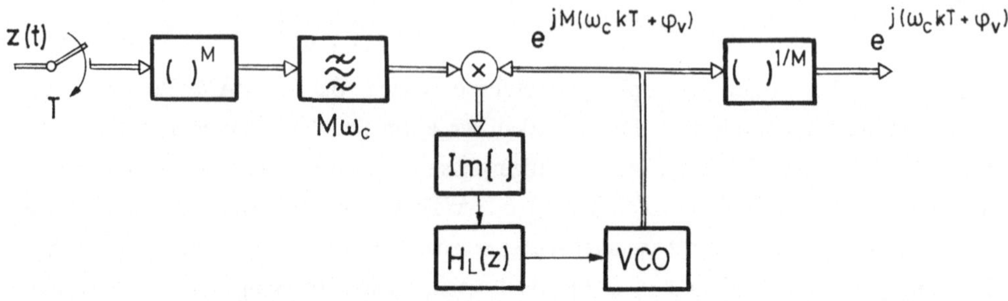

Bild 7.8 Trägerextraktion bei PSK und ASK/PSK

Die Bandbreite des Schleifenfilters $H_L(z)$ muß so an die des Bandpasses angepaßt werden, daß der Fangbereich der PLL–Schaltung innerhalb der Variationsbreite des empfangenen Trägers, d.h. der Bandbreite des Bandpasses, liegt. Wegen der Radizierung mit M ist die Phase des nach Bild 7.8 gewonnenen Trägers zur Demodulation mehrdeutig in $2\pi/M$. Es ist deshalb erforderlich, Differenz–Codierung z.B. in Form von Phasendifferenzumtastung bzw. DPSK vorzunehmen.

Bei den bisherigen Betrachtungen wurden zwei idealisierende Annahmen getroffen: Verzerrungsfreiheit des Kanals und damit fehlendes Impulsnebensprechen sowie Störfreiheit. Gelten diese Voraussetzungen nicht mehr, so wird die Amplitude der durch Potenzierung mit M gewonnenen Spektralkomponente bei $M \cdot \omega_c$ stärker schwanken. Bei den Störungen ist das sofort einzusehen. Beim Impulsnebensprechen gilt die Unabhängigkeit des mit M potenzierten Signals nach (7.3.16) für jedes Datum b(k), also auch für die Daten b(n), $n \neq k$, die wegen des Impulsnebensprechens Einfluß auf den Abtastwert der M–ten Potenz von z(t) bei $t = kT$ nehmen. Die Folge ist demnach, daß die Amplitude der Spektrallinie bei $M \cdot \omega_c$ im Abhängigkeit vom Impulsnebensprechen mehr oder weniger stark schwankt. Da bei PSK die Beträge $|b(k)|$ alle gleich groß sind, entfällt hier wieder die bei ASK/PSK durch das Impulsnebensprechen hervorgerufene zusätzliche Amplitudenmodulation.

Neben dem hier beschriebenen Verfahren zur Trägerphasenregelung ohne Kenntnis der Daten b(k) gibt es noch andere, z.B. das auf der *Costas–Loop* [Lin 73] basierende Verfahren. Es soll hier nicht näher beschrieben werden, da es wie das in diesem Abschnitt beschriebene Verfahren dem entscheidungsrückgekoppelten Verfahren im Bezug auf die Genauigkeit der Phasenregelung unterlegen ist. Der Grund ist darin zu sehen, daß die Bandbreite bei den Verfahren ohne Kenntnis der Daten b(k) größer sein muß, so daß mehr Störungen in den Regelkreis gelangen. Beispielsweise muß die Bandbreite des Schleifenfilters $H_L(z)$ bei dem in diesem Abschnitt vorgestellten Verfahren wegen der

Potenzierung mit M um den Faktor M größer sein als bei dem entscheidungsrückgekoppelten Verfahren, damit die Schwankungsbreite der Trägerphase des empfangenen Signals im Fangbereich der PLL–Schaltung bleibt.

7.4 Realisierung der Taktregelung

An anderer Stelle wurde bereits erwähnt, daß man einen Pilotton übertragen könnte, um im Empfänger daraus den Takt abzuleiten. Um Leistung und Bandbreite zu sparen, verzichtet man jedoch darauf und extrahiert den Takt aus dem empfangenen Signal.

Damit man aus dem Empfangssignal den Takt überhaupt zurückgewinnen kann, muß er im diesem Signal enthalten sein, d.h. das Sendesignal darf keine reine Gleichspannung sein. Bei konstanten Folgen von Sendedaten mit 0 oder 1 tritt dieser Fall z.B. bei dem im 4. Kapitel vorgestellten Doppelstromimpuls–Code ein, wenn nicht besondere Maßnahmen ergriffen werden. Abhilfe schaffen Verfahren wie $CHDB_n$ oder Coded–Diphase, was jedoch Fehlerfortpflanzung bzw. Bandbreitenerweiterung zur Folge haben kann.

Eine ganz andere Möglichkeit stellt der Verwürfler dar, bei dem die Binärdaten auf der Sendeseite verwürfelt und auf der Empfangseite entsprechend entwürfelt werden. In Bild 4.17 wurden die beiden dualen Systeme dargestellt, die bei der Datenübertragung durch internationale Empfehlungen, z.B. die CCITT–Empfehlung V.27, festgelegt sind. Derartige Verwürfler können auch für kryptographische Zwecke verwendet werden.

Die eigentliche Taktregelung erfolgt in zwei Stufen: in einer Initialisierungsphase, nach Einschalten des Modems, wird eine bekannte Binärfolge, die Präambel gesendet, die zur groben Synchronisation des Empfängers durch Korrelationsmessung verwendet wird. Dabei wird auch der Kanalentzerrer, der im 6. Kapitel beschrieben wurde, eingestellt. Wenn in der zweiten Stufe die eigentlichen Daten übertragen werden, erfolgt die Feinregelung z.B. durch eines der nachfolgend beschriebenen Verfahren.

Bei der Trägersynchronisation wurde vorausgesetzt, daß der Takt bekannt ist; hier soll angenommen werden, daß der Träger für die Demodulation nach Frequenz und Phase bekannt ist und daß der Entzerrer eingestellt ist. Da sowohl die Trägersynchronisation wie die Entzerreradaption i.a. auf die Kenntnis des Taktes angewiesen ist, wird beim Aufbau einer Datenübertragungsverbindung zunächst der Takt geregelt, dann der Träger, und zum Schluß wird der Entzerrer eingestellt [Lee 88].

Die strenge analytische Beschreibung der Taktregelung ist wie bei der Trägersynchronisation recht aufwendig, besonders dann, wenn auch die Störeinflusse mit berücksichtigt werden sollen, wie dies im Abschnitt über die Schätzung der Taktverschiebung zwischen Sender und Empfänger geschah. Deshalb sind viele Verfahren zur Taktregelung zunächst heuristisch gewonnen und später durch Simulation oder praktischen Einsatz empirisch verifiziert worden.

Die Bedeutung einer genauen Taktregelung kann man am Augendiagramm, das z.B. in Bild 3.6 dargestellt wurde, veranschaulichen. Erfolgt die Abtastung und damit auch die Entscheidung nicht genau zu den Taktzeiten t = kT, sondern zu den um τ verschobenen Zeiten t = kT+τ, so

- *steht nicht mehr die maximal mögliche Signalamplitude zur Verfügung, was zu einer Verschlechterung des Signal–zu–Rauschverhältnisses und damit auf eine Erhöhung der Fehlerwahrscheinlichkeit führt,*
- *erhöht sich das Impulsnebensprechen, da bei einem idealen Impulssystem nur zu den Abtastzeitpunkten* t = kT *der Amplitudenanteil der benachbarten Zeichen verschwindet.*

Die hier genannten störenden Einflüsse sind umso geringer, je weiter die Augenöffnung ist. Die Augenöffnung vergrößert sich mit Zunahme des Roll–off–Faktors bei Roll–off–Impulsen, mit der sich aber auch der Bandbreitebedarf gegenüber der minimalen Bandbreite von 1/T erhöht. Ein weit geöffnetes Auge ohne zusätzlichen Bandbreitebedarf erzielt man durch Verwendung von Partial–Response–Impulsen.

Die Taktabweichung τ zwischen Sende– und Empfangstakt ist wegen

- *der Störungen auf dem Übertragungskanal und*
- *der Signalstatistik, die von dem Prozeß der Sendedaten b*(k) *abhängt,*

nicht konstant, sondern zeitabhängig, so daß man für einen Repräsentanten dieser Zufallsvariablen $\tau = \tau(k)$ schreiben kann. Man spricht in diesem Fall vom *Jitter* des Taktes, der die oben genannten nachteiligen Folgen in Bezug auf die Fehlerwahrscheinlichkeit und das Impulsnebensprechen hat. Diese Folgen sind besonders dann gravierend, wenn wegen der Länge der Übertragungsstrecke mehrere Regeneratoren erforderlich sind. In jedem Regenerator wird das analog übertragene Signal erneut abgetastet, so daß sich die dabei ergebenden Jitteranteile akkumulieren. Da die Abtastung auf Grund des Jitters nicht äquidistant erfolgt, ist er auch die Ursache von Verzerrungen digital übertragener analoger Signale.

Taktregelungssysteme werden heute vornehmlich digital mit Hilfe von PLL–Schaltungen realisiert. Unter dem Gesichtspunkt der Einflüsse, die durch die Taktabweichung τ und den Jitter hervorgerufen werden, ist die Abtastrate dieser Schaltungen sehr viel höher als die Taktfrequenz 1/T zu wählen, da der Restfehler bei der Ausregelung nicht kleiner als die Abtastzeit werden kann. Um schließlich einem konstanten Versatz, den man auch als Bias bezeichnet, bei der Akkumulation des Jitters entgegenzuwirken, muß die Abtastrate ein ganzzahlig Vielfaches der Taktfrequenz von 1/T sein [Kam 80b].

Wie bei der Trägerregelung unterscheidet man bei der Taktregelung entscheidungsrückgekoppelte Verfahren, die die Kenntnis der Daten b(k) voraussetzen und i.a. auf einen kleineren Taktfehler führen, und Verfahren, die ohne Kenntnis der Daten b(k) auskommen. Beide Arten der Taktregelung sollen hier diskutiert werden.

7.4.1 Entscheidungsrückgekoppelte Taktregelung

Das Blockdiagramm für ein System zur entscheidungsrückgekoppelten Taktregelung zeigt Bild 7.9, das große Ähnlichkeit mit dem System zur Trägerregelung nach Bild 7.6 besitzt.

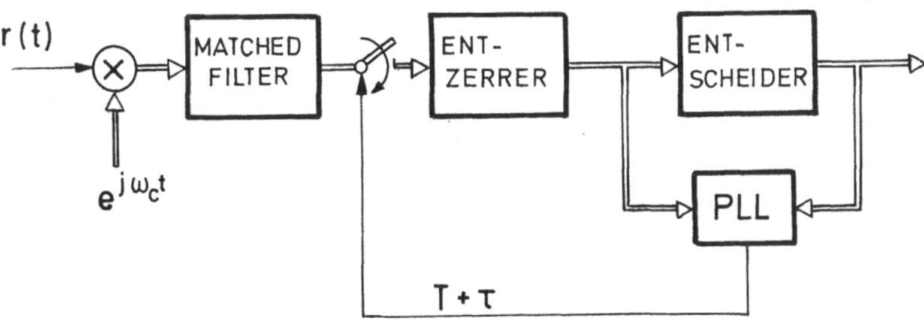

Bild 7.9 Blockdiagramm eines Systems zur entscheidungsrückgekoppelten Taktregelung

Ähnlich wie bei der Adaption des Entzerrers besteht die Grundidee dieser Regelung darin, die mittlere quadratische Abweichung zwischen den Werten $b_e(k,\tau)$ am Eingang des Entscheiders, die eine Funktion der Taktabweichung $\tau = \tau(k)$ sind, und den Daten b(k) an dessen Ausgang, die hier als fehlerfrei vorausgesetzt werden, als Funktion von τ zum Minimum zu machen:

$$E\{|b_e(k,\tau) - b(k)|^2\} \overset{!}{=} \underset{\tau}{\mathrm{Min}} \quad . \tag{7.4.1}$$

Zur Berechnung des Minimums ist die Ableitung nach τ zu bilden. Vernachlässigt man zunächst die Mittelung, so gilt für die Ableitung des Betragsquadrats

$$\frac{\partial}{\partial\tau}[|b_e(k,\tau) - b(k)|^2] = \frac{\partial}{\partial\tau}[(b_e(k,\tau) - b(k))\cdot(b_e(k,\tau) - b(k))^*]$$

$$= \frac{\partial}{\partial\tau}[b_e(k,\tau) - b(k)]\cdot(b_e(k,\tau) - b(k))^* + \frac{\partial}{\partial\tau}[(b_e(k,\tau) - b(k))^*]\cdot(b_e(k,\tau) - b(k))$$

$$= 2\,\mathrm{Re}\{\frac{\partial}{\partial\tau}[b_e(k,\tau) - b(k)]\cdot(b_e(k,\tau) - b(k))^*\}$$

$$= 2\mathrm{Re}\{ \frac{\partial b_e(k,\tau)}{\partial \tau} \cdot (b_e(k,\tau) - b(k))^* \} \quad . \qquad (7.4.2)$$

Die Taktabweichung $\tau = \tau(k)$ läßt sich mit dem im 5. Kapitel diskutierten LMS–Algorithmus berechnen [Lee 88]. Diesem entspricht folgende Rekursionsgleichung für $\tau(k+1)$ als Funktion von $\tau(k)$ und der Steuerfunktion $p(k)$:

$$\tau(k+1) = \tau(k) - \mu \cdot p(k)$$

$$= \tau(k) - \mu \cdot \mathrm{Re}\{ \frac{\partial b_e(k,\tau)}{\partial \tau} \cdot (b_e(k,\tau) - b(k))^* \} \quad . \qquad (7.4.3)$$

Geht man davon aus, daß dieser Algorithmus in digitaler Form implementiert werden soll, so stellt sich die Frage, wie die Ableitung $\partial b_e(k,\tau)/\partial\tau$ digital ausgeführt werden kann. Für die Ableitung läßt sich

$$\frac{\partial b_e(k,\tau)}{\partial \tau} = \frac{\partial b_e(t)}{\partial t}\bigg|_{t=kT+\tau} \qquad (7.4.4)$$

schreiben [Lee 88], d.h. man bildet aus den zu den Zeiten $t = kT+\tau$ verfügbaren Abtastwerten $b_e(k,\tau)$ zunächst das äquivalente zeitkontinuierliche Signal durch Interpolation mit sin(x)/x–Impulsen, was auf

$$b_e(t) = \sum_{n=-\infty}^{\infty} b_e(n,\tau) \frac{\sin(\pi(t-nT-\tau)/T)}{\pi(t-nT-\tau)/T} \qquad (7.4.5)$$

führt, differenziert dies gemäß (7.4.4) nach t und setzt $t = kT+\tau$ ein:

$$\frac{\partial b_e(k,\tau)}{\partial \tau} = \sum_{n=-\infty}^{\infty} b_e(n,\tau) \cdot$$

$$\cdot \frac{\cos(\pi(t-nT-\tau)/T)\cdot \pi/T \cdot \pi(t-nT-\tau)/T - \sin(\pi(t-nT-\tau)/T)\cdot \pi/T}{\pi^2 (t-nT-\tau)^2/T^2}\bigg|_{t=kT+\tau}$$

$$= \sum_{\substack{n=-\infty \\ n\neq k}}^{\infty} b_e(n,\tau) \frac{\cos(\pi(k-n))\cdot \pi(k-n) - \sin(\pi(k-n))}{\pi(k-n)^2 \cdot T}$$

$$= \sum_{\substack{n=-\infty \\ n\neq k}}^{\infty} b_e(n,\tau) \frac{\cos(\pi(k-n))}{(k-n)T} = \sum_{\substack{n=-\infty \\ n\neq k}}^{\infty} b_e(n,\tau) \left[\frac{(-1)^{k-n}}{(k-n)T} \right] \quad . \qquad (7.4.6)$$

Der Summand für n = k wird ausgeblendet, weil der Grenzwert dieser Terms für n → k verschwindet. Die Summanden in (7.4.6) nehmen linear mit n ab, so daß man die Summe durch Abbruch approximieren kann. Eine sehr einfache Approximation erhält man, wenn man nur die Glieder für n = k–1 und n = k+1 berücksichtigt, so daß

$$\frac{\partial b_e(k,\tau)}{\partial\tau} = \frac{b_e(k+1,\tau) - b_e(k-1,\tau)}{T} \tag{7.4.7}$$

gilt. Setzt man dies in (7.4.3) ein, so folgt für den Mittelwert der Steuerfunktion

$$\begin{aligned} E\{p(k)\} &= \frac{1}{T}\,\mathrm{Re}\Big\{E\{[b_e(k+1,\tau) - b_e(k-1,\tau)]\cdot(b_e(k,\tau) - b(k))^*\}\Big\} \\ &= \frac{1}{T}\,\mathrm{Re}\Big\{E\{b_e(k+1,\tau)\cdot b_e^*(k,\tau)\} - E\{b_e(k-1,\tau)\cdot b_e^*(k,\tau)\} \\ &\qquad - E\{b_e(k+1,i)\cdot b^*(k)\} + E\{b_e(k-1,\tau)\cdot b^*(k)\}\Big\} \\ &= \frac{1}{T}\,\mathrm{Re}\Big\{E\{b_e(k-1,\tau)\cdot b^*(k)\} - E\{b_e(k+1,\tau)\cdot b^*(k)\}\Big\} \quad , \end{aligned} \tag{7.4.8}$$

weil bei langsamer Änderung der Taktabweichung τ diese über zwei Taktschritte praktisch konstant ist, so daß zwei Terme, die symmetrische Abtastwerte der Autokorrelationsfunktion von $b_e(k,\tau)$ darstellen, sich gegenseitig kompensieren. Beachtet man weiter, daß mit der Nomenklatur im 6. Kapitel

$$b_e(k,\tau) = \sum_{n=-\infty}^{\infty} b(n)\, f((k-n)T+\tau) + n_c(k) \tag{7.4.9}$$

gilt und setzt voraus, daß die Daten b(k) Repräsentanten eines weißen mittelwertfreien Prozesses mit der Varianz σ_b^2 sind, der unkorreliert mit dem Störprozeß $n_c(k)$ ist, so erhält man für den Mittelwert der Steuerfunktion:

$$\begin{aligned} E\{p(k)\} &= \frac{1}{T}\,\mathrm{Re}\Big\{\sum_{n=-\infty}^{\infty} E\{b(n)\cdot b^*(k)\}\, f((k-1-n)T+\tau) + E\{n_c(k-1)\cdot b^*(k)\} \\ &\qquad - \sum_{n=-\infty}^{\infty} E\{b(n)\cdot b^*(k)\}\, f((k+1-n)T+\tau) + E\{n_c(k+1)\cdot b^*(k)\}\Big\} \\ &= \frac{1}{T}\,\mathrm{Re}\{E\{|b(k)|^2\}\cdot[f(-T+\tau) - f(T+\tau)]\} \end{aligned}$$

$$= \sigma_b^2 \, [f(-T+\tau) - f(T+\tau)]/T \quad . \tag{7.4.10}$$

Ersetzt man in (7.4.3) p(k) durch dessen Mittelwert, so folgt schließlich

$$\tau(k+1) = \tau(k) - \mu' \cdot [f(-T+\tau) - f(T+\tau)] \tag{7.4.11}$$

mit

$$\mu' = \mu \cdot \sigma_b^2/T \quad . \tag{7.4.12}$$

Die Adaptionskonstante μ' ist so zu wählen, daß die Rekursionsgleichung stabil wird. Da die zu minimierende Funktion nach (7.4.1) i.a. nicht quadratisch von der Taktabweichung τ abhängt, ist das Konvergenzverhalten der Rekursionsgleichung (7.4.11) kritisch zu beurteilen, d.h. man wird eher einen betragsmäßig kleinen Wert für μ' wählen.

Verwendet man mehrere Glieder der Summe (7.4.6) zur Berechnung des Steuersignals, so erhält man andere Steuerfunktionen, die den Vorteil einer höheren Genauigkeit, aber auch den Nachteil einer größeren Zeitverzögerung und damit Trägheit der Regelung zur Folge haben.

Ein Blockdiagramm für das hier geschilderte Verfahren zeigt Bild 7.10. Dabei wird vorausgesetzt, daß die Bandbreite des Sendeimpulses 1/T beträgt. Bei Roll–off–Impulsen mit Roll–off–Faktoren $\rho \neq 0$ trifft dies nicht zu. Hier muß man eine dem Abtasttheorem entsprechende Abtastfrequenz am Eingang des Empfängers wählen, während man vor dem Entscheider einen Abtaster wie in Bild 7.10 mit der Abtastfrequenz 1/T verwendet, die der Taktfrequenz entspricht.

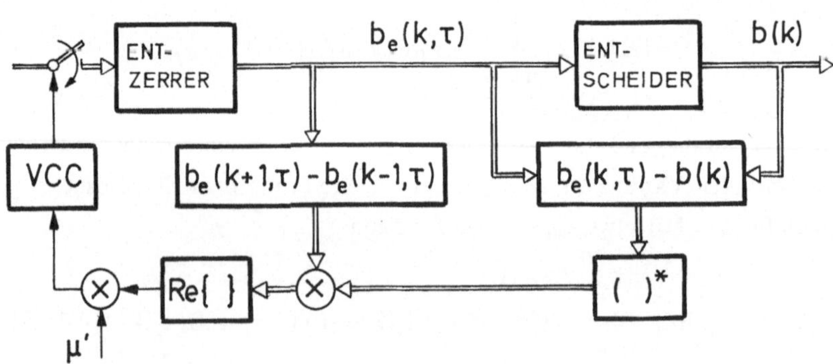

Bild 7.10 Taktregelung mit einem Phasenregelkreis

Der Vergleich mit Bild 7.4, in dem ein Blockdiagramm für die Taktregelung durch Maximum–Likelihood–Schätzung der Taktabweichung τ dargestellt ist, zeigt große

Ähnlichkeiten mit dem hier vorgestellten Verfahren beim Aufbau des Regelkreises und bei der Differentiation.

Aus (7.4.11) folgt, daß die Impulsform f(k) entscheidende Bedeutung für die Taktregelung hat. Dies stimmt mit der an anderer Stelle gemachten Aussage überein, daß das Augendiagramm, das von dieser Impulsform beeinflußt wird, einen wesentlichen Einfluß auf die Anforderungen an die Taktregelung hat. Linearisiert man nämlich den Impuls f(t) des äquivalenten Basisbandkanals für kleine Taktabweichungen τ im Bereich der Nulldurchgänge vor bzw. nach dem Hauptmaximum von f(t) bei t = –T und t = +T

$$f(\pm T+\tau) \approx f'(\pm T)\cdot\tau = \left.\frac{df(t)}{dt}\right|_{t=\pm T}\cdot\tau \quad , \tag{7.4.13}$$

so kann man für den Mittelwert der Steuergröße p(k) nach (7.4.10) schreiben:

$$E\{p(k)\} \approx \frac{\sigma_b^2}{T}\left[f'(-T)-f'(T)\right]\cdot\tau \quad . \tag{7.4.14}$$

Je größer der Wert der Ableitung von f(t) bei t = ±T ist, desto stärker wird die Einwirkung auf den Taktregelkreis bei einer Abweichung $\tau \neq 0$ sein. Man erreicht dies z.B. bei Roll–off–Impulsen dadurch, daß man den Roll–off–Faktor ρ möglichst groß wählt.

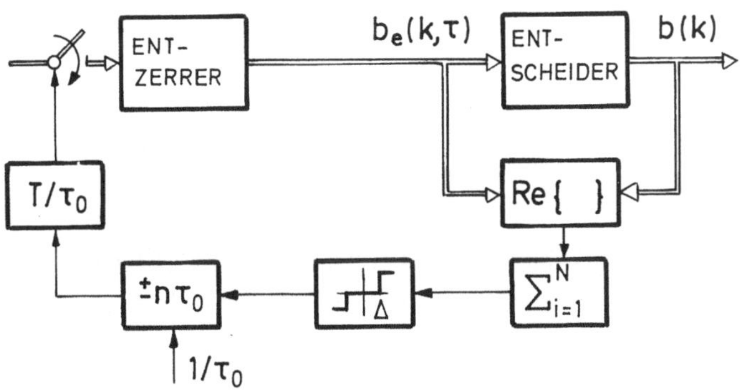

Bild 7.11 Beispiel für die digitale Realisierung der Taktregelung

Eine praktische Realisierung des digitalen Taktregelkreises zeigt Bild 7.11 [Kam 80b]. Zunächst wird der Realteil $\mathrm{Re}\{b_e(k-1,\tau)\cdot b^*(k) - b_e(k+1,\tau)\cdot b^*(k)\}$ in (7.4.8) gebildet, der näherungsweise die Kreuzkorrelierte der empfangenen gestörten Daten mit den ungestörten Daten über die Taktdauer T darstellt. Die Erwartungswertbildung wird durch eine Summation über N Takte approximiert. Je nachdem, ob dieser Mittelwert eine Schwelle Δ über– oder unterschreitet, werden $n\cdot\tau_0$ hochfrequente Subtakte in den Grundtakt T aus– oder eingeblendet, wobei $\tau_0 \ll T$ gilt. Nach einer Teilung mit dem Verhältnis T/τ_0 wird der auf diese Weise um die Taktabweichung τ korrigierte Takt zur Abtastung verwendet.

Man muß bei digitaler Realisierung des Empfängers noch beachten, daß das Eingangssignal zur Einhaltung des Abtasttheorems mit der Nyquistfrequenz abzutasten ist. Diese sollte zur einfacheren Realisierung als ganzzahlig Vielfaches der Taktfrequenz gewählt werden, so daß sie aus dem Taktregelkreis abgeleitet werden kann. Nach der Demodulation mit der Frequenz ω_c erfolgt dann die Abtastung mit der nachgeregelten Taktfrequenz $1/T$ selbst bzw. bei Verwendung eines Entzerrers mit reduziertem Takt nach Abschnitt 6.4 mit maximal der doppelten Taktfrequenz $2/T$.

Will man die in Bild 7.11 gezeigte Taktregelung beurteilen, muß man auch die Störeinflüsse des Kanals – Rauschen und im Entzerrer nicht kompensierte Verzerrungen – berücksichtigen. Da hier ein Schätzsystem für die Taktabweichung τ approximiert wird, gelten die Beurteilungskriterien der Parameterschätzung nach Abschnitt 7.2. Eine Analyse des Regelkreises ist u.a. wegen der Nichtlinearität sehr schwierig. Für die statische Taktablage, d.h. den Grenzwert des Mittelwerts der ausgeregelten Taktabweichung bei Erregung des Regelkreises mit einer zeitlich linear ansteigenden Taktabweichung

$$\tau(k) = \tau_c \cdot k \quad , \quad k > 0 \tag{7.4.15}$$

wird der Näherungswert [Kam 80a]

$$E\{\hat{\tau}\} - \tau \approx \sqrt{\frac{\pi}{2}}\, \frac{\tau_c}{(f'(-\tau) - f'(T))\cdot n\cdot\tau_0\cdot\sqrt{N}}\, \frac{\sigma_n}{\sigma_b}\cdot \exp\left[\frac{\Delta^2\cdot N}{8\sigma_b^2\cdot\sigma_n^2}\right] \tag{7.4.16}$$

angegeben. Dabei bezeichnet σ_n^2 die Varianz des als mittelwertfrei und weiß vorausgesetzten Störprozesses und σ_b^2 entsprechend die Varianz des Datenprozesses $b(k)$. Für die Varianz erhält man [Kam 80b]

$$\sigma_{\hat{\tau}}^2 = \sqrt{\pi}\,\frac{2}{h_S'(-T) - h_S'(T)}\cdot\frac{n\tau_0}{\sqrt{N}}\,\frac{\sigma_n}{\sigma_b}\cdot\exp\left[\frac{\Delta^2}{8\sigma_b^2\cdot\sigma_n^2}\right]\cdot Q\left[\frac{\Delta\cdot\sqrt{N}}{8\sigma_b^2\cdot\sigma_n^2}\right] \tag{7.4.17}$$

als zweites Kriterium. Man erkennt, daß erwartungsgemäß die Abweichung zwischen mittlerem Schätzwert und der Taktablage τ sowie die Varianz des Schätzwerts mit zunehmendem Signal–zu– Rauschverhältnis σ_b^2/σ_n^2 sinken. Demgegenüber ändern sich die Abweichung zwischen mittlerem Schätzwert und der Taktablage sowie die Varianz des Schätzwerts in entgegengesetzter Weise in Abhängigkeit von der Schwelle Δ und der

Mittelungszeit N. Dies bedeutet, daß die Varianz mit Zunahme der Schwelle Δ und der Mittelungsdauer N sinkt, weil in diesen Fällen größere Abweichungen mit stärkerem Gewicht ausgeregelt werden. Andererseits wirkt die Regelung träger, so daß kleinere Abweichungen nicht ausgeregelt werden und zu einer größeren Ablage, d.h. Abweichung zwischen mittlerem Schätzwert und der Taktabweichung führen.

7.4.2 Taktregelung ohne Kenntnis der Sendedaten

Eine Möglichkeit, ohne Kenntnis der Sendedaten den Takt aus dem Empfangssignal zu extrahieren, wurde in Abschnitt 7.2 diskutiert: bei der Parameterschätzung verwendet man lediglich die Dichtefunktion der Sendedaten und nicht diese selbst, um unabhängig von diesen zu werden. Der Nachteil dieses Ansatzes ist, daß man Annahmen über die Dichte der Sendedaten treffen muß.

Ein ganz anderer Ansatz wird hier verfolgt. Das gestörte Empfangssignal läßt sich nach den Überlegungen im 5. Kapitel als äquivalentes Tiefpaßsignal in der Form

$$r_d(t) = \sum_{k=-\infty}^{\infty} b(k)\, g(t-kT) + n_d(t) \tag{7.4.18}$$

angeben, so daß es grundsätzlich den Takt T enthalten muß, sofern b(k) ein weißer Prozeß ist, was man durch Verwendung eines Verwürflers näherungsweise realisieren kann. Man bezeichnet $r_d(t)$ als *zyklostationären* Prozeß [Fra 69], da seine Momente periodisch im Takt T sind. Um sich dies nutzbar bei der Taktregelung zu machen, ist der Takt aus einem geeigneten Moment des Prozesses zu extrahieren.

Die einfachste Methode besteht darin, den Mittelwert von $r_d(t)$ nach (7.4.18) zu verwenden. Nach Umformung gilt:

$$\begin{aligned} r_d(t) = {} & E\{b(k)\} \sum_{k=-\infty}^{\infty} g(t-kT) + \\ & + \sum_{k=-\infty}^{\infty} [b(k) - E\{b(k)\}]\, g(t-kT) + n_d(t) \quad . \end{aligned} \tag{7.4.19}$$

Weil der erste Summand unabhängig von den Daten b(k) ist, kann man ihn zur Extraktion des Taktes verwenden, sofern u.a. der Mittelwert $E\{b(k)\}$ nicht verschwindet. Durch Filterung mit einem Bandpaß mit der Mittenfrequenz 1/T läßt sich der Takt aus dem Empfangssignal gewinnen. Die übrigen Terme stellen den Jitter dar, zu dessen Reduktion die Bandbreite des Bandpasses möglichst klein zu wählen ist. Damit dieses Verfahren verwendet werden kann, muß der Impuls g(t) eine Bandbreite besitzen, die mindestens doppelt so groß wie die Taktfrequenz 1/T ist [Lee 88]. Da bei bipolaren Datensignalen die Forderung $E\{b(k)\} \neq 0$ schon nicht erfüllt ist, hat dieses Taktrückgewinnungsverfahren nur geringe Bedeutung.

Bessere Ergebnisse erzielt man, wenn man vor der Bandpaßfilterung das Signal $r_d(t)$ nichtlinear verzerrt, z.B. durch Bildung des Betrags, des Betragsquadrats oder der vierten Potenz des Betrags usw. Zunächst sei der Fall des Betragsquadrats mit n = 2 betrachtet. Nimmt man wieder an, daß $b(k)$ ein weißer, mittelwertfreier Prozeß mit der Varianz σ_b^2 ist, der unabhängig vom ebenfalls weißen, mittelwertfreien Störprozeß $n_d(t)$ mit der Varianz σ_n^2 ist, so gilt für den Erwartungswert des Betragsquadrats von (7.4.18)

$$E\{|r_d(t)|^2\} = \sigma_b^2 \sum_{k=-\infty}^{\infty} |g(t-kT)|^2 + \sigma_n^2 \ . \tag{7.4.20}$$

Für die Summe in (7.4.20) kann man

$$\sum_{k=-\infty}^{\infty} |g(t-kT)|^2 = \frac{1}{T} \sum_{i=-\infty}^{\infty} \frac{1}{2\pi} \int_{-\infty}^{\infty} G(j\omega) G^*(j(\omega - \tfrac{2\pi i}{T}))\, d\omega\, e^{j2\pi i t/T} \tag{7.4.21}$$

schreiben [Lee 88]. Sofern $G(j\omega)$ wie z.B. bei Roll–off–Impulsen eine Bandbreite besitzt, die kleiner als $2 \cdot 2\pi/T$ ist, gilt für den Erwartungswert in (7.4.20)

$$E\{|r_d(t)|^2\} = \frac{\sigma_b^2}{2\pi T} \Big[\int_{-\infty}^{\infty} |G(j\omega)|^2\, d\omega + $$

$$+ 2 \cdot \mathrm{Re}\Big\{ \int_{-\infty}^{\infty} G(j\omega) \cdot G^*(j(\omega - 2\pi/T))\, d\omega\, e^{j2\pi t/T} \Big\} \Big] + \sigma_n^2 \ . \tag{7.4.22}$$

Sofern $G(j\omega)$ eine Bandbreite besitzt, die größer als 1/T ist, erhält man bei 1/T eine nicht verschwindende Spektralkomponente, die man zur Taktrückgewinnung verwenden kann. Durch das Quadrieren wird die Bandbreite von $r_d(t)$ und damit auch von den Störungen $n_d(t)$ vergrößert. Andererseits benötigt man zur Taktrückgewinnung das Spektrum nach der Quadratur nur in der Umgebung von 1/T. Deshalb führt es i.a. zu einer Reduktion der Störungen, wenn man vor dem Quadrieren das Signal $r_d(t)$ mit einem Bandpaßfilter filtert, das nur die Komponenten um 1/T durchläßt. Bei Verwendung eines Roll–off–Impulses mit dem Roll–off–Faktor ρ wäre dies der Bandbereich $(1-\rho)/T \leq f \leq (1+\rho)/T$ [Lee 88].

Günstiger als die Betragsquadrat–Kennlinie hat sich die Betrags–Kennlinie selbst und die Kennlinie mit der vierten Potenz des Betrags erwiesen, weil sich hier die Nutzbandbreite für den zurückzugewinnenden Takt vergrößert. Probleme können sich dabei allerdings bei digitaler Realisierung der Schaltung ergeben: durch den Aliasing– oder Rückfaltungseffekt [Kam 89] fallen möglicherweise störende Spektralanteile in das Nutzsignal.

Bisher wurden alle Betrachtungen für das äquivalente Basisbandsignal $r_d(t)$ angestellt. Da $r_d(t)$ komplexwertig ist, muß die Frage beantwortet werden, wie eine apparative Realisierung des beschriebenen Verfahrens aussieht. Eine Möglichkeit besteht darin, den Realteil von $r_d(t)$ für die Taktrückgewinnung zu verwenden. Das Verfahren läßt sich aber auch leicht auf das reelle Bandpaßsignal r(t) übertragen. Wird hier z.B. der Betrag $|r(t)|$ des gestörten Empfangssignals gebildet und dieser in einem Bandpaß der Mittenfrequenz 1/T gefiltert, so entspricht dies der Extraktion der Hüllkurve, die den Takt T enthält. Damit wird es möglich, vor der Demodulation den Takt zu gewinnen, was, wie bereits gesagt wurde, bei der Datenübertragung üblich ist. Das zugehörige System zur Taktrückgewinnung zeigt Bild 7.12.

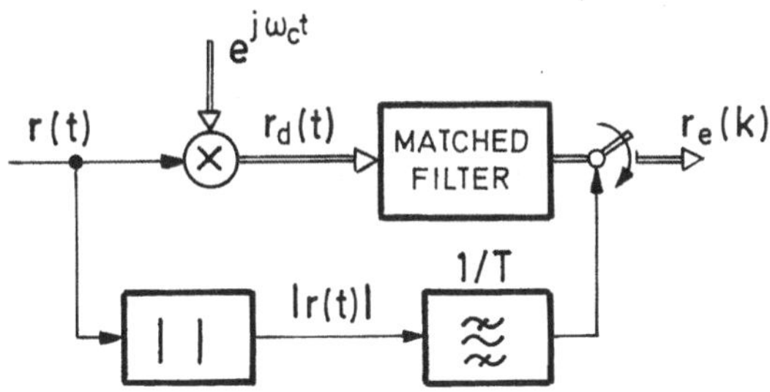

Bild 7.12 Extraktion des Taktes aus der Hüllkurve des Bandpaßsignals

Neben den hier beschriebenen Spektrallinienmethoden zur Taktrückgewinnung gibt es noch andere, die ohne Kenntnis der Sendedaten auskommen. Ein Beispiel ist das *early–late–gate–Verfahren* [Pro 89], bei dem die Differentiation des Empfangssignals wie beim Maximum–Likelihood–Verfahren oder der im Abschnitt 7.4.1 beschriebenen Methode approximiert wird. Dabei wird die Symmetrie der Korrelationsfunktion des Sendesignals, die am Ausgang des Matched Filters im Empfänger verfügbar ist, ausgenutzt. Der Nachteil dieses Verfahrens ist die doppelte Bandbreite, aus der das Steuersignal für den Taktgenerator gewonnen wird. Dadurch machen sich Störungen in Form von Jitter stärker als bei anderen Verfahren bemerkbar.

Es wurde bereits erwähnt, daß sich die in diesem Abschnitt genannten Verfahren zur Taktrückgewinnung weniger gut zur Realisierung in Digitaltechnik eignen als das entscheidungsrückgekoppelte Verfahren aus Abschnitt 7.4.1. Ein Grund liegt im Auftreten möglicher Aliasing–Effekte, ein anderer darin, daß der Takt, der aus dem gestörten

Empfangssignal gewonnen wird, gleichzeitig dazu dient, die Abtastfrequenz für das gestörte Empfangssignal abzuleiten. Wie in Abschnitt 7.4.1 erklärt wurde, ist nämlich die Abtastfrequenz als Vielfaches der Taktfrequenz 1/T zu wählen, so daß im Regelkreis für den Takt Stabilitätsprobleme auftreten können.

8 Codierung

Je nach Erfordernis unterscheidet man bei der Datenübertragung zwei Formen der Codierung, die i.a. voneinander unabhängig sind:

- *die Quellencodierung, mit deren Hilfe beispielsweise das analoge Quellensignal in eine Folge von Binärzeichen umgesetzt wird, wobei zusätzlich die Redundanz des Quellensignals reduziert werden kann*
- *die Kanalcodierung, die immer dann erforderlich wird, wenn die von den Störungen im Kanal verursachte Fehlerwahrscheinlichkeit einen nicht akzeptablen Wert annimmt.*

Die Art der *Quellencodierung* hängt vom Quellensignalprozeß ab. Es kann sich dabei um Meßdaten, Sprache, Bilder oder auch Symbolketten wie z.B. bei der Textübertragung handeln. Ferner kann der Quellensignalprozeß mehr oder weniger stark redundanzbehaftet sein. Wegen der Abhängigkeit vom Quellensignalprozeß ist die Quellencodierung nur für bestimmte Dienste durch internationale Empfehlungen des CCITT festgelegt. Beispiele sind die Sprachübertragung im Mobilfunk [Var 89] oder der Telefax–Dienst, wo die beschränkte Bandbreite des Übertragungskanals einerseits und die Datenrate des Quellensignals andererseits die Quellencodierung mit Redundanzreduktion erfordern. Im Rahmen dieser Einführung in die Datenübertragung soll die Quellencodierung wegen ihrer vielschichtigen Aspekte aber nur in ihren Grundlagen behandelt werden.

Die *Kanalcodierung* der übertragenen Daten ist immer dann erforderlich, wenn die Fehlerwahrscheinlichkeit einen unakzeptabel hohen Wert annimmt. Sie erfolgt nach der Quellencodierung, aber vor der Aufbereitung des Sendesignals im Modem und besteht im Gegensatz zur Quellencodierung im Hinzufügen von nützlicher Redundanz. Je nach

Prinzip des Codierungs– und Decodierungsverfahrens kann man erreichen, daß

- *Fehler erkannt,*
- *Fehler korrigiert oder*
- *Fehler vermieden werden.*

Während man in den beiden zuerst genannten Fällen im Detektor eine *"harte"* Entscheidung trifft, indem man zur Decodierung die im Entscheider quantisierten Zeichen, d.h. die Schätzwerte der Sendedaten verwendet, fällt man im zuletzt genannten Fall eine *"weiche"* Enscheidung. Damit ist gemeint, daß man zur Decodierung die unquantisierten Werte am Eingang des Entscheiders verwendet.

Wie die Quellencodierung erfolgt die Kanalcodierung nach Bild 8.1 vor der Modulation, der Kanalcodierer ist deshalb i.a. keine durch internationale Empfehlungen festgelegte Komponente des Modems.

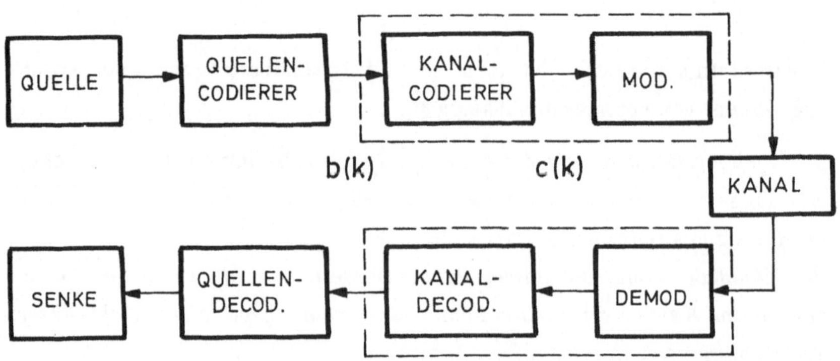

Bild 8.1 Einbindung von Quellen– und Kanalcodierung in ein Datenübertragungssystem

Bei sehr hohen Anforderungen an das Datenübertragungssystem, z.B. bei dem Modem nach der CCITT–Empfehlung V.32 mit einer Datenrate von 9600 b/s, ist der Kanalcodierer Bestandteil des Modems. Durch Verwendung der später näher beschriebenen Trellis–Codes wird es möglich, auf dem Fernsprechkanal die angegebene Datenrate von 9600 b/s im Duplexbetrieb bei akzeptabler Fehlerwahrscheinlichkeit zu realisieren. In diesem Fall bezieht sich die Standardisierung auf den in Bild 8.1 umrahmten Teil.

Neben der Redundanzreduktion und der Fehlerreduktion können Codierungsmaßnahmen auch zur Spektralformung dienen. Beispiele hierfür sind die im 4. Kapitel beschriebenen Verfahren, z.B. das Partial–Response–Verfahren, bei dem man u.a. Nullstellen an vorgegebenen Stellen im Frequenzbereich erzeugen kann.

8.1 Quellencodierung

Der Quellencodierer hat die Aufgabe, die von der Quelle gelieferten Zeichen x_i, $1 \leq i \leq M$, in Binärzeichen umzusetzen und dabei gegebenfalls die in den Zeichen steckende Redundanz zu reduzieren. Bei dieser Betrachtung wird vorausgesetzt, daß der Zeichenvorrat endlich ist. Bei einer Quelle, die einen analogen Prozeß liefert, impliziert dies die Quantisierung des analogen Quellenprozesses. Verwendet man PCM zur Codierung eines analogen Quellensignalprozesses, so wird die verfügbare Musterfunktion zunächst dem Abtasttheorem entsprechend abgetastet. Ist die Sprache durch ein Filter auf 4 kHz bandbegrenzt, beträgt die Abtastfrequenz mindestens $f_A = 8$ kHz. Die Abtastwerte werden anschließend quantisiert, wobei ein Quantisierungsfehler in Form der Differenz zwischen abgetastetem und quantisiertem Wert entsteht. Die Quantisierungsintervalle und die ihnen zugeordneten Werte kann man so wählen, daß der mittlere quadratische Quantisierungsfehler minimal wird [Max 60]

$$\sum_{i=1}^{M} \int_{x_{p\,i-1}}^{x_{pi}} (x - x_i)^2 \, f_x(x) \, dx \stackrel{!}{=} \text{Min} \quad , \tag{8.1.1}$$

wobei $f_x(x)$ die Dichtefunktion der Abtastwerte x, x_{pi} die Grenzen der Quantisierungsintervalle und x_i den quantisierten Wert bezeichnet. Sofern die Abtastwerte x gestört sind und die Dichtefunktion der Störung bekannt ist, kann man eine ähnliche Optimierung des Quantisierers wie nach (8.1.1) vornehmen [Kro 86a], [Kro 87]. Bei der Quantisierung von Sprachsignalen werden die vom CCITT normierten Kennlinien nach dem sogenannten A–Gesetz in Europa und dem μ–Gesetz in den USA verwendet [Jay 84].

Anstatt jeden einzelnen Abtastwert zu quantisieren, kann man zur Datenkompression auch einen Block von n Abtastwerten quantisieren. Jedem Abtastwert des Blocks ist dabei eine Dimension des n–dimensionalen Vektorraums zugeordnet. In diesem Raum gibt man sich bei der *Vektorquantisierung* eine Anzahl M von Vektoren vor, die einen im Mittel minimalen Abstand zu den von den jeweils n Abtastwerten gebildeten Vektoren haben. Diesen Vektoren werden Unterräume zugeordnet, die die Vektoren mit minimalem Abstand zu diesen Vektoren umfassen. Es gibt effiziente Rechnerprogramme [Lin 80], mit denen man die im genannten Sinne optimalen Vektoren und zugehörigen Unterräume des n–dimensionalen Vektorraums bestimmen kann.

Im nächsten Schritt sind die quantisierten Abtastwerte bzw. Zeichen x_i in Binärzeichen umzusetzen. Der einfachste Weg besteht darin, die M Zeichen durch einen Block von ld(M) Binärzeichen darzustellen; sofern M keine Potenz von 2 ist, wählt man die zu ld(M) nächsthöhere ganze Zahl. Sofern alle Zeichen x_i gleich wahrscheinlich sind, ist das eine angemessene Form der Codierung, jedoch nicht bei nicht gleich wahrscheinlichen

Werten x_i, sofern man anstrebt, die von der Quelle gelieferte Information mit möglichst wenig Binärzeichen, d.h. möglichst redundanzfrei, zu codieren. Der Informationsgehalt der Quelle ist durch die in bit pro Zeichen gemessene *Entropie* [Ste 67] gegeben

$$H(x) = - \sum_{i=1}^{M} P(x_i)\, ld[P(x_i)] \quad , \tag{8.1.2}$$

wobei die M statistisch voneinander unabhängigen Zeichen x_i mit der Wahrscheinlichkeit $P(x_i)$ auftreten. Ziel der Quellencodierung ist es deshalb, die Zeichen x_i so durch Binärkombinationen zu codieren, daß die mittlere Zahl von Binärzeichen pro codiertem Zeichen x_i mit der Entropie übereinstimmt. Sofern alle x_i gleich wahrscheinlich sind und M mit

$$R' = ld(M) \tag{8.1.3}$$

eine Potenz von 2 ist, folgt aus (8.1.2)

$$H(x) = R' \tag{8.1.4}$$

und eine redundanzfreie Codierung ist möglich, indem man jedes Zeichen x_i nach (8.1.3) mit R′ Binärzeichen codiert. Ein Beispiel für einen Quellencode mit gleich langen binären Codewörtern ist das CCITT–Alphabet Nr. 2 zur Darstellung der Zeichen – Buchstaben, Ziffern, Sonderzeichen – beim Fernschreiben [Boc 76]. Dies ist gleichzeitig ein Beispiel für eine diskrete Quelle, bei der im Gegensatz zur analogen Quelle keine Quantisierung zur Gewinnung der Zeichen x_i erforderlich ist.

Wenn (8.1.3) nicht erfüllt ist, kann man die Redundanz dadurch verringern, daß man mehrere Zeichen x_i zu verschieden langen Blöcken zusammenfaßt und diese Blöcke binär codiert [Ste 67].

Wenn die Zeichen x_i nicht gleichwahrscheinlich sind, wird man von vorn herein den häufiger auftretenden Zeichen x_i Codewörter mit wenigen Binärzeichen, den seltener auftretenden Zeichen x_i Codewörter mit vielen Binärzeichen zuordnen. Bekannte Beispiele für derartige redundanzreduzierende *Entropie–Codes* sind der *Fano–Code* und der *Huffman–Code* [Ste 67].

Bisher wurde angenommen, daß die Zeichen x_i statistisch unabhängig voneinander sind. Bei den Abtastwerten z.B. eines Sprachsignals ist das nicht der Fall. Während zum einen die Redundanz eines Quellensignalprozesses in der Verteilung der Wahrscheinlichkeiten $P(x_i)$ der Zeichen x_i zum Ausdruck kommt, wird sie zum anderen an dessen Autokorrelationsfunktion deutlich. Bei allen Prozessen, deren Korrelationsfunktion nicht impulsförmig ist, läßt sich Redundanz extrahieren. Beispiele sind die auf der Prädiktion der Abtastwerte des Quellensignalprozesses beruhende Differenz–Pulscodemodulation bzw. DPCM [Kro 88], die Transformationscodierungverfahren, die das Signal möglichst effektiv im Zeitbereich darstellen und zu denen z.B. die diskrete Cosinus–Transformation bzw. DCT gehört, und die modellbasierten Verfahren, bei denen der Signalprozeß z.B. durch *linear predictive coding* oder *LPC* beschrieben wird [Rab 78]. Alle diese mehr oder weniger aufwendigen Verfahren haben zum Ziel, die im Quellensignalprozeß enthaltene Redundanz zu reduzieren, so daß im übertragenen Binärstrom nur noch die Entropie der Quelle enthalten ist. Durch diese Redundanzreduktion wird das übertragene Signal aber auch störanfälliger, was besonders bei Übertragungsstrecken im Raum kritisch ist. In diesem Fall schützt man – z.B. beim Mobilfunk [Var 89] – das Sendesignal durch Kanalcodierung vor zu starken Übertragungsfehlern.

8.2 Kanalcodierung

Mit Hilfe der Kanalcodierung ist es grundsätzlich möglich, über einen gestörten Kanal Daten völlig fehlerfrei zu übertragen, sofern die Datenrate unterhalb der Kanalkapazität liegt [Sha 48]. Welcher Code das leistet, ist jedoch nicht bekannt, ferner impliziert diese Aussage, daß die zu übertragenden Daten als Gesamtheit, also nicht in Einzelzeichen oder Blöcke zerlegt und damit in Echtzeit übertragbar, codiert werden müssen. Für die Praxis liefert diese Aussage damit weder einen Hinweis auf die Konstruktion des Codes, noch ist sie im Hinblick auf die Übertragung in Echtzeit praktikabel. Dennoch zeigt sie auf, wo die Grenzen der Datenübertragung liegen.

Man unterscheidet zwei Gruppen von Kanalcodes. Bei der ersten werden den informationstragenden Zeichen *Prüfzeichen* hinzugefügt, um Fehler erkennen oder korrigieren zu können. Durch die hinzukommenden Prüfzeichen erhöht sich die Datenrate, so daß mehr Übertragungsbandbreite erforderlich wird. Diese *Block–* und *Faltungs–Codes* umfassende Gruppe ist deshalb vornehmlich für breitbandige Übertragungsmedien wie Lichtwellenleiter geeignet. Ferner muß der durch die vergrößerte Übertragungsbandbreite erhöhte Störeinfluß durch die Codierung mehr als kompensiert werden. Die zweite Gruppe von Codes, die *Signalraum–Codes*, bei denen die *Trellis–Codes* eine besondere Rolle spielen, erfordern keine erhöhte Bandbreite. Hier wird die für die Kanalcodierung erforderliche Redundanz dadurch hinzugefügt, daß der Zeichenvorrat des Codes höher ist als der der Quelle. Statt binäre Daten durch 2–PSK zu übertragen, verwendet man 4–PSK. Offensichtlich werden hier Codierung und Modulation miteinander verbunden, weswegen man auch von *Codulation* spricht. Die erforderliche Bandbreite bleibt bei dieser Codierungsart unverändert, bei vorgegebener maximaler Sendesignalenergie werden die Abstände der Signalvektoren aber geringer, wodurch die Wahrscheinlichkeit steigt, daß wegen der Störungen der empfangene Signalvektor näher bei einem anderen als dem gesendeten liegt. Durch geeignete Codierung bzw. Decodierung muß diese Wahrscheinlichkeit kleiner sein als die ohne Codierung erreichbare Fehlerwahrscheinlichkeit.

Wie bereits erwähnt, unterscheidet man zwischen "weicher" und "harter" Decodierung. Bei "weicher" Decodierung verwendet man die demodulierten, im Mached Filter gefilterten und entzerrten Abtastwerte $b_e(k)$ des gestörten Empfangssignals r(t), während zur "harten" Decodierung die Schätzwerte für b(k) am Ausgang des Entscheiders herangezogenen werden. Grundsätzlich lassen sich beide Decodierungsarten auch bei Block–Codes verwenden, die "weiche" Decodierung ist jedoch bei Faltungs–Codes und insbesondere bei Trellis–Codes vorzuziehen. Als Abstandsmaß und damit als Entscheidungskriterium verwendet man bei der "weichen" Decodierung den *Euklidischen Abstand*, bei der "harten" Decodierung die *Hammingdistanz.* Darunter versteht man die Anzahl von Binärstellen, in denen sich zwei miteinander zu vergleichende Codewörter unterscheiden; sie ist damit gleich der Modulo–2–Summe der beiden Codewörter.

Die in der Hammingdistanz zum Ausdruck kommenden Unterschiede von je zwei Codewörtern kann man zur Fehlererkennung oder Fehlerkorrektur verwenden. Die Fähigkeit von Codes, Fehler zu erkennen bzw. zu korrigieren, hängt von der sogenannten *Minimaldistanz* der Codes ab. Unter der Minimaldistanz versteht man die minimale Hammingdistanz, d.h. die Anzahl von Binärstellen, in denen sich je zwei beliebige Codewörter eines Codes unterscheiden. Bezeichnet man diese Minimaldistanz mit d_{min}, so folgt für die Mindestzahl der erkennbaren Fehler

$$z_e = d_{min} - 1 \tag{8.2.1}$$

und die Mindestzahl der korrigierbaren Fehler

$$z_k = \left\lfloor \frac{d_{min} - 1}{2} \right\rfloor , \tag{8.2.2}$$

wobei die Klammern $\lfloor\ \rfloor$ das größte Ganze bezeichnen. Das Zustandekommen dieser Werte kann man sich folgendermaßen erklären: da sich zwei Codewörter in mindestens d_{min} Stellen unterscheiden, dürfen bis zu d_{min}–1 Fehler auftreten, die zu Worten führen, die nicht zugelassene Codewörter sind. Erst bei d_{min} Fehlern kann ein anderes, ebenfalls erlaubtes Codewort entstehen. Bei der Korrektur ordnet man andererseits dem fehlerhaften Wort dasjenige Codewort zu, das größte Ähnlichkeit besitzt, d.h. welches in möglichst vielen Stellen mit dem zu korrigierenden Wort übereinstimmt. Wenn nun mehr Fehler auftreten als der halben Minimaldistanz entsprechen, kann es ein Codewort geben, das dem zu korrigierenden ähnlicher als das verfälschte Codewort ist.

Es sollen nun die wichtigsten Aspekte der Kanalcodierung behandelt werden; für Details sei auf die Literatur, z.B. [Ber 68], [Swo 73], [Sel 75], [Ung 82], verwiesen.

8.3 Kanalcodierung mit Block–Codes

Die hier betrachteten Codes werden auf folgende Eigenschaften eingeschränkt: sie sollen *binär* und *systematisch* sein. Bei diesen Codes sind im Gegensatz z.B. zu den *Reed–Solomon–Codes* [Bar 85] nur zwei Symbole, also 0 und 1, zugelassen und die ersten k Stellen des n–stelligen Codeworts sind Informationsstellen, die folgenden n–k Stellen entstehen durch Modulo–2–Summen aus den Informationsstellen und sind Prüfstellen; dabei ist in der Darstellung in diesem Kapitel zwischen dem stets in Klammern auftretenden Zeitparameter k und der Anzahl k der Informationsstellen zu unterscheiden. Die Codeeigenschaften kennzeichnet man deshalb auch durch (n,k). Im einfachsten Fall fügt man ein Prüfbit – ein sogenanntes *parity bit* – hinzu, das dafür sorgt, daß jedes Codewort eine gerade oder ungerade Anzahl des Symbols 1 enthält. In diesem Fall ist die Modulo–2–Summe der Informationsstellen gleich null bzw. eins, so daß sich daraus sofort die Vorschrift für das Prüfbit ergibt. Dieses Konstruktionsprinzip läßt sich auch auf mehr als ein Prüfbit erweitern. Ferner kann man durch Hinzufügen der entsprechenden Zahl von Prüfstellen nach (8.2.2) auch die Fehlerkorrektur ermöglichen. Ein Beispiel für derartige Codes sind die *Hamming–Codes* [Ham 50].

Unsystematische Codes, bei denen man zwischen Informations– und Prüfstellen nicht unterscheiden kann, haben oft bessere Korrektureigenschaften, sind aber aufwendiger in der Implementierung und führen zu mehr akkumulierten Fehlern [Swo 73].

Zyklische Codes, bei denen die Codewörter durch zyklische Verschiebung auseinander hervorgehen, haben besondere praktische Bedeutung, da sie sich leicht in einem Schieberegister realisieren lassen. Diese Codeart soll hier im Vordergrund stehen, da ein sehr häufig verwendeter Code, der binäre *Bose–Chaudhuri–Hocquenghem–Code* [Swo 73], kurz BCH–Code, zu dieser Gruppe gehört.

Die Konstruktion und Fehlererkennung läßt sich bei Block–Codes sehr einfach durch Matrizenoperationen beschreiben. Ersetzt man die Matrizenelemente durch Polynome, so gilt dies auch für Faltungs–Codes.

8.3.1 Matrizendarstellung von Block–Codes

Die Codewörter sollen hier durch Zeilenvektoren dargestellt werden. Nimmt man an, daß der Quellencodierer binäre Daten b(i) liefert, so lassen diese sich zu Vektoren $\mathbf{b}$ der Dimension k zusammenfassen:

$$\mathbf{b} = [b(i-k+1) \;\; b(i-k+2) \ldots b(i-1) \;\; b(i)] \quad . \tag{8.3.1}$$

Die aus den Datenwörtern gewonnenen Codewörter lassen sich entsprechend durch Vektoren **c** der Dimension n darstellen:

$$\mathbf{c} = [c_{n-1} \; c_{n-2} \cdots c_1 \; c_0] \; . \tag{8.3.2}$$

Alle linearen (n,k)–Block–Codes – systematische wie unsystematische – mit k Informationsstellen und der Blocklänge n lassen sich durch eine Generatormatrix **G** beschreiben. Diese bildet das zu codierende Datenwort **b** nach (8.3.1) der Dimension k in ein Codewort **c** der Dimension n ab:

$$\mathbf{c} = \mathbf{b}\,\mathbf{G} \; . \tag{8.3.3}$$

Da bei systematischen Codes die ersten k Stellen des Codeworts **c** mit dem Datenwort **b** übereinstimmen, hat die Generatormatrix die Form

$$\mathbf{G} = \left[\, \mathbf{I}_k \mid \mathbf{P} \,\right] \tag{8.3.4}$$

mit der k–dimensionalen Einheitsmatrix $\mathbf{I}_k$ und der k×(n–k) Matrix **P**, die die Modulo–2–Summen zur Erzeugung der parity bits beschreibt. Man kann zeigen, daß die so auf dem Galois–Feld GF(2) mit den zwei Elementen 0 und 1 definierten endlich vielen Codewörter die Gruppenaxiome bezüglich der Modulo–2–Addition und –Multiplikation erfüllen, weshalb man sie auch als *lineare* oder *Gruppen–Codes* bezeichnet.

Man kann recht einfach prüfen, ob ein n–stelliges Binärwort **c** ein zugelassenes Codewort des Codes mit der Generatormatrix **G** ist. Dazu teilt man den das Codewort eines systematischen Codes repräsentierenden n–dimensionalen Zeilenvektor **c** in der Form

$$\mathbf{c} = [\mathbf{b} \mid \mathbf{d}] \tag{8.3.5}$$

auf, wobei **b** der k–dimensionale Vektor des Datenworts und **d** der Zeilenvektor der n–k Prüfstellen ist. Nach (8.3.4) ist dieser Vektor durch

$$\mathbf{d} = \mathbf{b}\,\mathbf{P} \tag{8.3.6}$$

gegeben, so daß

$$\mathbf{b}\,\mathbf{P} \oplus \mathbf{d} = \mathbf{0} \tag{8.3.7}$$

gilt, wobei $\oplus$ die Modulo–2–Addition bezeichnet. Stellt man dies als Vektorprodukt dar, so erhält man mit der (n–k)×(n–k)–dimensionalen Einheitsmatrix $\mathbf{I}_{n-k}$

$$[\mathbf{b} \mid \mathbf{d}] \begin{bmatrix} \mathbf{P} \\ \mathbf{I}_{n-k} \end{bmatrix} = \mathbf{0} \tag{8.3.8}$$

bzw. mit (8.3.5)

$$\mathbf{c}\,\mathbf{H}^T = \mathbf{0} \quad , \tag{8.3.9}$$

wobei

$$\mathbf{H} = [\,\mathbf{P}^T \mid \mathbf{I}_{n-k}\,] \tag{8.3.10}$$

die Prüfmatrix bezeichnet, die sich unmittelbar aus der Generatormatrix $\mathbf{G}$ nach (8.3.4) berechnen läßt. Ersetzt man $\mathbf{c}$ nach (8.3.3) in (8.3.9), so folgt

$$\mathbf{c}\,\mathbf{H}^T = \mathbf{b}\,\mathbf{G}\,\mathbf{H}^T = \mathbf{0} \tag{8.3.11}$$

bzw.

$$\mathbf{G}\,\mathbf{H}^T = \mathbf{0} \quad , \tag{8.3.12}$$

da dieser Zusammenhang für jedes Codewort $\mathbf{b}$ erfüllt sein muß. Aus (8.3.12) folgt, daß die Generatormatrix $\mathbf{G}$ und die Prüfmatrix $\mathbf{H}$ in gleicher Weise den Code definieren.

Will man ein empfangenes, durch den Vektor $\mathbf{e}$ repräsentiertes n–stelliges Binärwort daraufhin überprüfen, ob es zu dem von $\mathbf{G}$ erzeugten Code gehört oder nicht, berechnet man das sogenannte *Syndrom*

$$\mathbf{s} = \mathbf{e}\,\mathbf{H}^T \quad . \tag{8.3.13}$$

Nach (8.3.9) verschwindet es, wenn $\mathbf{e}$ ein zugelassenes Codewort ist. Wenn $\mathbf{s} \neq \mathbf{0}$ ist, so wurde ein fehlerhaftes Codewort erkannt. Entweder kann nun die Übertragung des Codeworts wiederholt werden, bis das Syndrom verschwindet oder man führt eine Korrektur durch, indem man das im Sinne der Distanz nächstgelegene Codewort wählt. Wieviele Fehler dabei mindestens erkannt bzw. korrigiert werden können, hängt von der Minimaldistanz d_{min} gemäß (8.2.1) bzw. (8.2.2) ab. Dabei wird immer vorausgesetzt, daß der Berechnung des Syndroms eine "harte" Entscheidung vorausging, d.h. den Werten $b_e(k)$ am Eingang des Entscheiders werden die nächstgelegenen Werte $b(k)$ zugeordnet.

8.3.2 Zyklische Codes

Besondere Eigenschaften besitzt die Generatormatrix eines *zyklischen* Codes, bei dem ein Codewort aus dem anderen durch zyklische Verschiebung entsteht. Wenn ein Codewort die Form (8.3.2) besitzt, so entsteht ein anderes durch Verschiebung um eine Stelle:

$$\mathbf{c}' = [c_{n-2}\, c_{n-3} \cdots c_0\, c_{n-1}] \quad . \tag{8.3.14}$$

Statt der Beschreibung der Codewörter durch Vektoren verwendet man hier auch eine Polynomdarstellung. Für (8.3.2) lautet das entsprechende Polynom

$$c(x) = c_{n-1}\, x^{n-1} + c_{n-2}\, x^{n-2} + \ldots + c_1\, x + c_0 \quad . \tag{8.3.15}$$

Durch Multiplikation von c(x) mit x^i modulo–(x^n-1), $1 \leq i \leq n-1$ erhält man die übrigen Codewörter.

Bei zyklischen Codes kann man die Generatormatrix **G** durch ein Polynom vom Grade (n–k), das sogenannte *Generatorpolynom*

$$g(x) = 1 + g_1 x + \ldots + g_{n-k-1} x^{n-k-1} + x^{n-k} \quad , \tag{8.3.16}$$

darstellen. Die k–te, d.h. letzte Zeile der Matrix **G** enthält die Koeffizienten des Generatorpolynoms g(x), so daß zumindest die k–te und die n–te Position der k–ten Zeile der Generatormatrix besetzt ist. Wäre das nicht so, könnte man wegen der zyklischen Eigenschaften des Codes durch Verschiebung nach rechts ein Codewort erzeugen, dessen k Informationsstellen null und dessen Prüfstellen ungleich null sind, was nicht zulässig ist. Die nichtsystematische Form der n×k–dimensionalen Generatormatrix ist durch [Bar 85]

$$\mathbf{G} = \begin{bmatrix} 1\ g_1 & \cdots & g_{n-k-1}\ 1\ 0 & \ldots & 0 \\ 0\ 1\ g_1 & \cdots & g_{n-k-1}\ 1 & \ldots & 0 \\ \vdots & & \ddots & & \vdots \\ 0\ 0\ 0 & \ldots 1\ g_1 & \cdots & g_{n-k-1} & 1 \end{bmatrix} \tag{8.3.17}$$

gegeben. Die systematische Form gewinnt man, indem man die letzte Zeile der Matrix beläßt und die übrigen Zeilen als ein Polynome vom Grade n interpretiert, wobei das konstante Glied in der rechten Spalte steht. Jede Zeile erhält man dann aus der darunterliegenden, indem man das der jeweils darunterliegenden Zeile zugeordnete Polynom mit x multipliziert, wenn der Koeffizient in der (n–k–1)–ten Spalte gleich null ist, sonst wird mit x multipliziert und g(x) addiert. Zur Veranschaulichung dieser Konstruktion sei ein (15,11)–Code mit dem Generatorpolynom

$$g(x) = x^4 + x + 1 \tag{8.3.18}$$

betrachtet. Für die zugehörige Generatormatrix **G** des systematischen Codes, die aus der Einheitsmatrix $\mathbf{I}_k = \mathbf{I}_{11}$ und der (11×4)–dimensionalen Matrix **P** nach (8.3.4) aufgebaut ist, erhält man nach dieser Konstruktionsvorschrift

$$\mathbf{G} = \begin{bmatrix} 1 & & & & & & & & & & 1\,0\,0\,1 \\ & 1 & & & & & & & & & 1\,1\,0\,1 \\ & & 1 & & & & & & & & 1\,1\,1\,1 \\ & & & 1 & & & & & & & 1\,1\,1\,0 \\ & & & & 1 & & & & & & 0\,1\,1\,1 \\ & & & & & 1 & & & & & 1\,0\,1\,0 \\ & & & & & & 1 & & & & 0\,1\,0\,1 \\ & & & & & & & 1 & & & 1\,0\,1\,1 \\ & & & & & & & & 1 & & 1\,1\,0\,0 \\ & & & & & & & & & 1 & 0\,1\,1\,0 \\ & & & & & & & & & & 1\,0\,0\,1\,1 \end{bmatrix} , \qquad (8.3.19)$$

wobei nur die Koeffizienten der Teilmatrix **P**, die die Prüfstellen bestimmen, vollständig angegeben wurden. Weil man, wie das Beispiel zeigt, nur das Generatorpolynom benötigt, um auf die geschilderte Weise die gesamte Generatormatrix aufzubauen, hat man die Bezeichnung Generatorpolynom gewählt.

Mit Hilfe des Generatorpolynoms läßt sich auch die Codierung eines Datenworts und die Bestimmung des Syndroms beschreiben. Für das aus dem Datenwort mit dem Polynom b(x) gewonnene Codewort mit dem Polynom c(x) gilt

$$c(x) = x^{n-k}\, b(x) + r(x) \qquad (8.3.20)$$

mit dem Rest

$$r(x) = \mathrm{Rest}\left\{ \frac{x^{n-k}\, b(x)}{g(x)} \right\} . \qquad (8.3.21)$$

Für das durch das Polynom s(x) beschriebene Syndrom gilt für ein mit Hilfe des Polynoms e(x) dargestelltes Binärwort:

$$s(x) = \mathrm{Rest}\left\{ \frac{e(x)}{g(x)} \right\} . \qquad (8.3.22)$$

Das Generatorpolynom g(x) vom Grade n–k läßt sich aus einer Beziehung herleiten, die aus der Matrixgleichung (8.3.12) folgt. Man kann zeigen, daß der Prüfmatrix **H** ein Polynom h(x) vom Grade k entspricht, so daß schließlich [Swo 73]

$$g(x) \cdot h(x) = x^n - 1 \qquad (8.3.23)$$

gilt. Damit muß g(x) aber ein Teiler des Polynoms $x^n - 1$ sein, wobei an diesen Teiler noch bestimmte Bedingungen geknüpft werden [Swo 73], damit man die Minimaldistanz $d_{min} > 2$ erhält.

Der Vorteil der zyklischen Codes besteht darin, daß sie gute Codeeigenschaften – z.B. ähnlich große Distanzen zwischen allen Codewörtern – besitzen und sich die Codierung und Decodierung technisch einfach realisieren läßt.

8.3.3 Beispiele für Block–Codes

Die Parameter eines jeden Block–Codes sind die Länge n der Codewörter und die Anzahl k der informationstragenden Stellen. Der Code selbst wird entweder durch die Generatormatrix **G** bzw. Prüfmatrix **H** oder die zugeordneten Polynome g(x) bzw. h(x) beschrieben. Diese Parameter und Beschreibungsgrößen sollen nun für einige Codes angegeben werden.

Für die *Hamming–Codes* gelten folgende Parameter

$$n = 2^m - 1 \tag{8.3.24}$$

$$k = 2^m - 1 - m \tag{8.3.25}$$

$$d_{min} = 3 \quad , \tag{8.3.26}$$

wobei m eine beliebige natürliche Zahl $m \in \mathbb{N}$, $m > 1$, ist. Aus (8.2.1) folgt mit (8.3.26), daß man mindestens zwei Fehler erkennen, und aus (8.2.2), daß man einen Fehler korrigieren kann. Die den Code beschreibende Prüfmatrix **H** der Dimension $(n-k)\times n$ enthält in ihren n Spalten alle möglichen Binärkombinationen der Länge n–k außer der Nullenkombination. Ordnet man diese so an, daß die Form nach (8.3.10) entsteht, d.h. die rechts stehenden $(n-k)\times(n-k)$ Elemente formen die Einheitsmatrix, hat man eine mögliche Prüfmatrix gewonnen. Da die ersten k Spalten beliebig angeordnet werden können, wird deutlich, daß eine Reihe äquivalenter systematischer Block–Codes für das Parameterpaar (n,k) angegeben werden kann.

Hamming–Codes gehören zu den *perfekten Codes* [Bar 85]. Dies sind Codes, bei denen der Abstand d jeder beliebigen Binärkombination zu einem Codewort d_{min} oder weniger beträgt und bei dem es kein weiteres Codewort mit demselben Abstand d gibt.

Ein weiterer perfekter Code ist der *(23,12)–Golay–Code*, der eine Minimaldistanz $d_{min} = 7$ besitzt, so daß mindestens 6 Fehler erkannt und bis zu 3 Fehler korrigiert werden können. Als Beispiel eines zyklischen Codes läßt er sich durch das Generator– oder Prüfpolynom beschreiben. Für das Generatorpolynom, das mit dem Parameterpaar (n,k) = (23,12) den Grad n–k = 11 besitzen muß, gilt z.B. [Bar 85]

$$g(x) = 1 + x^2 + x^4 + x^5 + x^6 + x^{10} + x^{11} \quad . \tag{8.3.27}$$

Für das Prüfpolynom h(x) folgt mit (8.3.23) und n = 23:

$$h(x) = \frac{1 + x^{23}}{g(x)} = 1 + x^2 + x^5 + x^8 + x^9 + x^{10} + x^{11} + x^{12} \quad . \tag{8.3.28}$$

In diesem Fall ist das Prüfpolynom mit k = 12 etwa von gleichem Grad wie das Generatorpolynom mit n − k = 11, so daß man die *Coderate*

$$R = \frac{n}{k} = \frac{12}{23} = 0{,}52 \tag{8.3.29}$$

erhält. Die Coderate bzw. die Zahl der Informations– und Prüfstellen ist für die Implementierung des Codierers von Bedeutung, die entweder auf der Basis des Generatorpolynoms g(x) nach (8.3.16) oder des Prüfpolynoms

$$h(x) = 1 + h_1x + \ldots + h_{k-1}x^{k-1} + x^k \tag{8.3.30}$$

nach Bild 8.2 für systematische zyklische Codes erfolgt.

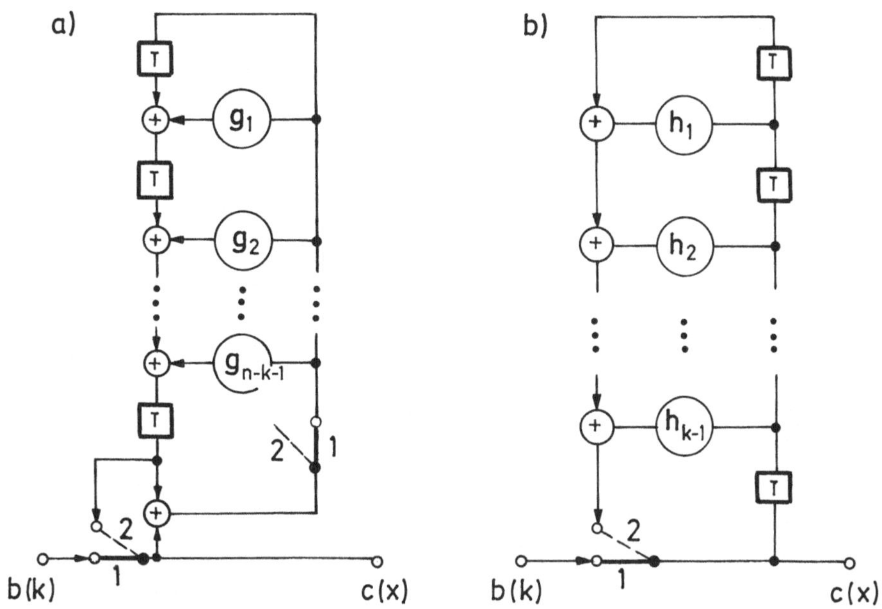

Bild 8.2 Alternativen der Implementierung von Codierern für zyklische Codes auf der Basis von Schieberegistern

Zu Beginn des Codiervorgangs sind alle Speicher mit dem Wert 0 gefüllt. Die Codierung selbst erfolgt in zwei Schritten, wobei sich die Schalter im ersten Schritt in der ersten Stellung befinden und die Informationsstellen des Codeworts **c** gebildet werden. Dann werden die Schalter in die zweite Stellung gebracht und die Prüfstellen erzeugt. Die in Bild 8.2a gezeigte, auf dem Generatorpolynom g(x) basierende Anordnung ist für die Codeparameter n–k < k günstiger als der in Bild 8.2b gezeigte Codierer auf der Basis des Prüfpolynoms h(x).

Ein weiterer sehr wichtiger zyklischer Code ist der BCH–Code. Die Blocklänge beträgt wie beim Hamming–Code

$$n = 2^m - 1 \quad , \tag{8.3.31}$$

wobei $m \in \mathbb{N}$, $m > 1$, wieder eine beliebige natürliche Zahl ist. Die Anzahl k der Informationsstellen hängt von der Zahl z_k der zu korrigierenden Fehler ab

$$k = n - z_k \cdot m \quad , \tag{8.3.32}$$

wobei die Fehler beliebig im Codewort verteilt sein können, d.h. es kann sich um Einzelfehler, statistisch verteilte Fehler oder Fehlerbündel handeln. Dies ist neben der einfachen Implementierbarkeit von Coder und Decoder [Pet 72] der wesentliche Vorteil der BCH–Codes. Aus der vorgegebenen Zahl z_k der zu korrigierenden Fehler folgt die Minimaldistanz aus (8.2.2), (8.3.28) und (8.3.29)

$$d_{min} = 2 \cdot z_k + 1 = 2\,\frac{n-k}{m} + 1 = 2\,\frac{2^m - 1 - k}{m} + 1 \quad . \tag{8.3.33}$$

Aus den vorgegebenen Werten z_k für die zu korrigierenden Fehler und k für die Informationsstellen folgen damit der Parameter m und die Blocklänge n. Die Parameter z_k und m bestimmen das Generatorpolynom g(x) [Swo 73], was hier jedoch nicht weiter untersucht werden soll.

Der BCH–Code gehört zu den *optimalen Codes*, d.h. den Codes, bei denen die Distanz zweier beliebiger Codewörter gleich und damit gleich d_{min} nach (8.3.33) ist. Man bezeichnet einen solchen Code auch als *dicht gepackten Code.*

Tabelle 8.1 Beispiele für BCH–Codes der Länge n = 15

n	k	z_k	d_{min}	R = k/n
15	11	1	3	11/15
15	7	2	5	7/15
15	5	3	7	1/3

Abschließend zeigt Tabelle 8.1 die Eigenschaften einiger BCH–Codes der Länge n = 15. Man sieht, daß die Coderate R mit zunehmender Korrekturfähigkeit schnell abnimmt.

Die BCH–Codes zählen in dieser Hinsicht zu den günstigsten Codes, d.h. man erhält bei Vorgabe einer bestimmten Blocklänge n und einer gewünschten Minimaldistanz d_{min} bzw. Zahl z_k korrigierbarer Fehler die größte Anzahl k von Informationsstellen.

8.3.4 Decodierung von Block–Codes

Bei den bisherigen Betrachtungen war vorausgesetzt worden, daß eine "harte" Entscheidung und Decodierung erfolgt, wobei diese Bezeichnung dem englischen Terminus *hard decision decoding* entlehnt wurde. Man versteht darunter, daß die Decodierung an Hand der Schätzwerte erfolgt, die am Ausgang des Entscheiders verfügbar sind, wie Bild 8.3a zeigt; abkürzend soll dies harte Decodierung genannt werden.

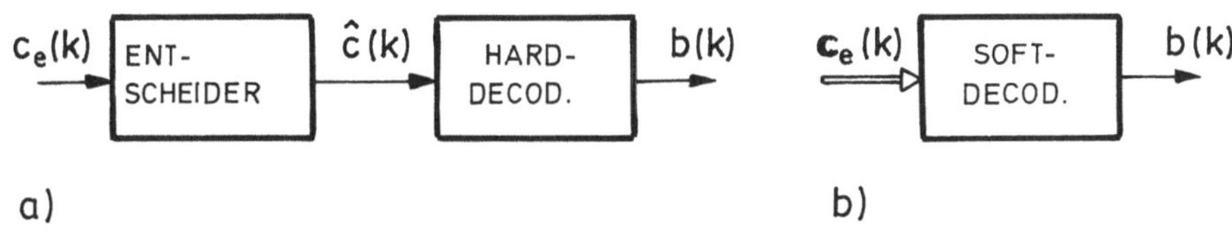

Bild 8.3 Decodierer für Block–Codes. a) harte, b) weiche Decodierung

Die codierten Abtastwerte vor dem Entscheider werden mit $c_e(k)$ bezeichnet und entsprechen damit den bisher betrachteten uncodierten Abtastwerten $b_e(k)$. Ferner wird der Einfachheit halber angenommen, daß $c_e(k)$ und b(k) reelle und keine komplexen Werte sind, d.h. es wird eines der Modulationsverfahren für das binäre Datensignal nach Bild 5.3 vorausgesetzt. Die hier angestellten Betrachtungen lassen sich aber auch auf andere Modulationsverfahren und damit komplexe Werte für $c_e(k)$ und b(k) übertragen, die Verhältnisse werden dann jedoch etwas unübersichtlich.

Die Zahl der erkennbaren bzw. korrigierbaren Fehler folgt aus (8.2.1) bzw. (8.2.2). Bei der Fehlererkennung wird untersucht, ob das Syndrom verschwindet, bei der Fehlerkorrektur wird das im Sinne des Hammingabstands nächste Codewort ausgewählt. Wenn mehr als die nach (8.2.2) korrigierbaren Fehler auftreten, wird ein falsches Codewort zugeordnet, sofern es sich um einen perfekten Code handelt. Diese Codes besitzen, wie erwähnt, die Eigenschaft, daß alle Binärkombinationen der Länge n eine Hammingdistanz zu einem Codewort besitzen, die kleiner oder gleich der minimalen Distanz d_{min} ist, und daß keine Binärkombination einen Abstand von $d \leq d_{min}$ zu mehr als einem Codewort besitzt. Geht man davon aus, daß die Bitfehlerwahrscheinlichkeit auf dem Kanal $P(F) = p$ beträgt, und daß alle Fehler statistisch unabhängig voneinander sind, dann wird die Wahrscheinlichkeit, mit der ein n–stelliges Codewort an x Binärstellen fehlerhaft ist, durch die Binomialverteilung

$$P = \binom{n}{x} p^x (1-p)^{n-x} \tag{8.3.34}$$

mit

$$\binom{n}{x} = \frac{n!}{x! \cdot (n-x)!} \tag{8.3.35}$$

beschrieben. Beim perfekten Code entsteht ein nicht korrigierbarer Fehler, wenn mehr als z_k Einzelfehler auftreten. Damit folgt aber für die Wahrscheinlichkeit eines nicht korrigierbaren Fehlers innerhalb eines Codeworts mit (8.3.34)

$$P_{CW}(F) = \sum_{i=z_k+1}^{n} \binom{n}{i} p^i (1-p)^{n-i} \quad . \tag{8.3.36}$$

Wenn es sich nicht um einen perfekten Code handelt, stellt (8.3.36) eine obere Schranke für den Fehler dar, da es falsche Binärkombinationen mit einer Distanz $d > d_{min}$ gibt, die korrigiert werden können.

Bei dieser Betrachtung ist zu beachten, daß die Übertragungsrate des uncodierten und des codierten Datenstroms als unverändert angenommen wurde. Will man jedoch die in den k Stellen des Codes steckende Information mit derselben Geschwindigkeit wie im uncodierten Fall übertragen, muß man die Taktfrequenz und damit die Übertragungsbandbreite um den Faktor $1/R = n/k$ erhöhen. Damit erhöht sich bei gleichbleibender Sendesignalenergie aber die wirksame Rauschleistung des als weiß angenommenen Störprozesses um denselben Faktor, wodurch die Bitfehlerwahrscheinlichkeit $P(F) = p$ entsprechend ansteigt. Damit wird der Effekt der Codierung wieder geschmälert. In der Praxis wird man jedoch, da die Übertragungskanäle bandbegrenzt sind, die Taktfrequenz oft nicht erhöhen können, so daß die reduzierte Fehlerwahrscheinlichkeit mit einer reduzierten Übertragungsrate erkauft wird.

Im Detail wird auf die Fehlerwahrscheinlichkeiten bei harter Decodierung und Fehlererkennung bzw. Fehlerkorrektur im nächsten Abschnitt eingegangen.

Eine Alternative zur harten Decodierung stellt das nach dem englischen Terminus *soft decision decoding* hier als weiche Decodierung bezeichnete Verfahren dar, das je nach Coderate einen Gewinn von 1 bis 2 dB gegenüber harter Decodierung liefert [Pro 89]. Statt den vorverarbeiteten codierten Abtastwerten $c_e(k)$ im Entscheider durch Schwellendiskrimination Schätzwerte für c(k) zuzuordnen und aus diesen Schätzwerten im Decodierer die ursprünglichen Daten b(k) im Sinne der minimalen Hammingdistanz zuzuordnen, verwendet man bei der weichen Decodierung einen Block von Abtastwerten $c_e(i-j)$, $0 \le j < n$, dem man das im Sinne der Euklidischen Distanz nächstgelegene

Datenwort b(i–j), $0 \leq j < k$ zuordnet. Dieser Block von Abtastwerten $c_e(i-j)$, $0 \leq j < n$, wird in Bild 8.3b für die weiche Decodierung beispielhaft durch den Vektor $\mathbf{c}_e(k)$ dargestellt.

Um den Unterschied zwischen harter und weicher Decodierung zu veranschaulichen, sei angenommen, daß ein (2,1)–Block–Code verwendet wird, bei dem das Prüfbit so gewählt wird, daß die Codewörter ein geradzahliges Gewicht besitzen. Zugelassen sind damit die Codewörter 00 und 11. Als Modulationsverfahren soll 2–PSK mit dem Signalvektordiagrammm nach Bild 5.4 verwendet werden. Bezeichnet man das an erster Stelle übertragene Binärzeichen des Codes mit 0_1 bzw. 1_1 und das folgende mit 0_2 bzw. 1_2 und geht man davon aus, daß die aufeinanderfolgenden Abtastwerte $c_e(k)$ am Eingang des Entscheiders unabhängig voneinander sind, weil die Störungen auf dem Kanal nach Voraussetzung einem mittelwertfreien, weißen Gaußprozeß entstammen, so läßt sich der Entscheidungsoperation das in Bild 8.4a gezeigte Vektordiagramm zuordnen.

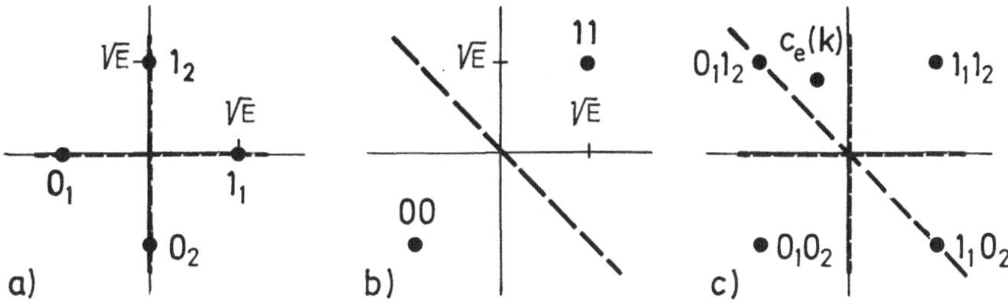

Bild 8.4 Signalvektordiagramme zur Beschreibung der Decodierung für a) harte Decodierung, b) weiche Decodierung, c) Vergleich von harter und weicher Decodierung

Die Entscheidung erfolgt Binärzeichen für Binärzeichen durch Vergleich der Werte $c_e(k)$ mit der im Ursprung liegenden Schwelle, wobei die Entscheidungen für beide Codeelemente unabhängig voneinander erfolgen. Wenn die Binärkombinationen $0_1 0_2$ oder $1_1 1_2$ vom Entscheider geliefert werden, erhält man am Ausgang des Decodierers die Binärwerte 0 bzw. 1, bei den beiden anderen möglichen Binärkombinationen erkennt der Decodierer einen Fehler, eine Korrektur ist wegen der Hammingdistanz $d_{min} = 2$ nicht möglich.

Der weichen Decodierung kann man das Vektordiagramm im Bild 8.4b zuordnen. Bei gleicher Signalenergie E des Sendesignals wie bei der harten Decodierung haben die Signalvektoren, die die beiden zugelassenen Codewörter 00 und 11 darstellen, die Koordinaten

$$00 \Rightarrow (-\sqrt{E}, -\sqrt{E}) \Rightarrow 0 \tag{8.3.37a}$$

$$11 \Rightarrow (+\sqrt{E}, +\sqrt{E}) \Rightarrow 1 \tag{8.3.37b}$$

und die Entscheidungsschwelle ist die Winkelhalbierende im zweiten und vierten Quadranten. Statt zunächst eine Entscheidung für jedes Binärzeichen einzeln wie bei der harten Decodierung auszuführen und dann zu decodieren, werden bei der weichen Decodierung beide Vorgänge miteinander kombiniert. Der Vorteil dieses Vorgehens wird an Bild 8.4c deutlich: Die vier dort gezeigten Vektoren entsprechen den Kombinationen zweier aufeinanderfolgender Binärzeichen, die insgesamt am Ausgang des Entscheiders gewonnen werden können, während die Untermenge der zwei mit $0_1 0_2$ und $1_1 1_2$ gekennzeichneten Vektoren den bei der weichen Decodierung gelieferten Binärzeichen 0 und 1 entsprechen. Nimmt man an, daß der in Bild 8.4c eingezeichnete Vektor

$$c_e(k) = (c_e(k), c_e(k-1))^T \tag{8.3.38}$$

empfangen wurde, der durch Störung des Binärzeichens 1 nach (8.3.37b) entstanden ist, so wird bei harter Decodierung an Hand des Ausgangs $0_1 1_2$ am Entscheider ein Fehler erkannt, während die weiche Decodierung das korrekte Binärzeichen 1 liefert.

Bei den weiteren Betrachtungen wird angenommen, daß die Abtastwerte $c_e(k)$ kein Impulsnebensprechen enthalten und statistisch unabhängig voneinander sind. Die in den Zufallsvariablen $\mathit{c}_e(k)$ enthaltenen Störanteile sollen additiv sein und einem mittelwertfreien Gaußprozeß mit der Standardabweichung σ_c entstammen. Decodiert man im Sinne des minimalen Euklidischen Abstands, dann wird ein Codewort sicher dann falsch decodiert, wenn die Störkomponente $n_{ei}(k)$ ausgehend von dem Vektor $c_{ei}(k)$, der dem gesendeten Codewort entspricht, größer als der halbe Abstand zu irgendeinem anderen, ein Codewort repräsentierenden Vektor $c_{ej}(k)$ ist. Ein Beispiel dazu zeigt Bild 8.5 für $i = 1$, wobei der minimale Euklidische Abstand zur Unterscheidung von der Hammingdistanz mit $d_{E_{min}}$ bezeichnet wird.

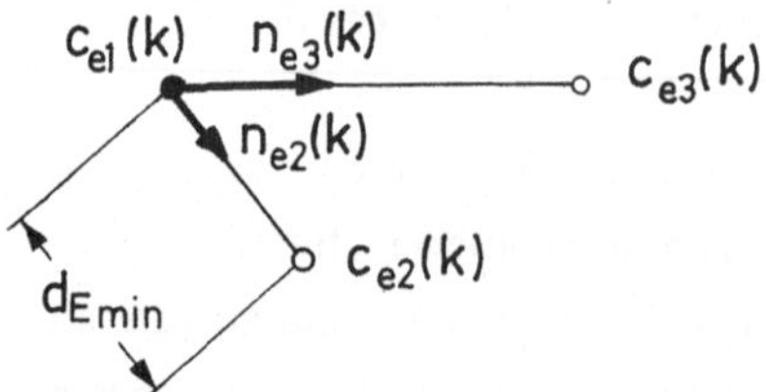

Bild 8.5 Zur Veranschaulichung der Enstehung von Fehlern bei weicher Decodierung

Bezeichnet man diesen Fehlerfall mit F_{ij}, so ist die Wahrscheinlichkeit dafür, daß bei gleicher Auftrittswahrscheinlichkeit aller M Codewörter ein Codewort falsch decodiert wird, durch

$$P_{CW}(F) = P\Big(\bigcup_{\substack{j=1\\ j\neq i}}^{M} F_{ij}\Big) \tag{8.3.39}$$

gegben, wobei für die Anzahl M der Codewörter

$$M = 2^n \tag{8.3.40}$$

gilt. Die Wahrscheinlichkeit $P_{CW}(F)$ nach (8.3.39) läßt sich mit der im 5. Kapitel eingeführten union bound nach oben abschätzen, indem man bei der Berechnung der Vereinigungsmenge den Durchschnitt vernachlässigt:

$$P_{CW}(F) \le \sum_{\substack{j=1\\ j\neq i}}^{M} P(F_{ij}) = \sum_{\substack{j=1\\ j\neq i}}^{M} P\left\{ n_{e_j}(k) \ge \frac{d_{E_{ij}}}{2} \right\}$$

$$\le \sum_{\substack{j=1\\ j\neq i}}^{M} Q\left[\frac{d_{E_{ij}}}{2\sigma_c}\right] \ . \tag{8.3.41}$$

Die Q–Funktion wurde in (3.2.11) definiert und $d_{E_{ij}}$ bezeichnet den Euklidischen Abstand zwischen den Vektoren $c_{e_i}(k)$ und $c_{e_j}(k)$. Um die Abschätzung weiter vereinfachen zu können, damit aber auch zu vergröbern, werden die Abstände $d_{E_{ij}}$ durch deren Minimum $d_{E_{min}}$ ersetzt, so daß aus (8.3.41)

$$P_{CW}(F) \le \sum_{\substack{j=1\\ j\neq i}}^{M} Q\left[\frac{d_{E_{ij}}}{2\sigma_c}\right] \le (M-1)\cdot Q\left[\frac{d_{E_{min}}}{2\sigma_c}\right] = (2^k-1)\cdot Q\left[\frac{d_{E_{min}}}{2\sigma_c}\right] \tag{8.3.42}$$

folgt. Der größte Summand in (8.3.42) wird durch die minimale Distanz $d_{E_{min}}$ bestimmt, so daß man eine Abschätzung von $P_{CW}(F)$ nach unten mit

$$P_{CW}(F) \ge Q\left[\frac{d_{E_{min}}}{2\sigma_c}\right] \tag{8.3.43}$$

erhält. Für die Fehlerwahrscheinlichkeit eines Codeworts läßt sich mit (8.3.42) und (8.3.43) eine untere und eine obere Schranke angeben:

$$Q\left[\frac{d_{E_{min}}}{2\sigma_c}\right] \le P_{CW}(F) \le (2^k-1)\cdot Q\left[\frac{d_{E_{min}}}{2\sigma_c}\right] \ . \tag{8.3.44}$$

Will man diese Fehlerwahrscheinlichkeit mit derjenigen vergleichen, die man ohne Codierung erzielt, benötigt man eine Abschätzung für den Bitfehler. Da sich in jedem Codewort k informationstragende Binärstellen befinden und mindestens ein Bitfehler vorliegen muß, damit ein falsches Codewort entsteht, erhält man eine untere Schranke indem man den in (8.3.43) angegebenen Wert durch k dividiert. Die Bitfehlerwahrscheinlichkeit wird andererseits immer kleiner als die Fehlerwahrscheinlichkeit für ein Codewort sein, so daß die obere Schranke nach (8.3.42) auch als grobe obere Schranke für den Bitfehler gilt. Schätzt man wie in (8.3.44) die Bitfehlerwahrscheinlichkeit $P_c(F)$ nach unten und oben ab, so gilt mit diesen Überlegungen:

$$\frac{1}{k}\cdot Q\left[\frac{d_{E\min}}{2\sigma_c}\right] \leq P_c(F) \leq (2^k-1)\cdot Q\left[\frac{d_{E\min}}{2\sigma_c}\right] \quad . \tag{8.3.45}$$

Für den Vergleich der weichen Decodierung mit dem uncodierten Fall soll angenommen werden, daß die Daten bitweise mit dem 2–PSK–Verfahren moduliert werden. Für die Bitfehlerwahrscheinlichkeit $P_b(F)$ erhält man im uncodierten Fall mit (5.19)

$$P_b(F) = Q\left(\frac{\sqrt{E}}{\sigma_b}\right) \quad , \tag{8.3.46}$$

wobei $\sqrt{E} = \sqrt{E_z}$ und $\sqrt{N_W} = \sigma_b$ gesetzt wurde. Will man diese Bitfehlerwahrscheinlichkeit mit der bei weicher Decodierung nach (8.3.45) vergleichen, muß man zunächst die minimale Euklidische Distanz $d_{E\min}$ bestimmen. Der Abstand der beiden Signalvektoren ist bei 2–PSK nach Bild 8.4 und Bild 5.4 durch

$$d_{2-PSK} = 2\cdot\sqrt{E} \tag{8.3.47}$$

gegeben. Besitzen zwei Codewörter, deren voneinander unabhängige Binärstellen mit 2–PSK moduliert werden, die Hammingdistanz d_H, so gilt für die Euklidische Distanz d_E der diesen Codewörtern zugeordneten Vektoren

$$d_E^2 = 4\cdot E\cdot d_H \tag{8.3.48}$$

und entsprechend für die minimale Distanz

$$d_{E\min} = 2\cdot\sqrt{E}\cdot\sqrt{d_{H\min}} \quad . \tag{8.3.49}$$

Offensichtlich hängt die minimale Euklidische Distanz $d_{E\min}$ vom verwendeten Code ab.

Bei einem Block–Code mit einer Prüfstelle, die dafür sorgt, daß das Gewicht aller Codewörter gerade oder ungerade ist, beträgt die minimale Hammingdistanz $d_{H_{min}} = 2$, bei einem Hamming–Code nach (8.3.26) $d_{H_{min}} = d_{min} = 3$. Um den Codierungsgewinn gegenüber dem uncodierten Fall abzuschätzen, sind die Bitfehlerwahrscheinlichkeiten nach (8.3.46) und (8.3.45) als Funktion des gewählten Codes miteinander zu vergleichen. Als weiterer Parameter ist bei diesem Vergleich das Signal–zu–Rauschverhältnis, das im uncodierten Fall

$$SNR_b = \frac{E}{N_w} = \frac{E}{\sigma_b^2} \tag{8.3.50}$$

beträgt, von Bedeutung. Eine grobe Abschätzung des Codierungsgewinns erhält man, indem man die Vorfaktoren in (8.3.45) unberücksichtigt läßt und durch Wahl des Signal–zu– Rauschverhältnisses die Bitfehlerwahrscheinlichkeit im codierten und uncodierten Fall gleich groß werden läßt. Für den codierten Fall beträgt das Signal–zu– Rauschverhältnis nach (8.3.45) und (8.3.49):

$$SNR_c = \frac{d_{E_{min}}^2}{4\sigma_c^2} = \frac{E}{\sigma_c^2} \cdot d_{H_{min}} \quad . \tag{8.3.51}$$

Setzt man $\sigma_b = \sigma_c$, so beträgt der Codierungsgewinn beim Block–Code mit einem Prüfbit, d.h. $d_{H_{min}} = 2$, $10 \cdot \log(2) = 3$ dB und beim Hamming–Code mit der Distanz $d_{H_{min}} = 3$ entsprechend $10 \cdot \log(3) = 4{,}7$ dB.

Dieser Vergleich ist nicht ganz zutreffend; es wurde nämlich nicht berücksichtigt wurde, daß der Bandbreitebedarf bei Codierung um den Faktor $1/R = n/k$ höher als im uncodierten Fall ist, sofern die gleiche Zahl von Informationsstellen pro Zeiteinheit übertragen werden soll. Nimmt man einen weißen Störprozeß an, erhöht sich die Störleistung um denselben Faktor, so daß für die Varianzen

$$\sigma_c^2 = \frac{1}{R} \cdot \sigma_b^2 \tag{8.3.52}$$

gilt. Damit erniedrigt sich der Codegewinn in Abhängigkeit von der Coderate. Nimmt man als Beispiel einen (7,4)–Hamming–Code, so gilt für das Signal–zu–Rauschverhältnis nach (8.3.51) mit

$$SNR_c = \frac{E}{\sigma_b^2} \cdot d_{H_{min}} \cdot R \tag{8.3.53}$$

und für den Codegewinn $4{,}7 \text{ dB} - 10 \cdot \log(7/4) = 2{,}27$ dB.

Zum Schluß sollen für den (7,4)–Hamming–Code die Bitfehlerwahrscheinlichkeit in ihren Schranken nach (8.3.45), der Wert ohne die beiden Vorfaktoren und die Bitfehlerwahrscheinlichkeit bei fehlender Codierung nach (8.3.46) miteinander verglichen werden. Diese Wahrscheinlichkeiten zeigt Bild 8.6 als Funktion des Signal–zu–Rauschverhältnisses nach (8.3.50), wobei bei der Berechnung der Wahrscheinlichkeiten nach (8.3.45) die erhöhte Rauschleistung nach (8.3.52) berücksichtigt wurde.

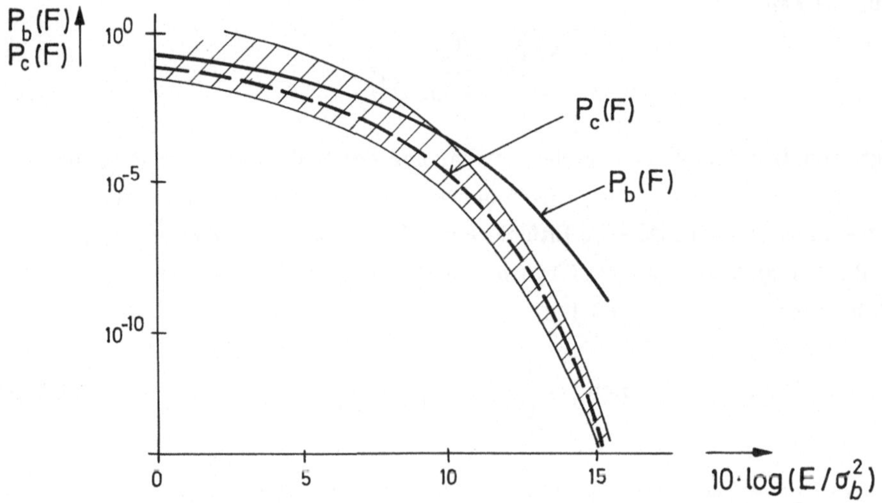

Bild 8.6 Abschätzung der Bitfehlerwahrscheinlichkeit bei weicher Decodierung des (7,4)–Hamming–Codes und Vergleich mit dem uncodierten Fall

Man erkennt, daß grundsätzlich die Bitfehlerwahrscheinlichkeit im uncodierten Fall größer als im codierten ist, wobei dieser Abstand mit Zunahme des Signal–zu–Rauschverhältnisses ansteigt. Ferner erkennt man, daß die obere und untere Schranke für die abgeschätzte Bitfehlerwahrscheinlichkeit bei Codierung mit Zunahme des Signal–zu–Rauschverhältnisses auf den Wert konvergiert, den man ohne Berücksichtigung der Vorfaktoren erhält, so daß dieser Wert für eine grobe, aber einfache Abschätzung des Codierungsgewinns verwendet werden kann.

Der Aufwand bei der weichen Decodierung ist relativ hoch, da die Abstände der Vektoren $\underline{c}_e(k)$ zu allen anderen Vektoren bestimmt werden müssen, um den minimalen Abstand zu finden. Deswegen wird weiche Decodierung im Gegensatz zu harter Decodierung bei Block–Code kaum eingesetzt, sondern vorzugsweise bei Faltungs– bzw. Trellis–Codes. Aus diesem Grunde soll die Restfehlerwahrscheinlichkeit bei Fehlererkennung und Fehlerkorrektur durch harte Decodierung im folgenden Abschnitt näher untersucht werden.

8.3.5 Restfehlerwahrscheinlichkeiten von Block–Codes

Sinn der Codierung ist es, die ohne Codierung zu erwartende Bitfehlerwahrscheinlichkeit $P_b(F)$ zu reduzieren. Trotz der Fehlererkennung oder der Fehlerkorrektur werden noch unerkannte bzw. unkorrigierte Fehler übrig bleiben, die mit einer bestimmten Restfehlerwahrscheinlichkeit auftreten. Ein Maß für die Wirksamkeit der Codierung ist der Unterschied zwischen Fehlerwahrscheinlichkeit $P_b(F)$ ohne Codierung und der Restfehlerwahrscheinlichkeit $P_R(F)$ mit Codierung.

Die Restfehlerwahrscheinlichkeit hängt davon ab, wie groß $P_b(F)$ ist, welches Codierungsverfahren verwendet wird, ob Fehlererkennung oder –korrektur erfolgt, wie groß die minimale Hammingdistanz des Codes ist, von welcher Art die übertragenen Daten und die vom Kanal verursachten Fehlermuster sind usw.

Ein Restfehler tritt bei Fehlerkorrektur immer dann auf, wenn das empfangene Codewort einem anderen als dem gesendeten Codewort ähnlicher ist. Bei Fehlererkennung tritt der Restfehler nur dann auf, wenn durch die Übertragungsfehler aus dem gesendeten ein anderes zulässiges Codewort entsteht, was sicher weniger häufig als ein Restfehler bei der Korrektur eintritt.

Bei den folgenden Betrachtungen wird vorausgesetzt, daß die Übertragungsfehler statistisch unabhängig voneinander sind, d.h. der Kanal hat kein "Gedächtnis" und entspricht dem sogenannten symmetrischen Binärkanal. Damit wird die Tatsache bezeichnet, daß die übertragenen Binärzeichen unabhängig von ihrer Art – 0 oder 1 – gestört werden. Wegen dieser Eigenschaft treten hier keine Fehlerbündel oder bursts auf. Zunächst sei die Restfehlerwahrscheinlichkeit bei Fehlerkorrektur für einen optimalen Code berechnet, bei dem der Abstand zwischen je zwei Codeworten gleich groß ist.

Die Wahrscheinlichkeit, mit der ein n–stelliges Codewort an x Binärstellen fehlerhaft ist, wobei die Bitfehlerwahrscheinlichkeit $P_b(F) = p$ vorgegeben ist, wurde in (8.3.36) angegeben. Bis zu $z_k = (d_{min}-1)/2$ Fehler können bei fehlerkorrigierender Codierung nach (8.2.2) korrigiert werden, d.h. nur $x = (d_{min}+1)/2$ und mehr Fehler führen zu einem nicht korrigierbaren und damit endgültig falschen Codewort. Die Wahrscheinlichkeit, daß $x = (d_{min}+1)/2$ oder mehr Fehler auftreten, ist damit die Restfehlerwahrscheinlichkeit bei fehlerkorrigierender Codierung. Aus (8.3.36) folgt damit

$$P_{R_k}(F) = \sum_{\lfloor i=(d_{min}+1)/2 \rfloor}^{n} \binom{n}{i} p^i (1-p)^{n-i}$$

$$= 1 - \sum_{i=0}^{\lfloor (d_{min}-1)/2 \rfloor} \binom{n}{i} p^i (1-p)^{n-i} \,, \qquad (8.3.54)$$

wobei die zuletzt angegebene Formel leichter auszuwerten ist, da hier wegen $d_{min} < n$

weniger Summanden auftreten. Man erkennt, daß die Restfehlerwahrscheinlichkeit erwartungsgemäß um so kleiner ist, je größer die minimale Hammingdistanz d_{min} wird.

Als nächstes soll die Restfehlerwahrscheinlichkeit $P_{R_e}(F)$ für fehlererkennende Codierung bestimmt werden. Ein Restfehler kann hier nur dann auftreten, wenn die Anzahl der Fehler nach (8.2.1) größer als $z_e = d_{min}-1$ wird. Aber auch in diesem Fall muß noch kein Restfehler vorliegen. Dies trifft nur dann zu, wenn die Fehler so geartet sind, daß aus dem ursprünglich gesendeten Codewort ein anderes zulässiges Codewort entstanden ist. Dann kann das Codewort nicht als falsch erkannt werden und gelangt als falsches Codewort in die Nachrichtensenke. Zur Berechnung der Restfehlerwahrscheinlichkeit benötigt man also den Anteil A(x) der Binärmuster mit x Binärzeichen 1 bzw. dem Gewicht x bezogen auf die Zahl der Binärmuster mit x Binärzeichen 1 innerhalb eines Wortes der Länge n. Für diesen Anteil gilt

$$P = \frac{A(x)}{\binom{n}{k}} \quad , \tag{8.3.55}$$

womit gleichzeitig die Wahrscheinlichkeit für das Übereinstimmen eines Fehlermusters, das x Fehler enthält, mit einem zulässigen Codewort des Gewichts x bekannt ist.

Der Quotient (8.3.55) ist im allgemeinen codeabhängig. Man konnte jedoch nachweisen [Swo 73], daß für viele Codes, u.a. auch den BCH–Code, mit guter Näherung

$$\frac{A(x)}{\binom{n}{k}} \approx 2^{-(n-k)} \tag{8.3.56}$$

gilt, d.h. je größer die Zahl n–k der Prüfstellen ist, desto kleiner ist die Wahrscheinlichkeit, daß ein Fehlermuster mit einem zulässigen Codewort übereinstimmt, was auch der Anschauung entspricht.

Damit läßt sich aus (8.3.56) und (8.3.36) die Restfehlerwahrscheinlichkeit $P_{R_e}(F)$ bei fehlererkennender Codierung und einer Minimaldistanz d_{min} herleiten:

$$P_{R_e}(F) \approx 2^{-(n-k)} \left[1 - \sum_{i=0}^{d_{min}-1} \binom{n}{i} p^i (1-p)^{n-i} \right] \quad . \tag{8.3.57}$$

Dabei bezeichnet der erste Faktor die Wahrscheinlichkeit des Übereinstimmens eines Fehlermusters mit einem zulässigen Codewort, der zweite Faktor die Wahrscheinlichkeit dafür, daß mehr als $d_{min}-1$ Fehler in einem Codewort auftreten. Eine konservative Abschätzung würde wegen der in der Näherung von (8.3.56) liegenden Unsicherheit nur den zweiten Faktor verwenden

$$P_{R_e}(F) \cdot 2^{(n-k)} = 1 - \sum_{i=0}^{d_{min}-1} \binom{n}{i} p^i (1-p)^{n-i} \quad , \tag{8.3.58}$$

d.h. alle die Fälle schon zu den Restfehlern zählen, in denen mehr als $d_{min}-1$ Fehler in einem Codewort auftreten. In beiden Fällen sinkt der Restfehler mit Zunahme der Minimaldistanz d_{min} und ist stets kleiner als die Restfehlerwahrscheinlichkeit $P_{R_k}(F)$ bei fehlerkorrigierender Codierung, da in (8.3.58) bzw. (8.3.57) mehr Summenterme als in (8.3.54) auftreten. Durch den Vorfaktor in (8.3.57) wird die Restfehlerwahrscheinlichkeit $P_{R_e}(F)$ nach (8.3.57) noch erheblich verringert und zeigt damit die Überlegenheit der Fehlererkennung, wenn es auf hohe Zuverlässigkeit bei der Datenübertragung ankommt.

Für zwei in Tab. 8.1 genannte BCH–Codes der Länge n = 15 zeigt Bild 8.7 die Restfehlerwahrscheinlichkeiten $P_{R_k}(F)$ nach (8.3.54) und $P_{R_e}(F)$ nach (8.3.58) als Funktion der Bitfehlerwahrscheinlichkeit $P_b(F)$ bei fehlender Codierung nach (8.3.46). Dabei ist zu beachten, daß die Datenrate R nicht berücksichtigt wurde, d.h. es wird im Falle vorhandener oder fehlender Codierung dieselbe Zahl von Binärzeichen pro Zeiteinheit übertragen, so daß die Zahl der übertragenen Informationszeichen pro Zeiteinheit mit sinkender Rate sinkt. Dabei beziehen sich die mit a) gekennzeichneten Kurven auf den Code mit k = 11 informationstragenden Stellen, b) bezeichnet den Code für k = 5.

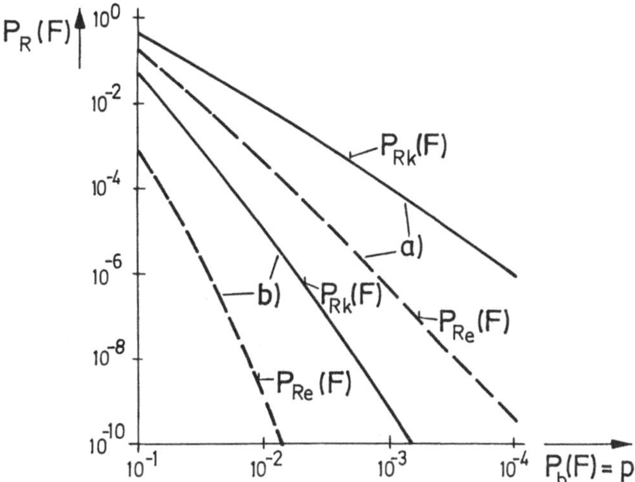

Bild 8.7 Restfehlerwahrscheinlichkeiten bei Fehlererkennung — gestrichelte Linien — und Fehlerkorrektur — durchgezogene Linien — zweier BCH–Codes der Länge n = 15 mit a) k = 11 und b) k = 5 Informationsstellen

Man erkennt auch hier die Überlegenheit der Fehlererkennung gegenüber der Fehlerkorrektur bezüglich der Restfehlerwahrscheinlichkeit, wobei noch zu beachten ist, daß

$P_{R_e}(F)$ sich im Falle a) um den Faktor $2^{-4} = 1/16$ und im Falle b) um den Faktor $2^{-10} = 1/1024$ verbessert, wenn man den Vorfaktor in (8.3.57) berücksichtigt. Andererseits erfordert die Fehlererkennung einen höheren Aufwand der Übertragungseinrichtung in Form eines Rückkanals und eines Pufferspeichers am Sendeort. Die effektive Übertragungsgeschwindigkeit kann bei häufig erforderlicher Wiederholung niedriger werden als bei Fehlerkorrektur, auf jeden Fall wird der Datenfluß weniger kontinuierlich.

8.4 Kanalcodierung mit Faltungs–Codes

Die Codierer für Faltungs–Codes sind im Gegensatz zu denen für Block–Codes gedächtnisbehaftet, so daß aufeinanderfolgende Codewörter nicht unabhängig voneinander sind sondern über die *Verflechtungs–* oder *Abhängigkeitslänge* miteinander zusammenhängen. Dies liegt an der Entstehung der Codewörter: das Datenwort b(k) mit k Stellen wird durch eine Modulo–2–Faltung in das Codewort der Länge n transformiert. Diese Transformation kann auf einen systematischen oder einen unsystematischen Code führen, je nachdem, ob das Datenwort unverändert im Codewort auftritt oder nicht. Wie bei den Block–Codes sollen hier vorwiegend systematische Codes betrachtet werden, bei denen die k informationstragenden Binärstellen unverändert übertragen werden und den n–k Prüfstellen vorausgehen. Aus Gründen der einfachen Realisierung ist oft entweder die Anzahl der informationstragenden Zeichen $k = 1$ oder die Zahl der Prüfstellen $n-k = 1$. Bezeichnet man mit dem Quotienten $R = k/n$ die Rate des Codes, wobei $0 < R \leq 1$ gilt, so erhält man typische Coderaten von R = ... 1/5, 1/4, 1/3, 1/2, 2/3, 3/4, 4/5, ... Daraus wird deutlich, daß der Codierungsprozeß im Gegensatz zur Block–Codierung kontinuierlicher abläuft und somit bei hohen Übertragungsraten geeigneter ist. Weitere Vorteile gegenüber den Block–Codes sind die effizienten Algorithmen zur weichen Decodierung und die gleich guten oder besseren Codeeigenschaften in Bezug auf die Fehlerwahrscheinlichkeit.

Beim Codierungsvorgang werden innerhalb von jeweils n Binärzeichen n–k Prüfstellen eingefügt, die von den letzten $v \cdot k$ Binärzeichen abhängen, wobei v die um eins erhöhte Anzahl der Speicher des Codierers ist. Damit reicht der Einfluß eines informationstragenden Binärzeichens über insgesamt $v_n = v \cdot n$ Zeichen am Ausgang des Codierers. Man bezeichnet v_n als Verflechtungs– oder Abhängigkeitslänge; in der Literatur [Lee 88] ist aber auch für v die Bezeichnung Verflechtungslänge üblich, die aus dem englischen Begriff *constraint length* abgeleitet wird. Zur Veranschaulichung zeigt Bild 8.8 ein Blockschaltbild für einen Codierer mit den Parametern $k = 1$, $n = 2$, also der Coderate $R = 1/2$ und der Verflechtungslänge $v_n = 6$. Die Daten b(k) am Eingang des Schieberegisters haben die halbe Rate der Binärzeichen c(k) am Ausgang, d.h. für jedes in die

Speicherkette hineingeschobene Binärzeichen erhält man am Ausgang zwei Binärzeichen, indem sich der Schalter einmal vollständig dreht. Das erste Binärzeichen am Ausgang hängt dabei nur vom neuen Binärzeichen am Eingang ab, es handelt sich also um einen systematischen Code.

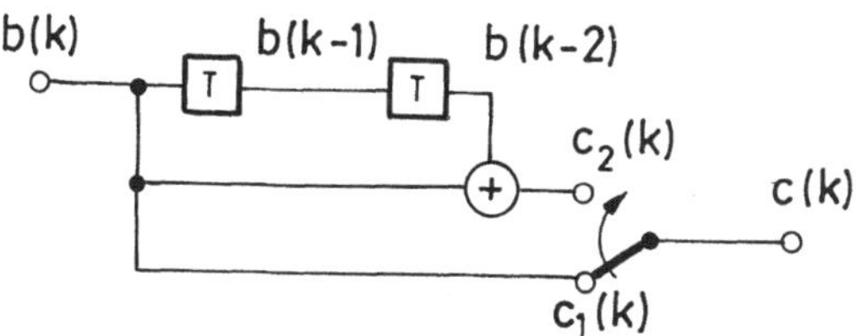

Bild 8.8 Codierer für einen Faltungs–Code mit R = 1/2 und $v_n = 6$

Der Datenstrom am Ausgang des Codierers stellt eine Markoff–Kette dar, die man wie im 6. Kapitel durch ein Zustandsübergangsdiagramm beschreiben kann. Der Zustand des Codierers wird durch die in den Speichern abgelegten Binärzeichen, in Bild 8.8 also durch die Zeichen b(k–1) und b(k–2), beschrieben. In Abhängigkeit von diesem Zustand und dem Zeichen b(k) am Eingang des Codierers berechnet sich der Zustand im nächsten Taktschritt. Das Zustandübergangsdiagramm des Codierers in Bild 8.8 zeigt Bild 8.9, wobei man vier Zustände und bestimmte Übergänge zwischen diesen Zuständen erkennt. An den die Übergänge bezeichnenden Pfeilen sind die am Ausgang des Codierers abgegriffenen Werte $c_1(k)$ und $c_2(k)$ vor dem schrägen Strich und das zugehörige Eingangsdatum b(k) hinter dem Strich angegeben.

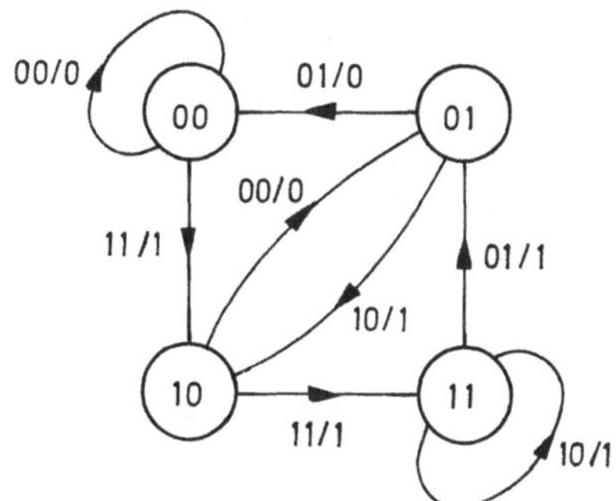

Bild 8.9 Zustandsübergangsdiagramm für die Markoff–Kette des Codierers nach Bild 8.8

Will man den Datenstrom c(k) am Ausgang des Codierers näher untersuchen, verwendet man das im 6. Kapitel eingeführte Trellis–Diagramm, das Bild 8.10 für den Codierer nach Bild 8.7 zeigt. Den von v = 3 abhängigen

$$2^{v-1} = 4 \tag{8.4.1}$$

Zuständen der Markoff–Kette entsprechend erhält man vier Knoten in jeder Graphenebene. Im Ausgangszustand enthält das Register nur Nullen, die Fortsetzung des Graphen nach dem vierten Takt entspricht dem Schema nach dem dritten Takt. Von jedem Knoten gehen

$$2^k = 2 \tag{8.4.2}$$

Zweige aus. Das Eingangsdatum b(k) des Codierers ist über den Zweigen, die zugehörigen zwei Binärzeichen c(k) am Ausgang sind unter den Zweigen angegeben.

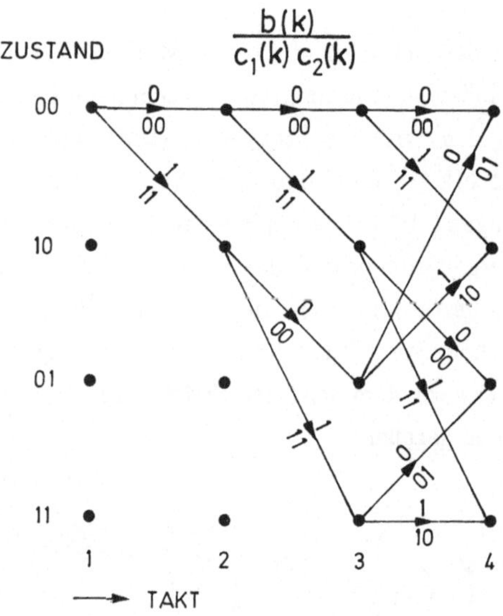

Bild 8.10 Trellis–Diagramm für den Datenstrom c(k) des Codierers nach Bild 8.8

Wegen der linearen Bildungsvorschrift für die Prüfstellen gehören die hier beschriebenen Faltungs–Codes wie die Block–Codes zu den Gruppen–Codes. Man kann wie bei den Block–Codes eine Matrizenbeschreibung mit Generatormatrix **G**, Prüfmatrix **H** usw. angeben. Wegen der im Codierer verwendeten Speicher bestehen die Elemente der Generatormatrix nicht wie bei den Block–Codes aus den konstanten Werten 0 und 1, sondern sie sind Polynome des Verschiebungsoperators z^{-1}. Für jedes Binärzeichen b(k) am Eingang liefert der Codierer in Bild 8.8 zwei codierte Zeichen $c_i(k)$ am Ausgang nach der Vorschrift

$$c_1(k) = b(k) \tag{8.4.3}$$

$$c_2(k) = b(k) \oplus b(k-1) \quad . \tag{8.4.4}$$

Wendet man auf diese Ausdrücke die z–Transformation [Kam 89] an, erhält man

$$C_1(z) = B(z) \tag{8.4.5}$$

$$C_2(z) = B(z) \cdot (1 \oplus z^{-2}) \quad . \tag{8.4.6}$$

Durch Modulo–2–Faltung der Eingangswerte b(k) mit einem die Übertragungseigenschaften des Codierers beschreibenden Generatormuster entstehen die Ausgangswerte c(k). Der Faltung entspricht bei den z–Transformierten aber die Multiplikation, so daß man in Anlehnung an (8.3.3)

$$\mathbf{C}(z) = \mathbf{B}(z) \cdot \mathbf{G}(z) \tag{8.4.7}$$

schreiben kann. Dabei ist $\mathbf{C}(z)$ ein Zeilenvektor der Form

$$\mathbf{C}(z) = [C_1(z) \;\; C_2(z) \; \ldots \; C_n(z)] \quad , \tag{8.4.8}$$

der für den Codierer nach Bild 8.8. mit n = 2 die beiden in (8.4.5) und (8.5.6) genannten Elemente besitzt, und B(z) ist ein Zeilenvektor der Dimension k

$$B(z) = [B_1(z) \; B_2(z) \; \ldots \; B_k(z)] \quad . \tag{8.4.9}$$

Im betrachteten Beispiel gilt k = 1, und $\mathbf{G}(z)$ ist eine (k×n)–dimensionale Generatormatrix, die für den Codierer in Bild 8.8 durch

$$\mathbf{G}(z) = [1 \mid 1 + z^{-2}] \tag{8.4.10}$$

gegeben ist. Das Produkt von Generator– und transponierter Prüfmatrix verschwindet nach (8.3.12), so daß aus (8.4.10) für die Prüfmatrix

$$\mathbf{H}(z) = [1 + z^{-2} \mid 1] \tag{8.4.11}$$

folgt. Dieses Beispiel soll nur die Grundzüge der Eigenschaften von Faltungs–Codes aufzeigen, für detaillierte Betrachtungen sei auf die Literatur, z.B. [For 70], [Mas 77], verwiesen.

Speist man den Codierer nach Bild 8.8 mit einer Binärfolge b(k), die nur an der ersten

Stelle eine binäre Eins, sonst aber Nullen aufweist, so erhält man nach Bild 8.10 die Sendefolge c(k) mit den Werten 11 00 01.00 00 ... . Man bezeichnet die Folge bis zum Punkt, hinter dem nur noch Nullen folgen, als Generatormuster g(k), dessen Länge gleich der Verflechtungslänge $v_n = 6$ des Codes ist. Wenn nur die zweite Stelle der Folge eine binäre 1 enthielte, ergäbe sich dieselbe Sendefolge, nur um n = 2 Takte verschoben. Die Sendefolge bei beliebiger Binärfolge am Eingang des Codierers ist demnach die Modulo–2–Summe von gegeneinander verschobenen Generatormustern. Dies entspricht der Aussage, daß die codierte Folge c(k) durch Modulo–2–Faltung der Binärfolge b(k) mit dem Generatormuster g(k) entsteht, das die Rolle der Impulsantwort bei linearen, zeitdiskreten Systemen spielt.

Den Einfluß einer bestimmten Binärstelle auf die Sendefolge kann man wegen des oben genannten Zusammenhangs dadurch kompensieren, daß man das Generatormuster g(k) zur Sendefolge zeitrichtig addiert. Nimmt man an, daß die Binärfolge b(k) mit den Werten 1100... gesendet wird, liefert der Codierer die codierten Werte 11 11 01 01.00... für c(k). Die Sendefolge c(k), die sich ergäbe, wenn man b(k) mit den Werten 0100 ... übertragen wollte, erhält man dann nach folgender Überlegung:

c(k)	11 11 01 01 ...	Sendefolge für 1100
g(k)	11 00 01	Generatormuster
$c(k) \oplus g(k)$	00 11 00 01 ...	Sendefolge für 0100.

Diese Sendefolge erhält man direkt, wenn man die Folge 0100 in den Codierer einspeist. Aus diesem Beispiel wird deutlich, daß man nicht nur sequentiell codiert, sondern auch decodiert. Man muß nur für jede decodierte binäre Eins das Generatormuster entsprechend addieren, bei einer decodierten binären Null läßt man die entsprechenden n = 2 Stellen einfach weg. Dann hängt die verbleibende Binärfolge nicht mehr vom aktuell decodierten Binärzeichen ab. Für die nächste Binärstelle kann die Decodierung deshalb unabhängig von den vorausgehenden decodierten Binärstellen erfolgen.

8.4.1 Decodierung von Faltungs–Codes

Wenn keine Störungen aufträten, könnte man bei dem im vorigen Abschnitt als Beispiel genannten Code aus jeder zweiten empfangenen Binärstelle die Daten der Quelle entnehmen, bei anderen systematischen Codes könnte man in ähnlicher Weise verfahren. Weil aber Störungen auftreten, muß man ein Decodierverfahren finden, das mit möglichst geringem Fehler die ursprünglichen Daten liefert.

Wegen der Verflechtung der Daten untereinander bei Faltungs–Codierung müßte der Decodierer unendlich lange Binärfolgen berücksichtigen. Aus dem am Ende des vorigen Abschnitts genannten Grund, daß man die Binärfolge mit Hilfe des Generatormusters vom Einfluß eines decodierten Binärzeichens befreien kann, genügt es, endlich lange Folgen zu betrachten, indem man eine sequentielle Decodierung bzw. Korrektur vornimmt.

Man unterscheidet wie bei den Block–Codes "harte" und "weiche" Decodierer. Bei der harten Decodierung verwendet man die Hammingdistanz, bei der weichen die Euklidische Distanz als Decodierkriterium, d.h. im ersten Fall benötigt man die am Ausgang des Entscheiders verfügbaren, hier mit e(k) bezeichneten Schätzwerte für die codierte Sendefolge c(k), im zweiten die nach der Entzerrung gewonnenen Abtastwerte $c_e(k)$, die der codierten Sendefolge c(k) entsprechen. Im übrigen ist das Vorgehen bei harter und weicher Decodierung aber ähnlich und soll zunächst für die harte Decodierung näher betrachtet werden.

Die Decodierung erfolgt im Prinzip durch Listenvergleich, d.h. man vergleicht die am Ausgang des Entscheiders verfügbare Binärfolge e(k), die den Schätzwert für die ungestörte codierte Folge c(k) darstellt, mit allen möglichen Folgen von ungestört übertragenen Daten. Diese möglichen Folgen von ungestört übertragenen Daten entsprechen Pfaden durch den Graphen nach Bild 8.10, die hier durch $c^{(q)}(k)$ bezeichnet werden sollen, wobei der Index q den einzelnen Pfad bezeichnet. Als Maß der Übereinstimmung beim Vergleich von empfangener Binärfolge e(k) und den möglichen Binärfolgen $c^{(q)}(k)$ längs der Pfade dient die über die Modulo–2–Summe

$$s_q = \sum_k c^{(q)}(k) \oplus e(k) \tag{8.4.12}$$

definierte Metrik, die dem Syndrom bei der Block–Codierung entspricht. Wenn $s_q = 0$ gilt, liegt volle Übereinstimmung vor, d.h. es wurde fehlerfrei übertragen, und man wählt als Empfangsdaten die dem Pfad q entsprechende Binärfolge. Gilt dagegen $s_q \neq 0$, liegen Übertragungsfehler vor, und man wählt den Pfad q aus, der dem kleinsten Wert s_q entspricht. Dadurch wird es möglich, Fehler zu korrigieren, weil man den Empfangsdaten nun die dem Pfad mit kleinstem s_q entsprechenden Binärstellen zuordnet. Dieses Vorgehen entspricht dem sogenannten Maximum–Likelihood–Verfahren [Kro 86], d.h. man wählt den mit größter Wahrscheinlichkeit korrekten Pfad aus.

Grundsätzlich müßte man bei diesem Verfahren für eine vorgegebene zu übertragende Datenfolge für alle Pfade die Werte der Metrik nach (8.4.12) berechnen und schließlich den Pfad mit dem niedrigsten Wert für die Decodierung auswählen. Dies würde eine zu große Speicherkapazität und zu viel Zeit für die Decodierung erfordern. Deshalb scheidet man z.B. alle Pfade aus, die nach einer vorgebbaren Zahl von Binärstellen, beispielweise der Verflechtungslänge, einen bestimmten Wert der Metrik, die sogenannte *Ausscheidedistanz*, überschritten haben. Diesem Vorgehen liegt das Argument zugrunde, daß es sehr unwahrscheinlich ist, daß bei einer bestimmten Statistik der Störungen auf dem Übertragungskanal mehr als die vorgegebene Zahl von Fehlern entsteht.

Dieses Vorgehen sei an einem Beispiel für den Codierer nach Bild 8.8 verdeutlicht. Angenommen, es soll die Datenfolge

$$b(k) = (1\ 1\ 0\ 0) \tag{8.4.13}$$

übertragen werden. Der Graph nach Bild 8.10 liefert dafür die Folge der codierten Daten c(k)

$$c(k) = (11\ 11\ 01\ 01) \quad . \tag{8.4.14}$$

Durch Störungen auf dem Übertragungskanal werde die Folge

$$e(k) = (01\ 11\ 01\ 01) \tag{8.4.15}$$

empfangen. Die möglichen Folgen auf den Pfaden des Graphen mit den kleinsten Werten der Metrik nach (8.4.12) berechnet für die Abhängigkeitslänge $v_n = 6$ sind

$$\begin{aligned} c^{(1)}(k) &= (00\ 11\ 11) & s_1 &= 2 \\ c^{(2)}(k) &= (00\ 11\ 00) & s_2 &= 2 \\ c^{(3)}(k) &= (11\ 11\ 10) & s_3 &= 3 \\ c^{(4)}(k) &= (11\ 11\ 01) & s_4 &= 1 \quad . \end{aligned}$$

Ausgewählt würde in diesem Fall als "überlebender" Pfad der mit dem Wert $s_q = s_4 = 1$ für die Metrik, der zu der korrekten in (8.4.13) gegebenen Datenfolge b(k) führt.

Im nächsten Decodierschritt würde zur ausgewählten Empfangsfolge das Generatormuster modulo–2–addiert und der Decodierprozeß wie zuvor beschrieben fortgesetzt. Die Decodierung wird dabei um so fehlerfreier werden, je größer die Abhängigkeitslänge v_n wird. Andererseits werden die Folgefehler sehr groß, wenn ein Symbol falsch decodiert wurde und das Generatormuster entsprechend falsch modulo–2–addiert wurde. Dieser Fall macht sich allerdings durch plötzliches starkes Ansteigen des Wertes s_q der Pfadmetrik nach einem Decodierfehler bemerkbar.

Man kann dieses Decodierverfahren noch verfeinern, indem man den im 6. Kapitel beschriebenen Viterbi–Algorithmus verwendet. Hier "überleben" nur die Pfade, die mit minimalem Wert der Metrik in jeweils einem Knoten der Knotenebenen des Graphen nach Bild 8.10 enden, alle übrigen bisher verfolgten Pfade werden aufgegeben. In jedem der Knoten einer Ebene, deren Anzahl nach (8.4.1) in diesem Beispiel durch

$$2^{v-1} = 4 \qquad (8.4.16)$$

gegeben ist, werden also die

$$2^{v-1} \cdot 2^{n} = 16 \qquad (8.4.17)$$

beginnenden Pfade bezüglich des Wertes s_q der Metrik berechnet, es bleiben aber nur die in (8.4.16) angegebenen Pfade übrig, die den kleinsten Wert s_q der Metrik besitzen. Dadurch wird eine erhebliche Reduktion des Rechenaufwandes erreicht, da pro Knotenebene nur die in (8.4.17) gegebene konstante Anzahl der Werte s_q der Metriken berechnet werden muß und diese sich nicht von Knotenebene zu Knotenebene exponentiell vergrößert.

Zum Schluß sollen noch die Bitfehlerwahrscheinlichkeiten bei harter und weicher Decodierung abgeschätzt werden, wobei wieder beispielhaft der Codierer in Bild 8.8 betrachtet wird. Bei der Berechnung dieser Wahrscheinlichkeit wird angenommen, daß eine ausschließlich aus binären Nullen bestehende Datenfolge b(k) in die ebenfalls nur Nullen enthaltene Sendefolge c(k) codiert wird. Bei der Decodierung soll nur ein einziger nicht korrigierbarer Fehler entstehen, weil die empfangene Datenfolge e(k) eine geringere Distanz zu einer anderen zulässigen Codefolge c'(k) besitzt, deren zugehörige uncodierte Folge b'(k) sich in einer Binärstelle von b(k) unterscheidet. Dieser Fall wird herausgegriffen, da er der wahrscheinlichste ist und damit die Restfehlerwahrscheinlichkeit hauptsächlich bestimmt und sich am einfachsten berechnen läßt. Dabei ist es wegen der Linearität des Codes ohne Bedeutung, daß die Datenfolge ausschließlich binäre Nullen enthält, da jede andere Sendefolge zu demselben Ergebnis bezüglich der Fehlerwahrscheinlichkeit führt.

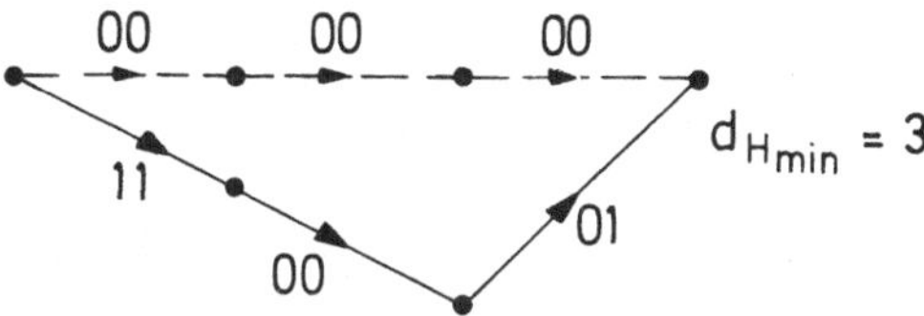

Bild 8.11 Pfad für die fehlerfreie harte Decodierung von binären Nullen und kürzester Pfad beim Auftreten eines nicht korrigierbaren Fehlers

Für den Fall der harten Decodierung zeigt Bild 8.11 den Graphen, der den Pfad für die fehlerfreie Decodierung der Datenfolge b(k) und denjenigen zeigt, der durch einen nicht korrigierbaren Fehler entsteht und nach der kleinsten Zahl von Taktschritten, nämlich nach drei Taktschritten, wieder auf den Pfad der fehlerfreien Decodierung führt. Der Folge der fehlerfrei codierten Daten

$$c(k) = (00\ 00\ 00) \tag{8.4.18}$$

entspricht der gestrichelt gezeichnete Pfad; der Pfad mit einem Fehler ist durchgehend gezeichnet und führt mit den Angaben in Bild 8.10 auf die Datenfolge

$$c'(k) = (11\ 00\ 01)\quad , \tag{8.4.19}$$

der die fehlerhaft decodierte Datenfolge

$$b'(k) = (1\ 0\ 0) \tag{8.4.20}$$

entspricht, die einen nicht korrigierten Fehler enthält. Die Hammingdistanz zwischen c(k) nach (8.4.18) und c'(k) nach (8.4.19) beträgt $d_H = 3$. Die empfangene Datenfolge e(k) stimmt besser mit der fehlerhaften Folge c'(k) nach (8.4.19) als mit der gesendeten Folge c(k) überein, wenn bei der Übertragung zwei oder drei Binärzeichen verfälscht werden. Beträgt die Bitfehlerwahrscheinlichkeit des nach Voraussetzung binären symmetrischen Kanals $P_b(F) = p$, wobei hier die nach (8.3.52) durch die Coderate R erhöhte Rauschleistung zu berücksichtigen ist, so tritt dies nach (8.3.36) mit der Wahrscheinlichkeit

$$P = \sum_{i=2}^{3} \binom{3}{i} p^i (1-p)^{3-i} = 3 \cdot p^2 (1-p) + p^3 \tag{8.4.21}$$

auf. Da mit dieser Wahrscheinlichkeit ein nicht korrigierbarer Fehler auftritt, stellt sie die Näherung für die Restfehlerwahrscheinlichkeit

$$P_{R_k}(F) \approx 3 \cdot p^2 - 2 \cdot p^3 \tag{8.4.22}$$

dar, die in Bild 8.12 zusammen mit der Bitfehlerwahrscheinlichkeit $P_b(F)$ bei fehlender Codierung nach (8.3.46) als Funktion des Signal–zu–Rauschverhältnisses $10 \cdot \log(E/\sigma_b^2)$ dargestellt ist. Man erkennt, daß der Vorteil der Codierung nicht sehr groß ist. Dies liegt daran, daß ein einfacher, in seinen Codierungseigenschaften aber nicht sehr günstiger Codierer verwendet wurde. Der geringe Aufwand bezieht sich dabei nicht nur auf den Codierer selbst, sondern vor allem auf den Decodierer, der bei dem hier betrachteten systematischen Code relativ einfach ist, wie gezeigt wurde.

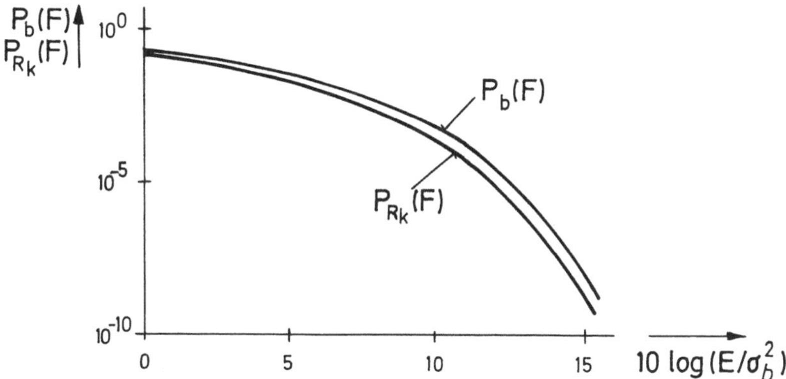

Bild 8.12 Restfehlerwahrscheinlichkeit des Faltungs–Codierers nach Bild 8.8 und Bitfehlerwahrscheinlichkeit ohne Codierung als Funktion des Signal–zu–Rauschverhältnisses

Eine Alternative stellt der in Bild 8.13a gezeigte etwas aufwendigere Codierer [Bar 85] dar, der im Gegensatz zum Codierer nach Bild 8.8 einen unsystematischen Code bei derselben Coderate R = 1/2 liefert.

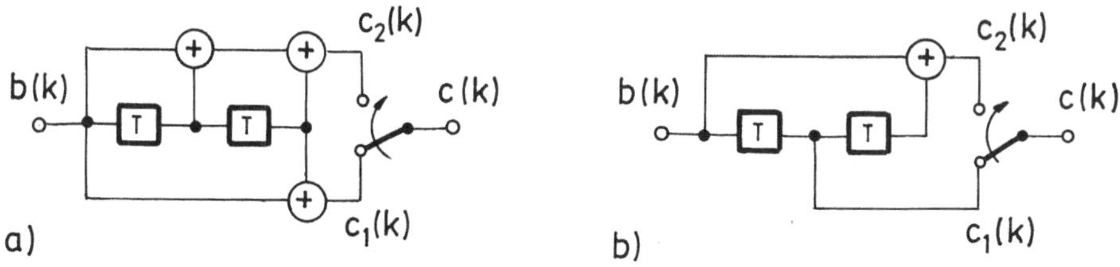

Bild 8.13 Alternativen zum Faltungs–Codierer nach Bild 8.8

Statt der Codefolge c'(k) nach (8.4.19) erhält man hier

$$c'(k) = (11\ 01\ 11) \quad , \tag{8.4.23}$$

was auf die erhöhte Hammingdistanz $d_H = 5$ führt, wie aus Bild 8.14 hervorgeht, das nach dem Muster von Bild 8.10 und Bild 8.11 das Trellis–Diagramm und die Pfade für die Fehlerabschätzung enthält. Die Erhöhung der Hammingdistanz kommt dadurch zustande, daß das zu codierende Binärzeichen b(k) auf jedes der vom Codierer erzeugten Zahlentupel $\{c_1(k), c_2(k)\}$ innerhalb der Verflechtungslänge Einfluß nimmt. Daß dies zwar eine notwendige, aber nicht hinreichende Bedingung ist, zeigt eine Analyse des in Bild 8.13b gezeigten Codierers.

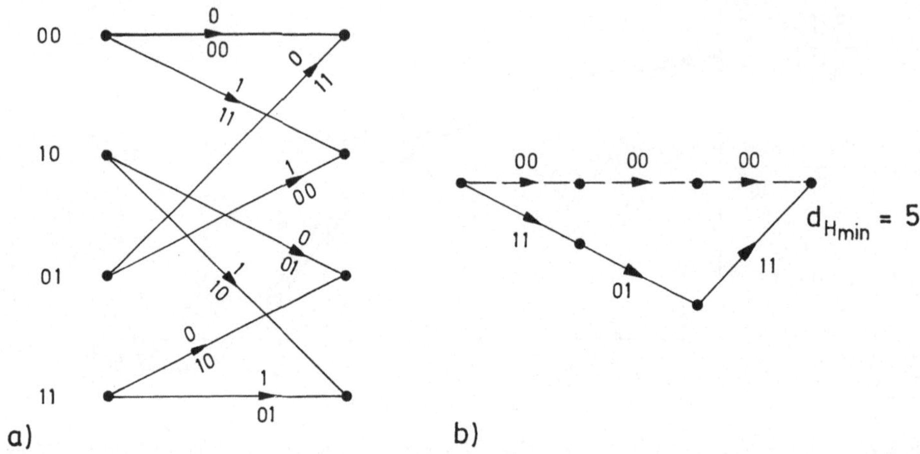

Bild 8.14 a) Trellis–Diagramm, b) Pfade zur Abschätzung der Hammingdistanz des Codierers nach Bild 8.13a

Das einem Fehler entsprechende Codewort nach (8.4.19) lautet hier

$$c'(k) = (01\ 10\ 01) \quad , \tag{8.4.24}$$

was auf die Hammingdistanz $d_H = 3$ führt, wie Bild 8.15 auf ähnliche Weise wie Bild 8.14 für den Codierer nach Bild 8.13a zeigt. Damit ergibt sich kein Vorteil gegenüber dem Codierer nach Bild 8.8. Diese Betrachtung zeigt andererseits, daß Codierer gleicher Verflechtungslänge verschieden gute Codierungseigenschaften besitzen können.

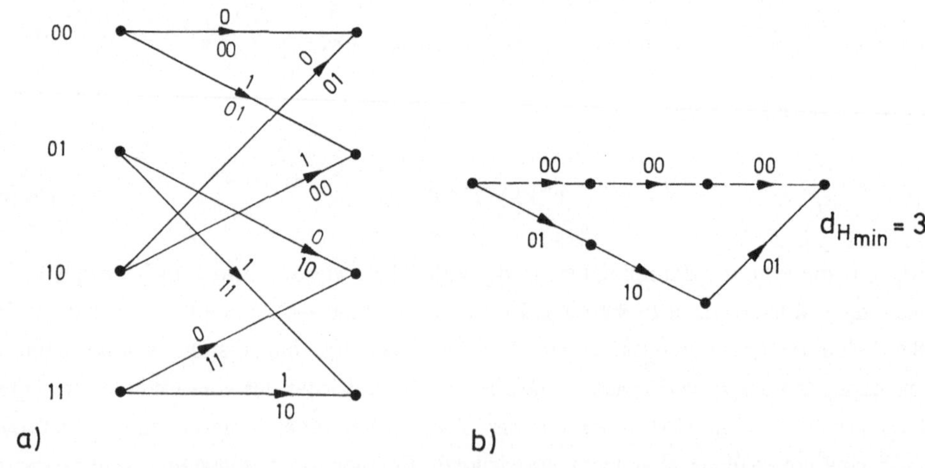

Bild 8.15 a) Trellis–Diagramm, b) Pfade zur Abschätzung der Hammingdistanz des Codierers nach Bild 8.13b

Eine andere Aussage über die Leistungsfähigkeit des Codierungsverfahrens gewinnt man, wenn man danach fragt, wie hoch der Gewinn an Signalenergie ist, wenn man ohne bzw. mit Codierung dieselbe Fehlerwahrscheinlichkeit $P_b(F) = P_{R_k}(F)$ erzielen will. Für die Fehlerwahrscheinlichkeit erhält man ohne Codierung den in (8.3.46) angegebenen Wert. Will man z.B. die Fehlerwahrscheinlichkeit $P_b(F) = 10^{-5}$ erreichen, so folgt für das Signal–zu–Rauschverhältnis im uncodierten Fall bei Modulation mit 2–PSK:

$$SNR_b = \frac{E_b}{\sigma_b^2} = [Q^{-1}(10^{-5})]^2 = 18{,}19 \quad . \tag{8.4.25}$$

Für die Berechnung des entsprechenden Verhältnisses bei Codierung vernachlässigt man in (8.4.22) den kubischen Term, da dieser bei kleinen Werten von p sehr klein gegenüber dem ersten Summanden ist. Damit folgt bei entsprechender Definition des Signal–zu–Rauschverhältnisses

$$SNR_c = \frac{E_c}{\sigma_c^2} = [Q^{-1}(\sqrt{10^{-5}/3})]^2 = 8{,}45 \quad . \tag{8.4.26}$$

Der Vergleich von (8.4.25) mit (8.4.26) ergibt einen Gewinn von 3,3 dB. Dabei ist aber noch nicht berücksichtigt, daß bei einer Coderate von R = 1/2 die doppelte Bandbreite erforderlich ist, um in derselben Zeit die gleiche Informationsmenge wie im uncodierten Fall übertragen zu können. Dadurch verdoppelt sich nach (8.3.52) aber die Störleistung bei einem weißen Störprozeß, so daß die Signalenergie E_c in (8.4.26) verdoppelt werden muß. Folglich verringert sich der Gewinn gegenüber (8.4.25), dem Fall fehlender Codierung, auf 0,32 dB. Bei einem im Verhältnis zum Nutzsignal schmalbandigen Störer gilt eher der zuerst genannte Gewinn. Es ist ferner anzumerken, daß hier wie bisher ein binäres und kein mehrstufiges Modulationsverfahren vorausgesetzt wurde. Dies läßt sich damit begründen, daß das binäre Verfahren bei Lichtwellenleitern Vorteile bei der Realisierung und bei nichtlinearen Übertragungskanälen den Vorteil geringer Verzerrungsabhängigkeit besitzt.

Überträgt man die bei der harten Decodierung angestellten Überlegungen auf die weiche Decodierung, so ist die Hammingdistanz durch die Euklidische Distanz zu ersetzen. Dabei soll wieder 2–PSK als Modulationsverfahren vorausgesetzt werden, so daß den Binärzeichen im ungestörten Fall die Abtastwerte

$$0 \Rightarrow -\sqrt{E} \tag{8.4.27a}$$

$$1 \Rightarrow +\sqrt{E} \tag{8.4.27b}$$

entsprechen. Dem Trellis–Diagramm in Bild 8.10 entspricht der in Bild 8.16 gezeigte

Graph, wobei die Binärzeichen am Eingang des Codierers oberhalb der Zweige, die den codierten Binärzeichen am Ausgang nach (8.4.27) zugeordneten Amplitudenwerte unterhalb der Zweige stehen.

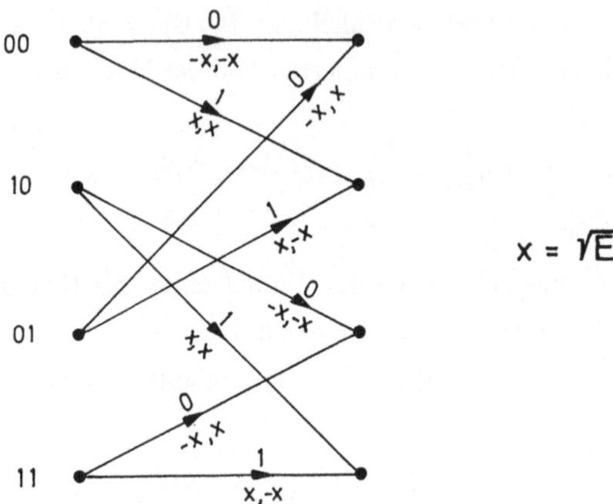

Bild 8.16 Trellis–Diagramm nach Bild 8.10 mit den Amplitudenwerten bei weicher Decodierung

Bezeichnet man die den Binärzeichen nach (8.4.27) zugeordneten Amplitudenwerte mit z, so gilt für die Euklidische Distanz längs zweier, mit i und j indizierter und mit k parametrierter Pfade:

$$d_{E_{ij}}^2 = \sum_k (z_i(k) - z_j(k))^2 \quad . \tag{8.4.28}$$

Ein unkorrigierbarer Fehler entsteht wie bei der harten Decodierung, wenn statt des gestrichelt gezeichneten Pfades in Bild 8.17 der durchgezogene durchlaufen wird, sofern die gesendete Datenfolge nur binäre Nullen enthält, wie auch bei Bild 8.11 vorausgesetzt wurde.

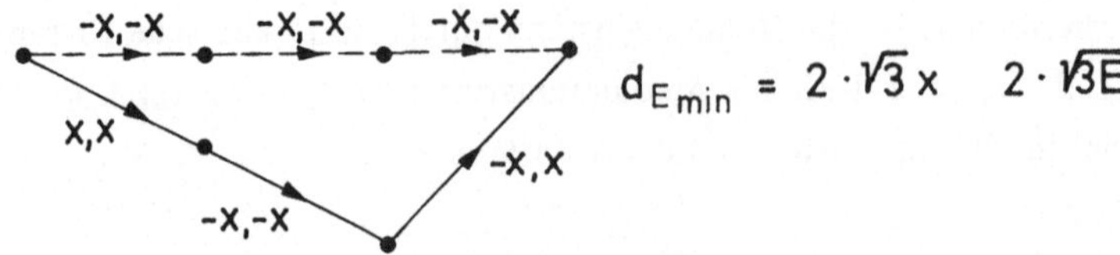

Bild 8.17 Pfad für die fehlerfreie weiche Decodierung von binären Nullen und kürzester Pfad beim Auftreten eines nicht korrigierbaren Fehlers

Für den Wert der Pfadmetrik nach (8.4.28) erhält man die minimale Distanz

$$d^2_{E_{min}} = 2\cdot(2\sqrt{E})^2 + 0 + (2\sqrt{E})^2 = 12\cdot E \quad . \tag{8.4.29}$$

Dieser minimalen Distanz entspricht ein Fehler bei der Decodierung, so daß man für die Fehlerwahrscheinlichkeit

$$P_c(F) \approx Q\left[\frac{d_{E_{min}}}{2\cdot\sigma_c}\right] = Q\left[\frac{\sqrt{12\cdot E}}{2\cdot\sigma_c}\right] = Q\left[\frac{\sqrt{3\cdot E}}{\sigma_c}\right] \quad . \tag{8.4.30}$$

erhält. Diese Wahrscheinlichkeit ist mit der bei fehlender Codierung nach (8.3.46) zu vergleichen. Beachtet man wieder die durch die Rate R = 1/2 bedingte Vergrößerung der Rauschleistung nach (8.3.52), so erhält man:

$$P_c(F) = Q\left[\frac{\sqrt{3\cdot E/2}}{\sigma_b}\right] \quad . \tag{8.4.31}$$

Für verschiedene Signal–zu–Rauschverhältnisse $10\cdot\log(E/\sigma_b^2)$ zeigt Bild 8.18 die Bitfehlerwahrscheinlichkeiten $P_b(F)$ im uncodierten Fall sowie die Wahrscheinlichkeit $P_c(F)$ bei weicher Decodierung.

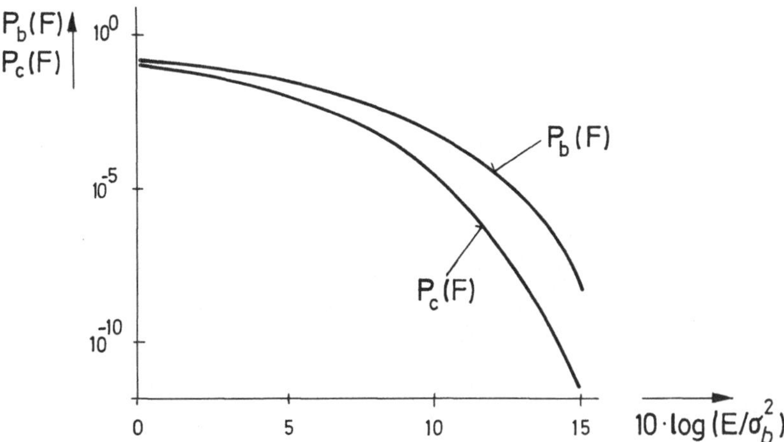

Bild 8.18 Bitfehlerwahrscheinlichkeit bei weicher Decodierung und ohne Codierung als Funktion des Signal–zu–Rauschverhältnisses

Aus (8.4.30) liest man durch Vergleich mit (8.3.46) einen Codierungsgewinn von maximal $10\cdot\log(3) = 4{,}7$ dB ab, der sich durch die mit R = 1/2 verdoppelte Rauschleistung nach (8.3.31) auf $10\cdot\log(1{,}5) = 1{,}7$ dB verringert. Damit zeigt sich ein deutlicher Vorteil gegenüber der harten Decodierung, der auch im Vergleich der Ergebnisse nach Bild 8.12 und Bild 8.18 sichtbar wird.

Bei den hier angegebenen Zahlenwerten für die Fehlerwahrscheinlichkeit und den Codierungsgewinn ist zu beachten, daß sie von der Art des betrachteten Codes – es sei auf die Betrachtung der Codierer nach Bild 8.8 und Bild 8.13 verwiesen – abhängen und zum Teil nur eine grobe Näherung der tatsächlichen Werte darstellen. Mit ihrer Herleitung sollte lediglich gezeigt werden, wie man im Einzelfall die Wirksamkeit eines Codes abschätzen kann.

8.5 Kanalcodierung mit Trellis–Codes

Bei den bisher betrachteten Kanalcodierungsverfahren erhöhte sich die Bandbreite des übertragenen Signals, wenn man die informationstragenden Zeichen mit derselben Übertragungsgeschwindigkeit wie im uncodierten Fall übertragen will. Mit der Vergrößerung der Bandbreite steigt bei einem weißen Störprozeß auf dem Kanal auch die Störleistung an. Wenn man von einem bandbegrenzten Kanal wie z.B. dem Fernsprechkanal ausgeht, so ist es nicht günstig, die für die Codierung erforderliche Redundanz in den Frequenzbereich zu legen. Ähnlich wie man bei der Modulation statt der binären die mehrstufige Übertragung verwendet, wenn die zu übertragende Informationsmenge ansteigt, kann man bei der Codierung die erforderliche Redundanz in die Amplitude legen. Dabei wird vorausgesetzt, daß die Signalenergie gegenüber dem uncodierten Fall nicht ansteigt. Das bedeutet aber, daß der Abstand zwischen den Signalvektoren wegen ihrer erhöhten Anzahl kleiner wird, wodurch die Störanfälligkeit steigt. Diese muß durch den Codierungsgewinn mehr als kompensiert werden, damit sich der durch die Codierung verursachte Aufwand lohnt.

Die hier beschriebene Kanalcodierung erfolgt nach diesen Überlegungen in zwei Stufen: Zunächst verwendet man einen der bisher beschriebenen Block– oder Faltungs–Codes für jeweils k Binärzeichen, wodurch die Datenrate um den Faktor $1/R = n/k$ ansteigt. Dieser Anstieg wird in der zweiten Stufe, der Modulationsstufe, kompensiert, indem man ein geeignetes Modulationsverfahren auswählt. Verwendet man z.B. den Faltungs–Codierer nach Bild 8.8 mit der Coderate $R = 1/2$ und moduliert nicht, wie dort angenommen, die Binärzeichen einzeln mit dem 2–PSK–Verfahren, sondern jeweils die $n = 2$ vom Codierer gelieferten Binärzeichen mit dem 4–PSK–Verfahren, ändert sich an der Datenrate nichts. Man muß in Abhängigkeit vom verwendeten Code bzw. von dessen Coderate R nur das geeignete Modulationsverfahren auswählen, wenn man die Kanalcodierung ohne Bandbreitenerhöhung realisieren will. Ein Blockdiagramm für diese Form der Kanalcodierung zeigt Bild 8.19, das durch Erweiterung des Modulators nach Bild 5.9 und Bild 6.3 gewonnen wurde. Dabei wird der das Modulationsschema bestimmende Codierer zur Unterscheidung des Kanalcodierers mit Modulations–Codierer bezeichnet, der dem Basisband–Codierer in Bild 1.3 bzw. dem Codierer in Bild 5.9 entspricht und der zwei im komplexen Vektor **z** zusammengefaßte Komponenten liefert, die sich in einem Signalvektordiagramm darstellen lassen.

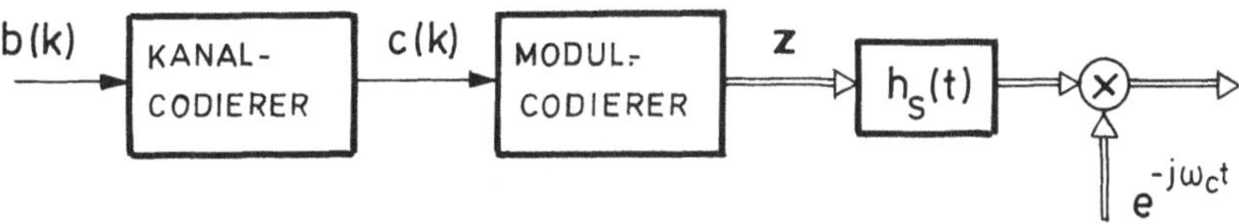

Bild 8.19 Kombination von Kanalcodierung und Modulation zur Einsparung von Bandbreite

Wegen dieser Verknüpfung von Codierung und Modulation nennt man dieses Verfahren im Englischen auch *coded modulation*, dem die deutsche Bezeichnung *Codulation* entspricht. Da die Codierung im Signalvektorraum erfolgt, wird auch die Bezeichnung *signal space coding* bzw. *Signalraum–Codierung* verwendet. Beschränkt man sich bei der Codierung auf Faltungs–Codes, so ist die Bezeichnung *Trellis–Codierung* üblich [Lee 88], da man das Entstehen der codierten Datenfolge durch ein Trellis–Diagramm beschreiben kann.

Es wurde darauf hingewiesen, daß die Signalvektoren bei beschränkter Signalenergie zusammenrücken, wenn man Trellis–Codierung verwendet. Der in (8.3.47) angegebene Abstand für 2–PSK verringert sich bei dem 4–PSK–Verfahren, das man bei Verwendung des Codierers nach Bild 8.8 benötigt, auf den minimalen Wert

$$d_{4-PSK} = \sqrt{2 \cdot E} \quad , \tag{8.5.1}$$

wie unmmittelbar aus Bild 8.4a folgt. Die Störleistung ändert sich wegen der unveränderten Bandbreite dagegen nicht.

Bisher wurden nur lineare Kanalcodes betrachtet. Trellis–Codes sind wegen der beliebigen Zuordnung der im Faltungs–Codierer gewonnenen Binärkombinationen zu den Signalvektorpunkten des Modulationsschemas dagegen nichtlinear. Deswegen ist es auch nicht erforderlich, daß man sich bei den Faltungs–Codes auf lineare Codes beschränkt. Ein Beispiel dafür ist der im Modem nach der CCITT–Empfehlung V.32 verwendete Trellis–Codierer [Wei 84], [Tie 90], bei dem ein nichtlinearer Codierer für je $k = 4$ Daten b(i) am Eingang jeweils $n = 5$ codierte Daten c(i) liefert, denen eine spezielle 32–Punkte QASK–Signalvektorkonfiguration zugeordnet wird. Die mit diesem Modem erzielte Übertragungsrate beträgt 9600 b/s, der bei einem 32–Punkte Vektordiagramm ohne Codierung die Zeichenrate von 1920 Bd entspricht; da der Codierer aber eine Coderate von $R = k/n = 4/5$ besitzt, erhöht sich die Zeichenrate auf den im Fernsprechkanal noch realisierbaren Wert $1920 \cdot 5/4$ Bd = 2400 Bd.

Dieses Beispiel zeigt auch, welche Anforderungen an den Faltungs–Code bei der Trellis–Codierung zu stellen sind. Es konnte nämlich gezeigt werden [Ung 82], daß man für die Codierung von k Binärzeichen, denen

$$M = 2^k \tag{8.5.2}$$

Symbole entsprechen, ein Modulationsschema mit

$$2 \cdot M = 2 \cdot 2^k = 2^{k+1} \tag{8.5.3}$$

Vektoren benötigt. Daraus folgt aber als weiterer Parameter des Codierers n = k+1 und die Coderate

$$R = \frac{k}{k+1} \; . \tag{8.5.4}$$

Mit diesen Parametern kommt man recht nahe an die Shannon–Grenze für fehlerfreie Übertragung [Sha 48] heran. Eine Vergrößerung der Anzahl der Signalvektoren über den genannten Wert hinaus würde eine in diesem Sinne geringfügige Verbesserung liefern, die in keinem Verhältnis zum erhöhten Aufwand steht [Ung 82].

8.5.1 Beispiele für Trellis–Codierer

Ein Trellis–Codierer besteht nach Bild 8.19 aus einem Faltungs–Codierer und einem geeigneten Modulator bzw. Modulationscodierer. Bei der Auswahl des Faltungs–Codierers wird man zunächst darauf achten, daß die minimale Hammingdistanz möglichst groß ist; von den Codierern nach Bild 8.8 und Bild 8.13 würde man deshalb den nach Bild 8.13a auswählen und erhält damit den in Bild 8.20 gezeigten Trellis–Codierer.

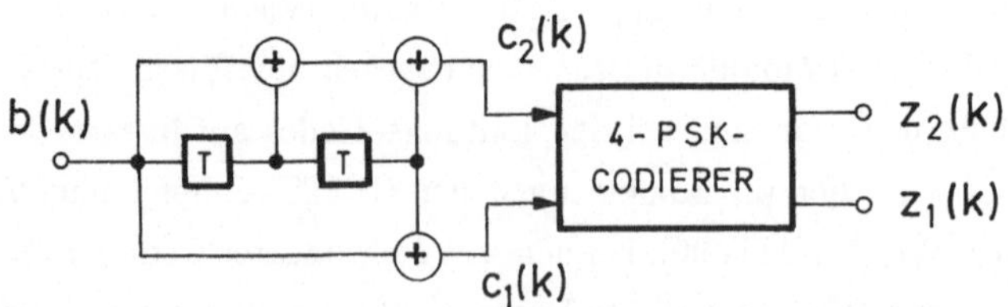

Bild 8.20 Trellis–Codierer mit dem Faltungs–Codierer nach Bild 8.13a

Da der Codierer für jedes Binärzeichen b(k) zwei codierte Werte, nämlich $c_1(k)$ und

$c_2(k)$, liefert, muß ein vierstufiges Modulationsverfahren ausgewählt werden, um die durch den Codierer verursachte Erhöhung der Taktrate wieder zu kompensieren. Als besonders vorteilhaft in Bezug auf die Störresistenz bei beschränkter Signalenergie hat sich bei den Betrachtungen im 5. Kapitel für M = 4 Signalvektoren das 4–PSK–Verfahren erwiesen, dessen Signalvektorkonfiguration Bild 5.33 zeigt. Ordnet man den aus dem Trellis–Diagramm in Bild 8.14a ablesbaren Binärkombinationen, die der Codierer am Ausgang liefert, die in Bild 5.33a angegebenen Signalvektoren zu, so gilt:

$$\begin{aligned} 00 &\Longrightarrow z_0 = (+\sqrt{E}\,, 0)^T \\ 01 &\Longrightarrow z_1 = (0, +\sqrt{E}\,)^T \\ 10 &\Longrightarrow z_2 = (0, -\sqrt{E}\,)^T \\ 00 &\Longrightarrow z_3 = (-\sqrt{E}\,, 0)^T \quad . \end{aligned} \tag{8.5.5}$$

Es soll nun wie bei den Faltungs–Codes die Wahrscheinlichkeit $P_c(F)$ für einen Bitfehler und weicher Decodierung berechnet werden. Verwendet man die im vorigen Abschnitt angestellte Überlegung, so gilt für diese Wahrscheinlichkeit

$$P_c(F) \approx Q\left[\frac{d_{E\min}}{2\sigma_b}\right] \quad , \tag{8.5.6}$$

wobei σ_b die Standardabweichung des Störprozesses bei fehlender Codierung ist. Im Gegensatz zu (8.3.52) stimmen hier σ_b im uncodierten und σ_c im codierten Fall überein, da der Einfluß der Coderate R durch das Modulationsverfahren kompensiert wird. Auf der anderen Seite beeinflußt hier das Codierungsverfahren den Euklidischen Abstand. Dieser soll wieder dadurch bestimmt werden, daß man die Abweichung zwischen den Pfaden im Trellis–Diagramm bei der Übertragung von binären Nullen und von einer in die Nullenfolge eingefügten binären 1 bestimmt, um so den Fall eines Fehlers zu erfassen. Bei linearen Codes ist das zulässig, bei nichtlinearen Verfahren wie der Trellis–Codierung ist im Einzelfall zu prüfen, ob dies Vorgehen zulässig ist [Lee 88]. Für den hier vorliegenden Fall ergeben sich die in Bild 8.21 festgehaltenen Beziehungen, die direkt aus Bild 8.14 und der Zuordnung nach (8.5.5) folgen.

Für den Euklidischen Abstand längs zweier, durch die Indizes i und j charakterisierter Pfade, auf deren Zweigen sich die Vektoren $\mathbf{z}_i(k)$ und $\mathbf{z}_j(k)$ befinden, gilt in Anlehnung an (8.4.28)

$$d_{E_{ij}}^2 = \sum_k |\mathbf{z}_i(k) - \mathbf{z}_j(k)|^2 \quad . \tag{8.5.7}$$

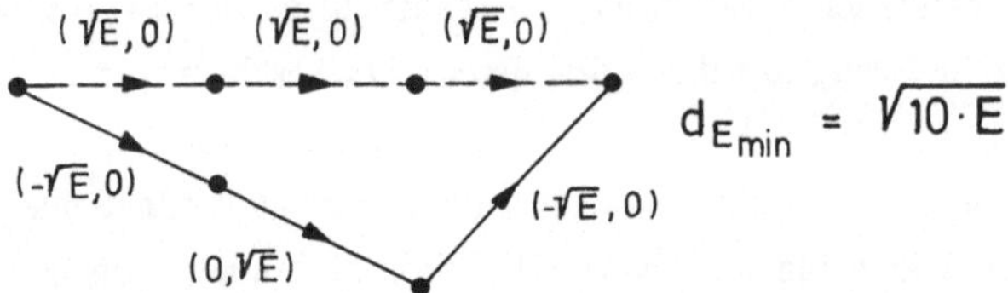

Bild 8.21 Zur Berechnung des minimalen Euklidischen Abstands

Für den Euklidischen Abstand nach Bild 8.21, der den minimalen Abstand darstellt, folgt damit

$$d^2_{E_{min}} = 4 \cdot E + 2 \cdot E + 4 \cdot E = 10 \cdot E \quad , \tag{8.5.8}$$

so daß für die Bitfehlerwahrscheinlichkeit nach (8.5.6)

$$P_c(F) \approx Q\left[\frac{\sqrt{10E}}{2\sigma_b}\right] \tag{8.5.9}$$

folgt. Vergleicht man dies mit der Bitfehlerwahrscheinlichkeit $P_b(F)$ ohne Codierung und 2–PSK–Modulation nach (8.3.46), so gilt folgende Beziehung für die Signal–zu–Rauschverhältnisse

$$SNR_c = \frac{10E}{4\sigma_b^2} = 2{,}5 \cdot \frac{E}{\sigma_b^2} = 2{,}5 \cdot SNR_b \quad , \tag{8.5.10}$$

d.h. man erzielt durch Codierung einen Gewinn von 3,98 dB.

Stellt man dieselben Betrachtungen für den Codierer nach Bild 8.13b an, so erhält man mit der Zuordnung der Binärkombinationen am Ausgang des Faltungs–Codierers zu den Signalvektorpunkten nach (8.5.5) und dem Diagramm in Bild 8.15b den minimalen Euklidischen Abstand

$$d^2_{E_{min}} = 2 \cdot E + 2 \cdot E + 2 \cdot E = 6 \cdot E \quad . \tag{8.5.11}$$

Da auch die minimale Hammingdistanz beim Codierer nach Bild 8.8 kleiner als beim Codierer nach Bild 8.13a ist, war dieses Ergebnis zu vermuten. Es zeigt sich jedoch, daß sich der Abstand verringern läßt, wenn man den Modulations–Codierer nur geeignet an den Faltungs–Codierer anpaßt. Wenn man nämlich den zweimal auftretenden Binärkombinationen 01 die Vektoren mit dem zu 00 größten Abstand zuordnet, d.h. wenn man statt der Abbildungsvorschrift nach (8.5.5) die Vorschrift

$$00 \Rightarrow z_0 = (+\sqrt{E}, 0)^T$$

$$01 \Rightarrow z_1 = (-\sqrt{E}, 0)^T$$

$$10 \Rightarrow z_2 = (0, +\sqrt{E})^T$$

$$00 \Rightarrow z_3 = (0, -\sqrt{E})^T \tag{8.5.12}$$

wählt, so vergrößert sich die minimale Euklidische Distanz auf

$$d^2_{E_{min}} = 4 \cdot E + 2 \cdot E + 4 \cdot E = 10 \cdot E \tag{8.5.13}$$

und stimmt mit der nach (8.5.5) für den Codierer nach Bild 8.13a mit der Hammingdistanz $d_{H_{min}} = 5$ überein. Dies wurde nur durch eine Anpassung des Modulationsschemas an den Faltungs–Codierer erreicht. Daraus könnte man den Schluß ziehen, daß dasselbe Ergebnis auch für den Codierer nach Bild 8.8 erzielbar ist, wenn man hier ein geeignetes Modulationsschema verwendet. Es zeigt sich jedoch, daß man für beide Abbildungsvorschriften nach (8.5.5) und (8.5.10) die Distanz

$$d^2_{E_{min}} = 4 \cdot E + 0 + 2 \cdot E = 6 \cdot E \tag{8.5.14}$$

erhält und daß es auch keine andere Zuordnung der Binärkombinationen zu den Vektorpunkten des 4–PSK–Modulationsschemas gibt, die diese Distanz vergrößerte. Der Grund liegt darin, daß das Eingangsdatum b(k) auf die mittlere Binärkombination des unteren Pfades in Bild 8.11 keinen Einfluß hat.

8.5.2 Die allgemeine Form des Trellis–Codierers

Beim Entwurf eines Trellis–Codierers ist auf Grund der zur Verfügung stehenden Bandbreite und der gewünschten Übertragungsrate die erforderliche Zahl M der zugenerierenden Symbole, und mit (8.5.2) die Zahl k der zu codierenden Informationsstellen zu bestimmen. Im nächsten Schritt könnte man einen Faltungs–Codierer mit der durch (8.5.4) gegebenen Coderate R bestimmen, ein geeignetes Modulationsschema auswählen und schließlich die Zuordnung der vom Codierer erzeugten Binärkombinationen zu den Signalvektoren so vornehmen, daß der minimale Euklidische Abstand des Trellis–Codes maximal wird. Dieses Vorgehen stellt eine Verallgemeinerung des im vorigen Abschnitts beschriebenen Konzepts dar.

Ein flexibleres Konzept für den Entwurf des Trellis–Codierers zeigt Bild 8.22, bei dem nicht alle k Binärzeichen codiert werden, sondern nur eine k_1 Binärzeichen umfassende Teilmenge. Die übrigen k_2 Binärzeichen werden uncodiert im Modulations–Codierer verarbeitet. Weil sie nicht codiert und damit störanfällig sind, muß ihnen besondere Aufmerksamkeit bei ihrer Einbeziehung in das Modulationsschema gewidmet werden.

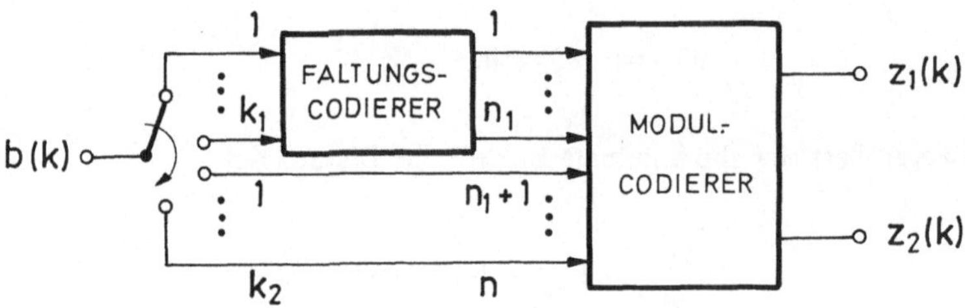

Bild 8.22 Allgemeine Struktur eines Trellis–Codierers

Für die Gesamtzahl k der Informationsstellen gilt demnach

$$k = k_1 + k_2 \ , \tag{8.5.15}$$

so daß der Faltungs–Codierer wegen (8.5.4) die Coderate

$$R = \frac{k_1}{k_1 + 1} \tag{8.5.16}$$

besitzen muß. Für den Fall n = 2 kann das Binärzeichen $b(k) = b_1(k)$ z.B. mit dem Codierer nach Bild 8.13a codiert werden. Es entstehen dann die $n_1 = 2$ codierten Zeichen $c_1(k)$ und $c_2(k)$, und das Binärzeichen $b_2(k)$ bleibt uncodiert, so daß nach Bild 8.23 $c_3(k) = b_2(k)$ gilt.

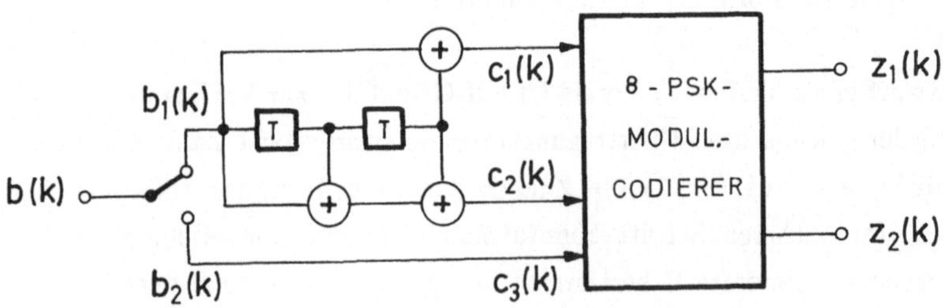

Bild 8.23 Trellis–Codierer für ein codiertes und ein uncodiertes Binärzeichen

Für die insgesamt $n = n_1 + k_2 = 3$ Binärzeichen bietet sich als Modulationsschema 8–PSK an. Das Trellis–Diagramm in Bild 8.24 für den Codierer nach Bild 8.23 wird dabei vornehmlich vom Faltungs–Codierer mit dem Parameter $n_1 = 2$ bestimmt; das uncodierte Binärzeichen bestimmt nur, auf welchem der zwischen den Knoten parallel verlaufenden Zweige der Graph durchlaufen wird.

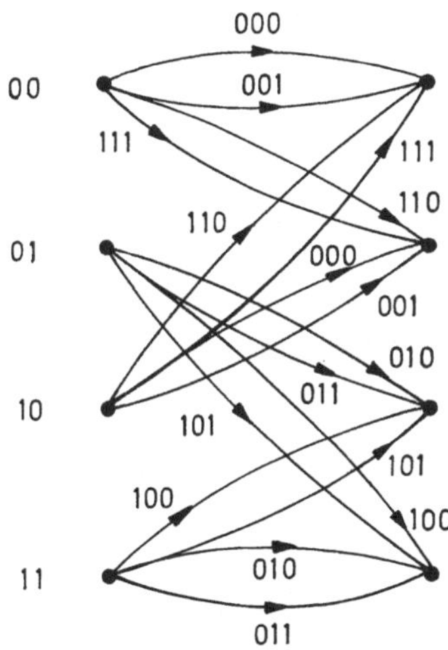

Bild 8.24 Trellis—Diagramm für den Codierer nach Bild 8.23

Bei einem anderen Modulationsverfahren mit $k_2 > 1$ vergrößert sich die Zahl der zwischen den Knoten des Diagramms parallel verlaufenden Zweige entsprechend. Es genügt beim Entwurf eines Trellis–Codierers demnach, einen Faltungs–Codierer mit der Rate $R = 1/2$ für $k_1 = 2$ Binärzeichen zu verwenden. Dabei ist allerdings zu beachten, daß die parallelen Zweige bereits nach einem Taktschritt wieder in den gleichen Knoten des Trellis–Diagramms einmünden, so daß die Distanz zwischen diesen Zweigen nur vom geometrischen Abstand der diesen parallelen Zweigen zugeordneten Vektoren abhängt. Man muß deshalb dafür sorgen, daß dieser Abstand zur Vermeidung von Fehlern möglichst groß wird.

Die an den Zweigen des Graphen in Bild 8.24 angegebenen Zahlentripel entsprechen den Werten $c_1(k)$ bis $c_3(k)$ nach Bild 8.23. Die von einem zum anderen Knoten geführten parallelen Zweige unterscheiden sich nur in der letzten Stelle, dem Wert $c_3(k) = b_2(k)$. Die beiden ersten Stellen stimmen mit denjenigen überein, die man an den entsprechenden Zweigen des Graphen in Bild 8.14a findet. Der Übersichtlichkeit halber wurde auf die Angabe des Wertes von $b_1(k)$ verzichtet. Er stimmt mit dem Wert $b(k)$ oberhalb der Zweige des Graphen in Bild 8.14a überein.

Die Zahlentripel sind nun den Signalvektorpunkten des 8–PSK–Modulationsschemas so zuzuordnen, daß der minimale Euklidische Abstand des Trellis–Codes möglichst groß wird. Zum einen entstehen Fehler dadurch, daß das uncodierte Binärzeichen $b_2(k)$ verfälscht wird, was dem Durchlaufen eines der parallelen Zweige im Trellis–Diagramm und damit der Abweichung vom korrekten Durchlauf im Graphen über einen Takt entspricht. Fehler bei den übrigen codierten Binärdaten machen sich durch ein Abweichen vom korrekten Pfad über mehrere Takte bzw. Knoten bemerkbar und entsprechen dem im vorigen Abschnitt betrachteten Fall. Offensichtlich muß man die 8–PSK–Signalvektorkonfiguration in vier Untermengen aufteilen, in denen die Signalvektoren möglichst weit auseinanderliegen. Die Anzahl der Untermengen kommt durch die je zwei codierten Binärzeichen $c_1(k)$ und $c_2(k)$ des Codierers zustande, mit denen vier Untermengen definiert werden. Es bleibt dabei zunächst offen, welchen Vektoren die Binärtupel $\{c_1(k),c_2(k)\}$ zugeordnet werden. Die Forderung, daß die Vektoren innerhalb der Untermengen weit auseinanderliegen sollen, folgt aus dem Wunsch, die durch Vertauschen der parallelen Zweige entstehenden Fehler möglichst klein zu machen. Eine Aufteilung des 8–PSK–Signalvektordiagramms, die diesen Forderungen entspricht, zeigt Bild 8.25.

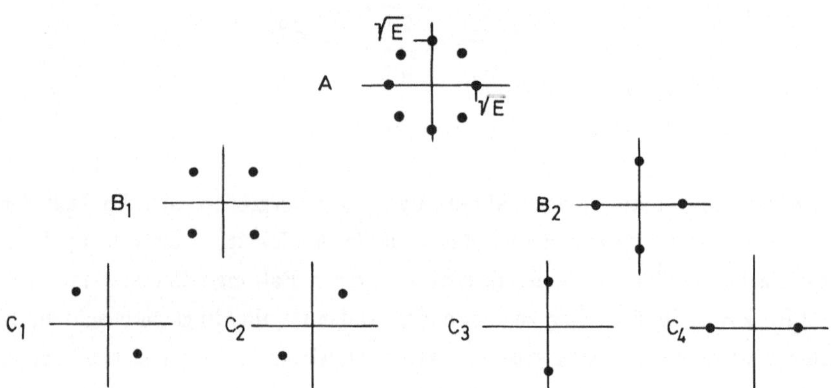

Bild 8.25 Aufteilung des 8–PSK–Signalvektordiagramms in Untermengen

Die Aufteilung erfolgt in zwei Stufen, wobei die entstehenden Vektordiagramme eine Zunahme des minimalen Vektorabstandes aufweisen. In dem mit A bezeichneten Vektordiagramm beträgt der minimale Abstand

$$d_{E_{min}}^2 = [\sin^2(\tfrac{\pi}{4}) + (1 - \cos(\tfrac{\pi}{4}))^2]\cdot E = (2 - \sqrt{2}\,)\cdot E \quad . \tag{8.5.17}$$

Dieser vergrößert sich in den Untermengen B_1 und B_2 auf

$$d_{E_{min}}^2 = 2\cdot E \tag{8.5.18}$$

und erreicht den maximalen Wert

$$d_{E_{min}}^2 = 4 \cdot E \tag{8.5.19}$$

in den Untermengen C_1, C_2, C_3 und C_4. Diese vier Untermengen werden durch das Tupel der codierten Binärzeichen $\{c_1(k), c_2(k)\}$, die beiden Elemente in jeder dieser Untermengen durch das uncodierte Zeichen $c_3(k)$ ausgewählt, wobei diese Elemente den parallelen Zweigen im Graphen nach Bild 8.24 zugeordnet sind. Frei wählbar ist nun noch die Abbildung der Untermengen C_i auf die Tupel $\{c_1(k), c_2(k)\}$. Damit der Euklidische Abstand zwischen den Pfaden im Trellis–Diagramm möglichst groß wird, ist es sinnvoll, die Abbildung so vorzunehmen, daß die beiden Untermengen, die den von einem Knoten im Diagramm nach Bild 8.24 ausgehenden Zweigpaaren zugeordnet werden, untereinander eine möglichst große Distanz besitzen. Dasselbe gilt für die in einem Knoten zusammenlaufenden Zweigpaare. Man wird deshalb z.B. den vom Knoten bzw. Zustand 00 ausgehenden Zweigen die Untermengen C_1 und C_2 zuordnen. Daraus folgt zwangsläufig die Zuordnung zu den vom Knoten bzw. Zustand 01 ausgehenden Zweigen. Frei wählen läßt sich nun wieder die Verknüpfung der Untermengen C_3 und C_4 mit dem Knoten bzw. Zustand 10, die restlichen beiden Zuordnungen ergeben sich dann in der Weise zwangsläufig, wie Bild 8.26a zeigt.

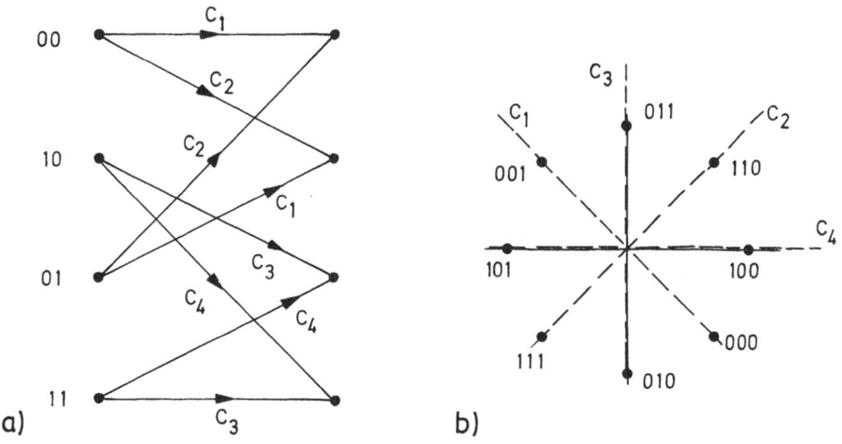

Bild 8.26 a) Zuordnung der Untermengen C_i zu den Zweigen des Trellis–Diagramms nach Bild 8.24 und b) daraus folgende Signalvektorkonfiguration

Die Abbildung der Binärtripel $\{c_1(k), c_2(k), c_3(k)\}$ auf die Signalvektorpunkte, die in Bild 8.26b gezeigt ist, folgt dann aus dem Vergleich von Bild 8.24 mit Bild 8.26a und Bild 8.25. Dabei ändert sich am Ergebnis nichts, wenn man in jeder Untermenge C_i die

Binärkombinationen am Ursprung spiegelt, d.h. z.B. 100 und 101 miteinander vertauscht. Dasselbe gilt, wenn man an die Untermengen C_1 und C_2 bzw. C_3 und C_4 gegeneinander vertauscht.

Das hier beschriebene Verfahren läßt sich verallgemeinern [Ung 82]. Zunächst teilt man das Signalvektordiagramm in 2, 4, 8, 16 usw. Untermengen so auf, daß der minimale Euklidische Abstand innerhalb dieser Untermengen möglichst groß wird. Dann wählt man die vom Parameter k_1 des Faltungs–Codierers abhängigen

$$2^{n_1} = 2^{k_1+1} \tag{8.5.20}$$

Untermengen aus. In jeder dieser Untermengen befinden sich

$$2^{k_2} = 2^{k-k_1} = 2^{n-n_1} = 2^{n-k_1-1} \tag{8.5.21}$$

Signalvektorpunkte, die im Trellis–Diagramm parallelen Zweigen zwischen den Knoten entsprechen. Die Zuordnung der parallelen Zweige zu den Untermengen erfolgt so, daß den von einem Knoten ausgehenden oder in einen Knoten mündenden Zweigen die Untermengen zugewiesen werden, die die größtmögliche Euklidische Distanz besitzen. Damit wird sichergestellt, daß der minimale Euklidische Abstand des Codes möglichst groß wird. Schließlich sollen die Untermengen gleich häufig im Trellis–Diagramm auftreten, um ihm eine regelmäßige Struktur zu verleihen.

Zur Bestimmung der Fehlerwahrscheinlichkeit $P_c(F)$ nach (8.5.6) benötigt man die minimale Euklidische Distanz $d_{E_{min}}$ des Codes. Der Abstand der parallelen Zweige im Trellis–Diagramm, der einem Fehler des uncodierten Zeichens $c_3(k)$ entspricht, ist durch (8.5.17) gegeben. Es ist zu überprüfen, ob bei einem Fehler der codierten Zeichen $c_1(k)$ und $c_2(k)$ eine kleinere Distanz auftritt. Der Pfad des Trellis–Diagramms mit minimaler Distanz, der durchlaufen wird, wenn ein Fehler bei der Übertragung von binären Nullen auftritt, zeigt Bild 8.27.

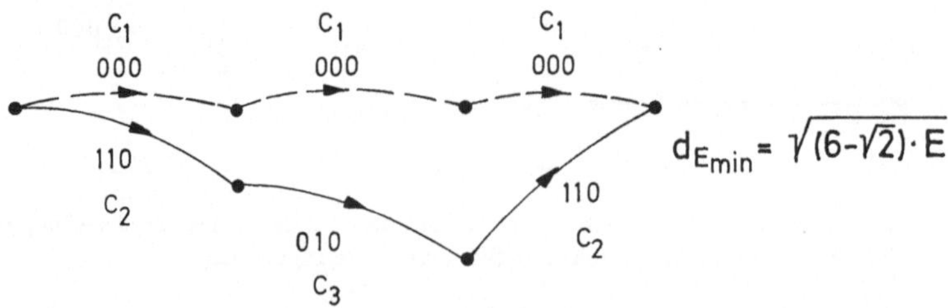

Bild 8.27 Pfade des Trellis–Diagramms beim Auftreten eines Fehlers bei der Übertragung

Ein Vergleich der an den Zweigen in Bild 8.27 angegebenen Zahlentripel mit den

Signalvektoren in Bild 8.26b zeigt, daß zweimal der Abstand nach (8.5.18) und einmal der Abstand nach (8.5.17) auftritt, so daß insgesamt

$$d_{E_{min}}^2 = (2 \cdot 2 + 2 - \sqrt{2}) \cdot E = (6 - \sqrt{2}) \cdot E = 4{,}586 \cdot E \qquad (8.5.22)$$

für diesen Fehlerfall gilt. Da dieser Abstand größer ist als der bei Auftreten eines Fehlers bei $c_3(k)$ nach (8.5.19), ist

$$d_{E_{min}} = 2 \cdot \sqrt{E} \qquad (8.5.23)$$

der minimale Euklidische Abstand dieses Trellis–Codes. Aus (8.5.6) folgt damit für die Fehlerwahrscheinlichkeit

$$P_c(F) \approx Q\left[\frac{\sqrt{E}}{\sigma_b} \right] \quad . \qquad (8.5.24)$$

Dies ist eine Näherung, da nicht berücksichtigt wurde, daß bei Berechnung dieses Fehlers zwei Binärzeichen, $b_1(k)$ und $b_2(k)$, eine Rolle spielen, so daß die korrekte Bitfehlerwahrscheinlichkeit kleiner als der in (8.5.24) angegebene Wert ist. Andererseits können auch mehrere Fehler gleichzeitig, wenn auch mit geringerer Wahrscheinlichkeit auftreten, so daß die korrekte Bitfehlerwahrscheinlichkeit sich gegenüber (8.5.24) vergrößert.

Diese Fehlerwahrscheinlichkeit ist mit derjenigen zu vergleichen, die man ohne Codierung und bei Verwendung von 4–PSK als Modulationsverfahren erhielte. Die minimale Euklidische Distanz ist für 4–PSK durch (8.5.18) gegeben, so daß für die Bitfehlerwahrscheinlichkeit

$$P_b(F) = Q\left[\frac{d_{E_{min}}}{2 \cdot \sigma_b} \right] = Q\left[\frac{\sqrt{2E}}{2 \cdot \sigma_b} \right] \qquad (8.5.25)$$

gilt. Ein Vergleich von (8.5.24) mit (8.5.25) zeigt, daß der Codierungsgewinn 3 dB beträgt. Das ist etwa 1 dB schlechter als das Ergebnis nach (8.5.9). Diese Verschlechterung liegt daran, daß das Binärzeichen $c_3(k) = b_2(k)$ nicht codiert wurde. Verwendet man einen Codierer mit der Rate $R = 2/3$, der die beiden Binärzeichen $b_1(k)$ und $b_2(k)$ codiert, so vergrößert sich der minimale Euklidische Abstand und nimmt den Wert nach (8.5.22) an, da nur der in Bild 8.27 gezeigte Fehlerfall auftritt. Damit erhöht sich der Codierungsgewinn auf 3,6 dB. Ein Beispiel für einen Codierer mit der Rate $R = 2/3$ zeigt Bild 8.28 [Pro 89]. Das zugehörige Trellis–Diagramm besitzt 8 Zustände und keine parallelen Zweige zwischen den Knoten, so daß auch der damit verbundene Fehler nicht mehr auftreten kann. Erkauft wird diese Verbesserung durch einen aufwendigeren Codierer und Decodierer.

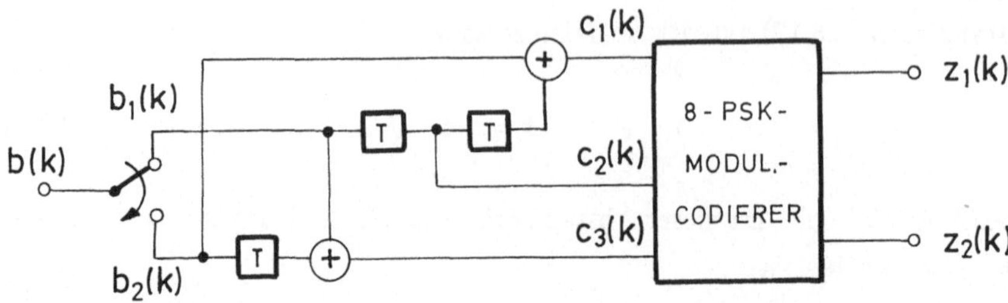

Bild 8.28 Trellis–Codierer mit einem Faltungs–Codierer der Rate R = 2/3

Bisher wurde davon ausgegangen, daß als Modulationsverfahren PSK verwendet wird. Man kann aber ebenso ASK oder QASK verwenden [Ung 87]. Insbesondere bei einer hohen Anzahl M bzw. 2M von Signalvektoren ist das QASK–Verfahren wegen ähnlicher Abstände einer größeren Zahl von Signalvektoren von Vorteil.

Neben den linearen Codes werden auch nichtlineare Codes verwendet. Das Beispiel des nichtlinearen, Modulo–2–Multiplikationen verwendenden Faltungs–Codes mit der Rate R = 2/3 für das Modem nach der CCITT–Empfehlung V.32 wurde bereits erwähnt. Die Codiererparameter sind hier $k_1 = 2$ und $k_2 = 2$. Das dafür erforderliche, 32 Punkte umfassende QASK–Modulationsschema hat Kreuzform [Wei 84]. Durch differentielle Codierung wird ferner erreicht, daß eine Phasenunempfindlichkeit für Phasendrehungen um $\pi/2$ besteht. Dies ist ein Vorteil bei der Extraktion der Trägerphase aus dem gestörten Empfangssignal.

Neben den hier betrachteten zweidimensionalen Trellis–Codes gibt es auch höher dimensionale Codes [Ung 87]. Dabei bestimmen z.B. vier aufeinanderfolgende Binärzeichen einen vierdimensionalen Signalvektorraum, wobei jeweils zwei Binärzeichen die Signalvektorpunkte im Sinne z.B. eines QASK–Modulationsschemas festlegen. Durch Kombination dieser beiden zweidimensionalen Schemata entsteht ein vierdimensionales Schema. Der Vorteil dieser Anordnung ist, daß der Verlust beim Signal–zu–Rauschverhältnis, der durch die von der Codierung verursachte Verdoppelung der Anzahl M der Signalvektoren gegenüber dem uncodierten Modulationsverfahren entsteht, reduziert wird. Dieser Verlust beträgt etwa 3 dB und muß durch den Codierungsgewinn mehr als nur kompensiert werden. Durch den Übergang in einen höherdimensionalen Raum rücken die Signalvektoren durch die von der Codierung verursachte Verdopplung nicht so eng aufeinander, wodurch der Verlust beim Signal–zu–Rauschverhältnis verringert wird. Der erforderliche zusätzliche apparative Aufwand ist relativ gering.

9 Datenübertragung in Netzen

Bei den bisherigen Betrachtungen wurde stets davon ausgegangen, daß die Datenübertragung über eine Leitung oder eine Funkstrecke von nur einem Sender zu einem Empfänger erfolgt. Diese Leitung oder Funkstrecke ist im allgemeinen aber nur eine Verbindung innerhalb eines mehr oder weniger ausgedehnten Kommunikationsnetzes, das zwischen mehreren Teilnehmern besteht. Ziel dieses Kapitels ist es deshalb, die Einbindung eines Datenübertragungssystems in ein Kommunikationsnetz aufzuzeigen, wobei in erster Linie unter dem Netz das Fernsprechnetz verstanden wird. Daneben spielen auch andere Netze – z.B. das Mobilfunknetz oder spezielle Datennetze – eine Rolle, wobei diese Netze zunehmend zusammenwachsen, d.h. nicht mehr isoliert voneinander sind. Ferner werden auf diesen Netzen immer weitere Dienste angeboten, die sich alle der Datenübertragung bedienen, aber sehr verschiedenartige Anforderungen in Bezug auf Datenrate, Fehlerwahrscheinlichkeit, Menge der übertragenen Daten, Kontinuität des Datenstroms usw. stellen. So führen Telemetriedaten i.a. zu einer geringen Datenrate, erfordern aber eine sehr hohe Sicherheit der Übertragung. Im Gegensatz dazu sind die Datenraten bei der Übertragung von Bildinformationen relativ hoch, die geforderte Sicherheit ist dagegen niedrig, da man Fehler bei der Übertragung z.B. durch Interpolation der Bildpunkte ausgleichen kann.

Noch gibt es kein Netz, das diese sehr verschiedenartigen Anforderungen erfüllen könnte. Möglicherweise wird das in Planung befindliche Netz *BISDN*, das *broadband integrated services digital network*, diese Forderungen einmal weitgehend erfüllen, da es Dienste mit sehr verschiedenen Anforderungen an die Datenrate und an die Übertragungsgüte in sich vereinigen soll. Das gegenwärtig installierte Netz ISDN bietet dagegen nur eine beschränkte Wahlmöglichkeit, da es sich vor allem an den Anforderungen des

Fernsprechdienstes orientiert und dem Teilnehmer nur Kanäle von 64 kb/s anbietet.

Dieses Kapitel soll nur einen sehr groben Einblick in die Problematik der Kommunikationsnetze bieten. Bei weitergehendem Interesse an diesem Thema sei auf die Literatur, z.B. [Tan 81], [Sch 87], [Ger 82], [Wal 87], [Con 89], verwiesen.

9.1 Eigenschaften von Netzen

Es gibt eine Reihe von Unterscheidungsmerkmalen für Kommunikationsnetze. Ein Unterscheidungsmerkmal besteht im verwendeten *physikalischen Übertragungsmedium* – Zweidrahtleitung, Koaxialtube, Lichtwellenleiter oder Funkstrecke, die im 2. Kapitel behandelt wurden. Andere Unterscheidungsmerkmale sind die *Topologie, Einzel– oder Mehrkanalausnutzung*, die *Wegesuche*, das *Vermittlungsverfahren* und die die Abwicklung der Übertragung steuernden *Protokolle*. Hier sollen nur die wichtigsten dieser Eigenschaften diskutiert werden.

9.1.1 Netztopologien

Ein Netz besteht aus *Knoten*, die Start– oder Endpunkt von zwei oder mehreren *Zweigen* sind. In Bild 9.1 ist ein derartiges Netz mit den Knoten K_i, den Teilnehmern TE_i und dem *Gateway* G, das die zwei Teilnetze miteinander verbindet, dargestellt.

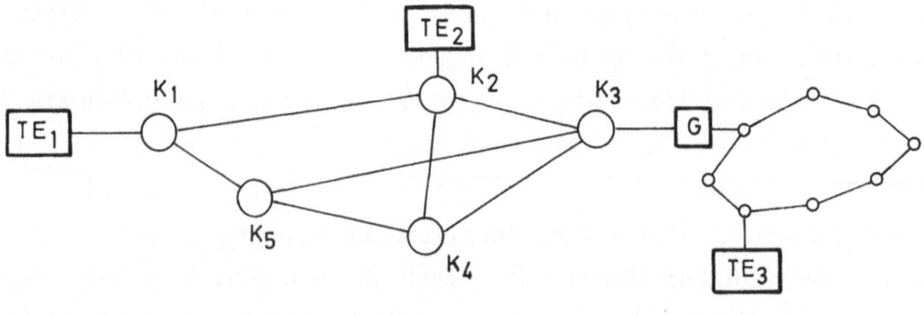

Bild 9.1 Beispiel für ein Kommunikationsnetz

Das eine Teilnetz mit der unregelmäßigen Struktur bezeichnet man als *vermaschtes Netz*. Dieser Netztyp ist z.B. beim Fernsprechnetz anzutreffen. Das zweite Teilnetz mit der regelmäßigen Struktur ist das *Ringnetz*. Man findet es z.B. bei einem lokalen Rechnernetz, einem local area network oder LAN. In dem Gateway werden die durch die eingangs genannten Merkmale bedingten Unterschiede der beiden Netze angepaßt. Dazu gehört die Umsetzung der Protokolle ebenso wie der im jeweiligen Teilnetz verwendeten Signalformen. Sofern die Übertragungsgeschwindigkeiten in beiden Netzteilen verschieden sind, gehört zu dieser Anpassung auch die Zwischenspeicherung der Daten.

Man erkennt in Bild 9.1, daß die Teilnehmer über die Knoten an das Netz angekoppelt sind. Die von einem zum anderen Teilnehmer übertragenen Daten können im vermaschten Netz verschiedene Wege benutzen, da zwischen zwei Knoten mehrere Verbindungen bestehen. Das Netz stellt einen vollständigen Graphen dar, wenn jeder Knoten mit jedem anderen verbunden ist. Das hat den Vorteil, daß dann keine *Wegesuche*, die man auch als *Routing* bezeichnet, erforderlich ist, sofern alle Verbindungen störungsfrei arbeiten, aber den Nachteil eines sehr hohen Aufwandes, so daß man in der Praxis darauf verzichtet.

Neben der Funktion, Teilnehmer einzukoppeln, haben die Knoten auch die Funktion, Signale zu regenerieren, um eine längere Übertragungsstrecke aufbauen zu können, und eventuell bei der Wegesuche und beim Aufbau des Übertragungsweges mitzuwirken. Die zuletzt genannte Funktion entfällt beim Ringnetz, da die Daten, von einem Knoten auf den Ring gelangt, beim Durchlaufen des Ringes an allen Knoten und damit Teilnehmern vorbeikommen, so daß diese nach Lesen der mit den Daten übertragenen Adresse auf diese zugreifen. Beim Ring lassen sich deshalb auch leicht weitere Knoten und Teilnehmer einfügen, da sich nur die Zahl der zu unterscheidenden Adressen ändert. Der Nachteil des Ringes besteht darin, daß bei seiner Unterbrechung keine Übertragung mehr möglich ist, es sei denn, die Daten werden an den Knoten, zwischen denen die Unterbrechungsstelle liegt, reflektiert. Ebenso lassen sich Unterbrechungen durch Ausfall eines Knotens dadurch kompensieren, daß man den Knoten überbrückt.

Eine andere, in der Praxis wichtige Netzform ist der *Stern*, der in Nebenstellenanlagen verwendet wird. Hier hat ein Knoten, die Zentralstation, die mit allen anderen Knoten direkt verbunden ist, eine besondere Funktion. Zu ihr werden alle Daten gesendet, sie entscheidet an Hand der Adresse über die Weiterleitung zu den anderen Knoten. Der Ausfall einer Leitung oder eines Knotens hat auf die übrigen Knoten keinen Einfluß, eine Erweiterung auf mehr Knoten ist wenig aufwendig.

Bei Verteilsystemen, z.B. im Rundfunk über Kabelnetze, hat das Netz eine *Baumstruktur*: von einer Zentrale aus werden Daten zu mehreren Knoten, die Unterzentralen darstellen, übertragen und von diesen über weitere gleichartige Knoten mit Verteilungsfunktion bis zum Teilnehmer. Sofern ein Rückkanal erforderlich ist, muß parallel zu dieser Baumstruktur eine gleichartige mit umgekehrter Übertragungsrichtung aufgebaut werden.

Eine ebenfalls für die Praxis wichtige Netzform ist der *Bus*, der gewissermaßen einen aufgeschnittenen Ring darstellt, an dem die Teilnehmer direkt, d.h. ohne Knoten, passiv angekoppelt werden. Wegen der fehlenden Regeneration in den Knoten haben Busse nur eine geringe lokale Ausdehnung und werden vornehmlich für Rechnernetze eingesetzt. Das Einfügen weiterer Teilnehmer ist mit sehr geringem Aufwand, meist während des Betriebes möglich, ihre Zahl nur durch den Dämpfungsverlust begrenzt, den die Einkopplung eines jeden Teilnehmers mit sich bringt. Durch Zusammenschalten mehrerer Busse – z.B. über Brücken – entstehen Baumstrukturen.

Bei den hier aufgezählten Netzformen ist zwischen ihrer *physikalischen* und ihrer *logischen* Struktur zu unterscheiden. Ein physikalisch als Stern realisiertes Netz kann sich logisch wie ein Ring verhalten oder ein physikalischer Bus, d.h. ein linear ausgebreiteter Leiter, wie ein logischer Ring.

9.1.2 Vermittlungsprinzipien

Durch die Vermittlungstechnik wird sichergestellt, daß Daten von einem Teilnehmer durch das Netz zu einem bestimmten anderen Teilnehmer gelangen. Dazu ist die Wegesuche, bei Mehrfachausnutzung von Übertragungswegen die Auswahl eines bestimmten Kanals und die Festlegung der Form, in der der Übertragungsweg dem Teilnehmer zur Verfügung steht, festzulegen.

Die Wegesuche hängt von der Topologie des Netzes, von der Belastung des Netzes durch Übertragungsanforderungen der Teilnehmer und von der Art, wie auf Überlastungszustände des Netzes reagiert wird, ab. Man kann z.B. nicht sofort erfüllbare Übertragungswünsche bei einem sogenannten Verlustsystem zrückweisen oder bei einem Wartezeitsystem mit entsprechender Speicherkapazität eine Warteschlange aufbauen.

Bei der Datenübertragung zwischen den Vermittlungsstellen ist aus Kostengründen die Mehrfachausnutzung der Übertragungswege üblich. Man unterscheidet dabei zwischen *Frequenzmultiplex*, bei dem das gesamte zur Verfügung stehende Frequenzband des Übertragungsmediums in Teilfrequenzbänder aufgeteilt wird, die den einzelnen Kanälen entsprechen, und *Zeitmultiplex*, bei dem aufeinanderfolgende Zeitschlitze verschiedenen Kanälen zugeordnet werden. Ein Beispiel für die Anwendung von Frequenzmultiplex, das man auch mit *FDM* für *frequency division multiplexing* bezeichnet, ist das Trägerfrequenzsystem mit Kanälen im Abstand von 4 kHz für das Fernsprechnetz, während das mit *TDM* für *time division multiplexing* abgekürzte Zeitmultiplexverfahren bei PCM–Strecken Anwendung findet.

Bisher waren Übertragung und Vermittlung in Kommunikationsnetzen getrennte Aufgaben. Dazu wurden die im Multiplex übertragenen Kanäle im Knoten eines Netzes in Einzelkanäle aufgelöst, diese Einzelkanäle wurden Kanal für Kanal vermittelt und anschließend in einem abgehenden Multiplex zusammengefaßt. Bei modernen integrierten Netzen erfolgt die Umsetzung in Einzelkanäle nicht mehr, vielmehr wird aus dem

Multiplex der Einzelkanal direkt im Vermittlungsvorgang, der in einem Knoten abläuft, ausgewählt und einem vom Knoten abgehenden Multiplex zugeführt [Ger 82]. Dieses Verfahren findet vor allem bei TDM Anwendung.

Als weiterer Gesichtspunkt bei der Vermittlung wurde die Form genannt, in der der Teilnehmer über den Übertragungsweg verfügt. Man unterscheidet hier zwischen *Leitungs–* oder auch *Kanalvermittlung, Paketvermittlung* und *Nachrichtenvermittlung.*

Die Leitungsvermittlung, im Englischen *circuit switching* genannt, findet man im heutigen Fernsprechnetz, bei dem die Sprachübertragung während einer mehr oder weniger langen Dauer auf einen praktisch konstanten Datenstrom führt. Deshalb wird zwischen den beiden kommunizierenden Teilnehmern ein physikalischer Kanal aufgebaut, der weiteren Teilnehmern nicht zur Verfügung steht. Der Vorteil dieser Vermittlungsart ist, daß die Übertragungsgüte, d.h. die Datenrate und die Verzögerung, unabhängig von der Netzbelastung ist. Nachteilig ist, daß der Aufbau einer Verbindung auch dann Aufwand erfordert, wenn die Verbindung nicht zustande kommt, weil der angesprochene Teilnehmer besetzt ist oder zwischen zwei Netzknoten wegen Überlastung keine freie Leitung gefunden werden kann. Ferner bricht die Verbindung zusammen, wenn eine der erforderlichen Leitungen durch eine Störung unterbrochen wird. Als Nachteil ist auch zu werten, daß der Teilnehmer in der Regel gleichzeitig nur mit einem und nicht mit mehreren Teilnehmern kommunizieren kann.

Bei der Paketvermittlung, dem *packet switching*, steht den Teilnehmern kein physikalischer Kanal zur Verfügung, da die zu übermittelnde Information zunächst in Datenpakete zerlegt und diese Pakete unabhängig voneinander, also auch auf verschiedenen Wegen mit entsprechend unterschiedlicher Laufzeit zum empfangenden Teilnehmer gelangen können. Dies erhöht die Flexibilität der Kommunikation in mehrfacher Weise: die Datenrate kann an die Bedürfnisse der Teilnehmer angepaßt werden, ein Teilnehmer kann gleichzeitig an mehrere Teilnehmer verschiedene Informationen senden und ebenso empfangen, und Unterbrechungen innerhalb des Netzes führen nicht notwendigerweise zum Abbruch einer Kommunikationsverbindung. Nachteilig ist, daß jedes einzelne Paket neben der zu übertragenden Information Angaben über die Zieladresse, Anfangs– und Endekennung usw. enthalten muß, was den Aufwand erhöht. Deshalb wird man anstreben, daß die Pakete möglichst lang werden, was andererseits die Vorteile der Paketvermittlung im Bezug auf die Flexibilität schmälert. Den Aufbau eines Pakets zeigt Bild 9.2.

Bild 9.2 Aufbau eines Datenpaketes aus Blöcken von Vielfachen eines Bytes

Der gezeigte Aufbau entspricht dem *HDLC–Format*, wobei die Abkürzung für *high level data link control* steht, und gehört zu der CCITT–Empfehlung X.25 für paketvermittelte Netze [Tie 90]. Das Byte bzw. Oktett am Anfang und Ende wird als *Start–Flag* und *End–Flag* bezeichnet und enthält eine bestimmte Binärkombination, die an anderer Stelle innerhalb des Pakets nicht auftreten darf. Um Codetransparenz zu garantieren, werden deshalb durch ein Verfahren, das man *bit stuffing* nennt, zusätzliche Binärstellen in das Paket eingefügt, falls dieselbe Binärkombination wie beim Start–Flag oder End–Flag auftritt. Nach dem Start–Flag folgt das Adreßfeld, dann folgen Kontrollinformationen z.B. darüber, ob die zu übertragende Nachricht aus mehreren Paketen besteht. Die eigentliche Information kann eine variable Anzahl von Bytes umfassen, während für die Fehlerüberwachung zwei Bytes vorgesehen sind, die zur Fehlererkennung mit Hilfe eines zyklischen Block–Codes dienen, der in der CCITT–Empfehlung V.41 festgelegt ist [Tie 90].

Während die Wegesuche bzw. der Verbindungsaufbau bei Leitungsvermittlung nur einmal, nämlich zu Beginn der Übertragung erfolgt, muß sie bei Paketvermittlung für jedes Paket einzeln und an jedem Netzknoten erneut durchgeführt werden. Weil deswegen die Pakete auf verschiedenen Wegen zum Empfänger gelangen können, ist dort eine Speicherung erforderlich, um verschiedene Laufzeiten zu kompensieren und bei Erfordernis die korrekte Reihenfolge der Pakete herzustellen. Offensichtlich hängt die Laufzeit durch das Netz von dessen Belastung ab, so daß dem Teilnehmer eine bestimmte Laufzeit nicht garantiert werden kann. Die Netzknoten sind im Gegensatz zu denen bei der Leitungsvermittlung komplizierter, da sie die Fähigkeit zur Zwischenspeicherung und zur Wegesuche, dem Routing, besitzen müssen. Diese kann starr oder adaptiv erfolgen, wobei die Adaptivität einen höheren Durchsatz im Netz erlaubt, andererseits den Aufwand und die Komplexität weiter erhöht, da Informationen über den Belastungszustand des Netzes dem Knoten zugänglich sein müssen.

In mancher Hinsicht stellt die Nachrichtenvermittlung eine Kombination von Leitungs– und Paketvermittlung dar. Hier werden den Teilnehmern zwar keine physikalischen Kanäle zur Verfügung gestellt, dafür erfolgt die Übertragung der Information aber nicht in mehreren Paketen, sondern in einem einzigen Block. Bei der Übertragung dieses Blocks wird an jedem Knoten an Hand der Adreßinformation entschieden, über welche Leitung die weitere Übertragung erfolgt. Die Laufzeit ist hier im Schnitt höher als bei der Paketvermittlung, da erst dann entschieden werden kann, ob die Nachricht korrekt empfangen wurde, wenn sie beim Empfänger vollständig angekommen ist. Bei Erkennen eines Fehlers muß die gesamte Nachricht erneut übertragen werden, während dies bei Paketvermittlung nur für Teile der Nachricht, die einzelnen Pakete, zutrifft. Wie bei der Paketvermittlung kann ein Teilnehmer aber gleichzeitig von mehreren Teilnehmern Daten empfangen und an diese absenden, da die Wegesuche für jede Nachricht separat in den Netzknoten erfolgt. Diese müssen in der Lage sein, die Nachricht vollständig zu speichern, was gegenüber der Paketvermittlung die Anforderung an die Speicherkapazität erhöht.

Es gibt noch weitere Arten von Netzen, die einzelne Elemente der leitungs– und der paketvermittelten Netze enthalten. Das in der Definition befindliche Netz BISDN wird Eigenschaften dieser beiden Typen enthalten, weil von den darin abgewickelten Diensten sehr verschiedene Anforderungen an die Datenrate und die Laufzeit sowie die Sicherheit der übertragenen Informationen gestellt werden.

9.1.3 Protokolle

Protokolle legen die Art der Syntax und die Semantik von Steuerinformationen zwischen den Komponenten eines Datenkommunikationssystems fest. Damit Komponenten mehrerer Hersteller miteinander kommunizieren können, sind Standards erforderlich. Besondere Bedeutung hat das von der ISO standardisierte, mit *open system interconnection* oder kurz *OSI* bezeichnete Schichtenmodell, das Bild 9.3 zeigt.

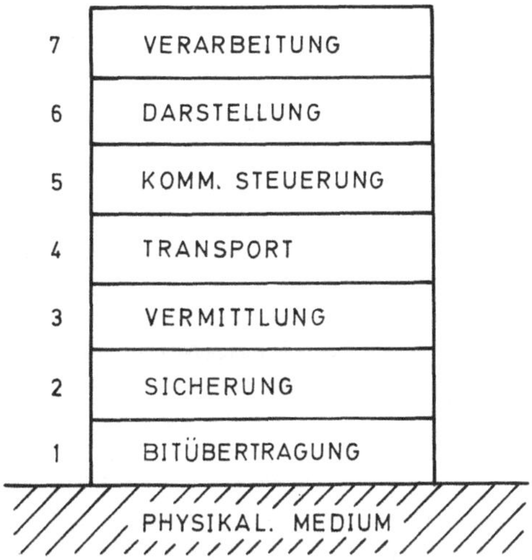

Bild 9.3 Aufbau des von der ISO genormten OSI–Schichtenmodells

Die Architektur dieses Modells ist hierarchisch aufgebaut, da jede Schicht nur auf die Dienste der daruntergelegenen Schicht zurückgreifen kann und der darüber gelegenen Schicht Dienste leisten muß. In der zweiten Schicht, der Sicherungsschicht, wird u.a. die

Fehlererkennung vorgenommen. Wurde ein Fehler erkannt, greift diese Schicht auf die erste Schicht, die Bitübertragungsschicht, zurück, um eine erneute Übertragung des als fehlerhaft erkannten Datenblocks zu veranlassen. Das physikalische Übertragungsmedium – Zweidrahtleitung, Lichtwellenleiter usw.– gehört nicht zum OSI–Schichtenmodell. Die unteren vier Schichten, die die Nachrichtenübertragung betreffen, bezeichnet man auch als transportorientierte Schichten, während die oberen drei Schichten zu den anwendungsorientierten Schichten zusammengefaßt werden. Bei der Datenübertragung über mehrere Zwischenknoten sind nur die unteren drei Schichten betroffen, während die oberen vier Schichten nur von den Quell– und den Zielknoten mit den betreffenden Endgeräten ausgewertet werden, wie aus Bild 9.4 hervorgeht.

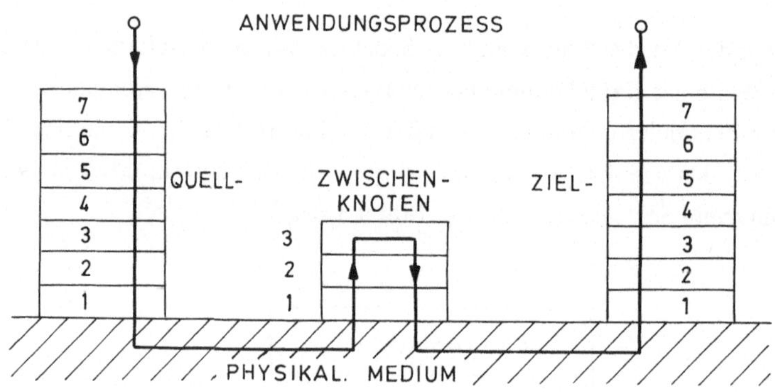

Bild 9.4 Einfluß der Schichten des OSI–Referenzmodells auf die Knoten eines Netzes

Die beim Anwendungsprozeß, z.B. dem Austausch von Dateien, in der siebenten Schicht verfügbare Information wird an die unteren Schichten weitergegeben, wobei diese zusätzliche Informationen entsprechend der Protokolldefinition hinzufügen. Beispiele für diese Information können Angaben über die Darstellungsart – z.B. als ASCII–Zeichen [Sch 86] – oder Prüfinformation zur Fehlerbehandlung sein. Diese in jeder Schicht hinzugefügte Information wird im Zielknoten nach Verarbeitung in der jeweiligen Schicht entfernt, so daß zum Schluß nur die ursprüngliche Information übrig bleibt.

Es soll nun die Funktion der sieben Schichten etwas genauer beschrieben werden. Die erste Schicht, die *Bitübertragungsschicht* oder im Englischen *physical layer*, sagt etwas über die elektrische Darstellung der Binärzeichen durch einen Basisband–Code, das Modulationsverfahren und die Schnittstellen aus. Beispiele sind die im 5. Kapitel beschriebene V.24–Schnittstelle oder auch die X.21–Schnittstelle.

Die Übertragung zwischen zwei benachbarten Knoten wird in der zweiten, mit *Sicherungsschicht* bzw. *data link layer* bezeichneten Schicht festgelegt. Hierzu gehört die

Spezifikation der Pakete z.B. in dem beschriebenen HDLC–Format, so daß dazu auch die Fehlererkennung und die daraus folgenden Maßnahmen gehören. Da dies den Datenfluß beeinflußt, werden auch Festlegungen über die Anzahl der hintereinander zu übertragenden Blöcke getroffen, für die eine Fehlerbehandlung insgesamt erfolgt.

Aspekte der Übertragungsstrecke insgesamt, d.h. vom Quellknoten bis zum Zielknoten, betrifft die Festlegung in der dritten Schicht, der *Vermittlungsschicht* oder *network layer*. Hierzu zählen Fragen der Fehlerbehandlung zwischen Quelle und Ziel, der Flußkontrolle, um z.B. durch Verstopfung blockierte Knoten zu umgehen, oder auch Maßnahmen zur Anordnung der Pakete in der korrekten Reihenfolge, sofern sie über verschiedene Wege übertragen und somit nach unterschiedlichen Laufzeiten beim Zielknoten eingetroffen sind. Die Fehlerbehandlung bezieht sich dabei dem hierarichischen Prinzip entsprechend nicht auf die Übertragungsfehler auf der Bitübertragungsschicht, sondern auf Fehler, die bei der Wegesuche entstehen. Dazu zählen das Beseitigen von duplizierten Paketen oder von im Netz kreisenden, den Zielknoten nicht erreichenden Paketen. Als Standard dient hier z.B. für Paketvermittlung die CCITT–Empfehlung X.25. Wenn bezüglich ihrer Protokolle verschiedenartige Netze – und das trifft bei Weitverkehrsnetzen und bei lokalen Netzen i.a. für die unteren drei Schichten des OSI– Modells zu – miteinander verbunden werden sollen, so ist zur Anpassung der Protokolle eine spezielle Instanz, ein *Gateway*, erforderlich. Dabei wird vorausgesetzt, daß die auf den beiden Teilnetzen geltenden Protokolle in den darüberliegenden Schichten übereinstimmen. Ist das nicht der Fall, so müssen auch diese Schichten im Protokollumsetzer bzw. Gateway aneinander angepaßt werden.

In den Schichten oberhalb der Vermittlungsschicht werden nur noch Aufgaben des gesamten Übertragungsprozesses zwischen Quellknoten und Zielknoten und nicht mehr Aufgaben eines Teils der zu übertragenden Nachricht, d.h. des Binärzeichens oder des Datenpakets, bearbeitet. Die vierte Schicht, die *Transportschicht* oder *transport layer*, sorgt dafür, daß ein bestimmter Datendurchsatz garantiert wird, indem z.B. der Datenprozeß in Teilströme aufgeteilt wird, die parallel über das Netz unter Verwendung verschiedener Knoten übertragen werden. Das Zusammenfügen der Teilströme zu einem Datenstrom ist ebenfalls Aufgabe dieser Schicht. Schließlich läßt sich mit Hilfe dieser Schicht ein für Nachrichtenvermittlung ausgelegtes Netz für die Paketvermittlung verwenden. Auch ein verbindungsorientiertes Netz, das für die Übertragung einen "logischen" Kanal durch Festlegung des Übertragungsweges über bestimmte Knoten mit Hilfe der Wegesuche zur Verfügung stellt, läßt sich mit Hilfe der Spezifikationen dieser Schicht für die Paketvermittlung verwenden.

Die fünfte Schicht, die *Kommunikationssteuerungsschicht* oder *session layer*, dient zum Verbindungsaufbau, der Überwachung der Informationsübertragung und nach abgeschlossener Übertragung dem Verbindungsabbau für einen Anwendungsprozeß. Dazu zählen Festlegungen über die Betriebsart – Duplex oder Halbduplex – und die erforderliche Pufferspeichergröße. Schließlich werden Synchronisationspunkte innerhalb des zu übertragenden Datenprozesses in dieser Protokollschicht festgelegt, um bei einer Unterbrechung der Verbindung an einem derartigen Synchronisationspunkt die Datenübertragung wieder fortsetzen zu können.

In der sechsten Schicht, der *Darstellungsschicht* oder *presentation layer*, werden die Datentypen, –werte und –strukturen festgelegt. Dazu zählt auch die Spezifikation des Datenformats, d.h. ob die übertragenen Zeichen im ASCII–Code oder einem anderen dargestellt werden.

Schließlich wird in der siebenten Schicht, der *Anwendungsschicht* oder *application layer*, die Art des Anwendungsprozesses festgelegt; ferner werden Managementfunktionen ausgeführt. Anwendungen sind z.B. der Austausch von Dateien, die Emulation eines Terminals für einen über das Netz erreichbaren Rechner oder auch nur das Starten eines Programms in einem über das Netz erreichbaren Rechner.

Für alle Schichten des OSI–Modells gibt es Standards, von denen die wichtigsten für die ersten drei Schichten genannt wurden. Die Entwicklung des Modells, besonders in den oberen Schichten, befindet sich im Fluß, so daß in Zukunft Erweiterungen und weitere Spezifikationen zu erwarten sind.

Bisher betrieb die Deutsche Bundespost Telekom vor allem zwei Netze: das analoge Fernsprechnetz sowie das digitale integrierte Text– und Datennetz. Die von der Telekom angebotenen Netzdienste, die als *Datendienste* nur den Transport über das Netz abwickeln, deshalb also nicht anwendungsspezifisch sind, enthalten nur Spezifikationen bis zur dritten Schicht des OSI–Modells. Dazu zählt die Datenkommunikation über Modems im Fernsprechnetz und die paket– und leitungsvermittelte Datenkommunikation über Datex–P bzw. Datex–L [Ger 82] im integrierten Text– und Datennetz. Bis zur siebenten Schicht werden Vorschriften für die *Kommunikationsdienste* gemacht, die Telekommunikation in Form von Telefax, Bilschirmtext, Teletex und Telex umfassen und für die ersten beiden Dienste im Fernsprechnetz, für die letzten beiden im integrierten Text– und Datennetz abgewickelt werden.

9.2 Das diensteintegrierende digitale Netz ISDN

Das bestehende Weitverkehrskommunikationsnetz ist weitgehend für den Dienst Fernsprechen ausgelegt. Andere Dienste – Fernschreiben oder Telex, Datenübertragung mit Datex–P, d.h. mit Paketvermittlung – werden über separate Netze mit separatem Netzzugang abgewickelt. Neuere Dienste – Bildschirmtext, Telefax oder Telemetriedatenübertragung mit Temex [Con 89] – bedienen sich wegen seiner weiten Verbreitung des

Fernsprechnetzes und müssen über Modems an die Übertragungseigenschaften dieses Netzes angepaßt werden. Die verschiedenen Dienste stellen unterschiedliche Anforderungen an das Netz in Bezug auf

- *die Datenrate*
- *die Fehlersicherheit*
- *die Laufzeit*
- *die zeitliche Inanspruchnahme.*

Diese Verschiedenartigkeit bei den Anforderungen führte in der Vergangenheit zum Betrieb von parallelen Netzen. Dies ist unökonomisch für den Netzbetreiber und unbequem für den Teilnehmer, weil der Zugang zu diesen Netzen, die Schnittstelle, unterschiedlich ist. Wenn der Teilnehmer z.B. neben dem Dienst Fernsprechen noch gleichzeitig Datenübertragung über das Fernsprechnetz mit Hilfe von Modems betreiben will, benötigt er einen zweiten Anschluß und, sofern er die Daten und das Ferngespräch an denselben Teilnehmer übermitteln will, muß auch dieser einen zweiten, nicht besetzten Anschluß besitzen.

Aus den Betrachtungen im vorigen Abschnitt wird klar, daß man in einem digitalen Netz im Prinzip alle hier genannten Probleme des analogen Fernsprechnetzes überwinden kann. Wenn das analoge Quellensignal – Audio– und Videosignal – digitalisiert ist, unterscheiden sich die so gewonnenen Daten nicht mehr von den Daten, die in dem Speichermedium eines Rechners abgelegt sind. Ferner lassen sich auch Vermittlung und Übertragung in Form eines *integrated digital network* oder *IDN* integrieren, was einen weiteren Beitrag zur Vereinheitlichung des Netzes liefert. Damit stellt die Digitalisierung des Fernsprechens eine notwendige Voraussetzung für die Einführung des ISDN dar. Freilich müssen die oben genannten unterschiedlichen Anforderungen der einzelnen Dienste vom Netz befriedigt werden können.

Den ersten Schritt zu einem in diesem Sinne universalen Netz stellt das diensteintegrierende digitale Netz ISDN dar, das einen standardisierten Zugang zum Netz für alle Dienste zur Verfügung stellt. Das Netz selbst kann logisch separate Netze für die einzelnen Dienste zur Verfügung stellen, wovon der Teilnehmer wegen der standardisierten Schnittstelle aber nichts bemerkt. Im zweiten Schritt wird dann auch das Netz hinter der Teilnehmerschnittstelle vereinheitlicht, so daß alle Dienste z.B. dasselbe Vermittlungsverfahren benützen. Ein Beispiel ist das in der Definitionsphase befindliche Netz Breitband–ISDN oder BISDN.

Grundlage des ISDN ist das digitalisierte Fernsprechnetz, wobei die Digitalisierung sowohl die Übertragung wie die Vermittlung im Fern– und Ortsbereich betrifft. Deshalb enthält das Netz Hierarchien von Kanälen mit der Rate von 64 kb/s. Im Gegensatz zum digitalisierten Fernsprechnetz, bei dem die Teilnehmer über analoge Kanäle an die

Ortsvermittlungsstellen angeschlossen sind, erhält der Teilnehmer im ISDN direkten Zugang zum digitalen Netz. Die I–Serie der CCITT–Empfehlungen legt Standards für das ISDN fest, die sich auf das Konzept, die Dienste, das Netz und die Teilnehmerschnittstellen beziehen.

Neu ist beim ISDN die Signalisierung zwischen den Vermittlungsstellen über das CCITT–Zeichengabesystem Nr. 7, bei dem die Signalisierungsinformation getrennt von der zu übertragenden Nachricht durch das Netz transportiert wird. Dies steht im Gegensatz zum analogen Fernsprechnetz, so daß ohne Änderung der Verbindung ein Dienstewechsel z.B. vom Fernsprechen zum Fernkopieren vorgenommem werden kann. Dazu ist es erforderlich, daß jeder Teilnehmer nur eine Nummer besitzt, unter der er alle möglichen Dienste im beliebigen Wechsel abwickeln kann, ohne daß für jeden einzelnen Dienst ein Verbindungsaufbau und –abbau erfolgen muß.

9.2.1 Schnittstellen des ISDN–Anschlusses

Beim ISDN hat der Teilnehmer die Wahl zwischen zwei Anschlüssen, dem *Basisanschluß* mit einer Gesamtrate von 144 kb/s und dem *Primärmultiplexanschluß* mit einer Rate von 2048 kb/s. Der Basisanschluß verfügt über zwei leitungsvermittelte B–Kanäle zu je 64 kb/s und einem paketorientierten D–Kanal mit 16 kb/s; der Primärmultiplexanschluß stellt 30 B–Kanäle zu je 64 kb/s und einen D–Kanal mit ebenfalls 64 kb/s bereit. Über welche Schnittstellen diese Anschlüsse zugänglich sind, zeigt Bild 9.5 für den Fall des ISDN–Basisanschlusses.

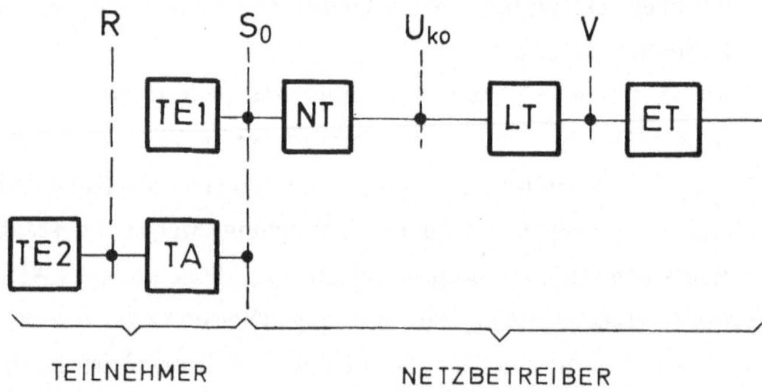

Bild 9.5 Schnittstellen des ISDN–Basisanschlusses

Man muß zwischen physikalischen, d.h. meßtechnisch zugänglichen und logischen Schnittstellen unterscheiden. Die physikalische Schnittstelle zwischen den sich beim

Teilnehmer und beim Netzbetreiber befindlichen Komponenten ist die mit U_{ko} bezeichnete Schnittstelle. Rechts davon sind die in der Ortsvermittlungsstelle angeordneten Komponenten zum Abschluß der Teilnehmeranschlußleitung. Dabei handelt es sich um den *Leitungsabschluß*, mit LT für *line termination* bezeichnet, und den *Vermittlungsabschluß* ET für *exchange termination*. Beide sind durch die logische Schnittstelle V voneinander getrennt; es handelt sich um eine logische Schnittstelle, da LT und ET in der Regel integriert sind [Con 89]. Auf der Teilnehmerseite, am Ende der Teilnehmeranschlußleitung, befindet sich der *Netzabschluß* mit der Bezeichnung NT für *network termination*. Er kann intern die Schnittstelle T enthalten, die die Funktionen des Netzabschlusses der ersten Schicht sowie der zweiten und dritten Schicht des OSI–Modells voneinander trennt. An der anschließenden Schnittstelle S_0 endet die Verantwortlichkeit des Netzbetreibers.

Wenn der Teilnehmer ein ISDN–fähiges Endgerät TE1 betreibt, kann er dies unmittelbar an die S_0–Schnittstelle anschließen; dabei steht TE für *terminal equipment*. Will er ein analoges Endgerät TE2 – z.B. ein analoges Telefon, Faxgerät, Datenendgerät mit Modem – an das ISDN anschließen, benötigt er die mit TA für *terminal adapter* bezeichnete Anpassung. Neben der a/b–Anpassung für das analoge Telefon gibt es X.21–Anpassungen für Teletex, V.24–Anpassungen für Datenterminals und X.25–Anpassungen für Kommunikationssteuereinheiten [Con 89].

Da der ISDN–Basisanschluß über zwei B–Kanäle verfügt, können bis zu zwei Endgeräte mit gleichen oder verschiedenen Diensten gleichzeitig betrieben werden, die über dieselbe Teilnehmernummer erreichbar sind und bei Verschiedenartigkeit über die Gerätekennung getrennt angesprochen werden. Zulässig sind auf der Teilnehmerseite bis zu acht Endgeräte, die über einen vierdrähtigen, von der S_0–Schnittstelle ausgehenden Bus miteinander verbunden sind, wie Bild 9.6 zeigt.

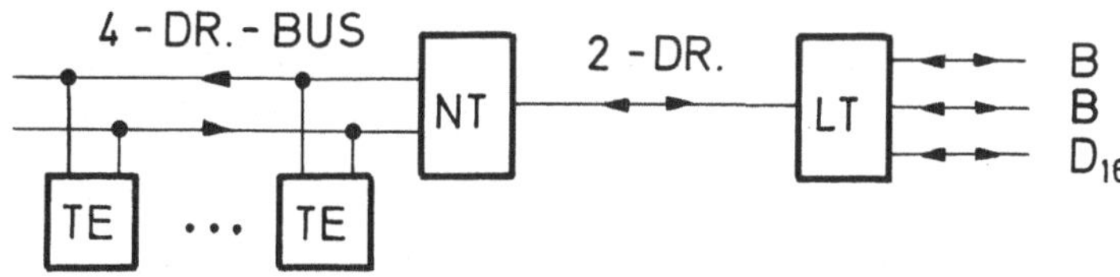

Bild 9.6 Anschluß von Endgeräten auf der Teilnehmerseite

Bei Anschluß mehrerer Endgeräte hat der Bus eine Länge von ca. 150 m; wenn nur ein Gerät angeschlossen ist, kann die Länge je nach Leitungsqualität 600 bis 1000 m betragen.

9.2.2 Der ISDN–Teilnehmeranschluß

Eine wesentliche Voraussetzung dafür, das digitale Fernsprechnetz zum ISDN zu erweitern, ist die Digitalisierung der Teilnehmeranschlußleitung. Da in der Verlegung neuer Kabel ein erheblicher ökonomischer Aufwand steckt, verwendet man die vorhandenen Zweidrahtleitungen. Diese dienen als Übertragungsmedien für die beiden leitungsvermittelten B–Kanäle zu je 64 kb/s und den paketorientierten D_{16}–Kanal mit 16 kb/s im Duplex–Betrieb. Die Gesamtdatenrate in einer Übertragungsrichtung ist damit 144 kb/s, zu denen weitere 16 kb/s für Aufgaben der Synchronisation, des Tests und des Betriebsmanagements hinzukommen. Bei einer Übertragungsrate von 160 kb/s pro Übertragungsrichtung kommt ein Frequenzgetrenntlageverfahren nicht in Betracht, da man aus Aufwandsgründen ohne Zwischenregeneratoren zwischen Teilnehmer und Ortsvermittlungsstelle auskommen möchte. Eine Alternative ist das Zeitgetrenntlageverfahren, bei dem man für beide Übertragungsrichtungen unter Berücksichtigung von Laufzeiten, Schutzabständen und Informationsübertragungsraten auf eine Gesamtrate von 120 kb/s [Con 89] kommt, die sich bei vielen Teilnehmeranschlußleitungen wegen deren Länge ohne Zwischenregeneratoren nicht realisieren läßt. Deshalb wird bei der Deutschen Bundespost Telekom und vielen anderen Postverwaltungen das Gleichlageverfahren mit Hilfe von Echokompensatoren verwendet, die im 6. Kapitel beschrieben wurden. Die Schnittstelle U_{ko} ist der Bezugspunkt für die Echokompensation. Man erreicht auf diese Weise Längen der Teilnehmeranschlußleitungen von bis zu 4,2 km bei 0,4 mm Aderndurchmesser und bis zu 8 km bei 0,6 mm Aderndurchmesser, so daß man ohne Zwischenregeneratoren die meisten Anschlüsse betreiben kann [Con 89].

Als Basisband–Code verwendet man den im 4. Kapitel beschriebenen MMS43–Code, einen redundanten 4B3T–Code, bei dem je vier Binärzeichen in drei Ternärzeichen umcodiert werden. Damit reduziert sich die Datenrate von 160 kb/s auf 120 kBd, was einen Beitrag zur Erweiterung der Reichweite des Teilnehmeranschlusses liefert. Auf dem Vierdrahtbus hinter der S_0–Schnittstelle wird ein modifizierter AMI–Code mit einer Rate von 192 kb/s [Con 89] verwendet.

Zum Schluß sollen noch die Eigenschaften des D–Kanals näher betrachtet werden. Er hat drei Aufgaben; die erste Aufgabe ist die Signalisierung für die Leitungsvermittlung der beiden B–Kanäle. Der D–Kanal kann auch als niederratiger paketvermittelter Kanal verwendet werden; schließlich läßt sich mit ihm ein dauernd erreichbarer Telemetriekanal realisieren, über den man Sicherheitsdienste, z.B. automatische Feuer– und Einbruchsmeldungen, abwickeln kann. Diese verschiedenartigen Einsatzmöglichkeiten des D–Kanals zeigen die flexible Verwendungsmöglichkeit paketorientierter Kanäle. An der ersten der drei Aufgaben wird deutlich, daß im Gegensatz zum analogen leitungsvermittelten Netz im digitalen leitungsvermittelten Netz die zu übertragende Information und die Signalisierung getrennte Kanäle verwenden, so wie es auch beim CCITT–Zeichengebesystem Nr. 7 im Fernbereich der Fall ist.

Die Funktion des D–Kanals wird durch ein standardisiertes Protokoll, das *LAPD* oder *link acces protocol for D–channel*, beschrieben und umfaßt Funktionen der ersten drei Schichten des OSI–Modells. Das Protokoll orientiert sich an vorhandenen Standards, z.B. am Format des HDLC–Rahmens für die zweite Schicht oder die CCITT–Empfehlung X.25 für die in der dritten Schicht angesprochene Paketvermittlung. Mit Hilfe des D–Protokolls ist es für alle, d.h. bis zu acht beim Teilnehmer an einer S_0–Schnittstelle angeschlossene Endgeräte möglich, auf den D–Kanal zuzugreifen, während gleichzeitig nur bis zu zwei Endgeräte an den B–Kanälen angeschlossen sein können. Um das betreffende Endgerät anzusprechen, wird im Rahmen der zweiten Schicht eine Gerätekennung in Form eines *terminal endpoint identifier* oder *TEI* angegeben. Durch die genannten Eigenschaften des D–Kanals – *permanente* Zugriffsmöglichkeit *gleichzeitig* auf *alle* Endgeräte – ist es möglich, die verschiedenen oben genannten Dienste abzuwickeln.

Es wurde schon darauf hingewiesen, daß sich hinter dem Begriff ISDN eine einheitliche Benutzerschnittstelle – letztlich die S_0–Schnittstelle – verbirgt, daß das dahinterliegende Netz aber durchaus heterogen sein kann. Bei der Deutschen Bundespost Telekom gibt es das Fernsprechnetz und das integrierte Text– und Datennetz.

Technisch gesehen kann man die Netztypen auch in leitungsvermittelte und paketvermittelte Weitverkehrsnetze aufteilen, wie dies in Bild 9.7 geschieht.

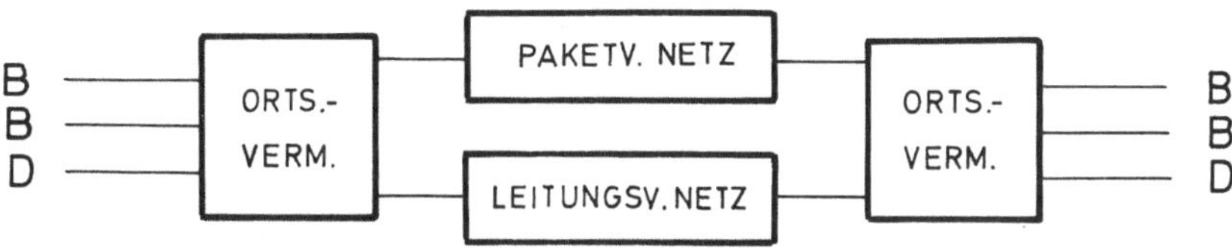

Bild 9.7 Struktur des ISDN mit verschiedenen Netztypen

Man strebt auch hier in Form des BISDN eine Vereinheitlichung an, um den verschiedenen Anforderungen der Dienste in Bezug auf Datenrate, Fehlerwahrscheinlichkeit und Zugriffsmöglichkeit gerecht zu werden. Ferner spielen ökonomische Gesichtspunkte bei der Vereinheitlichung eine Rolle, da ein einheitliches Netz Vorteile bei der Wartung und beim Einsatz der Ressourcen bietet. Das in der Definitionsphase befindliche BISDN wird ein paketvermitteltes Netz sein, das eine große Spannweite von Übertragungsraten zur Verfügung stellt. In Abhängigkeit von der Netzbelastung wird die Qualität der übertragenen Information – z.B. bei Sprache und Bewegtbildern – unterschiedlich sein, indem man verschiedene Codierungsarten für die Quellensignale verwendet. Da die Datenraten bis zu einigen 100 Mb/s reichen werden, müssen die Protokolle, die sich vornehmlich an der Rechner–Rechner–Kopplung orientieren, vereinfacht werden. Bei der Übertragung von Audio– und Videoinformation ist deren Komplexität auch nicht erforderlich. Im Rahmen des sogenannten *ATM–Konzepts* – ATM steht für *asynchronous transfer mode* – ist ein Schichtenmodell vorgesehen, das neben der physikalischen Schicht eine ATM–spezifische Transportschicht vorsieht, mit der Vermittlungs–, Kontroll– und Managementaufgaben abgewickelt werden; es folgen die Anpassungsschicht, die u.a. für Maßnahmen zur Kompensation von Übertragungszeitschwankungen und verlorengegangenen Daten bei der Übertragung von Musik und Bewegtbildern verantwortlich ist, und die Dienste– und die Kontrollschicht, die zum Austausch der Information und deren Kontrolle bzw. Interpretation von Teilnehmer zu Teilnehmer dienen. Der Datenaustausch erfolgt auf der Basis von sogenannten *Zellen*, die sich ähnlich wie Pakete aus einem 5 Byte langen Kopf mit Steuerinformationen für die ersten beiden Schichten des Protokolls und einen die übrigen Schichten betreffenden Informationsteil von 48 Byte zusammensetzt. Diese Zellen werden im Gegensatz zum ISDN mit synchronem Zeitmultiplex beim ATM–Konzept im asynchronen Zeitmultiplex übertragen [Gon 86]. Während beim synchronen Zeitmultiplex Kanäle in Form von Zeitschlitzen einen festen, sich periodisch in einem Pulsrahmen wiederholenden Platz im Multiplexsignal haben, müssen die ATM–Zellen nicht regelmäßig im Multiplexsignal auftreten. Dadurch läßt sich die Übertragungsrate in einem weiten Bereich variieren; sie reicht von wenigen b/s bis zu 150 Mb/s oder sogar 600 Mb/s, je nach Anforderung des Teilnehmers und den technischen Möglichkeiten – Kupfertechnik oder Lichtwellenleiter – der Teilnehmeranschlußleitung.

Literaturverzeichnis

[Abr 65] Abramowitz, M.; Stegun, I.A.: Handbook of Mathematical Functions. New York: Dover Publications 1965

[Ale 60] Alexander, A.A; Gryb, R.M.; Nast, D.W.: Capabilities of the Telephone Network for Data Transmission. Bell Syst. Techn. J., 39 (1960). S. 431–476

[Amo 76] Amoroso, F.: Pulse and Spectrum Manipulation in the Minimum (Frequency) Shift Keying (MSK) Format. IEEE Trans. on Communications, Bd. COM–24, Nr. 3, März 1976, S. 381–384

[App 70] Appel, U.; Tröndle, K.: Zusammenstellung und Gruppierung verschiedener Codes für die Übertragung digitaler Signale. Nachrichtentechnische Zeitschrift, Heft 1, 1970, S. 11–16

[Bal 71] Balkovic, M.D.; Klancer, H.W.; Klare, S.W.; McGruther, W.G.: High Speed Voiceband Data Transmission Performance on the Switched Telecommunication Network. Bell Syst. Techn. J., 50 (1971). S. 1349–1384

[Bar 85] Bartee, T.C.: Data Communications, Networks, and Systems. Indianapolis: Howard W. Sams & Co. 1985

[Bec 66] Becker, F.J.; Kretzmer, E.R.; Sheehan, J.R.: A New Signal Format for Efficient Data Transmission. Bell Syst. Techn. Journal 45 (1966), S. 755–758

[Bel 82] Bellamy, J.: Digital Telephony. New York: John Wiley 1982

[Ben 65] Bennett, W.R.; Davey, R.R.: Data Transmission. New York u.a.: McGraw–Hill 1965

[Ben 87] Benedetto, S.; Biglieri, E.; Castallani, V.: Digital Transmission Theory.

Englewood Cliffs: Prentice–Hall 1987

[Ber 63] Berger, J.M.; Mandelbrot, B.: A New Model for Error Clustering in Telephone Circuits. IBM J. Res. Develop., 7 (1963) S. 224–236

[Ber 68] Berlekamp, E.: Algebraic Coding Theory. New York: McGraw–Hill 1968

[Bet 81] Betts, J.A.: Signal Processing, Modulation and Noise. London: Hodder and Stoughton 1981

[Bla 90] Blahut, R.E.: Digital Transmission of Information. Reading/Mass. u.a.: Addison–Wesley 1990

[Boc 76] Bocker, P.: Datenübertragung. Band I: Grundlagen. Berlin u.a.: Springer 1976

[Boc 77] Bocker, P.: Datenübertragung. Band II: Einrichtungen und Systeme. Berlin u.a.: Springer 1977

[Boc 86] Bocker, P.: ISDN. Das diensteintegrierende digitale Nachrichtennetz. Konzept, Verfahren, Systeme. Berlin u.a.: Springer 1986

[Bro 62] Bronstein, I.N.; Semendjajew, K.A.: Taschenbuch der Mathematik. 5. Aufl. Leipzig: Teubner 1962

[Bro 77] Der große Brockhaus. Wiesbaden: Brockhaus 1977

[Byl 76] Bylanski, P.; Ingram, O.G.W.: Digital Transmission Systems. London: Peregrinus 1976

[Cla 78] Clark, A.P.: Principles of Digital Data Transmission. London: Pentech Press 1978

[Con 89] Conrads, D.: Datenkommunikation, Verfahren – Netze – Dienste. Braunschweig, Wiesbaden: F. Vieweg & Sohn 1989

[Dre 75] Dreszer, J.: Mathematik Handbuch für Technik und Naturwissenschaft. Zürich u.a.: Harri Deutsch 1975

[Fis 71] Fischbach, F.: Datenübertragungswege. Mainz: v. Hase u. Koehler 1971

[Fra 72] Franklin, J.N.; Pierce, J.R.: Spectra and Efficiency of Binary Codes Without DC. IEEE Trans. on Comm., Dezember 1972, S. 1182–1184

[Fra 69] Franks, L.E.: Signal Theory. Englewood Cliffs: Prentice–Hall 1969

[Fra 74] Franks, L.E.: Data Communication: Fundamentals of Baseband Transmission. Strousburg: Dowden Hodgeson & Ross 1974

[Fom 65] Fomin, A.; Gelfang, A.: Calculus of Variations. Englewood Cliffs: Prentice–Hall 1965

[For 70] Forney, G.D.: Convolutional Codes I: Algebraic Structure. IEEE Trans. on Information Theory, IT–16 (1970), S. 720–738

[For 72] Forney, G.D.: Maximum–Likelihood Sequence Estimation of Digital Sequences in the Presence of Intersymbol Interference. IEEE Trans. Inform. Theory, Vol. IT–18 (1972), S. 363–378

[For 73] Forney, G.D.: The Viterbi Algorithm. Proc. IEEE, 61 (1973), S. 268–278

[Gag 78] Gagliardi, R.: Introduction to Communications Engineering. New York: Wiley 1978

[Gar 66] Gardner, F.M.: Phaselock Techniques. New York: John Wiley 1966

[Gec 86] Geckeler, S.: Lichtwellenleiter für die optische Nachrichtenübertragung. Berlin u.a.: Springer 1986

[Ger 60] Gerthsen, C.: Physik. Ein Lehrbuch zum Gebrauch neben Vorlesungen. 6. Aufl. Berlin u.a.: Springer 1960

[Ger 82] Gerke, P.R.: Neue Kommunikationsnetze. Berlin u.a.: Springer 1982

[Gil 60] Gilbert, E.N.: Capacity of a Burst–Noise Channel. Bell. Syst. Techn. J., 39 (1960), S. 1253–1265

[Gol 67] Golomb, S.W.: Shift Register Sequences. San Francisco: Holden Day 1967

[Gon 86] Gonet P.; Adam, P.; Coudreuse, J.–P.: Asynchronous Time–Division Switching: The Way to Flexible Broadband Communication Networks. Proc. Int. Zurich Seminar 1986, S. D5.1–D5.8

[Gur 69] Gurow, W.S.; Jemeljanow, G.A.; Jetruchin, N.N.; Bosilewitsch, J.W.: Grundlagen der Datenübertragung. Leipzig: Akad. Verlagsgesellschaft Geest u. Portig 1969

[Ham 50] Hamming, R.W.: Error Detecting and Error Correcting Codes. Bell Syst. Techn. J., Vol. 26, No. 2, April 1950, S. 147–160

[Hay 83] Haykin, S.: Communication Systems. 2nd ed. New York u.a.: John Wiley 1983

[Hen 85] Henry, P.S.: Introduction to Lightwave Transmission. IEEE Communications 23(5), May 1985

[Her 75] Herzer, R.; Seifert, G.: Strukturuntersuchungen der Übertragungsfehler in digitalen Nachrichtenkanälen, Forschungsbericht 44 TBr 42, Forschungsinstitut beim FTZ der Deutschen Bundespost, Darmstadt 1975

[Her 79] Herter, E.; Rupp, H.: Nachrichtenübertragung über Satelliten. Grundlagen und Systeme, Erdefunkstellen und Satelliten. Berlin u.a.: Springer 1979

[Hof 73] Hofer, H.: Datenfernverarbeitung. Berlin u.a.: Springer 1973

[Höl 82] Hölzler, E, Holzwarth, H.: Pulstechnik. Band I: Grundlagen. Berlin u.a.: Springer 1982

[Jay 84] Jayant, N.S.; Noll, P.: Digital Coding of Waveforms. Principles and Applications to Speech and Video. Englewood Cliffs: Prentice–Hall 1984

[Jag 78] de Jager, F.; Dekker, C.B.: Tamed Frequency Modulation, A Novel Method to Achieve Spectrum Economy in Digital Transmission. IEEE Trans. on Communications, Bd. COM–26, Nr. 5 Mai 1978, S. 534–542

[Kad 68] Kaden, H.: Theoretische Grundlagen der Datenübertragung. München, Wien: Oldenbourg 1968

[Kah 85] Kahl, P. (Hrsg.): ISDN. Das künftige Fernmeldenetz der Deutschen Bundespost. Heidelberg: R. v. Decker's Verlag G. Schenck 1985

[Kam 80] Kammeyer K.D.; Schenk, H.: Theoretische und meßtechnische Untersuchungen zur Trägerphasenregelung in digitalen Modems. AEÜ, Band 34, Heft 1, 1980, S. 1–6

[Kam 80a] Kammeyer K.D.; Schenk, H.: Ein analytisches Modell für die Taktableitung in digitalen Modems. AEÜ, Band 34, Heft 2, 1980, S. 81–87

[Kam 89] Kammeyer K.D.; Kroschel, K.: Digitale Signalverarbeitung. Filterung und Spektralanalyse. Stuttgart: Teubner 1989

[Kei 85] Keiser, B.E.; Strange, E.: Digital Telephony and Network Integration. New York: Van Norstrand Reinhold 1985

[Kra 78] Kraus, G.: Einführung in die Datenübertragung. München, Wien: Oldenbourg 1978

[Kra 86] Kraus, G.: Grundlagen und Anwendungen der Datenübertragung. 2. Aufl. München, Wien: Oldenbourg 1986

[Kra 74] Kraushaar, R. et al.: Datenfernverarbeitung. Siemens, München: 1974

[Kre 66] Kretzmer, E.R.: Generalization of a Technique for Binary Data Communication. IEEE Trans. on Comm. Techn. COM–14 (1966), S. 67–68

[Kro 82] Kroschel, K.: Warum Sie so einen Artikel in Zukunft vielleicht hören können. IBM Report, Nr. 6, 1982, S. 29–33

[Kro 86] Kroschel, K.: Statistische Nachrichtentheorie. 1. Teil: Signalerkennung und Parameterschätzung. 2. Aufl. Berlin u.a.: Springer 1986

[Kro 86a] Kroschel, K.: On Optimal Quantization of Noisy Signals. Proc. European Signal Processing Conference, EUSIPCO 86, Den Haag 1986, S. 21–24

[Kro 87] Kroschel, K.: A Comparison of Quantizers Optimized for Corrupted and Uncorrupted Input Signals. Signal Processing, Vol. 12, 1987, S. 169–176

[Kro 88] Kroschel, K.: Statistische Nachrichtentheorie. 2. Teil: Signalschätzung. 2. Aufl. Berlin u.a.: Springer 1988

[Lee 88] Lee, E.A.; Messerschmitt, D.G.: Digital Communication. Boston, Dordrecht, London: Kluwer 1988

[Li 80] Li, T.: Structures, Parameters, and Transmission Properties of Optical Fibers. Proc. IEEE, Vol. 68, No. 10, October 1980, S. 1175–1180

[Lin 73] Lindsey, W.C.; Simon, M.K.: Telecommunication System Engineering. Englewood Cliffs: Prentice–Hall 1973

[Lin 80] Linde, Y.; Buzo, A.; Gray, R.M.: An Algorithm for Vector Quantization Design. IEEE Trans. on Commmunications, Vol. COM–28, No. 1, Januar 1980, S. 84–95

[Lin 81] Lindner, J.: Modulationsverfahren für die digitale Nachrichtenübertragung, (I) und (II). Wiss. Ber. AEG–Telefunken, Bd. 54, Heft 1–2, 1981, S. 44–57 und Heft 3, 1981, S. 107–114

[Lük 75] Lüke, H.D.: Signalübertragung. Einführung in die Theorie der Nachrichtenübertragungstechnik. Berlin u.a.: Springer 1975

[Luc 68] Lucky, R.W.; Salz, J.; Weldon, E.J.: Principles of Data Communication. New York: McGraw–Hill 1968

[Mäu 88] Mäusl, R.: Digitale Modulationsverfahren. 2. Aufl. Heidelberg: Hüthig 1988

[Mas 77] Massey, J.: Errror Bounds for Tree Codes, Trellis Codes, and Convolutional Codes. In Longo, E. (Hrsg.): Coding and Complexity. New York: Springer 1977

[Max 60] Max, J.: Quantizing for Minimum Distortion. IRE Trans. on Information Theory, Vol. IT–6, März 1960, S. 7–12

[Oeh 67] Oehlen, H.; Brust, G.: Ein einheitliches Verfahren zur Spektrenberechnung von periodischen, stochastischen und pseudo–stochastischen Impulsfolgen. AEÜ, Band 21 (1967), Heft 11, S. 583–587

[Oet 74] Oettl, K.: Datenübertragung und –fernverarbeitung. Berlin: W. de Gruyter 1974

[Pap 62] Papoulis, A.: The Fourier Integral and its Applications. New York: McGraw–Hill 1962

[Pap 65] Papoulis, A.: Probability, Random Variables, and Stochastic Processes. New York: McGraw Hill 1965

[Pas 74] Pasupathy, S.: Nyquist's Third Criterion. Proc. IEEE, Bd. 62, Nr. 6, Juni 1974, S. 860–861

[Pet 72] Peterson, W.W.; Weldon, E.S.: Error Correcting Codes. 2nd ed. Cambridge, Mass.: M.I.T. Press 1972

[Pro 89] Proakis, J.G.: Digital Communications. 2nd ed. New York: McGraw–Hill 1989

[Qur 77] Qureshi, S.U.H.; Forney, G.D.: Performance and Properties of a T/2 Equalizer. Ntl. Telecom. Conf. Record, Los Angeles, Dezember 1977, S. 11.1.1–11.1.14

[Qur 85] Qureshi, S.U.H.: Adaptive Equalization. Proc. IEEE, Vol. 73, No. 9, 1985, S. 1349–1387

[Rab 78] Rabiner, L.R.; Schafer, R.W.: Digital Processing of Speech Signals. Englewood Cliffs: Prentice–Hall 1978

[Rup 87] Rupprecht, W.: Orthogonalfilter und adaptive Datensignalentzerrung. München, Wien: Oldenbourg 1987

[Sch 81] Schwartz, M.: Information Transmission, Modulation and Noise. 3rd ed. New York u.a.: McGraw–Hill 1981

[Sch 86] Schneider, H.J. (Hrsg.): Lexikon der Informatik und Datenverarbeitung. 2. verb. und erw. Aufl. München: Oldenbourg 1983

[Sch 87] Schwartz, M.: Telecommunication Networks: Protocols, Modeling, and Analysis. Reading/Mass.: Addison–Wesley 1987

[Sel 75] Seliger, N.B.: Kodierung und Datenübertragung. München, Wien: Oldenbourg 1975

[Sha 48] Shannon, C.E.: A Mathematical Theory of Communication. Bell Syst. Techn. J., Vol. 27, Juli 1948, S. 379–423 und Oktober 1948, S. 623–656

[Sha 49] Shannon, C.E.: Communication in the Presence of Noise. Proc. IRE, Vol. 37, No. 1, 1949, S. 10–21

[Shi 88] Shimbo, O.: Transmission Analysis in Communication Systems. Vol. 1. Rockville: Computer Science Press 1988

[Son 80] Sondhi, M.M.; Berkley, D.A.: Silencing Echos in the Telephone Network. Proc. IEEE, August 1980, S. 948–963

[Ste 67] Steinbuch, K.; Rupprecht, W.: Nachrichtentechnik. Eine einführende Darstellung. Berlin u.a.: Springer 1967

[Swo 69a] Swoboda, J.: Messung und Analyse der Fehler bei Datenübertragung auf Fernsprechkanälen. AEÜ, 23 (1969), S. 403–412

[Swo 69b] Swoboda, J.: Ein statistisches Modell für die Fehler bei binärer Datenübertragung auf Fernsprechkanälen. AEÜ, 23 (1969), S. 313–322

[Swo 73] Swoboda, J.: Codierung zur Fehlerkorrektur und Fehlererkennung. München u.a.: Oldenbourg 1973

[Tan 81] Tannenbaum, A.S.: Computer Networks. Englewood Cliffs: Prentice–Hall 1981

[Tie 90] Tietz, W.: CCITT–Empfehlungen der V–Serie und der X–Serie. Band 1.1: Datenübertragung über das Telefonnetz. 6. erw. Aufl. Heidelberg: R. v. Decker 1990

[Ung 76] Ungerboeck, G.: Fractional Tap–Spacing Equalizer and Consequences for Clock Recovering in Data Modems. IEEE Trans. on Communications, Vol. COM–24, No. 8, 1976, S. 856–864

[Ung 82] Ungerboeck, G.: Channel Coding with Multilevel/Phase Signals. IEEE Trans. on Information Theory, Vol. IT–28, No. 1, Januar 1982, S. 55–67

[Ung 87] Ungerboeck, G.: Trellis Coded Modulation with Redundant Signal Sets. Part I: Introduction. Part II: State of the Art. IEEE Communication Magazine, Vol. 25, No. 2, 1987, S. 5–21

[Var 89] Vary, P.: Implementation Aspects of the Pan–European Digital Mobile Radio System. Proc. 3rd. Annual European Computer Conference, CompEuro 89, Hamburg 1989, S. 4–17 – 4–22

[Ver 79] Verhoeckx, N.A.M.; Van den Elzen, H.C.; Snijders, F.A.M.; Van Gerwen, P.J.: Digital Echo Cancellation for Baseband Data Transmission. IEEE Trans. on ASSP, Vol. ASSP–27(6), Dezember 1979, S. 768–781

[Wal 87] Walke, B.: Datenkommunikation I. Teil 1: Verteilte Systeme, ISO/OSI–Architekturmodell und Bitübertragungsschicht. Heidelberg: Hüthig 1987

[Wei 84] Wei, L.F.: Rotationally Invariant Convolutional Channel Coding with Expanded Signal Space. Part I: 180 degrees, Part II: Nonlinear Codes. IEEE Journal on Selected Areas in Communications, Vol. SAC–2, No. 5, September 1984, S. 659–686

[Wie 75] Wieser, L.: Fernschreib– und Datenübertragung. München: Siemens 1975

[Wid 85] Widrow, B.; Stearns, S.D.: Adaptive Signal Processing. Englewood Cliffs: Prentice–Hall 1985

[Woz 68] Wozencraft, J.M.; Jacobs, I.M.: Principles of Communication Engineering. New York: John Wiley 1968

Namen- und Sachverzeichnis